镍基合金
焊接冶金和焊接性

WelDing Metallurgy and
Weldability of Nicketl-Base Alloys

吴祖乾　张晨
虞茂林　余燕　译

[美]　约翰·N.杜邦　（John N. DuPont）
约翰·C.李波特（John C. lippold）　著
赛缪尔·D.凯瑟（Samuel D. Kiser）

上海科学技术文献出版社
Shanghai Scientific and Technological Literature Press

图书在版编目（CIP）数据

镍基合金焊接冶金和焊接性/（美）杜邦（DuPont, J.N.），（美）李波特（Lippold, J.C.），（美）凯瑟（Kiser, S.D.）著；吴祖乾等译.—上海：上海科学技术文献出版社，2014.5

书名原文：Welding metallurgy and weldability of nickel−base alloys

ISBN 978−7−5439−5801−2

Ⅰ.① 镍… Ⅱ.①杜…②李…③凯…④吴… Ⅲ.①镍基合金—焊接冶金—研究 Ⅳ.① TG146.1

中国版本图书馆 CIP 数据核字（2013）第 291064 号

责任编辑：忻静芬

封面设计：钱　祯

镍基合金焊接冶金和焊接性

[美] 约翰·N. 杜邦 (John N.DuPont)　约翰·C. 李波特 (John C.Lippold)　赛缪尔·D. 凯瑟 (Samuel D.Kiser)　著　吴祖乾　张　晨　虞茂林　余　燕　译

出版发行：上海科学技术文献出版社
地　　址：上海市长乐路 746 号
邮政编码：200040
经　　销：全国新华书店
印　　刷：上海中华商务联合印刷有限公司
开　　本：720×1000　1/16
印　　张：26.75
版　　次：2014 年 5 月第 1 版　2014 年 5 月第 1 次印刷
书　　号：ISBN 978-7-5439-5801-2
定　　价：148.00 元
http://www.sstlp.com

谨以本书献给 Alden 和 Pauline DuPont,在我年轻的时候他们鼓励我,还有 Ryan 和 Caitlin,他们至今还一直鼓励着我。

John N. DuPont

里海大学

　　谨以本书献给我的妻子,Mary Catherine Juhas,在我的整个生涯中她一直支持我,并留下了力量、鼓舞和良好心情的恒定源泉。

John C. Lippold

俄亥俄州立大学

　　谨以本书献给 Jakie Kiser,我的朋友、我的精神伙伴和我所有想做的事的合作者。

Samuel D. Kiser

特殊金属焊接产品公司

译者序

　　镍基合金由于具有优异的高温性能和卓越的耐蚀性能,已在航空航天、核电、火电、石油化工等领域获得了广泛的应用,但镍基合金的焊接往往会带来不少的困难,主要表现在相的变化导致接头性能的改变,以及焊接过程中产生的各种裂纹等缺陷造成运行中的早期失效。为此,众多科技工作者长期以来对镍基合金的焊接开展了大量的试验研究,力求在焊接镍基合金时能获得高质量和性能满意的焊接接头。

　　最近,中国动力工程学会材料专业委员会主任委员林富生教授和副主任委员谢锡善教授等在访问美国 Lehigh 大学期间从该校带回了 John N. DuPont 教授等编著的《Welding Metallurgy and Weldability of Nickel-Base Alloys》一书,该书汇总了当前已发表的各种有关镍基合金焊接的资料,介绍了镍基合金在焊接冶金学和焊接性方面的最新进展和研究成果,着重阐述了镍基合金中合金元素的作用、相图和相的稳定性、异种金属焊接、各种裂纹的形成机理和焊接性试验方法等。这是一本很有参考价值的、值得向广大读者推荐的好书。该书的作者 John N. DuPont 和 John C. Lippold 是美国 Lehigh 大学和州立 Ohio 大学长期从事镍基合金焊接性研究的著名教授,而 Samuel D. Kiser 是美国 SMC 公司(Special Metals Welding Products Company)具有丰富生产实践经验的技术经理。所以希望该书的中译本能够成为广大读者的一本有用的参考书。

　　本书的翻译工作是由上海发电设备成套设计研究院吴祖乾教授(第1、2、7章)、虞茂林教授(第3章)和上海核工程研究设计院的张晨教授(第4、5章)、余燕教授(第6、8章)共同完成的,译稿的审校则由虞茂林(第1、2、7章)和吴祖乾(第3、4、5、6、8章)完成。此外,李强(上海发电设备成套设计研究院)和王弘昶、黄逸峰、谷雨(上海核工程研究设计院)等也参与了部分翻译工作,在此表示感谢。

　　此外,上海焊接器材有限公司(原上海电焊条总厂)、上海大西洋焊接材料有限公司、上海电力修造总厂有限公司和昆山京群焊材科技有限公司等单位对本书的翻译出版均给予了大力的支持和热情的关怀，使本书的译校工作得以顺利完成。译者在此一并表示感谢。

译　者

2013 年 12 月于上海

英文版前言

　　编写本书的目的在于要为工程师们、科学家们和广大师生们提供一本有关镍基合金焊接冶金和焊接性方面最新进展的参考书。虽然本议题在涉及焊接/连接和工程材料类的手册和其他参考资料中已有所论述，但本书是目前献给在镍和镍基合金的焊接冶金和焊接性研究领域中一本独一无二的书籍。

　　本书把重点放在镍基合金的冶金行为上，特别着重于焊接性的论述。它并不专门针对焊接方法或焊接工艺的讨论，也不提供作为选择方法/工艺的指导。本书以介绍镍和镍基合金发展历史的一章开始。第 2 章讨论了合金元素的作用并给出了相图，其中描述了在这些合金中相的稳定性，包括为开发复杂系统的相图而采用"热动力计算技术"。接下来的两章致力于镍基合金的两个最大类型，即固溶强化合金和沉淀强化合金（或"超合金"）。另外一章描述了与特殊合金——镍铝化合物和氧化物弥散强化合金有关的焊接性问题。最后几章谈到的题目是修复焊、异种焊接和焊接性试验。某些章节含有安全分析，它让读者看到这里描述的观点是如何应用于"现实世界"的状况。

　　在编写本书时，作者们还收集了镍基合金 80 年来的经验。很多年来，Dupont 教授和 Lippold 教授相应在 Lehigh 大学和俄亥俄州立大学对这些题目开展了研究并进行了教学活动。Kiser 先生在特殊金属焊接产品公司对镍基焊接材料进行的开发和应用研究已超过 40 年。这种共同努力的结果给本书带来了技术上的宽度和广度，给大学的师生们和从事实践的工程师们和科学家们提供了广泛的资源。

　　特别要感谢 Dr. S. Suresh Babu（俄亥俄州立大学）、Dr. Steve Matthews（Haynes 国际）、Dr. Charles Robino（Sandia 国立实验室）和 Mr. J. Partrick Hunt、Mr. Brian A. Baker 和 Dr. Rengang Zhang（以上都来自 SMC 公司），他们很仔细地审阅了个别的章节，提出了很多有用的建议，并已纳入本书的手稿中。我们还想感谢下列里海大学和俄亥俄州立大学以前的学生们，他们的著作和论文也为本书作出了贡献，他们是 Dr. Qiang Lu、Dr. Ming Qian、Dr. Nathan Nissley、Mr. Matt Collins、Dr. Steve Banovic、Dr. Weiping Liu、Dr. Timothy Anderson、Mr. Michael Minicozzi、Dr. Matthew Perricone、Dr. Brian Newbury、Mr. Jeff Farren 和 Dr. Ryan Deacon。作者们同样要感谢里海大学的学生 Andrew Stockdalet 和 Gregory Brentrup，为他们帮助获得在本书中同意使用插图和其他参考教材所付出的辛勤劳动和努力。

最后作者们还要感谢里海大学、俄亥俄州立大学、SMC 公司和精密浇铸件公司分部为相当长时期的写作和出版保证了时间和提供了场地，从而使本书变成了现实。

目录

第1章

概　　论

　　镍基合金是工程材料最重要的类别之一,因为它们能够用于多种环境和场合。在含水和高温下的耐蚀场合、室温和高温下的高强度场合、低温下的延性和韧性场合、特殊的电性能场合以及与其他物理性能有关的场合都选用了这些合金。镍基合金焊接材料能提供某些焊态下的性能,而这些性能是其他类型的焊接产品所不能提供的,例如被许多各种不同的合金元素稀释后,还能保持从低温到接近固相线温度强度和延性的能力。它们也是十分通用的,例如,用于焊接9%镍钢的Ni-Cr-Mo系焊接产品在液氮温度下还具有非常高的焊态强度和冲击韧性。用来焊接铸铁的镍和镍-铁合金能被铁和碳稀释后而保持延性,并提供良好的机加工特性。镍基合金焊接材料亦广泛用于电力工业,可在碳钢和不锈钢之间进行异种焊接,作为在高温下使用时热膨胀系数的过渡材料。

　　相对于钢而言,镍基合金能够在低温下使用,又能在接近1 200℃(2 190°F)的高温下使用,因为固溶合金的基体从固态到绝对零度都保持奥氏体[①]。这些加入适当添加剂的合金提供了有用的耐蚀性,并在包括电力、石化、化学加工、航天和控制环境污染等的广大工业领域中得到了应用。对镍基合金来说,焊接是一门关键性的制造技术。最近50年来,已经进行了大量的研究和开发工作,为更好地弄懂和控制这些合金的焊接性以及开发在焊接接头耐蚀性和力学性能方面能满足更高要求的焊接材料作出了不懈的努力。

　　本书的宗旨在于提供有关镍基合金焊接冶金和焊接性的基础资料,文中包含了对两种最重要镍基合金类别的全面覆盖,即固溶强化合金和沉淀强化合金。有一章致力于氧化物弥散强化合金(ODS)和镍-铝化物合金。为了补充所提供的有关这些合金体系焊接冶金的基础资料,还

---

① 这里和文中的其他地方,术语"奥氏体"和"奥氏体的"是用来涉及在镍基合金中的主要相的面心立方结构。

论述了有关焊接修复和在异种焊接时选择和应用镍基合金的基本观念。许多重要的概念是通过采用"分析案例"来展示的,并将这些概念与实际应用联系了起来。

1.1　镍基合金分类

对镍基合金来说,没有像铁合金和铝合金那样的系统分类体系。因此,大多数镍基合金是通过它们的商业名称或最初由合金制造商给予的合金号而被知晓的。例如,INCONEL® 600 合金[①]和 HASTELLOY® C-22 合金[②]亦归类于 600 合金和 C-22 合金。镍基合金通常以成分分类,如图 1.1所示。以下列出这些类别的简要汇总。

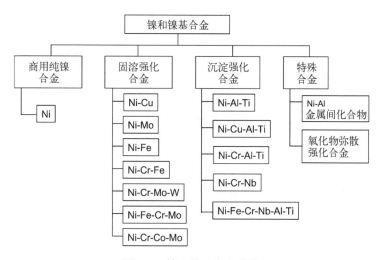

图 1.1　镍和镍基合金分类

1.1.1　商用纯镍合金

商用纯镍合金是基本上含有镍>99wt%[③]的那些合金。这是一个商用纯镍合金的完整族系,命名为 200 合金和 201 合金。这些材料具有低强度和低硬度,原则上由于它们具有良好的耐蚀性而用于苛性腐蚀环境。201 合金具有最高值为 0.02wt% 的碳,所以它们能够在高于 315℃

①　INCONEL 是国际超合金集团 Special Metals, PCC 的注册商标。

②　HASTELLOY 是国际 Haynes 公司的注册商标。

③　wt% 是重量百分率。

(600℉)的高温下使用而无被"石墨化"的危险。因为碳在高于 315℃ 的镍基体中是相对易变的,添加超出溶解度极限(～0.02wt%)的碳会造成石墨质点的沉淀,使材料变脆和变弱。

还有一些附加商用纯镍合金,它们在电或磁致伸缩的有限场合使用。这些合金具有良好的焊接性,但在焊接时对气孔敏感。如果在焊前和焊接中保持清洁,这些合金会显示良好的抗裂性,但保护气体或焊剂必须充足以避免气孔的形成。商用纯镍焊接材料含有最高达 1.5% 铝和 2.0%～3.5% 钛的添加剂来抵消少量的大气污染。钛和铝与氧结合形成氧化物,与氮结合形成氮化物,因而控制了在焊缝熔敷金属中的气孔。

1.1.2　固溶强化合金

镍和铜是同一形态的元素(完全固溶性),能在整个成分范围内生成单相合金。这个族系的材料通常对海水和其他一般腐蚀环境显示出良好的耐蚀性。通常 Ni-Cu 合金有很好的焊接性,但如果不使用适当的保护或良好的抗氧化焊接材料,可能会对气孔敏感。其他的固溶强化镍基合金可以仅含有铁,这些合金的大多数由于特定的膨胀系数或电性能而得到使用。Ni-36wt%Fe 合金通常称作 INVAR®[①]合金,在所有的镍基合金中具有最低的膨胀系数,在几百度的温度范围内加热和冷却一直到约 300℉,仅以小于 1.0×10^{-6} in/(in · ℉$^{-1}$)的速率膨胀和收缩。Ni-Fe 合金有较好的焊接性,但开发又有良好抗凝固裂纹性能,又有相匹配膨胀性能的焊接材料对焊材制造商来说是一个挑战。Ni-Fe 合金及其焊材也可能对低塑性开裂敏感,这种开裂的机理将在第 3 章中详细阐述。

其他固溶合金含有不同的置换元素,包括铬、钼和钨。每种元素都能赋予特殊的性能,并有能力改变每种合金的焊接特性。固溶强化镍基合金的最高抗拉强度值接近 830 MPa(120 ksi),而屈服强度在 345～480 MPa(50～70 ksi)之间。这些合金在要求具有良好耐蚀性的广泛场合下使用。如果要求较高的强度水平,必须选择沉淀强化合金。

1.1.3　沉淀强化合金

沉淀强化镍基合金含有钛、铝和/或铌等添加剂,在适当的热处理后与镍形成强化的沉淀物。在大多数情况下,这些沉淀物与奥氏体基体具

———————————

① INVAR 是 Imphy SA 的注册商标,法国。

有凝聚力,并使基体变形,因而实质上增加了基体的强度。这些沉淀物的大多数称为 γ' [γ'-Ni_3Al、Ni_3Ti 和 $Ni_3(Al, Ti)$]和 γ''(γ''-Ni_3Nb)。在最佳合金添加剂和热处理情况下,这些合金能够强化到最高抗拉强度超过 1 380 MPa(200 ksi)和 0.2%屈服强度超过 1 035 MPa(150 ksi)。

第一个沉淀硬化 Ni-Cr 合金(X-750)是由 γ' 强化的,在靠近 γ' 溶解线温度下,显示出良好的抗氧化性和高温强度的组合。不幸的是,当焊后并直接时效而不在中间插入退火处理时,会产生焊后应变时效裂纹(SAC)。这种开裂的机理将在第 4 章中详细阐述。在为改善焊接性和避免 SAC 的努力下,开发了 γ'' 强化的第二代沉淀硬化 Ni-Cr-Mo 合金。这些合金中最普遍的是 718 合金。因为 γ'' 沉淀物比 γ' 的形成要慢得多,718 合金在焊后热处理时通常不受 SAC 影响。718 合金的主要应用之一是航空航天燃气透平传动轴和耐压壳。如果适当地熔炼,获得低含量的杂质,该合金可提供极大的使用机会。当设计合理时,在一直到 760℃(1 400℉)的使用温度下,具有极佳的疲劳寿命。

基于沉淀强化合金具有在高温下不同寻常的高强度和耐蚀性,所以通常把它们归类为"超合金"。该术语曾松散地应用于许多其他高强度多元合金,但一般术语"超合金"是用来描述由 γ' 和 γ'' 相所提供的具有超强度性能的镍基合金。

在燃气轮机动叶片上采用超合金始于 IN713C 合金。这种合金与X-750 合金相似,但仅仅作为铸件生产,因为含有较多的铝、钛添加剂,因此从铸造温度下冷却时,会发生时效硬化。由于该合金对 SAC 有极高的敏感性,所以产品修复受到限制,但在叶片顶端堆焊则不会开裂。经过数十年的技术进展,增加了"超合金"族系的其他成员,包括超高强度和耐腐蚀的单晶透平叶片合金。为了减少在运行时受到侵蚀,在叶片顶端堆焊是可行的,只要焊接过程能很好得到控制,并使残余应力保持在较低水平。最初这些材料在焊接修复时曾遇到挑战,包括避免在熔池中的晶粒分散和阻止开裂。单晶合金修复过程的关键问题见第 6 章的阐述。

1.1.4 其他特殊合金

有一些合金,由于它们具有令人印象深刻的高温蠕变特性,也能纳入"超合金"范畴,例如氧化物弥散强化合金 MA6000 和 MA754[①]。这些合

---

① 机械合金化(MA)合金是由国际镍公司开发的。

金使用沉淀硬化和弥散硬化两种机理,显示出优越的蠕变强度,其中弥散硬化是由在高温下稳定的精细弥散颗粒所建立的。氧化钇(Y_2O_3)是用来作为强化的弥散体的一个例子。这些材料亦具有优越的高温抗氧化性能,但是当它们用普通的熔焊技术来连接时,则无能力维持其贯穿焊接接头的高强度。当用焊接熔化时,弥散体趋向于聚结,因而由弥散体带来的局部加强在熔合区和热影响区均会丧失。氧化物弥散强化(ODS)合金的焊接在第 5 章中有更详细的讨论。

镍-铝化合物是围绕或是 NiAl 或是 Ni_3Al 组成而设计的合金。它们显示出非常高的强度和耐蚀性能,但由于它们在很大温度范围内延性低,所以焊接非常困难。Ni-Cr-B 和 Ni-Mo-Si 合金曾被开发用于在不同环境下的耐磨材料,但这些合金由于硬度高、延性低,并在其成分范围内会形成低熔融区间的相,所以同样难以焊接。

1.2 镍和镍基合金的历史

商品用镍基合金最初是在 19 世纪后期提出的,而在 20 世纪发展到先进的高水平。元素镍首先是由瑞典科学家和政府赞助的矿学家 Axel Frederik Cronstedt 于 1754 年在发表《成果的延续和 Los 钴矿的实验》一文时命名的[1]。早期,知道存在微红矿石,砷酸镍-八水合矿($Ni_3As_2O_8 \cdot 8H_2O$),当在 Saxony 的 Annaberg 镇开采后,就被认知为镍华(Annabergite)。它含有 29.5% 镍,并同样认知为 Nickel bloom 或 Nickel ochre(译注:以上二词均译为镍华)。在 Erzgebirge 地区的矿工们保留一个相对红色的矿称为"Nicolite"或砷化镍(NiAs)。由于它的微红色,所以最初认为该矿含有铜(Kupfer),但当它熔化时,产生的含砷火焰对冶炼工人是极其有害的,而其主要金属却很难分离出来。因此,他们认为"Old Nick"(对撒旦或魔鬼的早期标记)是造成他们工作困难和危险的直接原因[2]。然后,术语"Kupfer-nicell"进而应用于矿床,字面上它意味着"魔鬼铜"。术语 Kupfer-nicell 最初用于 1654 年靠近现在德国的 Dresden。

直至约 100 年后,Cronstedt 在大量的科学咨询后正式命名该元素为镍。用他的话说:"铜镍(Kupfer nickel)是含有大量原先描述的半金属矿,并为此曾发表了声明。所以我给出了与金属块同样的名称,或者为了方便起见,我已称它为镍,一直到能够证明它仅仅是原先已知道的金属或半金属成分"[3]。显然,Cronstedt 只具有初步的手段对新的发现下定义或作分析,虽然他的见解不足以相信,但该命名还是被采纳了。一百年以后,在加拿大 Ontario 的 Sudbury 矿田发现了重要的矿体,并在 19 世纪后期开始了早期的开采。原则上由硫化物组成的矿层同样含有大量的铜,并成为在 New Jersey 的牛津铜公司很感兴趣的项目。差不多同时,镍也在 Wales 的 Clyddish 进入熔炼和精炼。

国际镍公司(INCO)是由牛津铜公司和加拿大铜公司于 1902 年 3 月 29 日组建而成的[4]。同年,Ambrose Monell(图 1.2 的照片)对最初出现的镍合金之一提出了专利,具有很大的商业意义。它含有约 2/3 的镍和 1/3 的铜,是 MONEL® ① 400 合金(70Ni-30Cu)的前身,至今还

图 1.2 Ambrose Monell 的照片

(取自 INCO 档案馆,标题——《U. S 专利 811,239 于 1906 年 1 月 30 日对 Ambrose Monell 发布的为在镍-铜合金制造中新的和有用的改进》)

---

① MONEL 是特种金属(Special Metals),PCC 公司的注册商标。

在使用。绝非偶然,这是在 Sudbury 矿田大多数矿中发现的镍-铜比,这种有用的合金通过对矿石的简单精炼从自然发现的金属元素中生产出来。

十年后,1912 年 12 月,Elwood Haynes(图 1.3 的照片)在 Indiana 州的 Kokomo 建立了另一个镍的生产工厂,即 Haynes 司太立公司[5]。Haynes 对镍合金和钴合金开展了大量的工作并添加了铬,最终被授予 Ni-Cr 和 Co-Cr 合金的专利。由于 INCO 的 A. L. Marsh 在专利上的竞争,Ni-Cr-Mo 专利最初曾被拒绝。在对联合碳化物占有 50 年和对 Cabot 公司另外 30 年的所有权以后,Haynes 司太立现在以 Haynes 国际闻名,他们的总部仍然处在 Indiana 的 Kokomo。他们的历史由于为数众多的普及的 Ni-Mo、Ni-Cr-Mo 和 Ni-Cr-Mo-W 型的 HASTELLOY® 合金而非常显著。表 1.1 提供了在上一世纪重要合金发展的时间表[5-7]。

图 1.3 Elwood Haynes 的照片

表 1.1 主要镍基合金发展的时间表

时间段	合　　金
1900—1909	MONEL[①] 400 合金,Ni-Cr 合金
1910—1919	HAYNES[②] 6B 合金
1920—1929	MONEL K-500 合金,HASTELLOY A, HASTELLOY B
1930—1939	INCONEL 600 合金,MONEL R-405 合金,PERMANICKEL 300 合金,HASTELLOY C 和 HASTELLOY D
1940—1949	INCONEL X750 合金,INCOLOY 800 合金,INCOLOY 801 合金,DURANICKEL 301 合金,HAYNES STELLITE 21 合金,HAYNES STELLITE 31 合金,NI-SPAN-C 902 合金,NIMONIC 75 合金,NIMONIC 80 合金,NIMONIC 80A 合金,NIMONIC 90 合金和 HAYNES 25 合金
1950—1959	INCONEL 751 合金,INCOLOY 825 合金,HASTELLOY X,NIMONIC 105 合金,NIMONIC 108 合金,PE11 和 PE16
1960—1969	INCONEL 718 合金,INCONEL 690 合金,INCONEL 625 合金,INCOLOY 840 合金,NIMONIC 81 合金,HASTELLOY C-276 和 HAYNES 188
1970—1979	INCONEL 601 合金,INCONEL 617 合金,INCONEL MA 754 合金,INCONEL 706 合金,INCOLOY 800H 合金,INCOLOY 903 合金,INCOLOY MA 956 合金,UDIMET 720 合金,NIMONIC 101 合金,NIMONIC 86 合金,HASTELLOY B-2 和 HASTELLOY C-4
1980—1989	INCONEL 601 GC 合金,INCONEL 625 LCF 合金,INCONEL 725 合金,INCOLOY 925 合金,INCOLOY 800HT 合金,INCOLOY 907 合金,INCOLOY 908 合金,INCOLOY 909 合金,ALLCOR[③],HASTELLOY C-22,HASTELLOY G-30 和 HASTELLOY C-2000
1990—1999	INCONEL 622 合金,INCONEL 686 合金,INCONEL 783 合金,INCONEL 718 SPF 合金,INCOLOY 890 合金,NILO 365 合金,NILO CF36 填充金属,INCOLOY 864 合金,INCOLOY 832 合金,NI-ROD 44HT 填充金属,VDM[④] 59,VDM B-4 和 HASTELLOY B3
2000+	HASTELLOY G-35,HAYNES 282,INCONEL 693 合金,HASTELLOY C-2000,INCONEL 52M 填充金属,INCONEL 740 合金,INCONEL TD 合金和 INCOLOY 27-7Mo 合金

① 以下是国际特种金属 PCC 公司的注册商标:MONEL, INCONEL, PERMANICKEL, INCOLOY,DURANICKEL,NI-SPAN-C,NIMONIC,UDIMET,NILO 和 NI-ROD
② 以下是 Haynes 国际的注册商标:HAYNES,HASTELLOY,HAYNES STELLITE
③ ALLCOR 是 Allegheny Ludlum-ATI 的注册商标
④ VDM 是德国 VDM 合金的注册商标

随着爆炸和采矿技术的提高,镍和铜的供应大大超过了需要。第一次世界大战的爆发,除了高能量的炮弹外,为国防工业还带来了导弹用钢的需要。战争期间,镍的需求量增加,因为它是在这些特种军事用钢中影响硬度和韧性的关键元素。第一次世界大战以后,镍的需求量再次萎缩,在 1922 年这个不适当的时刻,INCO 在 West Virginia,Huntington 建立了工厂,其许可证包括开发新的有用的镍合金并将它们引入市场,选择 West Virginia,Huntington 这个地方源于三个重要特征的考虑:

(1) 那里有丰富的低磷天然气,对冶炼、退火和热处理都是需要的;

(2) Huntington 位于靠近 Guyandotte 和 Ohio 河的汇合处,两条河都是可通航的;

(3) Huntington 地区是居民区,有一定数量的低收入住户,他们耕作农田,有可能接受矿工教育。

此外,铁路系统已准备在 Huntington 市运行,该系统以铁路巨头 Collis P. Huntington 命名。

1922 年,INCO 批准投资 300 万美元(约 2008 年的 4 000 万美元)建设研究和发展基地,并在 West Virginia 的 Guyandotle 河东岸建立轧制厂以及已成立的 INCO Huntington 厂[8]。起初,无关紧要的市场用品例如洗衣用具、家用和商用厨房洗涤槽等都是用 MONELL 金属制造的,这是该金属的最早称呼。以后其名字改称为 MONEL®,因为 U. S 专利局不批准含有个人名字的专利。选择该合金是由于在不锈钢开始商业使用前它具有不锈的特性。在 Huntington 的基地已成为锻镍合金最早的生产厂以及研究 INCO 镍合金最早的场所。

很快,在建立 Huntington 基地后,在 N. J. 的 Bayonne 建立了铸造厂和早期阶段的焊接研究机构。从 1930—1950 年,氢原子焊和氧燃气焊方法得到了广泛的应用,并将镍合金母材拉成丝作为焊接材料。随着"氩弧"焊(现在称为钨极气体保护弧焊,GTAW)和金属极气体保护弧焊(GMAW)的出现,要求改善焊接材料的合金成分以避免新方法的快速加热和冷却周期带来的气孔和开裂的倾向性。具有代表性地加入铝和钛是为了控制来自大气中的氧和氮的污染,而铌和钛最早是为了有效地提高抗裂性。

在 20 世纪的前半段,Sherritt Gordon 和 Falconbridge 合伙建立了镍矿开采和精炼基地,在联合王国(UK)的 Henry Wiggin 有限公司和在 Indiana Kokomo 的 Hayncs 合金公司都启动了镍合金的研究和生产。

Henry Wiggin 公司首先开始,然后与 Rolls Royce 公司紧密合作开发 NIMONIC® 族系的镍-铬合金。Haynes 合金在 HASTELLOY® 商标的名下也开始开发商用合金。在欧洲和亚太地区出现了其他的镍合金生产者,但总的来说其发展滞后于美国和英国。

在 20 世纪 20 年代和 30 年代,市场对较高强度镍基合金的需求促进了 INCO 物理学家 Paul D. Merica 的研究,并最终开发了沉淀硬化镍基合金[6,7]。从 Monell 的早期起,除了基本组织是奥氏体,基体本身在凝固时为面心立方结构外,冶金学家对镍合金的冶金相对是不够了解的。事实上,越来越清楚,在大多数早期开发的合金中,镍是最有效和最有用的奥氏体稳定剂。早期的造船、航空、石油和天然气的应用对较高强度结合耐蚀性的要求促进了在 Ni-Cu 合金中添加铝和钛的研究,其结果是生产出比 70Ni-30Cu 强度更高的合金,经适当的热处理后会形成二次相[10]。该二次相就是已知的 γ′ 相。这种沉淀强化的 Ni-Cu 合金就成为已知的 K-MONEL® 和以后的 MONEL® K-500 合金。在进行了热处理沉淀硬化后,由于形成 γ′,合金在抗拉强度和屈服强度上相对于标准的 400 合金几乎翻了一番。

沉淀硬化具有显著提高镍基合金强度的能力成为 20 世纪镍合金工业最有创新性的技术发现之一。由于沉淀硬化合金使强度与重量比明显增加成为可能,把航天航空工业真正推入了喷气发动机时代,使透平发动机的重量能大大减轻。后来,INCONEL® 718 合金的开发进一步促进了燃气透平喷气发动航空器的发展。由于形成 γ′ 相使得沉淀硬化效应成为可能(将在第 2 章和第 4 章中详加讨论)。随着沉淀硬化 MONEL® K-500 的推广使 Ni 基合金引申出许多新的应用,例如用于在石油钻井时控制方向的无磁钻探环,又如具有极佳抗扭强度和耐海水腐蚀大型军舰传动轴。其他的高强度镍合金当时还包括 INCONEL® X-750 合金。

虽然与镍合金的发展并不直接有关,但实现镍在铸铁工业中的使用是另一个创新性的发现。这里包括 NI-HARD® 族系①铁基研磨和破碎合金的开发以及采用 Ni-Mg 合金延性铁来孕育含镁铁熔池析出圆形石墨颗粒来代替薄片。这些发展跨越 30 年代到 40 年代后期。

镍基合金技术的下一个引人注目的应用是核电站的发展。处于建设商用核电站最前沿的是 INCONEL®600 合金,选用该合金是由于它在水

---

① NI-HARD 是 SMC 国际集团的注册商标。

环境中有优异的耐蚀性记录,在 20 世纪 50 年代末到 70 年代末世界范围建设核电站的兴旺时期得到了广泛的应用。后来知道,该合金在核电站一回路水环境中对应力腐蚀开裂敏感。这一发现引起了耐应力腐蚀开裂的含 30% 铬合金和焊接材料的开发。

镍和镍基合金在过去 100 年技术发展中的作用有很好的记录。在 18 世纪末,从 Cronstedt 命名开始一直到现在,里程碑式的使用和合金的开发使许多工业获得极大的发展,而采用其他合金体系则是不可能的。虽然最初发现要精炼和分离有一定的难度,但镍已成为唯一的和几乎通用的基体作为在许多现代合金和焊接产品中有溶解力的元素。由于镍几乎完全不可能与碳形成化合物(仅仅知道会形成镍碳基,一种具有高度毒性的气体),它的冶金和焊接性问题比那些铁基材料相对要简单一些。读者会发现,镍冶金的诀窍以及与焊接性有关的难题在本书中已成功地充分论述到。

1.3 抗腐蚀性

目前镍基合金可适用的范围已非常广泛,几乎任何一种类型的耐腐蚀场合都能选择到一种镍基材料。商用纯镍合金 200 和 201 在生产和加工氢氧化合物例如 NaOH 和 KOH 时找到了应用。在生产和加工氢氧化合物时,选择这些合金是由于镍在纯氢氧化合物中给予抗应力腐蚀开裂的关键合金元素。此外,含有至少 42% 镍的合金基本上不受氯离子应力腐蚀开裂的影响,而应力腐蚀则是奥氏体不锈钢的灾星。沉淀硬化纯镍合金 300 和 301,由于它们的高强度和高导热性,在玻璃模具行业以及作为热喷涂合金得到了应用。Ni-Cu 合金经常用于海水和盐类生产,同样还用于一般的耐酸场合。随着镍中铜加入量的增加,合金耐还原性酸的抗力提高,但无论是镍还是铜对氧化和氧化性酸都不提供抗力。

沉淀硬化 Ni-Cu 合金 K-500 和 K-501 在高扭转的刚性轴系以及在通用的和海军的耐蚀服役中得到应用。含有铁、钴和铝的 Ni-Cr 合金由于具有极佳的抗氧化性和蠕变强度,所以在 1 150℃(2 100℉)以下的温度范围内得到使用。某些特殊配方的镍合金在 1 260℃(2 300℉)以下能提供有用的抗氧化性和抗硫化性,但不能含有固溶强化剂钼。Ni-Cr-Co-Mo 合金族系限制在 1 177℃(2 150℉)以下使用,因为高于此温度钼具有灾难性的烧蚀或升华倾向性。在 760℃(1 400℉)以下使用的陆用和航天航空燃气轮机均严重地依赖于这些合金的沉淀硬化模式。其他含有钼和钨的 Ni-Cr 合金具有极强的耐点蚀和耐缝隙腐蚀能力。这些合金利用了钼和钨对还原性酸的防护作用,同时也依靠铬所赋予的对各类氧化的抗力。当存在各种不同的酸性条件,或者可能遇到的例如烟气脱硫工况时,这些合金是非常有用的。简单的 Ni-Mo 合金可用于大范围的盐酸浓缩。

固溶强化 Ni-Fe-Cr 合金主要用于中温到高温的热加工和在抗蠕变温度范围内碳氢化合物的加工。还有一些应用于高强度和控制膨胀场合的沉淀硬化 Ni-Fe 和 Ni-Fe-Cr 合金。

1.4　镍合金生产

目前,全世界有许多镍合金生产基地。在美国至少有 5 个主要生产厂,同时在南美、德国、法国、联合王国、日本、中国、意大利和西班牙还有许多工厂。用于镍合金的熔炼方法从简单的空气感应熔炼(AIM)开始一直到复杂的三次熔融,以适应某些燃气轮机旋转部件规范的需要。三次熔融通常包括真空感应熔融(VIM)、电渣重熔(ESR)和真空电弧重熔(VAR)的组合。三次熔融通常用来生产"超合金",为了组合高强度和高温疲劳性能,它要求有格外低的杂质水平。

其他熔炼方法有电弧炉(EAF)熔炼,还有氩-氧-脱碳(AOD)、增压 ESR 和组合 VIM/VAR。AOD 方法由于进入到熔池的脱碳气体中存在氩,可以精确控制碳,同时又可使熔池得到保护避免铬的损失。增压 ESR 方法允许将氮导入含铁的不锈钢熔池中,用于生产抗点蚀和缝隙腐蚀的合金。使用加大真空熔炼方法(例如 VIM/VAR)来消除气体例如氧和氮,从而把氧化物和氮化物降低到尽可能低的水平。ESR 能够降低硫以及被渣的熔剂反应所去除的其他元素。

一旦熔炼完成,通过一系列的常规热加工和冷加工以及必需的热处理将产品加工到各种不同的形式,例如板材、薄板、棒材和线材。生产镍合金很少采用连续浇铸,首先出于大多数镍合金的特殊性,它限制使用大炉冶炼和同一合金的连续负载。所以,普通铸锭是用上述冶炼方法生产的。随着质量要求的不断提高,砂型铸造和底部浇铸已经得到改进。从铸锭阶段开始,就可能有检修步骤,或者在某些情况下,最终的冶炼过程可为铸锭的热开坯提供合适的表面。

某些合金在开坯前要求高温均质,而其他一些则能在加热后直接轧制或锻造。开坯通常用于较小截面的多个块料,称为块锻或方坯。接着将它们减缩至成品或半成品的产品形式。大多数成品形式采用热轧和冷轧加上退火、喷砂和酸洗组合生产,但无缝管和某些形状的产品则通过挤压和随后的冷加工生产。随着产品截面厚度的降低,有时候采用加氢光亮退火来生产具有干净、光滑表面的最终产品,而不采用化学酸洗。

在不同的冷加工过程中,诸如轧制或拉拔,镍合金会显示出每种合金具有的加工硬化特性。对于成分比较复杂的合金(高合金含量)和含碳比较高的合金,加工硬化率通常比较高。简单合金,诸如商用纯镍有时候能够轧制或拉拔而不需要增加中间退火步骤。但是比较起来,大多数镍合金要求中间退火以促成再结晶,并为进一步减小截面而软化。

镍合金焊接产品原则上用冷拔方法生产,通常采用多道拉拔和退火处理来生产要求的直径和性能。在加工和最终生产时的表面修整对生产出便于使用和具有清洁、高延性焊缝的焊接材料是非常关键的。对用于各种不同类型镍基合金的焊接材料的更多的资料能在以后各章中找到。

参考文献

[1] Howard-White, F. B. 1963. *Nickel, An Historical Review*, D. Van Nostrand Co. Inc., pp. 31-33.

[2] Ibid, pp. 24 and footnote 2, pp. 266.

[3] Ibid. pp. 31.

[4] Thompson, J. and Beasley, N. 1960. *For the Years to Come*, G. P Putnam and Sons, New York and Longman, Green and Co., Toronto, p. 143.

[5] Sponaugle, C. 2005. History of Haynes International, Inc. *Pittsburgh ENGINEER*, pp. 7-9 Winter 2005.

[6] Patel, S. J., 2006. A Century of Discoveries, Inventors, and New Nickel Alloys, *JOM* September, 2006 pp. 18-19.

[7] Hodge, F. G. 2006. The History of Solid-Solution-Strengthened Ni Alloys for Aqueous Corrosion Service, *JOM*, September, 2006 pp. 28-31.

[8] Thompson and Beasley, 4, op. cit., pp. 176-180.

[9] Decker, R. F. 2006. The evolution of wrought, age-hardenable superalloys, *JOM*, September 2006, pp. 32-36.

[10] Merica, P. U. S. Patent 1, 572, 744 (filed June 26, 1923).

第 2 章

合金添加剂、相图和相的稳定性

2.1 概述

已经开发了成分范围非常宽广的镍基合金,应用的场合也令人印象十分深刻。例如镍基合金已广泛地用于航空、发电、石化、国防和交通运输等工业。镍合金的大量开发和应用至少部分地能归因于镍的两个独特性能。首先,与其他金属相比,镍能溶解高浓度的合金元素。这些问题的解释,要回溯到 Pauling 所撰写的有关金属电子构造的某些早期著作,并归因于镍原子中相对充满壳体的 d-层电子[1]。第二,在镍中添加铬(和/或铝),由于形成保护性的 Cr_2O_3(或 Al_2O_3)表面氧化层,提供了优异的耐腐蚀性能。这种性能允许在各种不同的场合使用镍基合金,这是由于各种不同的侵袭诸如水腐蚀、氧化和硫化均需要保护。随后发现,添加钛和铝使蠕变强度得到改善,促进了有序 γ'-$Ni_3(Ti, Al)$ 相的沉淀,扩展了这些合金在同时要求高温强度和耐蚀性场合的应用。

当这些属性肯定有益时,在镍基合金中使用合金元素的广度和高浓度有时对微观组织的控制能呈现出一种挑战。例如,设计为单相的许多合金实际上显示的成分走出了溶解度的极限,如果给以足够的时间并暴露在高温下,则能形成宽范围的脆性二次相。在该范畴中的合金例子包括含钼的材料,如 622 合金和 625 合金。类似的现象发生在两相($\gamma+\gamma'$)的超合金中,在高温下长时期暴露时能形成有复杂晶体结构的脆性相(如 σ,P,μ,Laves)。这类相亦能在凝固时形成。在以后的各章中会更详细地示出。镍基合金紧密堆积的、面心立方(fcc)的结晶组织会导致置换合金元素有非常低的扩散速率,接下来则导致在凝固时大范围的显微偏析。这一因素连同在焊接时熔合区经受到高的冷却速率(一般在几十到几百度/秒范围内)和短的凝固时间(约为 $0.01 \sim 10$ s)时显得特别重要。其结果是在凝固的最终阶段,由于微观偏析在熔合区形成了许多意料不到的(和经常不希望有的)相。

相的稳定性图对理解相的转变和工程合金最终的微观组织提供了最有效的工具之一。本章的主要目标是对形成商品合金基础的有关镍基合金系统的相稳定性提供简要的概述。首先将回顾合金元素对镍基合金相稳定性的一般影响,随后再叙述固溶强化和沉淀强化相应的相图。相图的讨论将包括凝固时有关熔合区可能发生的一般转变以及在固态下可能的转变,并将涉及在多道焊时在热影响区或在焊缝金属中微观组织的演变。同样也会描述为计算多成分相图的计算热动力学的最新情况。同样也会评述采用专门开发的 PHACOMP(相计算)和新的 PHACOMP 计算程序来预测镍基合金中相的稳定性。这些资料对更详细地讨论在以下各章中述及的特殊合金系统将会提供有用的背景材料。

2.2　合金添加剂的一般影响

各种合金元素对镍基合金中相稳定性的一般作用汇总于表 2.1[2]。通常采用钴、铬、铁、钼和钽等元素作为固溶强化剂。相对于镍来说,具有相似原子半径、电子结构和结晶组织的元素最有可能保持在固溶体中。另一方面,这些溶解元素对通过固溶硬化提高强度的能力能够通过其原子尺寸与镍的差别来评估。表 2.2 汇总了大致的原子直径和在 1 000℃ (1 830℉)下各种元素在镍中的溶解度数据[3]。这些数据表明,铝、钛、锰、铌、钼和钨提供了为固溶强化所需的原子半径不匹配和可评估的溶解度的最佳组合。元素铬、钼、锰和钨被用于许多单相固溶强化的商用合金中。正如在以下各章中所详细讨论的,某些元素(如铬和钼)能够在长时期高温下运行时参与固态沉淀反应,以及在凝固后期的似共晶反应。添加钼和钨,由于它们在镍中的低扩散性,对提高蠕变强度同样是有用的。虽然钛和铝也能是有效的固溶强化元素,但它们主要是通过在镍基超合金中沉淀 γ'-Ni$_3$(Ti,Al)来改善强度。铌也是有效的强化元素,用于固溶强化以及促进 γ''-Ni$_3$Nb 相的沉淀来提高强化能力。

正如图 2.1(a)所示,γ'-Ni$_3$(Ti,Al)系有序排列的 L12 组织相,与 Ni-fcc 基体具有非常好的结晶图匹配[4]。铝原子驻留在立方体的角上,而镍驻留在面的中心。在商用合金中,诸如铬、钴和铁元素能置换镍,铌能在 Ni$_3$(Al,Ti)相中置换钛和铝。在 γ 基体和 γ' 沉淀物之间的不匹配通常小于百分之一。沉淀物的粗化率直接与基体/沉淀物界面的表

表 2.1　不同合金元素对镍基合金中相稳定性的一般作用汇总表[1]

作　用	元　素
固溶强化元素	Co,Cr,Fe,Mo,W,Ta
γ'-Ni$_3$(Al,Ti)形成元素	Al,Ti
γ' 固溶强化元素	Cr,Mo,Ti,Si,Nb
γ''-Ni$_3$Nb 形成元素	Nb
碳化物形成元素	
MC 和 M(C,N)	W,Ta,Ti,Mo,Nb
M$_7$C$_3$	Cr
M$_{23}$C$_6$	Cr,Mo,W
M$_6$C	Mo,W
TCP 相(σ,P,μ,Laves)	Ti,V,Zr,Nb,Ta,Al,Si
表面氧化物(Cr$_2$O$_3$/Al$_2$O$_3$)形成元素	Cr,Al

(1) 本表经 ASM 国际同意[2]

表 2.2　大致的原子直径和 1 000℃(1 830℉)下各种元素在
镍中的溶解度数据汇总表[1]

溶　解　物	与镍相比,原子尺寸的大致差别,%	在 1 000℃(1 830℉)下,各种元素在镍中的大致溶解度,wt%
C	+43	0.2
Al	−15	7
Si	+6	8
Ti	−17	10
V	−6	20
Cr	−0.3	40
Mn	+10	20
Fe	+0.3	100
Co	−0.2	100
Cu	−3	100
Nb	−15	6
Mo	−9	34
Ta	−15	14
W	−10	38

(1) 本表经 ASM 国际同意[3]

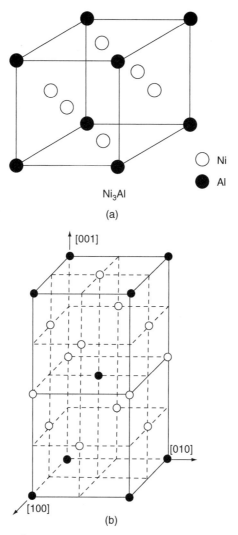

图 2.1 (a) γ'-Ni_3(Ti, Al)有序排列的 fcc 相结晶组织(经 ASM 国际同意[4])；(b) γ''-Ni_3Nb 相的结晶组织(取自 Sundara man 和 Mukhopadyay[8])

面能量成正比[5]。在超合金中 γ' 基体和 γ' 沉淀物之间良好的结晶图匹配导致非常低的表面能量,从而导致沉淀物非常低的粗化率。随着温度提高到~800℃(1 470℉),γ' 相显示出对屈服强度的提高有明显的作用[6]。可以设想,这种作用的发生是由于有序的作用和超点阵位错相对低的迁移性,它们随着温度的提高而发生。固溶强化能造成 γ' 强度的进一步提高。在这种情况下,进一步强化是通过铬和铌元素直接在 γ' 相中溶解所获得,其中铌的作用最大[6]。γ''-Ni$_3$Nb 相能在有足够铌添加剂的合金中形成[7]。这种相的结晶组织示于图 2.1(b),这里铌原子以黑球示出,但钛和铝能置换这些相中的铌[8]。这是一种体心四方形(bct)相,通过在基体中高内聚力应变的发展,它把强度给予许多商用合金。无论如何,γ''相是亚稳定的,通常会在高温下长期暴露后被带有同样 Ni$_3$Nb 化学计算成分正交晶的 δ 相所替代。δ 相通常是不希望有的,因为它与 Ni 的基体是无内聚力的,所以不是有效的强化剂。此外,它能导致脆化,并伴随延性的损失。δ 相的形成对 γ''强化合金修复焊接性的影响将在第 6 章中阐述。

许多具有明显含碳量的镍基合金根据合金成分、加工程序和运行历史能够形成不同类型的碳化物。MC 型碳化物显示为 fcc 结晶组织,凭借与 γ 基体的共晶型反应,一般在凝固末期形成[9]。除了相当数量的碳被氮替代外,碳氮化物 M(CN) 是相似的。这些共晶型反应以及伴随的碳化物和碳氮化物被碳、氮的强烈倾向性和某些金属元素(特别是钛和铌)在凝固时向液体偏析所促成。其结果是 MC 碳化物一般沿枝状晶间和凝固晶粒边界区分布。MC 碳化物经常能在热加工和/或高温下运行时被 M$_{23}$C$_6$ 和 M$_6$C 碳化物所取代[10]。M$_{23}$C$_6$碳化物通常是富铬的,并在760~980℃(1 400~1 800°F)范围内以复杂的立方结晶组织形成。这些碳化物倾向于在晶粒边界形成,当以离散的颗粒存在时,能以限制晶粒边界滑移来改善蠕变强度。M$_6$C 碳化物在 815~980℃(1 500~1 800°F)范围内形成,同样显示出复杂的立方结晶组织。当钼和/或钨的含量大于 6~8 个原子百分比时,倾向于形成这些碳化物。

拓扑的密集堆积(TCP)相如 σ 相、P 相和 μ 相在热加工和/或长期运行时能在高合金材料中形成[11]。某些这种相亦能在凝固末期形成。例如,σ 相能由于钼的偏析而形成[12],而 Laves 相能由于铌的偏析而形成[9]。这些相显示出复杂的结晶组织,当在固态下形成时,它们的密集堆积面与奥氏体基体的{111}平面平行。通常要避免这些相,因为它们一般会造成强度的损失,并促进过早的失效。强度的损失是因基体中固溶强化元素如铬、钼和钨的贫乏而造成。基体中缺乏铬亦能降低抗腐蚀性能。由于这些相的高硬度和似板的形貌,能引起早期开裂和脆性破坏。最后,铬和铝是提供高温耐腐蚀性的重要元素,大多数商用合金含有10wt%~30wt%的铬,由于形成钝态的 Cr$_2$O$_3$ 表面薄膜,能导致腐蚀的防止[13]。这种表面氧化物提供保护是由于限制氧和含硫物质向内扩散以及合金元素向外扩散所致。

2.3　固溶合金的相图

2.3.1　Ni-Cu 系

　　Ni-Cu 系是 MONEL® 族合金的基础。这两种元素显示出非常相似的原子特性。它们每一个都是面心立方,在原子半径上有小于 3% 的差别,并显示出相似的负电性和原子价状态。因此,Ni-Cu 相图(图 2.2)是同晶型系统,在整个成分范围内是完全固溶性的[14]。低于 360℃(660℉)时,相的析出连同亚稳分解仅仅是在热动力计算的基础上得出的。由于在该温度下铜在镍中有低的扩散率,所以在实验中并未观察到亚稳的分解。在 MONEL 型合金中经常加入少量合金添加剂来保证固溶强化。MONEL 合金的强度不能通过热处理来提高,而必须通过加工硬化和固溶强化来完成。某些 Ni-Cu 合金,为了 γ′ 沉淀强化的目的,加入了铝和钛添加剂,但是它们的相稳定性不能用示于图 2.2 的单—Ni-Cu 系统来表示。虽然 Ni-Cu 系展示有完全的固溶性,但在镍(1 450℃/2 650℉)和 Cu(1 085℃/1 985℉)之间熔点上的巨大差别,以及铜在镍中具有低的扩散性,能造成铜在 Ni-Cu 合金熔融焊缝中的微观偏析[15]。这个问题在第 3 章中会有详细讨论。

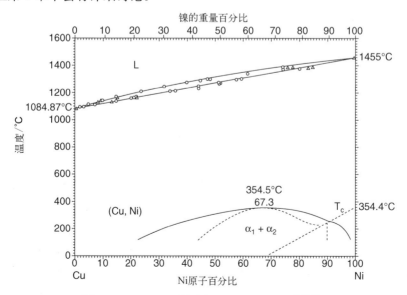

图 2.2　Ni-Cu 二元相图(经 ASM 国际同意[14])

2.3.2　Ni-Cr 系统

如上所述,在许多镍基合金中,铬是通过形成钝态的 Cr_2O_3 表面氧化膜来提供耐腐蚀性的关键合金元素。铬(bcc)和镍(fcc)之间结晶组织的差别导致在二元相图(图 2.3)中具有终端为固溶相的区域[16]。在含铬量为 53% 时,系统显示出共晶反应,并能示出在温度低于 590℃(1 095℉)时富镍端的有序化。镍在共晶温度下有 47wt% 铬的最高固溶度。铬在镍中的高溶解度使该系统理想地成为大多数耐腐蚀、固溶强化和沉淀强化合金的基础,这些将相应在第 3 章和第 4 章中叙述。

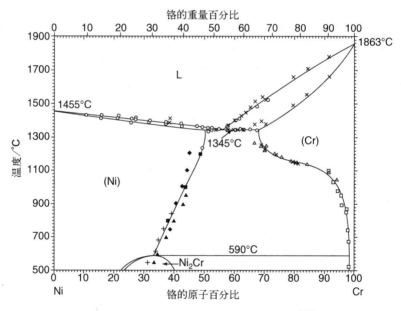

图 2.3　Ni-Cr 二元相图(经 ASM 国际同意[16])

2.3.3　Ni-Mo 系统

Ni-Mo 系统形成 Hastelloy B 族合金的基础,钼含量最高可达约 30wt%。正如图 2.4(a)[17] Ni-Mo 相图所示,镍在共晶温度下能溶解最高 28wt% 的钼。有序排列相如 Ni_4Mo 和 Ni_3Mo 能在较低温度下形成并引起脆化。图 2.4(b)提供了钼在铁和镍中溶解度之间的有趣比较[18]。如前所述,镍基合金的广泛使用很大程度上取决于它们能溶解大量合金元素的能力。图 2.4(a)和图 2.4(b)之间的快速比较表明,fcc 铁(奥氏

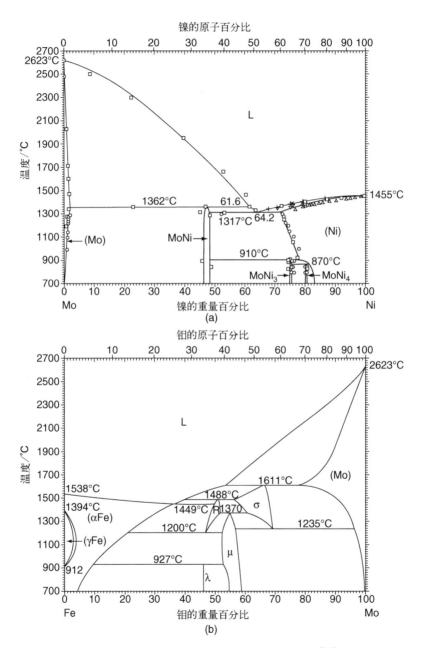

图 2.4　(a) Ni-Mo 二元相图(经 ASM 国际同意[17])；
(b) Fe-Mo 相图(经 ASM 国际同意[18])

体)仅能溶解最高约 3wt% 的钼,明显地小于镍能溶解 28wt% 的钼。溶解度上如此大的差别亦能在其他关键合金元素上观察到,如铬(在 fcc 铁中最大为 11wt%,而在镍中则为 47wt%)和铌(在 fcc 铁中最大为1.5wt%,而在镍中则为 18wt%)[18]。

2.3.4　Ni-Fe-Cr 系统

Ni-Fe-Cr 三元系统形成许多商用镍合金和不锈钢的基础。因此,系统获得了广泛的评估,而且该系统中的相稳定性是众所周知的。该系统的液相线投影图示于图 2.5,而一系列的从 1 000~650℃(1 830~1 200℉)的等温截面示于图 2.6[18]。作为参考,添加在每一张相图上的方块代表铁含量(0~40wt% 铁)和铬含量(10wt%~30wt% 铬)的组合范围,它们能够存于商用镍基合金中。根据其成分,Ni-Cr-Fe 合金能显示出两种可能的初始凝固相,称为奥氏体(γ)或 δ 铁素体(δ)。一般说来,高铬和低镍合金会展现出初始铁素体凝固模式,而富镍合金会以初始奥氏体凝固。分开这两种凝固模式的相边界线发生在 Cr∶Ni 比约为 3∶2处。正如图 2.5 所示,实质上所有商用合金所展示的成分均处于液相线投影图的初始 γ 奥氏体相区域,并指出奥氏体是初始凝固相。当然,这是在实践中所观察到的,对于某些靠近相边界线的不锈钢合金,在高的冷却速率条件下,能发生凝固模式的改变。这些作用在镍基合金中不会发生,

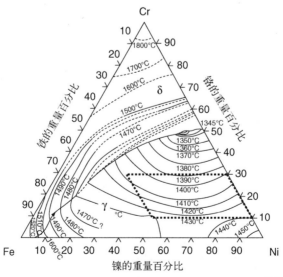

图 2.5　Ni-Fe-Cr 的液相线投影图(经 ASM 国际同意[18])

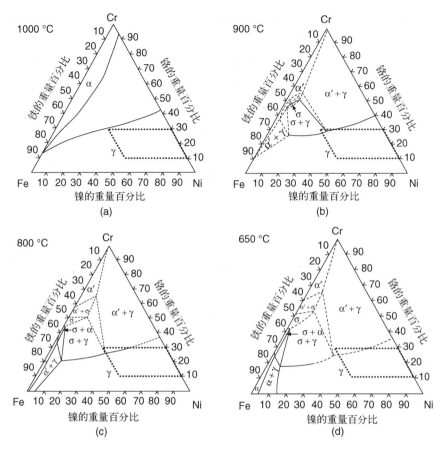

图 2.6　Ni-Fe-Cr 等温截面
(a) 1 000℃;(b) 900℃;(c) 800℃;(d) 650℃(经 ASM 国际同意[18])

因为名义成分远离相的边界线。

　　脆性 σ 相随着铁和铬含量的增加和温度的下降会变得稳定。该相的稳定性随着温度的下降而提高归因于铁和铬在镍中的溶解度随着温度的下降而降低。应注意到,σ 相在温度高于 1 000℃(1 830℉)时是不稳定的。事实上,σ 相是作为固态沉淀的产物在较低温度下足够长时间暴露后变得有可能成核和成长而形成的。如上所述,该相对耐腐蚀和力学性能都是不利的,为避免该相的出现通常是通过行使小心控制成分和加工历程等手段而达到的。

2.3.5　Ni-Cr-Mo 系统

　　Ni-Cr-Mo 系统形成固溶强化合金的基础,同样也用来作为某些沉淀硬化合金的基体。Ni-Cr-Mo 系统的液相线投影图示于图 2.7,从 1 250～600℃(2 280～1 110℉)的一系列等温截面图示于图 2.8[18]。在每张图上的箱形成分空间代表典型的铬含量(10wt%～30wt%)和钼含量(10wt%～15wt%),它们能够在商用合金中找到。这些图显示出该系统某些重要的相稳定性特征。首先,钼的存在在相当宽的范围内稳定了金属间化合物。这些中的许多相,如 σ 相和 P 相,可在商用合金的焊缝中经常观察到[19]。第二,这些合金的凝固通常以奥氏体开始。然而,正如在第 3 章中更详细地描述,凝固时,钼极力向液体偏析,造成钼在液体中明显地富集[12,19,20]。液相线投影图指出,它会在凝固末期在枝状晶间区域促进金属间化合物的形成。形成这些最终凝固相对熔合区的凝固开裂敏感性具有非常重要的意义。最后,这些金属间相通过沉淀反应亦能在固态形成,这是由于随着温度的下降造成钼和铬在镍中溶解度的降低所致。

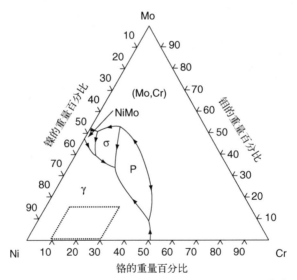

图 2.7 Ni-Cr-Mo 液相线投影图(经 ASM 国际同意[18])

2.4 沉淀硬化合金——γ′ 形成物的相图

Ni-Al 和 Ni-Ti 系统(图 2.9)形成镍基超合金 γ-γ′ 沉淀硬化微观组织的基础[18]。镍能溶解最大约 11wt% 铝和钛的总和。溶解度随温度的下降明显降低,因而提供了沉淀强化反应的驱动力。大多数超合金有低于 10wt% 的 Al+Ti 组合含量,甚至加入少量的铝或钛造成 Ni_3Al 或

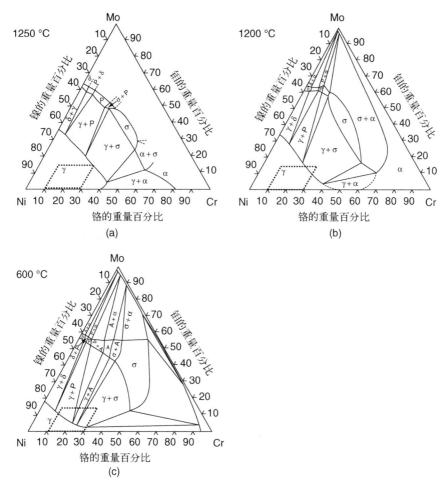

图 2.8 Ni-Cr-Mo 等温截面

(a) 1 250℃;(b) 1 200℃;(c) 600℃(经 ASM 国际同意[18])

Ni₃Ti 相的沉淀。如在前面的图 2.1(a)中所示,Ni₃Al 相具有按序排列的 fcc 结晶组织,并与 γ 基体有最佳的结晶图匹配。查阅图 2.9(a)指出,该相能够在一个较大的成分范围内形成。稳定形成的 Ni₃Ti 相,通常被称为 eta(η),显示密集堆积的六方结晶组织,并在 75Ni-25Ti(原子百分比)特定的化学计量成分下形成。Ni₃Ti 相能够在较低温度下以亚稳的形式形成按序排列的 fcc 结构。

图 2.10(a)示出 Ni-Al-Ti 液相线投图[18],而图 2.10(b)和图 2.10(c)示出 Ni-Al-Ti 在 1 150℃和 750℃(2 100℉和 1 380℉)的等温截面[21]。在简单的三元系中在富镍角没有新的相形成,也没有被二元相图,也说

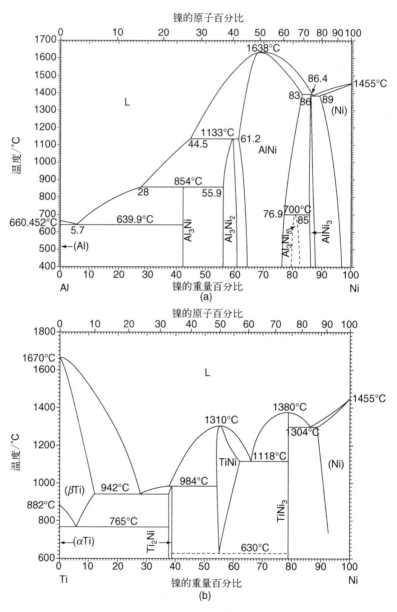

图 2.9 （a）二元 Ni-Al 相图；（b）二元 Ni-Ti 相图（经 ATM 国际同意[18]）

是 γ-奥氏体、γ′-Ni₃Al 和 η-Ni₃Ti 展现出来。液相线投影图示出，对商用合金感兴趣的 Al-Ti 浓度，凝固会以 γ-奥氏体开始。凝固时，铝和钛都会向液体偏析，引起铝和钛浓度在液体中随着凝固的继续而不断增加。因此，在足够高的铝和/或钛的浓度下，凝固会在包含或是 γ′-Ni₃Al 相，

或是 η-Ni$_3$Ti 相的共晶反应下终止。形成的精确相基本上会与实际的合金成分有关。这种凝固顺序的不同例子会在第 4 章中更详细地描述。

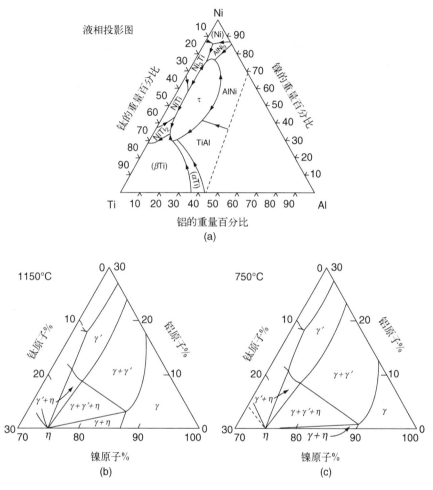

图 2.10　(a) Ni-Al-Ti 液相线投影图和在(b) 1 150℃、(c) 750℃下的 Ni-Al-Ti 等温截面(经 ASM 国际同意[18])

查阅等温截面图指出,在三元 Ni-Al-Ti 系统中预期相的稳定趋势与二元合金的状态有关,也就是说添加钛促进形成 η-Ni$_3$Ti 相,添加铝促进形成 γ'-Ni$_3$Al 相。六方 η-Ni$_3$Ti 相一般以粗大的薄层出现,并不提供明显的强化。这两个相之间的溶解度也有显著的差别。如图 2.10(b)和图 2.10(c)所示,η-Ni$_3$Ti 相不能溶解较大数量的铝,而 γ'-Ni$_3$Al 相在 750℃(1 380℉)下能溶解高达约 13wt%(16%)的钛,正如图 2.10(c)所示。这一点很重要,因为 γ' 的强度能够通过添加钛的固溶强化来提高[6]。在该系统中,γ'-Ni₃Al 相是比较好的。

由于大多数镍基合金含有铬,所以考虑铬对在 γ-γ' 合金中相稳定性的影响是有益的。图 2.11 示出在 750℃和 1 000℃(1 380℉和 1 830℉)下贯穿 Ni₃Ti-Ni₃Al-Ni₃Cr 成分空间的截面[22]。在此温度范围内,添加铬并不产生新的相,γ' 相显示出对钛和铬两者都有明显的溶解度。图 2.12 汇总了对不同的 Ni-Al-X 系统 γ'-Ni₃Al 相区域的位置[23]。这些元素中的

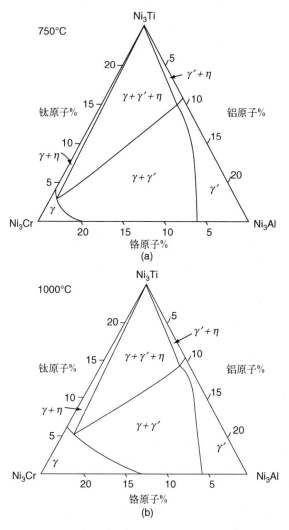

图 2.11　四元 Ni-Cr-Al-Ti 系统取自在 750℃和 1 000℃下的 Ni₃Ti-Ni₃Al-Ni₃Cr 成分空间(取自 Betterlidga 和 Heslop[22])

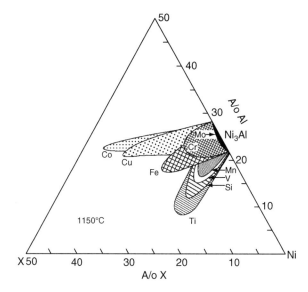

图 2.12 Ni-Al-X 系统在 1 150℃下的三元相图
（取自 Guard 和 Westbrook[23]）

铬、钛和硅特别有吸收力，因为它们显示出明显的溶解度和在 γ′ 相中的固溶强化。

2.5 沉淀硬化合金——γ″形成物的相图

如上所述，许多镍基超合金含有铌添加剂，通过形成 γ″-Ni₃Nb 相来保证强度。Ni-Nb 二元相图示于图 2.13[18]。该系统展示了简单的共晶反应，包含 γ 和 22.5wt％铌的 Ni₃Nb，其中铌在 γ 相中的最大固溶度为 18.2wt％。在商用合金中，存在其他元素，如铬和铁会降低铌的最大固溶度将近 50％（约为 9wt％Nb）[24]。

大多数商用含铌超合金的含碳量均足够高以促进在凝固末期形成碳化物和金属间化合物[24,25]。因此，Ni-Nb-C 系统提供了初步理解凝固反应和在这些合金熔合区的微观组织演变基础。在图 2.14 中 Stadelmaier 和 Fiedler 的数据重述了这一点[26]。对于含有少量铌和碳添加剂的三元和多成分商用合金，奥氏体是初始凝固相。已知，在单一的三元系统和商用合金中碳和铌强烈地向液体偏析[24,25]。因此，根据三元液相线投影图，随着包括 NbC 和/或 Ni₃Nb 在内的共晶型反应物的形成，凝固将会终止。除了 Ni₃Nb 相，由于存在铁、铬、硅和钼而被 Laves 相替代外，这些反应次序一

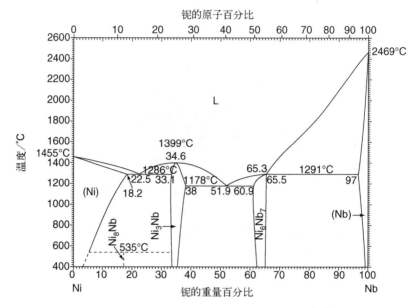

图 2.13　Ni-Nb 二元相图（经 ASM 国际同意[18]）

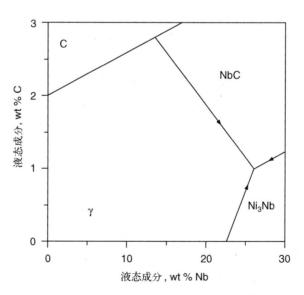

图 2.14　Ni-Nb-C 三元液相线投影图（取自 Stadelmaier 和 Fiedler[26]）

般在商用合金中同样可以观察到(更详细的资料见第 4 章)。Laves 相是金属间化合物,具有 A_2B 型结构,这里 A＝铁、镍、铬,B＝铌、钼和硅。在商用合金中,通常在长期时效后,Ni_3Nb 会以固态形成。

2.6　计算的相稳定性图

虽然上面所讲的简单二元和三元相图对评价大多数合金添加剂对相稳定性的品质效应是有用的,但它们常常局限于在商品合金上的使用。商用合金能够含有十个或更多的合金元素。存在少量的附加合金元素经常对相的边界线位置具有深远的作用。在这种情况下,上面描述的简单二元或三元相图仅能用来对相的稳定性作品质上的评估,因为存在四元和更多的合金添加剂移动了相的边界位置。此外,甚至二元和三元相图对要求的感兴趣的温度区域不是经常可得到的。用实验来确定多成分相图是很难进行的,因为要求进行大量重复的工作来识别温度和个别合金元素的作用。

然而,现在有一些热力学的基本数据[27]和计算程序[28]可用来预测在多成分商用合金中相的稳定性。这些程序通过自由能最小化的计算来确定相的稳定性,这些计算的基础是已经收入到数据库的已公布的热力学数据。应该认识到,产生的相稳定性的相互关系代表了平衡条件,当考虑到如在焊接时所遇到的那些非平衡条件时,形成的数据应谨慎地使用。

预测扩散—控制相的转变时间/温度行为的动力学模型也是可以得到的[29]。这些计算程序对理解和控制先进工程合金的微观组织和性能是无法估价的,并对评估在镍基合金熔合区和热影响区微观组织的形成已经找到了许多的应用场合。产生和应用这样的结果是采用 Ni-Cr-Mo 固溶合金和 γ'' 沉淀硬化合金作为例子来达到的。这里的目的是简单地介绍这种方法的能力以克服对二元和三元相图的限制。对特定合金的更详细的讨论将在以下各章中提供。

Turchi 等最近对 Ni-Cr-Mo 系统在很宽温度范围内的相稳定性进行了详细的计算[30]。进行该工作是为了评估不愿见到的相的类型,当用 Ni-Cr-Mo 固溶合金制备的焊缝在非常长的时间下时效时,这种相可能在低温下出现。目前考虑将这些合金在乏核燃料的储槽上应用。图 2.15(a)示出该系统的三元等温图在 1 250℃(2 280℉)下计算的例子。在同一温度下用实验测量的图示于图 2.15(b)。计算图正确地预测到存在 P 相、σ 相和 μ 金属间相,相的边界线位置通常有很好的一致性。在这种特定场合下,采用计算来确定,当非常长时间处于较低温度下时可能是稳定的相。由于铬和钼在镍中有低的扩散率并伴有长的置换时间,在合理的时间框架内,不可能通过实验来获得在如此较低温度下的结果。图2.16示出计算得到的在较低温度下的一系列三元等温图。然后,能够通过计算来显示单相奥氏体稳定性区域作为铬、钼含量在很大温度范围内的函数,如图2.17所示。对这些场合感兴趣的是随着温度的降低奥氏体相的区域不断收

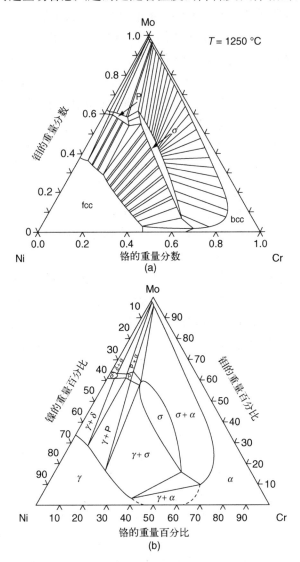

图 2.15   在 1 250℃计算的 Ni-Cr-Mo 三元等温图
（a）与在同一温度下实验确定的图相比；(b)（取自 Turchi 等[30]）

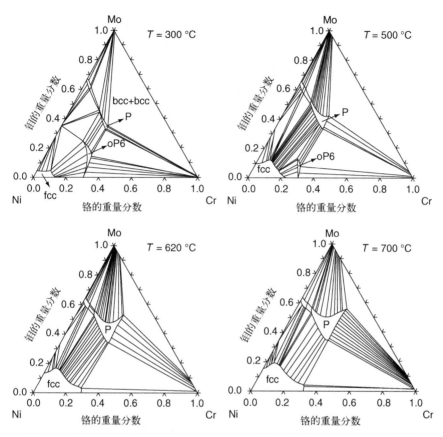

图 2.16　在较低温度下计算的 Ni-Cr-Mo 三元等温图系列（取自 Turchi 等[30]）

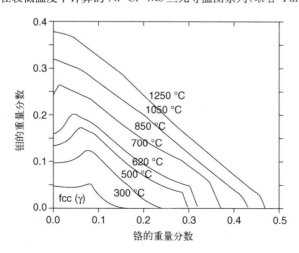

图 2.17　示出单相奥氏体稳定性区域作为铬和钼含量的函数在很大温度范围内的热力计算结果（取自 Turchi 等[30]）

缩。由于随着温度的下降，铬和钼的溶解度也降低，所以这里存在一个在较低温度和非常长的时效时间对形成脆性金属间相的潜力。

在前面几节中描述的相图对评估固态转变是有用的，但是不能用来评估可能在熔合区凝固时发生的相的形成。在这种情况下能够计算液相线投影图。对说明在 Ni-Cr-Mo HASTELLOY® 合金熔合区相形成的计算液相线投影图的例子示于图 2.18(a)[31]，图 2.18(b)示出用实验来确定的 Ni-Cr-Mo 液相线投影图，该图是用来证实热力学数据库的[32]。通常在两个相图之间有很好的一致性。一旦得到证实，就能用数据库来评估存在于合金中的所有合金元素的影响。合金 C-22 多成分液相线投

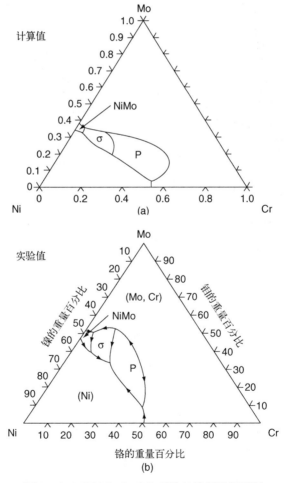

图 2.18　三元 Ni-Cr-Mo 系统的液相线投影图
（a）计算的投影图；（b）实验确定的投影图（取自 Perricone 等[31]）

影图的例子示于图 2.19。图中的箭头代表计算的凝固途径,叠加在图上是为了在数量上预测凝固行为,并将在第 3 章中作更详细的讨论。在这种情况下,已知计算中的所有合金元素的夹杂物都扩大 P 相稳定性的区域,因此使该相在凝固末期形成。用反复添加合金元素所作的成功计算表明,钨对稳定 P 相具有最大的作用,而这种行为通过使用简单的 Ni-Cr-Mo 液相线投影图不可能得到证实。

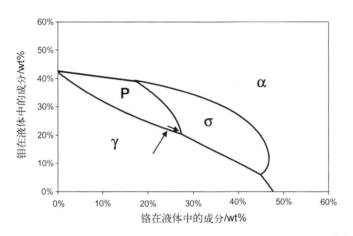

图 2.19　合金 C-22 计算的多成分液相线投影图(取自 Perricone 等[31])

　　许多热力学程序同样具有多成分凝固的模拟能力。一般需要考虑,替代合金元素的固态扩散是微不足道的(也就是 Scheil 条件),而填隙式元素的扩散则是无限的。DuPont 等指出,热力学程序精确地代表与镍基合金熔化焊有关的绝大多数冷却速率条件[25]。然后这些计算允许预测相的形成作为凝固时的温度、凝固的温度范围和合金元素最终分布的函数。HASTELLOY® 型合金的计算例子示于图 2.20 和图 2.21[33]。图 2.20 示出合金 C-22 和 C-276 的 Scheil 凝固模拟,它证实了在凝固的最终阶段将会形成的相(在 C-22 中的 σ 相,在 C-276 中的 P 相),它们的形成温度以及凝固的温度范围。图 2.21(a)示出预期贯穿合金 C-22 焊缝网格状/枝状晶亚结构所存在的镍、铬和钼合金元素的计算分布。Cieslak 等在该同一合金上所作的实验测量结果在图 2.21(b)上给出,并显示出在测定结果与计算结果之间有非常好的一致性[19]。

　　热力学数据库亦能与动力学计算程序联系起来确定时间—温度转变(TTT)图和连续冷却转变(CCT)图来描述如沉淀那样的扩散—控制反应速率。这些结果对在焊接沉淀强化合金时优选热处理规范和评估热影

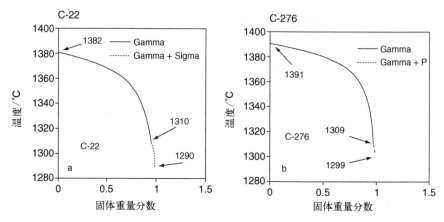

图 2. 20 C-22 合金和 C-276 合金的 Scheil 凝固模拟（取自 DuPont 等[33]）

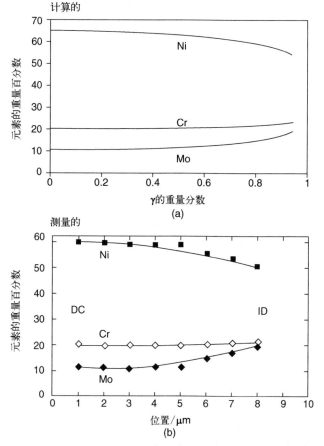

图 2. 21 C-22 合金贯穿焊缝枝状亚结构中存在的合金元素镍、铬和钼
（a）计算的；（b）测定的分布（取自 DuPont 等[33]）

响区相的形成是非常有用的。718 合金现有的计算 TTT 图例子示于图 2.22(a)，而实验确定的 TTT 图示于图 2.22(b)[34]。计算图是由经修正的 Johnson-Mehl-Avrami 模型所确定的，模型的输入参数如驱动力和沉淀物成分是从热力学的数据库中获得的。718 合金主要是由 γ'' 相强化的，但同样能形成少量的 γ'。虽然这些相在强度方面都是有好处的，但脆性的 δ 和 σ 相亦能在较长时间的热机械工艺过程或运行中形成，一般是需要避免的。评估在焊缝热影响区相的形成是要靠 CCT 图的帮助更精确地完成的，它们也能够通过计算来获得。706 合金的这种例子示于图 2.23。706 合金与 718 合金相似，它含有铌，主要是靠 γ'' 来强化的。

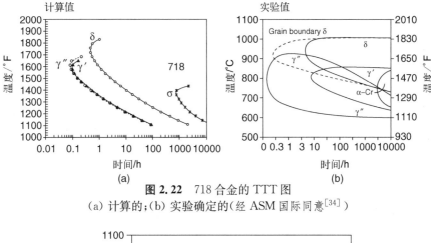

图 2.22　718 合金的 TTT 图
（a）计算的；（b）实验确定的（经 ASM 国际同意[34]）

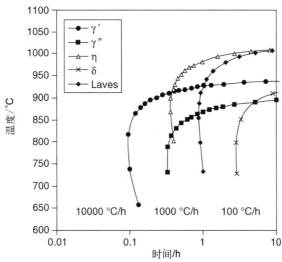

图 2.23　706 合金的计算 CCT 图（经 ASM 国际同意[34]）

开发这些多组成相稳定性图对解释商用镍基合金熔合区和 HAZ 区微观组织的演变是无法估价的,而且对有效合金的设计也找到了广泛的使用。随着镍基合金为满足更高需求的复杂性的增加,预期这种相图的使用会变得更为普遍。在以下各章中对专用合金使用计算的相稳定性图将给予更详细的叙述。

2.7　PHACOMP 相稳定性计算

镍基超合金的早期开发者主要依靠可获得的二元和三元相图,因为得不到在前面各节中所描述的多组成热力学程序。因此,预测有害的 TCP 相,如 σ 相、P 相和 μ 相,是困难的。在无法得到多组成相图的情况下,为了避免这些相而作出的努力导致产生称之为 PHACOMP (PHAse COMPutation)的相稳定性计算程序[11]。事实上许多早期合金,至少是部分合金,都是通过应用这一技术开发的。最近,PHACOMP 程序已被更精细的方法所取代,称之为 New PHACOMP[35]。虽然每一个这种技术会慢慢地被多组成热力学和动力学计算所取代,但它们还是能用来理解镍合金中重要相的稳定作用。事实上,现在的工作已显示出 New PHACOMP 程序能够用于在超合金焊缝金属中既是品质上[36]又是数量上[37]相的预测。因此,总的发展和采用这些工艺这里需要有一个简单的介绍,将它们用于预测镍基合金焊缝中相的形成将在第 4 章中作更详细的讨论。

PHACOMP 程序的初始目标是要预测 γ-奥氏体基体的固溶度,也就是在 γ′ 和 γ+σ(或 P、μ 或 Laves)相区域之间相的边界位置。该方法从观察不希望有的 TCP 相的电子组成开始,其中相的一个或更多的元素显示出正电特性。因此,曾作出努力应用电子空位概念来预测奥氏体基体的溶解度。按照这种途径,对奥氏体基体计算平均的电子空穴数(N_v)为:

$$N_v = \sum (x_i)(n_v) \tag{2.1}$$

式中,x_i 为元素 i 在奥氏体基体中的原子分数,n_v 为元素 i 的电子空穴数。

必须指出,x_i 值代表在估计形成其他相如碳化物、γ′ 和 γ″ 后溶解在奥氏体基体中元素 i 的浓度,而不代表名义上的浓度。对重要元素合适的 n_v 值示于表 2.3。通过比较当时可获得的有效相图后建立了不同合金的临界 N_v 值。在图 2.24 中示出了一个例子,图中点线代表常数 N_v 值 2.49,它大约相当于 Ni-Co-Cr 体系中 U-700 合金在 1 200℃(2 190℉)时 $\gamma/(\gamma+\sigma)$ 相边界线的位置[11]。因此,$N_v=2.49$ 是在 U-700 中形成 σ 相的临界值,应该控制在该合金中奥氏体基体的成分,即维持 N_v 值低于 2.49。对其他合金,已经确立了稍显不同的临界 N_v 值,例如对 Rene 80 为 2.32,对 IN-738 为 2.38。检验列于表 2.3 中的元素表明,添加如钛、钒、锆、铌、钽、铝和硅显示出对形成 TCP 相特别强的倾向性。对镍来说,非常低的 n_v 值是能溶解大量合金元素能力的反映,这是由于它的电子组态中 d 带层相对充满了电子[1]。

表 2.3　一般存在于镍基合金中合金元素的 n_v 和 m_d 值[(1)]

元　素	n_v	m_d
Ti	6.66	2.271
V	5.66	1.543
Cr	4.66	1.142
Mn	3.66	0.957
Fe	2.66	0.858
Co	1.71	0.777
Ni	0.66	0.717
Zr	6.66	2.944
Nb	5.66	2.117
Mo	4.66	1.550
Ta	5.66	2.224
W	4.66	1.655
Al	7.66	1.900
Si	6.66	1.900

(1) 本表取自 Sims[11] 和 Morinaga 等[35]。

　　虽然对某些合金获得了非保守的结果,作为对合金开发的助手,PHACOMP 程序的使用已经超过 30 年。方法的一个局限性是缺少 N_v 依赖于温度的界限来计算溶解度随温度的改变。采用更高级的 New PHACOMP,高于 Fermi 级的平均 d 电子能量 M_d 是从对奥氏体成分的认识来计算的,并与依赖于温度的临界值 $M_{d,\,crit}$ 相比较,需要满足超出固

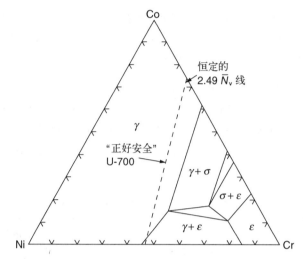

图 2.24　恒定的 $N_v=2.49$ 线大约相当于在 Ni-Co-Cr 体系中 U-700 合金的 $\gamma'/(\gamma+\sigma)$ 相边界线的位置(取自 Sims[11])

溶度的条件。当这样的条件得到满足时,预期会形成 TCP 相。依赖于温度的 $M_{d, crit}$ 是从大量的二元和三元合金的 $\gamma/(\gamma+TCP)$ 溶解度曲线来确定的。奥氏体中的 M_d 值是通过下式来计算的:

$$M_d = \sum (x_i)(m_d) \qquad (2.2)$$

式中,x_i 是奥氏体中元素的原子分数,而 m_d 是元素 i 的金属 d 级。不同元素的 m_d 值汇总于表 2.3。依赖于 $M_{d, crit}$ 值是这样表达的:

$$M_{d, crit} = 6.25 \times 10^{-5}(T) + 0.834 \qquad (2.3)$$

这里 T 以 K 表示。

Zhang 等采用该技术作为开发新的耐蚀单晶超合金的支持,该类超合金为了改善铸造特性和焊接性具有数量减少的 γ/γ' 低熔共晶和窄的凝固温度范围[38]。直接采用这一方法来预测在超合金中熔化焊缝的凝固行为将在第 4 章中阐述。

参考文献

[1] Pauling, L. 1938. The nature of the interatomic forces in metals, *Physical Review*, 54: 899-904.

[2] Stoloff, N. S. 1990, Wrought and P/M superalloys, in *ASM Hanbook*, *Volume 1*, ASM International, Materials Park, OH, pp. 950-980.

[3] Brooks, R. B. 1982, *Heat treatment, structure and properties of nonferrous alloys*, ASM International, Materials Park, OH, p. 145.

[4] Liu, C. T. , Stiegler, J. O. , and Froes, F. H. 1990, Ordered intermetallics, *ASM Handbook, Vol. 2, Properties and selection: nonferrous alloys and special-purpose materials*, ASM International, Materials Park, OH, pp. 913-942.

[5] Lifshitz, I. M. and Sloyozov, V. V. 1961. The kinetics of precipitation from supersaturated solid solutions, *Journal of Physical Chemistry of Solids*, 19(1-2): 35-50.

[6] Thornton, P. H. , Davies, P. H. , and Johnston, T. L. 1970. Temperature dependence of the flow stress of the gamma prime phase based upon Ni_3 Al, *Metallurgical Transactions A*, 1(1): 207-218.

[7] Brooks, J. W. and Bridges, P. J. 1988, Metallurgical Stability of INCONEL Alloy 718, *Superalloys 1988*, ASM International, Materials Park, OH, pp. 33-42.

[8] Sundararaman, M. and Mukhopadhyay, P. 1993, Overlapping of γ'' precipitate variants in inconel 718: *Materials Characterization*, v. 31, pp. 191-196.

[9] DuPont, J. N. , Robino, C. V. , Marder, A. R. , Notis, M. R. , and Michael, J. R. 1988. Solidification of Nb-Bearing Superalloys: Part- I. Reaction Sequences, *Metallurgical and Material Transactions A*, 29A: 2785-2796.

[10] Ross, E. W. and Sims, C. T. 1987, Nickel-Base Alloys, *Superalloys II-High Temperature Materials for Aerospace and Industrial Power*, ASM International, Materials Park, OH, pp. 97-133.

[11] Sims, C. T. 1987, Prediction of Phase Composition, *Superalloys II-High Temperature Materials for Aerospace and Industrial Power*, John Wiley & Sons, New York, NY, pp. 218-240.

[12] Perricone, M. J. and DuPont, J. N. 2006. Effect of Composition on the Solidification Behavior of Several Ni - Cr - Mo and Fe - Ni - Cr - Mo Alloys, *Metallurgical and Materials Transactions A*, 37A: 1267-1280.

[13] Giggins, C. S. and Pettit, F. S. 1969. Oxidation of Ni-Cr alloys between 800 and 1 200℃, *Transactions of the Metallurgical Society of AIME*, 245: 2495-2507.

[14] Chakrabarti, D. J. , Laughlin, D. E. , Chen, S. W. , and Chang, Y. A. 1991. Ni- Cu System, in *Phase diagrams of binary nickel alloys*, P. Nash, ed. , ASM International, Materials Park, OH, pp. 85-96.

[15] Heckel, R. W. , Rickets, J. H. , and Buchwald, J. 1965. Measurement of the degree of segregation in Monel 400 weld metal by X-ray line broadening, *Welding Journal*, 34(7): 332s-336s.

[16] Nash, P. 1991. Ni - Cr System, *Phase diagrams of binary nickel alloys*, P. Nash, ed. , ASM International, Materials Park, OH, pp. 75-84.

[17] Singleton, M. F. and Nash, P. 1991. Ni - Mo System, *Phase diagrams of binary nickel alloys*, P. Nash, ed. , ASM International, Materials Park, OH, pp. 207-212.

[18] Baker, H. Ed. 1992, *Alloy phase diagrams*, ASM International, Materials Park, OH.

[19] Cieslak, M. J. , Headley, T. J. , and Romig, A. D. 1986. The welding metallurgy of Hastelloy alloys C - 4, C - 22, and C - 276, *Metallurgical Transactions A*, 17A: 2035-2047.

[20] Banovic, S. W. , DuPont, J. N. , and Marder, A. R. 2003. Dilution and microsegregation in dissimilar welds between super austenitic stainless steel and nickel base alloys, *Science and Technology of Welding and Joining*, 6(6): 374-383.

[21] Taylor, A. and Floyd, R. W. 1952. Phase stability in the Ni- Al- Ti system, *Journal of the Institute of Metals*, 81: 455-460.

[22] Betteridge, W. and Heslop, J. 1974, *The nimonic alloys*, Crane, Russak, and Company, New York, NY.

[23] Gaurd, R. W. and Westbrook, J. H. 1959. Phase stability in superalloys, *Transactions of the Metallurgical Society of AIME*, 215: 807-816.

[24] Knorovsky, G. A. , Cieslak, M. J. , Headley, T. J. , Romig, A. D. , and Hammeter, W. F. 1989. Inconel 718: A solidification diagram, *Metallurgical Transactions A*, 20A: 2149-2158.

[25] DuPont, J. N. , Robino, C. V. , and Marder, A. R. 1998. Solidification of Nb-Bearing Superalloys: Part II. Pseudo Ternary Solidification Surfaces, *Metallurgical and Material Transactions A*, 29A: 2797-2806.

[26] Stadelmaier, H. H. and Fiedler, M. 1975. The ternary system nickel-niobium-carbon, *Z. Metallkde*, 9: 224-225.

[27] Saunders, N. 2001, *Fe - Data Thermodynamic Database 3. 0*, Thermotech, Ltd. , The Surrey Research Park, Guildford, UK, Thermotech, Ltd.

[28] Sundman, B. 2001, *Thermo-Calc. S - 100 44[N]*. Thermotech, Ltd. , The Surrey Research Park, Stockholm, Sweden.

[29] Saunders, N. , Guo, Z. , Miodownik, A. P. , and Schille, J. P. 2006. Modeling the material properties and behavior of Ni- and Ni-based superalloys, *Superalloys 718, 625, 706 and Derivatives*, ASM International, Materials Park, OH, pp. 571-580.

[30] Turchi, P. A. , Kaufman, L. , and Liu, Z. 2006. Modeling of Ni - Cr - Mo based alloys: Part I: phase stability, *Computer Coupling of Phase Diagrams and Thermochemistry*, 30: 70-87.

[31] Perricone, M. J. , DuPont, J. N. , and Cieslak, M. J. 2003. Solidification of Hastelloy Alloys: An Alternative Interpretation, *Metallurgical and Materials Transactions A*, 34A: 1127-1132.

[32] Jena, A. K., Rajendraprasad, S. B., and Gupta, K. P. 1989. The Cr-Mo-Ni System, *Journal of Alloy Phase Diagrams*, 5: 164-177.

[33] DuPont, J. N., Newbury, B. D., Robino, C. V., and Knorovsky, G. A. 1999. The Use of Computerized Thermodynamic Databases for Solidification Modeling of Fusion Welds in Multi-Component Alloys, *Ninth International Conference on Computer Technology in Welding*, National Institute of Standards and Technology, Detroit, MI, pp. 133-142.

[34] Saunders, N., Guo, Z., Miodownik, A. P., and Schille, J. P. 2006. Modeling the material properties and behavior of Ni- and Ni-based superalloys, *Superalloys 718, 625, 706 and Derivatives*, ASM International, Materials Park, OH, pp. 571-580.

[35] Morinaga, N., Yukawa, N., Adachi, H., and Ezaki, H. 1984, *New PHACOMP and Its Applications to Alloy Design*, ASM International, Champion, Pa, pp. 523-532.

[36] Cieslak, M. J., Knorovsky, G. A., Headley, T. J., and Romig, A. D. 1986. The use of New PHACOMP in understanding the solidification microstructure of nickel base alloy weld metal, *Metallurgical Transactions A*, 17A: 2107-2116.

[37] DuPont, J. N. 1998. A Combined Solubility Product/New PHACOMP Approach for Estimating Temperatures of Secondary Solidification Reactions in Superalloy Weld Metals, *Metallurgical and Material Transactions*, 29A: 1449-1456.

[38] Zhang, J. S., Hu, Z. Q., Murata, Y., Morinaga, N., and Yukawa, N. 1993. Design and development of hot corrosion resistant nickel base single crystal superalloys by the d-electrons alloy design theory; Part II: effects of refractory metals Ti, Ta, and Nb on microstructures and properties, *Metallurgical Transactions A*, 24A: 2451-2464.

第 3 章

固溶强化镍基合金

固溶强化镍基合金被广泛使用于 800℃(1 470℉)以下的温度,在某些情况下可至 1 200℃(2 190℉)的高温下要求中等强度和极好抗腐蚀性能相结合的应用场合。这些合金广泛被使用于发电、化学加工和石油化学工业以及一系列其他专门的工业,诸如纸浆和造纸、组合工具和低温液体处理工程。它们主要通过添加诸如铬、铁和钼可提供奥氏体显微组织①固溶强化的合金元素进行强化。本章对本类别中的标准合金以及通常推荐用于这些合金的焊接材料作一描述。也阐述了固溶强化合金的物理冶金和力学性能。对这类合金的焊接冶金和焊接性作了较详细的叙述并讨论与焊接结构有关的腐蚀方面的问题。

3.1 标准合金和焊接材料

固溶强化镍基合金可按合金添加剂进行分类,如表 3.1~表 3.3 所示。所提供的合金牌号和 UNS 号两者能够用普通的"商业"名称进行识别及便于和其他标准相对应。

表 3.1 列出一些商用纯的和低合金镍材料两者,以及 Ni - Cu 合金。一些用得较广泛的 Ni - Cr、Ni - Cr - Fe 和 Ni - Cr - Mo 合金的化学成分列于表 3.2。添加有钼的合金广泛用于改善抗水腐蚀性能。在某些情况下,钼也提供在高温下的强度,但是由于其在约 1 150℃(2 100℉)以上的温度倾向于严重氧化,限制其应用的上限。

也有一些 Fe - Ni 合金,它们从技术角度来讲是铁基合金,但具有很高的镍含量(30wt%~45wt%),常常与真正的镍基合金一起列入手册中。某些这种合金的化学成分也列入表 3.2 中。这些包括 Fe - Ni - Cr

---

① 术语"奥氏体"和"奥氏体的"用于特指镍基合金中起主导作用的富镍面心立方体相。

表 3.1　镍和 Ni-Cu 合金的化学成分[1]

合金	UNS No.	C	Cu	Fe	Mn	Ni	Si	Al
镍及镍合金(低合金含量)								
200	N02200	0.15	0.25	0.40	0.35	99.0 min	0.35	—
201	N02201	0.02	0.25	0.40	0.35	99.0 min	0.35	—
CZ100	N02100	1.00	1.25	3.00	1.50	余量	2.00	—
205	N02205	0.15	0.15	0.20	0.35	99.0 min	0.15	—
211	N02211	0.20	0.25	0.75	4.25~5.25	93.7 min	0.15	—
233	N02233	0.15	0.10	0.10	0.30	99.0 min	0.10	—
253	N02253	0.02	0.10	0.05	0.003	99.9 min	0.005	—
270	N02270	0.02	0.001	0.005	0.001	99.97 min	0.001	—
Ni-Cu 合金								
M25S	N04019	0.25	27.0~31.0	2.50	1.50	60.0 min	3.50~4.50	—
M35-2	N04020	0.35	26.0~33.0	2.50	1.50	余量	2.00	0.50
400	N04400	0.30	余量	2.50	2.00	63.0~70.0	0.50	—
401	N04401	0.10	余量	0.75	2.25	40.0~45.0	0.25	—
404	N04404	0.15	余量	0.50	0.10	52.0~57.0	0.10	0.05
405	N04405	0.30	余量	2.50	2.00	63.0~70.0	0.50	—

(1) 单值为最大值。

表 3.2　Ni-Cr,Ni-Cr-Fe 和 Ni-Cr-Mo 合金的化学成分[1]

合金	UNS No.	C	Cr	Fe	Mn	Ni	Mo	Si	Al	其他
				Ni-Cr,Ni-Cr-Fe 和 Ni-Cr-Mo 合金						
600	N06600	0.15	14~17	6~10	1.0	72.0 min	—	0.5	—	—
601	N06601	0.1	21~25	余量	1.0	58~63	—	0.5	1.0~1.7	—
617	N06617	0.15	20~24	3.0	1.0	余量	8~10	1.0	0.8~1.5	Co 10~15
625	N06625	0.10	20~23	5.0	0.5	余量	8~10	0.5	0.40	Nb 3.15~4.15
690	N06690	0.05	27~31	7~11	0.5	58.0 min	—	0.5	—	—
693	N06693	0.15	27~31	2.5~6.0	1.0	余量	—	0.5	2.5~4.0	Ti 1.0 Nb 0.5~2.5
C-4	N06455	0.015	14~18	3.0	1.0	余量	14~17	0.08	—	—
C-22	N06022	0.01	20~24	3.0	0.5	余量	12~14	0.08	—	Co 2.5,3W
C-276	N10276	0.02	14.5~16.5	4~7	1.0	余量	15~17	0.08	—	Co 2.5
C-2000	N06200	0.1	22~24	3.0	0.5	余量	15~17	0.08	0.5	—
59	N 06059	0.10	22~24	1.5	0.50	余量	15~16.5	0.1	0.4	—
230	N06230	0.05~0.15	20~24	3.0	0.30~1.0	余量	1~3	0.25~0.75	0.2~0.5	—
RA333	N06333	0.08	24~27	余量	2.0	44~47	2.5~4	0.75~1.5	—	—
G3	N06985	0.015	21.0~23.5	18~21	1.0	余量	6~8	—	—	Cu 1.5~2.5

续表

合金	UNS No.	C	Cr	Fe	Mn	Ni	Mo	Si	Al	其他
Ni-Cr,Ni-Cr-Fe 和 Ni-Cr-Mo合金										
HX	N06006	0.05~0.15	20.5~23.0	17~20	1.0	余量	8~10	—	—	W 0.2~1.0
S	N06635	0.02	14.5~17	3.0	0.30~1.0	余量	14~16.5	0.2~0.75	0.1~0.5	
W	N10004	0.12	5.0	6.0	1.0	63.0	24.0	—	—	
X	N06002	0.05~0.15	20.5~23.0	17~20	1.0	余量	8~10	—	0.5	Co 0.5~2.5 W 0.2~1.0
686	N06686	0.01	19~23	2.0	0.75	余量	15~17	0.08	—	W 3.0~4.4
Fe-Ni-Cr合金										
HP	N08705	0.35~0.75	19~23	余量	2.00	35~37	—	2.5	0.15~0.6	
800	N08800	0.10	19~23	余量	1.5	30~35	—	1.0	0.15~0.6	Ti 0.15~0.60
801	N08801	0.10	19~22	余量	1.5	30~34	—	1.0	—	Ti 1.0
802	N08802	0.2~0.5	19~23	余量	1.50	30~35	—	0.75	0.15~1.0	
800H	N08810	0.05~0.1	19~23	余量	1.50	30~35	—	1.0	0.15~0.6	Ti 0.15~0.60
800HT	N08811	0.06~0.1	19~23	39.5 min	1.50	30~35	—	1.0	0.15~0.6	Ti 0.25~0.60
825	N08825	0.05	19.5~23.5	余量	1.00	38~46	2.5~3.5	0.5	0.2	Ti 0.6~1.2

(1) 单值为最大值。

表 3.3　其他镍基合金和 Fe-Ni 合金的化学成分⁽¹⁾

合金	UNS No.	C	Cr	Mo	Fe	Mn	Ni	Si	Al	Ti	Nb	Co
Ni-Fe 合金												
52	N14052	0.05	0.25	—	余量	0.6	50.5名义值	0.3	0.1	—	—	—
Ni-Fe	N14076	0.05	2~3	0.5	余量	1.5	75~78	0.5	—	—	—	—
Ni-Fe	N14080	0.05	0.3	3.5~6	余量	0.8	79~82	0.5	—	—	—	—
Ni-Mo 合金												
B	N10001	0.12	1.0	26~33	6	1.0	余量	1.0	—	—	—	—
B-2	N10665	0.01	1.0	26~30	2.0	1.0	69	0.1	0.5	—	—	—
B-3	N10675	0.01	1~3	27~32	1~3	3.0	65 min	0.1	0.5	—	—	—
B-10	N10624	0.01	6~10	21~25	5.0~8.0	1.0	余量	0.1	0.5	—	—	—
NiMo	N30007	0.07	1.0	30~33	3.0	1.0	余量	1.0	0.2	—	—	—
NiMo	N30012	0.12	1.0	26~30	4~6	1.0	余量	1.0	0.15	—	—	—
Fe-Ni 低膨胀合金												
36(INVAR)	K93601	0.10	0.5	0.5	余量	0.6	34~38	0.35	0.1	—	—	—
42	K94100	0.05	0.5	0.5	余量	0.8	42.0名义值	0.3	0.15	—	—	—
48	K94800	0.05	0.25	—	余量	0.8	48.0名义值	0.05	0.1	—	—	—
902	N09902	0.06	4.9~5.75	—	余量	0.8	41~43.5	1.0	0.3~0.8	2.2~2.75	—	—
903	N19903	—	—	—	42.0	—	38.0	—	0.9	1.4	3.0	15.0
907	N19907	—	—	—	42.0	—	38.0	0.15	0.03	1.5	4.7	13.0
909	N19909	0.06	—	—	余量	—	38.0	0.4	0.03	1.5	4.7	13.0
KOVAR	K94610	0.04	0.2	0.2	53名义值	0.5	29.0	0.2	0.1	—	—	17.0

(1) 单值为最大值。

合金，它们被用于高温的应用场合，并且显示出具有处于奥氏体不锈钢与
Ni-Cr-Fe 合金中间的抗腐蚀性能，后者包括 800、800H 和 825 等众所周
知的牌号。为使焊缝金属在焊态下获得相匹配或者超出母材的性能，这
些中间的含镍合金和其他特种钢常采用镍基填充金属进行焊接。其例子
包括：

（1）为获得焊态下优良的低温冲击强度，采用 Ni-Cr 焊接材料来焊
接 9% 镍钢；

（2）为取得在 870℃（1 600℉）以上更好匹配的蠕变强度，采用 Ni-
Cr-Co-Mo 焊接材料来焊接 800H 合金；

（3）为在焊态下获得更好匹配的抗点蚀性能，采用 Ni-Cr-Mo 合金
来焊接超级双相和超级奥氏体不锈钢。

一些 Ni-Fe、Ni-Mo 和 Fe-Ni 合金列于表 3.3。"B"类 Ni-Mo 合
金实际上不含铬，它们被开发是为了抵抗各种酸的作用，包括盐酸、硫酸、
醋酸和磷酸等。该表中也列出了专门设计具有低热膨胀性能的某些 Fe-
Ni 合金。一些这种合金含有 13wt%～17wt% 范围的钴，其中较多的还
添加有铌和钛。

一些经常被采用的用于连接固溶强化合金的镍基填充金属列于表
3.4 及相对应的用于钨极气体保护焊和熔化极气体保护焊的焊丝（ER，
填充丝）的 AWS 标准。也包含了对各种母材选用这些填充金属的指南。

3.2　物理冶金和力学性能

固溶强化镍基合金主要通过添加包括铬、铁、钼、钨和铜等合金元素
进行强化。在某些合金中添加钴、钽和铼也能促使固溶强化。铌也能提
供某些固溶强化作用，但它主要作为碳化物形成元素或为了形成能强化
的沉淀物（Ni_3Nb）而加入的。只有当这些元素不超过在富镍奥氏体相中
的溶解极限值才可成为有效的强化剂。在表 2.2 中可找到一般的固溶强
化元素的溶解极限值。

添加合金元素会使富镍面心立方点阵膨胀，导致奥氏体相的纯强化
（或硬化）。这些合金通常含有碳化物，其性质取决于化学成分和热处理
的相结合。铌、钛、钨、钼和钽等合金添加剂都会形成 MC 型碳化物。铬、
钼和钨促使形成 $M_{23}C_6$ 碳化物。加入铬也能稳定 M_7C_3 碳化物，同时钼和
钨促使形成 M_6C 碳化物。在绝大多数加工条件下，在这些合金中最常会

找到 MC 和 $M_{23}C_6$ 碳化物。

　　绝大多数固溶强化镍基合金以固溶退火状态供货。固溶退火处理确保合金添加剂在奥氏体基体中溶解，并使在材料中没有脆化相。绝大多数合金在 1 000～1 200℃(1 830～2 190℉)的温度范围内进行固溶退火处理。固溶退火热处理的时间和温度用来控制母材的晶粒度。有时为了避免在冷却过程中形成碳化物和/或致脆化的细粒，要求从固溶退火温度就进行快速冷却(水淬)。当合金用于高温工况，由于它们被投入运行时将会被加热到穿过碳化物形成温度的范围，通常就不需要对合金进行水淬。各个合金在冷却过程中对形成碳化物的敏感性可能是不一样的，然而，当考虑将这些合金用于高温工况时，最好向合金的制造商进行咨询。

　　为了有助于避免在某些环境中发生晶间腐蚀，从固溶退火温度进行水淬对于防止在冷却过程中形成 $M_{23}C_6$ 碳化物是有效的。然而应该指出，当进行水淬时，如果需要修复焊接，HAZ 可能会遭受碳化物的形成。为提高母材强度，可对这些合金进行冷加工，但这不是正常采用的，特别是在应用中要求焊接时。冷加工强化的合金中的 HAZ 将会经受再结晶，导致组织的局部软化。

　　在涉及晶间应力腐蚀的应用中，材料可以在 600～800℃(1 110～1 470℉)的碳化物沉淀范围内进行热处理。通过在此范围内的保温，具有分离、球状形态的稳定的 $M_{23}C_6$ 碳化物会在晶界上形成，避免了在加工过程中的"敏感性"。例如，690 合金，它是在核电应用中的中等温度的 Ni-30Cr 合金，就是采用这种方式进行热处理来预防在运行中发生晶间应力腐蚀裂纹的。采用延长在 $M_{23}C_6$ 析出范围的热处理，原先围绕碳化物周围的贫铬区会消失。这是由于碳化物析出范围的延长使得在碳化物/基体界面的贫铬区因基体中的铬扩散到原先的贫铬区而获得"治愈"。

　　对于工厂退火的 825 合金，为预防晶间腐蚀采用 1 040℃(1 900℉)、保温 1 h 的相似处理方法。如上所述，这种处理使碳化物析出，然后让基体的铬向靠近晶界的区域扩散而消除贫铬。对于 800H 合金，当运行温度高于 540℃(1 000℉)时，规定了最低为 885℃(1 625℉)的焊后热处理。这种热处理再次析出 $M_{23}C_6$ 碳化物，并结合成块状的、不连续的颗粒来替代能在运行中引起应力松弛裂纹的薄膜。关于这些处理的重要性将在第3.6 节中作更详细的阐述。

表 3.4 镍基填充金属的化学成分[1]

AWS 类别	合金	UNS No.	C	Cr	Fe	Mn	Ni	Mo	Si	其他
ENi-1	WE141	W82141	0.10	—	0.75	0.75	92.0 min	—	1.25	Ti 1.0~4.0
ENi-CI	WE99	W82001	2.00	—	8.00	2.50	85.0 min	—	4.00	Cu 2.5
ENiCu-7	WE190	W84190	0.15	—	2.50	4.00	62.0~69.0	—	1.50	Cu 余量, Al 1.75, Ti 1.0
ENiCrFe-1	WE132	W86132	0.08	13~17	11.0	3.50	62.0 min	—	0.75	Nb 1.5~4.0
ENiCrFe-2	Weld A	W86133	0.10	13~17	12.0	1.00~3.5	62.0 min	0.5~2.5	0.75	Nb 0.5~3.0
ENiCrFe-3	WE182	W86182	0.10	13~17	10.0	5.00~9.5	59.0 min	—	1.0	Nb 1~2.5, Ti 1.0
ENiCrFe-7	WE152	W86152	0.05	28.0~31.5	7~12	5.00	余量	—	0.75	Nb 1~2.5
ENiMo-7	B-2	W80665	0.02	1.0	2.25	1.75	余量	26~30	0.2	W 1.0
ENiCrMo-3	WE112	W86112	0.10	20~23	7.0	1.0	55.0 min	8~10	0.75	Nb 3.15~4.15
ENiCrMo-4	WE C-276	W80276	0.02	14.5~16.5	4.0~7.0	1.0	余量	15~17	0.2	W 3.0~4.5
ENiCrMo-10	WE C-22	W86022	0.02	20~22.5	2.0~6.0	1.0	余量	12.4~14.5	0.2	W 2.5~3.5, Co 2.5
ENiCrMo-14	WE686	W86686	0.02	19~23	5.0	1.0	余量	15~17	0.25	W 3.0~4.4
ENiCrCoMo-1	WE117	W86117	0.05~0.15	21~26	5.0	0.3~2.5	余量	8~10	0.75	Co 9.0~15.0, Nb 1.0

药皮焊条

续表

光焊丝和填充丝

AWS 类别	合金	UNS No.	C	Cr	Fe	Mn	Ni	Mo	Si	其他
ERNi-1	FM61	N02061	0.15	—	1.00	1.00	93.0 min	—	0.75	Cu 25, Ti 2.5~3.5, Al 1.5
ERNi-CI	FM99	N02215	1.00	—	4.00	2.5	90.0 min	—	0.75	Cu 4.0
ERNiFeMn-CI	FM44	N02216	0.50	—	余量	10.0~14.0	35.0~45.0	—	1.0	Cu 2.5
ERNiCu-7	FM60	N04060	0.15	—	2.50	4.00	62.0~69.0	—	1.25	Cu 余量, Ti 1.5~3.0, Al 1.25
ERNiCu-8	FM64	N05504	0.25	—	2.0	1.5	63.0~70.0	—	—	Cu 余量, Ti 0.35~0.85, Al 2.3~3.15
ERNiCr-3	FM82	N06082	0.10	18.0~22.0	3.0	2.50~3.50	67.0 min	—	—	Nb 2.0~3.0
ERNiCr-4	FM72	N06072	0.01~0.10	42.0~46.0	0.50	0.20	余量	—	—	Ti 0.3~1.0
ERNiCrFe-5	FM62	N06062	0.08	14.0~17.0	6.00~10.0	1.00	70.0 min	—	0.35	Nb 1.5~3.0
ERNiCrFe-6	FM92	N07092	0.08	14.0~17.0	8.00	2.00~2.70	67.0 min	—	0.35	Ti 2.5~3.5
ERNiCrFe-7	FM52	N06052	0.04	28.0~31.5	7.00~11.0	1.00	余量	—	0.50	Al 1.10, Ti 1.0
ERNiCrFe-7A	FM52M	N06054	0.04	28.0~31.5	7.00~11.0	1.00	余量	—	—	Al 1.10, Ti 1.0, Nb 0.5~1.0

续 表

光焊丝和填充丝

AWS 类别	合金	UNS No.	C	Cr	Fe	Mn	Ni	Mo	Si	其 他
ERNiFeCr-1	FM65	N08065	0.05	19.5~23.5	22.0 min	1.00	38.0~46.0	2.5~3.5	0.5	Cu 1.50~3.0 Al 0.20,Ti 0.6~1.2
ERNiMo-3	W	N10004	0.12	4.0~6.0	4.0~7.0	1.0	余量	23~26	1.0	W 1.0,Co 2.5
ERNiCrMo-3	625	N06625	0.10	20~23	5.0	0.50	58.0 min	8~10	0.5	Nb 3.15~4.15 Al 0.40,Ti 0.4
ERNiCrMo-7	C-4	N06455	0.015	14~18	3.0	1.0	余量	14~18	0.08	W 0.50,Ti 0.70
ERNiCrMo-10	C-22	N06022	0.015	20~22.5	2~6	0.50	余量	12.5~14.5	0.08	W 2.5~3.5,Co 2.5
ERNiCrMo-13	59	N06059	0.01	22~24	1.5	0.5	余量	15~16.5	0.1	Al 0.1~0.4
ERNiCrMo-14	FM686	N06686	0.01	19~23	5.0	1.0	余量	15~17	0.08	W 3.0~4.4 Al 0.5,Ti 0.25
ERNiCrMo-17	C-2000	N06200	0.01	22~24	3.0	0.5	余量	15~17	0.08	Al 0.5, Cu 1.3~1.9,Co 2.0
ERNiCrWMo-1	230-W	N06231	0.05~0.15	20~24	3.0	0.3~1.0	余量	1~3	0.25~0.75	Al 0.2~0.5 Co 5.0,W 13~15
ERNiCrCoMo-1	617	N06617	0.05~0.15	20~24	3.0	1.0	余量	8~10	1.0	Co 10~15 Al 0.8~1.5

续　表

AWS 类别	主　要　用　途
E/ERNi-1	连接 200 和 201 合金
	钢和镍合金的异种材料结合
E/ERNiCu-7	连接 400、405 和 K-500 合金
ERNiCr-3	连接 600 和 601 合金
	用于运行温度至 850℃（1 560℉）的 800、800H 和 800HT 合金
	钢和镍合金的异种材料结合
E/ERNiCrFe-7/7A	连接高铬合金（如 690 合金）
E/ERNiCrMo-2	连接 HX 合金
E/ERNiCrMo-3	连接 625 合金
	连接用于低温工况的 9%镍钢
	钢和镍合金的异种材料结合
E/ERNiCrMo-4	连接 C-276 合金和其他抗点蚀合金
E/ERNiCrCoMo-1	连接 617 合金
	连接运行温度高于 760℃（1 400℉）至 1 150℃（2 100℉）的 800HT 合金
ERNiFeCr-1	连接 825 合金
E/ERNi-CI	连接/修复铸铁，特别是薄件
ENiFe-CI	连接/修复铸铁，特别是厚件和高磷件

(1) 单值为最大值。

固溶强化镍基合金的有代表性的显微组织示于图 3.1。在绝大多数情况下,这些合金以固溶退火状态供货,图 3.1(a)中为 625 合金有代表性的显微组织。在某些情况下,为了防止晶间应力腐蚀裂纹(IGSCC),母材可以经受在碳化物沉淀范围的时效处理。690 合金的固溶退火和致析出晶界碳化物的时效状态的显微组织示于图 3.1(b)。

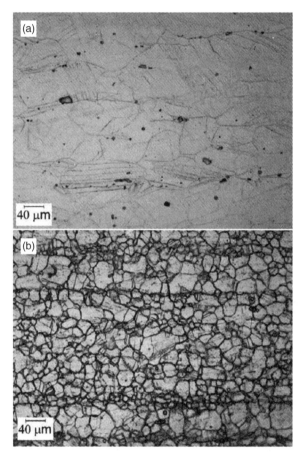

图 3.1　固溶强化镍基合金有代表性的母材显微组织
(a) 固溶退火状态的 625 合金;(b) 固溶退火和致析出晶界碳化物的时效状态的 690 合金

一些固溶强化镍基合金的力学性能列于表 3.5。这些合金的屈服强度范围为 485～830 MPa(40～65 ksi),抗拉强度范围为 485～830 MPa(70～120 ksi)。这些合金基于其奥氏体组织(fcc),具有良好的室温延性,在宽的温度,包括低温范围内,这些合金的韧性也很好。

表 3.5　母材的力学性能

合　金	UNS No.	抗拉强度/MPa(ksi)	变形 0.2%的屈服强度/MPa(ksi)	伸长率/%	断面收缩/%	硬度/洛氏 B
200 合金	N02200	485(70)	275(40)	40	50	70
400 合金	N04400	585(85)	345(50)	35	45	75
600 合金	N06600	550(80)	345(50)	40	40	90
601 合金	N06601	620(90)	380(55)	40	35	95
617 合金	N06617	795(115)	450(65)	40	40	98
C-22 合金	N06622	690(100)	380(55)	35	40	97
625 合金	N06625	830(120)	415(60)	30	35	95
690 合金	N06690	620(90)	380(55)	40	35	95
800 合金	N08800	585(85)	310(45)	40	40	85
800H 合金	N08810	585(85)	275(40)	45	40	80
800HT 合金	N08811	585(85)	275(40)	40	40	80
825 合金	N08825	655(95)	345(50)	35	40	90

3.3　焊接冶金

3.3.1　熔合区显微组织的演变

固溶强化镍基合金作为奥氏体凝固,在凝固终结时基本上是全奥氏体的。在凝固温度范围的冷却过程中奥氏体是稳定的,并且在室温下显微组织是全奥氏体的。这些合金凝固时的偏析导致在凝固亚晶粒水平上成分的局部变化。在很多合金中,合金和杂质元素的偏析在凝固结束时会导致形成二次相。在本节中描述在这些合金中显微组织的演变以及详细地叙述凝固过程中偏析的作用。

3.3.1.1　单相奥氏体焊缝金属中的界面

知晓镍基焊缝金属中存在的各种边界或界面的性质是很重要的,因为生产制造和运行中与熔合区有关的很多缺陷与这些边界有关。在镍基合金焊缝金属中,由于奥氏体凝固组织经抛光和浸蚀之后会清楚地显示出来,其中边界就特别明显。通过金相可观察到至少三种不同的边界类型[1]。这些示意图见图 3.2,并在下面几节中进行描述。

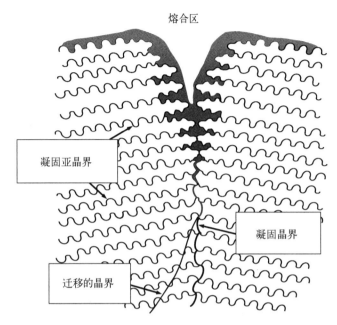

图 3.2　凝固成奥氏体的焊缝金属中观察到的边界的示意图(取自 Lippold 等[1])

1. 凝固亚晶界(SSGB)

凝固亚晶粒是一种精细的组织,能够在光学显微镜下进行分辨。这些亚晶粒正常地作为晶格或枝状晶存在。分开靠近亚晶粒的界面,如我们所知即为凝固亚晶界(SSGB)。因为这些边界的化学成分与大部分的显微组织的成分并不相同,所以它们在显微组织中是明显可见的。造成这种在 SSGB 上成分梯度的溶质再分布在案例 2(Case 2)"微观分析"溶质再分布中叙述,也可参照 Scheil 离析。镍基合金中沿 SSGB 偏析的程度在 3.3.1.2 节中详述。

在实际上,没有穿越 SSGB 结晶的非方向性,并且这些边界的特征是结晶的低角度边界。由于在凝固过程中亚晶粒沿优先结晶的方向(或易生长方向)生长的事实导致低的非方向性(典型的小于 5°)。在 fcc 和 bcc 金属中,这些是<100>方向。因为这点,由于这里不提供大的组织非方向性,沿 SSGB 的位错密度一般是低的。

2. 凝固晶界(SGB)

多束或多组的亚晶粒相交成为凝固晶界(SGB)。这样,SGB 是沿着焊缝熔池尾随的边缘发生的竞相生长的直接结果。因为每一束的亚晶粒有不同的生长方向和方位,它们的相交导致高角度非方向性的边界。它们常被称作为"高角度"晶界。这种非方向性导致沿 SGB 发展的混乱的网状组织。

SGB 也显示出由于凝固过程中溶质再分布所引起的成分上的组分。这种再分布可以用案例 3(Case 3)"宏观凝固边界条件"作模型,并且常常导致在 SGB 上溶质和杂质元素的高度浓缩。这种成分会导致凝固完成时沿着 SGB 形成低熔点液态薄膜,它们促成产生焊缝凝固裂纹。当在镍基合金焊缝金属中发生焊缝凝固裂纹时,它总是沿着 SGB 发生的。

3. 迁移的晶界(MGB)

在凝固结束时形成的 SGB 具有成分上的组分和结晶的组分两者。在某些情况下,SGB 的结晶的组分有可能从成分上的组分迁移出来。这种带有"原始"SGB 的高角度非方向性的新的边界称之为迁移的晶界(MGB)。

迁移的驱动力与母材中单晶粒的生长是一样的,降低边界能量。由于初始 SGB 是从晶格和枝状晶相对交接处形成的,它就成为十分曲折的。晶界在校直操作中能降低其能量,在此过程中它从初始 SGB 中被推出来。在再热过程中,如在多道焊时,可能发生进一步的边界迁移。

由于带有 SGB 结晶的非方向性,MGB 显示为高角度边界,一般其非方向性大于 30°的角度。边界的化学成分在各处是不相同的,这取决于已发生迁移的显微组织的成分。也有可能在固态下沿 MGB 发生某些偏析,这大概是由于"清扫"机制所致。晶粒边界的"清扫"描述活动晶界同化的作用,或者溶质或杂质元素在迁移时被"清扫"出来。那么,由于这些元素必须与边界一起移动,通常就可想象,快扩散填隙元素(硫、磷、硼、氧等)就最容易被清扫进边界。

MGB 在全奥氏体焊缝金属中是最为普遍的。当在凝固结束时沿 SSGB 和 SGB 形成二次相时,这种相在"锁住"SGB 结晶的组分中可能有作用,这样来预防它从初始 SGB 中迁移出来。在此情况下,因为高角度结晶的边界不会迁移出来,MGB 就不会形成。MGB 和二次相颗粒的锁住作用是失塑裂纹(又称延性下降裂纹)机理的重要组成部分,在第 3.5.2 节中将进行更详细的讨论。

以 52 填充金属的焊缝金属中三种类型的界面作为例子示于图 3.3。要指出的是,MGB 的实际迁移距离仅仅是 SGB 以外几个微米,并且割开凝固亚晶粒的中心。

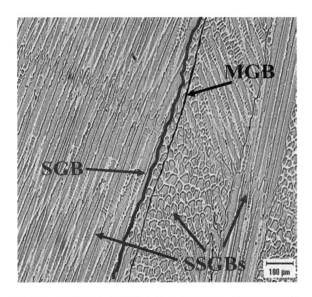

图 3.3　52 填充金属焊缝金属的显微组织,显示出奥氏体
凝固的典型的三种边界类型

3.3.1.2　凝固过程中的元素偏析

　　镍基合金的焊接性、力学性能和抗腐蚀性能极大地受控于熔合区的凝固行为和其造成的显微组织。初始显微组织的重要特征包括穿越晶格/枝状晶亚组织的合金元素的分布和凝固过程中熔合区中形成的相。熔合区凝固行为接着受控于溶质再分布行为。镍基合金中合金元素的溶质再分布能够最有效地借助于 Brody-Fremings 公式[2] 来估算,该公式为:

$$C_s = kC_o\left[1 - \frac{f_s}{1+\alpha k}\right]^{k-1} \tag{3.1}$$

式中,C_s是固体/液体界面上的固体成分,C_o是名义合金成分,f_s是固体分数,k 是平衡分布系数。公式(3.1)中的 α 参数是无量纲的扩散参数,由下式确定:

$$\alpha = \frac{D_s t_f}{L^2} \tag{3.2}$$

式中,D_s是固体中溶质的扩散度,t_f是凝固时间(液相线至终端固相线之间的冷却时间),L 是枝状晶枝干间隙的一半。分子 $D_s t_f$ 主要表示凝固过程中溶质原子能够在固体中扩散的距离,同时枝状晶枝干半间隙 L 表示浓度梯度的长度。这样,当 $D_s t_f \ll L^2$ 时,溶质仅能扩散总梯度长度的一

小部分,而固态扩散将不会很大。这表示在 $\alpha \approx 0$ 时的情况及(3.1)公式下降至众所周知的 Scheil 公式[3]。

$$C_s = kC_o[1 - f_s]^{k-1} \qquad (3.3)$$

当在固体中扩散不大时,Scheil 公式描述溶质的再分布。它假定在固体/液体界面上的平衡,在液体中完全扩散,在固体中微小的扩散以及在枝状晶末梢微不足道的过冷。很多研究工作采用了这些简单的概念来探索镍基合金焊缝金属中的凝固行为[4-19]。这些研究工作展示了溶质的再分布行为和所造成的焊缝金属显微组织主要受感兴趣的合金元素的 k 和 D_s 的相关值的控制。D_s 值将控制凝固过程中固体中扩散的潜势。k 值,按 $k = C_s/C_l$ 的公式来确定(C_s 是固体的成分;C_l 是在特定温度下液体的成分)。该值描述在凝固过程中一个合金元素对液相和固相有多大的分隔力。k 值小于 1 的元素在凝固过程中偏析到液体中。具有很低 k 值的元素能够产生贯穿焊缝的晶格或枝状晶很陡的浓度梯度。然而,假如在固体中某特定元素的固态扩散足够高,元素的梯度就能够被消除。这样,注意到这些概念,为了懂得在熔合区中显微组织的发展,在知晓镍基合金的 k 和 D_s 值的基础上,综合镍基合金中合金元素的行为是很有利的。

镍中合金元素的反向扩散潜势能够通过直接确定公式(3.2)中的 α 参数进行估算。t_f 和 L 两者都取决于焊缝金属的冷却速率 ε。通过:

$$t_f = \frac{\Delta T}{\varepsilon} \qquad (3.4)$$

$$L = \frac{\lambda}{2} = \frac{A\varepsilon^{-n}}{2} \qquad (3.5)$$

式中,ΔT 是凝固温度范围;λ 是枝状晶间隔以及 A 和 n 是材料的常数(公式(3.4)假定为贯穿凝固温度范围的线性冷却速率)。这样,知道了凝固温度范围、冷却速率和枝状晶间隔-冷却速率的关系,α 参数可作为冷却速率的函数直接确定以及可直接确定固态扩散的潜在影响。

表 3.6 综合了许多镍中合金元素的扩散数值。每个元素 α 值的上限,可以通过采用一个大的,但是要有代表性的 200℃ 的 ΔT 值和报道提供的 $A = 32$ 和 $n = 0.31$ 的值[20]确定许多镍合金在近似 1 350℃ 的液相线温度时的 D_s 来进行计算[6,12]。采用这些数值,α 可以作为冷却速率的函数来计算,对于表 3.6 所列合金元素的 α 参数示于图 3.4。这里采用的

A 和 n 值是针对 713 合金的。然而,在许多镍基合金中间这些数值的变化并不大[21]。由于随冷却速率升高而凝固时间 t_f 缩短,α 值随冷却速率升高而降低。更重要的需要指出,在所有冷却速率情况下应考虑对于所有元素 $\alpha \ll 1$。采用代表其他镍基合金的 ΔT、A 和 n 等各种数值不会很大地改变这种结果。也要注意到 D_s 值的上限是在 1 350℃(2 460℉)典型的液相线温度下计算的,这点也是重要的。采用在较低凝固温度下计算的 D_s 值时,α 值只会下降。

表 3.6 镍中各种合金元素的扩散数据

元　素	扩散系数 $D_0/(m^2 \cdot s^{-1})$	激活能 $Q/(kJ \cdot mol^{-1})$	参考文献
Fe	8.0×10^{-5}	255	[1]
Cr	1.1×10^{-4}	272	[2]
Co	1.4×10^{-4}	275	[3]
Nb	7.5×10^{-5}	264	[4]
Mo	1.0×10^{-4}	275	[5]
W	2.0×10^{-4}	299	[6]
Al	1.9×10^{-4}	268	[3]
Ti	4.1×10^{-4}	275	[6]
Cu	5.7×10^{-5}	258	[2]
C	8.0×10^{-6}	135	[7]

参考文献:

[1] Lacombe, P. , 1961, *Colloque sur les Joints de Grains, Saclay*, Presses Universitatires deFrance, Paris: 56-67.

[2] Hirano, K. , Agarwala, R. P. , 1962, Averbaeh, B. L. , and Cohen, M. , Diffusion in cobalt-nickel alloys, *Journal of Applied Physics*, 33: 3049-3054.

[3] Swalin, R. A. , Martin, A. , 1956, Solute diffusion in nickel-base substitutional solid solutions, *Journal of Metals*, 8(206): 567-572.

[4] Kurokawa, S. , Ruzzante, J. E. , Hey, A. M. , Dyment, F, 1983, Diffusion of Niobium in Iron and Iron Alloys, *Metal Science*, 17(9): 433-438.

[5] Heijwegen, C. P. and Rieck, G. D. , 1974, Diffusion in the Mo-Ni, Mo-Fe, and Mo-Co Systems, *Acta Metallurgica*, 22(10): 1269-1281.

[6] Jung, S. B. , Yamane, T. , Minamino, Y. , Hirao, K. , Araki, H. , Saji, S. , 1992, Interdiffusion and its size effect in nickel solid solutions of nickel-cobalt, nickel-chromium and nickel-titanium, *Journal of Materials Science Letters*, 11(20): 1333-1337.

[7] Bose, S. K. and Grabke, H. J. , 1978, Diffusion Coefficient of C in Fe-Ni Austenite in the Temperature Range 950-1100 C, *Zeitschrift fur Metallkunde*, 69(1): 8-15.

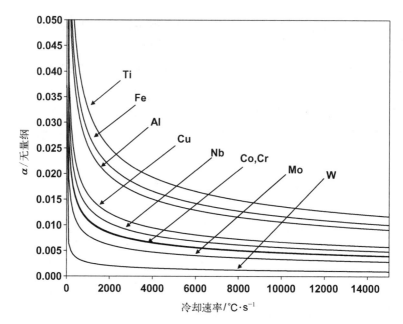

图 3.4 镍基合金中典型存在的宽广范围合金元素的无量纲 α
参数与冷却速率的关系(取自 Joo 和 Takeuchi[20])

这些结果清楚地展示镍合金中替代的合金元素的固态扩散在熔化焊缝的凝固过程中是不大的。已经发表了的试验结果支持包括铁、铬、铌、钼和硅等各种元素的这些计算。在那项工作中,在很宽范围的冷却速率下凝固,包括在凝固时进行淬火的试样和冷却速率为 0.2℃/s 和 650℃/s 的试样,在试验中测得了枝状晶芯部的化学成分。枝状晶芯部的化学成分在所有情况下都是相同的,这说明了固态扩散确实是微不足道的。

计算镍中的碳的 α 参数将得出大大超过 1 的数值。这种情形之所以成为可期望的是由于 C 依照填隙机理进行扩散的,所以显示出比替代的合金元素要大几个数量级的扩散速率。这种迹象在表 3.6 所示的镍中的扩散激活能 Q 中反映出来。应注意的是替代的合金元素的 Q 在 255~299 kJ/mol 很窄的范围内变化,同时碳值为 135 kJ/mol,约为其一半。在这种情况下,反向扩散的势能不能够直接用(3.1)公式的 B-F 模型来确定。

对于镍合金焊缝中碳的反向扩散已进行了许多更详细的反向扩散模型计算,其结果示于图 3.5[11]。该图中,镍中的碳的溶质再分布行为用 Clyne-Kurz 模型进行了计算,它考虑了温度与碳的扩散速率的对应关系[23]。在假定固态扩散为极微的 Scheil 公式与假定固态扩散为无限的杠杆规则之间进行了比较。应注意到从 Clyne-Kurz 模型的详细结果与杠杆规则的结果基本相同,可预期镍基合金在凝固过程中碳的完全固态扩散。对于镍中的氮也可期望有相似的作用。对于通过在弧焊过程中可以达到的凝固温度范围内的 650℃/s 的冷却速率进行了这种计算。高能密度焊接(诸如电子束或激光焊接)中典型的较高冷却速率可改变这种结果以及开始限制固体中碳的扩散。除了这种可能性之外,这些结果表明在镍合金熔焊焊缝凝固过程中替代的合金元素的固态扩散是很小的,同时可以期望碳(和氮)显示在固体中完全扩散。

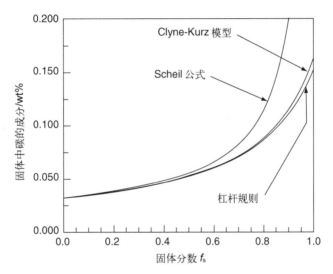

图 3.5　采用杠杆规则、Scheil 公式和 Clyne-Kurz 模型计算的镍基超合金中碳的溶质再分布行为的比较(取自 DuPont 等[11])

　　上面对于替代的合金元素所列出的结果带来重要的结论。第一,它表明在电弧焊中典型的冷却速率条件下产生的镍基合金熔焊焊缝中溶质的再分布和贯穿晶格/枝状晶亚组织的最终浓度梯度,采用简单的 Scheil 公式能够以合理的精确度进行计算(高能密度方法的焊缝可以经受枝状晶末梢过度冷却,它将降低显微偏析的程度)。第二,它显示,除了 $k=1$ 的场合,在凝固的焊缝中总能期望有某些程度的显微偏析。对于在 Ni-Cr-Mo 型合金和含铌超级合金中熔焊焊缝的这种例子示于图 3.6 和 3.7[11,24]。最后,通过直接确定感兴趣的元素的 k 值,能够估算显微偏析的最终程度。这里显微偏析的程度随着 k 值的降低而升高(对于 k 值<1)。

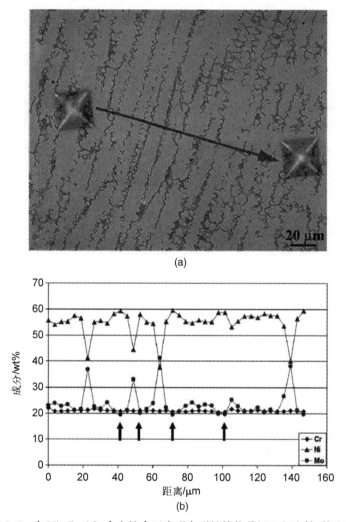

(a)

(b)

图 3.6   在 Ni-Cr-Mo 合金熔合区中观察到的枝状晶间 P 相和镍、铬和钼显微偏析的例子
（a）示出显微探针线性扫描的微观照片；（b）铬、镍和钼的显微探针结果
（取自 DuPont 等[11]）

例如，最低浓度发生在凝固开始的枝状晶芯部，该处的浓度由 kC_0 给出。记住最后这一点，表 3.7 综合了在镍基合金中广泛采用的合金元素在焊缝中确定的，并在试验中测得的 k 值。由于元素在凝固过程中的偏析行为不取决于其预期应用目的，在表中包括了固溶强化和沉淀强化合金两种。也提供了适当的二元镍合金的数值以做参考。应该指出，几乎所有这些数据都是电子探针微观分析测量（EPMA）的结果，测定了芯部成分，通过

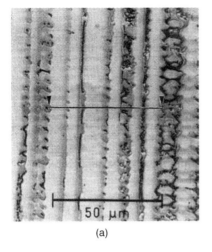

(a)

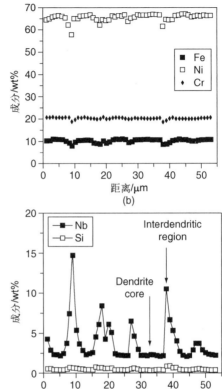

图 3.7　在镍基超合金熔合区中观察到的枝状晶间 NbC 和 Laves 相和显微偏析
（a）示出显微探针线性跟踪的微观照片；（b）铁、镍和铬成分的分布；（c）铌和硅成分
的分布（取自 Perricone 和 DuPont[24]）

芯部和名义成分的比值来确定 k，$k = C_{core}/C_0$。这样，这些数值表示凝固开
始时的 k，不考虑凝固过程中随着温度的降低可能发生 k 的变化。

　　从表 3.7 所示的数据可以作出许多重要的结论。要注意的是，除了铌
或许还有硅和钛，在复杂的多组成物的合金和 Ni-X 二元系统显示出的偏
析行为之间没有大的区别。已经显示出铌的偏析势能对于控制超级合金
中显微组织的演变是十分重要的[4,6,11,12]，对于强化作用它依赖于 γ''-Ni$_3$Nb
相（详细情况包含在第 4 章中）。铌在多组成物合金中要比简单的二元 Ni-
Nb 合金中要低一些。这表明其他合金元素的存在会降低铌在 Ni 中的溶解
度。要注意的是铌的 k 值也比其他元素有更大的变化，如表 3.7 所示。

　　正如图 3.8 所示，当今的研究工作表明铌的 k 值取决于合金中铁的

表 3.7　镍基合金中各种元素的均衡分布系数的汇总

合金	Ni	Fe	Cr	Co	Nb	Mo	W	Al	Ti	Si	Cu	C	参考文献
400 蒙内尔合金	1.07	—	—	—	—	—	—	—	—	—	0.78	—	[26]
B-2	1.06	.00	—	—	—	0.86	—	—	—	—	—	—	[14]
B-3	1.03	—	—	—	—	0.89	—	—	—	—	—	—	[14]
W	1.06	1.03	0.99	—	—	0.85	—	—	—	0.51	—	—	[14]
C4	1.04	0.90	0.96	—	—	0.88	—	—	0.74	—	—	—	[7]
C-22	1.05	0.98	0.94	—	—	0.85	0.91	1	1	1	1	—	[7]
C-276	1.08	1.01	0.95	—	—	0.82	1.01	—	—	—	—	1	[7]
C-2000	1.02	1.06	0.96	—	—	0.91	—	—	—	—	0.89	—	[18]
242	1.04	—	1.00	—	—	0.89	—	—	—	—	—	—	[48]
Ni-20Cr-12Mo	1.05	1.07	1.00	—	—	0.71	—	—	—	—	—	—	[24]
Ni-20Cr-24Mo	1.08	—	1.02	—	—	0.81	—	—	—	—	—	—	[24]
Ni-44Fe-20Cr-12Mo	1.05	1.07	1.00	—	—	0.71	—	—	—	—	—	—	[24]
IN718	1.00	1.04	1.03	—	0.48	0.82	—	1.00	0.69	0.67	—	—	[13]
IN725	—	1.1	0.99	—	0.55	0.79	—	—	0.66	—	—	—	[14]

续　表

合　　金	Ni	Fe	Cr	Co	Nb	Mo	W	Al	Ti	Si	Cu	C	参考文献
IN738	1.03	—	0.98	1.09	0.52	0.87	1.13	0.92	0.69	—	—	—	[76]
IN625	—	—	—	—	0.54	—	—	—	—	0.57	—	0.21	[6]
IN625/碳钢	1.04	1.02	1.05	—	0.46	—	—	—	—	—	—	—	[12]
IN909	0.97	1.10	—	1.02	0.49	—	—	—	0.65	0.67	—	—	[5]
IN903	0.97	1.06	—	1.05	0.58	—	—	0.95	0.76	—	—	—	RN[3]
Thermo-Span	0.97	1.10	1.10	1.02	0.42	—	—	0.79	0.58	0.69	—	—	[17]
RR2000	—	—	1.10	1.08	—	0.97	—	0.97	0.60	—	—	—	VAM[4]
RR2060	—	—	1.06	1.10	—	0.91	0.81	0.95	0.65	—	—	—	VAM[4]
SRR99	—	—	0.95	1.09	—	—	1.06	1.00	0.68	—	—	—	VAM[4]
MAR-M002	—	—	0.95	1.16	—	—	1.12	0.99	0.60	—	—	—	VAM[4]
Ni-10Fe-19Cr-Nb-Si-C	1.02	1.00	1.06	—	0.45	—	—	—	—	0.71	—	0.27	[12]
Ni-45Fe-19Cr-Nb-Si-C	1.00	1.06	1.02	—	0.25	—	—	—	—	0.58	—	—	[12]
20Cb-3	0.97	1.08	0.93	—	0.33	—	—	—	—	0.89	—	—	[12]
HR-160	0.96	—	1.01	1.08	—	—	—	—	0.44	0.71	—	—	[10]

续表

合　金	Ni	Fe	Cr	Co	Nb	Mo	W	Al	Ti	Si	Cu	C	参考文献
Ni-Fe	—	~1	—	—	—	—	—	—	—	—	—	—	[25]
Ni-Cr	—	—	0.90	—	—	—	—	—	—	—	—	—	[25]
Ni-Co	—	—	—	~1	—	—	—	—	—	—	—	—	[25]
Ni-Nb	—	—	—	—	0.75	—	—	—	—	—	—	—	[25]
Ni-Mo	—	—	—	—	—	0.82	—	—	—	—	—	—	[25]
Ni-W	—	—	—	—	—	—	~1.2[1]	—	—	—	—	—	[25]
Ni-Al	—	—	—	—	—	—	—	0.80	—	—	—	—	[25]
Ni-Ti	—	—	—	—	—	—	—	—	0.87	—	—	—	[25]
Ni-Si	—	—	—	—	—	—	—	—	—	0.70	—	—	[25]
Ni-Cu	—	—	—	—	—	—	—	—	—	—	0.7[2]	—	[25]
Ni-C	—	—	—	—	—	—	—	—	—	—	—	0.28	[25]

(1) 按 Ni-15wt% W 的估算值。

(2) 按 Ni-30wt% Cu 的估算值。

(3) RN-Nakkalil, R. Richard, N. L., Chaturvedi, M. C., 1993, Microstructural characterization of Incoloy 903 weldments, *Metallurgical and Materials Transactions A*, 24A: 1169-2047.

(4) VAM-Wills, V. A. and McCartney, D. G., 1991, A comparative study of solidification features in nickel-base superalloys: microstructural evolution and microsegregation, *Materials Science and Engineering A*, 145: 223-232.

含量[11]。根据简单的 Ni-Nb 和 Fe-Nb 系统展示出的溶解度的不同就
能够理解这一点[25]。例如，在 γ 镍中铌的最大固体溶解度为 18wt%。
作为比较，γ 铁具有仅为 1.5wt%铌的最大固体溶解度。这样，按照这些
不同，铁的加入降低铌在 γ 中的溶解度，这就导致 k 值的下降，如图 3.8
所示。对镍合金中的钼，当在异种金属焊缝应用中采用高铁的合金时，已
观察到相似的倾向[22]。这方面的细节可以在第 7 章中找到。

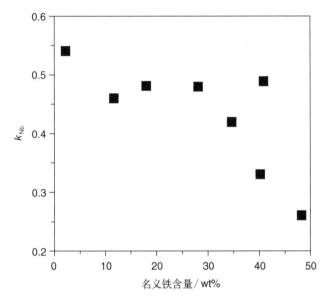

图 3.8　铌分布系数 k_{Nb} 的变化作为某些镍基合金中
铁含量的函数（取自 DuPont 等[11]）

表 3.7 中的数据也表明，具有与镍相似原子半径的元素，即铁、铬和
钴，具有接近于 1 的 k 值。基于原子半径的差别对溶解度的影响，这里相
似原子半径的元素通常显示出明显的溶解度。铁、铬、钴这些元素的原子
半径与镍的差别都小于 1%，这样，虽然这些元素在凝固时不能反向扩
散，但因为它们的 k 值接近于 1，它们的浓度梯度一开始就不会大的。这
种行为对于靠形成钝性的 Cr_2O_3 氧化膜来抗腐蚀的铌特别有好处。对于
仅靠铌形成钝化膜的合金，存在大的浓度梯度，会导致枝状晶芯部的优先
腐蚀。事实上，在含钼合金的焊缝中，由于钼的显微偏析，优先腐蚀常常
发生在枝状晶芯部。

参照表 3.7 表明，这能直接归因于钼的稍低的 k 值。钨的行为是很
惊人的，对其尚未有很好的了解。钨明显地比镍大（原子半径大 10%），

并显示出不同的结晶组织(bcc),还显示出在镍合金中很小的偏析倾向。这点使得钨对于固溶强化是很吸引人的。碳显示出表3.7中所列元素中很不一样的行为,这是因为在许多镍基合金中在凝固结束时会形成各种各样的碳化物相(最注目的为MC型)。虽然在凝固过程中对液相有强烈的分离性,但可期望最终在固体中的碳的分布是均匀的,这是因为在fcc镍中碳具有很高的固态扩散度。

3.3.1.3 相变程序

在一些固溶强化镍基合金的熔焊焊缝中观察到的相变程序综合于表3.8中。该表并不意味着代表商业上可获得的合金中显微组织演变的完整清单,但提供可获得合金类别中的例子,可以用来识别合金成分和熔合区显微组织之间的总的趋势。Ni-Cu类合金,诸如MONEL 400,一般以单相奥氏体凝固,没有二次组成物。根据简单Ni-Cu同晶相图(见图2.2)可以预期沿整个成分范围显示出完全的固态溶解度。按照上面的有关元素分离性的讨论,这些合金的奥氏体枝状晶将显示出铜的显微偏析。例如,Choi等在MONEL 400焊缝中测得枝状晶芯部铜的浓度为~25wt%,而MONEL 400合金的铜的名义浓度为32wt%[26]。

表3.8 固溶强化镍基合金的熔焊焊缝中观察到的转变程序的汇总

合　　金	转　变　程　序	参考文献
Monel 400	$L \rightarrow L+\gamma \rightarrow \gamma$	[26]
IN52	$L \rightarrow L+\gamma \rightarrow L+\gamma+TiC \rightarrow \gamma+TiC \rightarrow \gamma+TiC+M_{23}C$	[29]
800	$L \rightarrow L+\gamma \rightarrow L+\gamma+TiC \rightarrow \gamma+TiC$	[28]
B-2	$L \rightarrow L+\gamma \rightarrow L+\gamma+M_6C \rightarrow \gamma+M_6C^①$	[14]
W	$L \rightarrow L+\gamma \rightarrow L+\gamma+P \rightarrow L+\gamma+P+M_6C \rightarrow \gamma+P+M_6C \rightarrow \gamma+\mu+M_6C^②$	[14]
C-4	$L \rightarrow L+\gamma \rightarrow L+\gamma+TiC \rightarrow \gamma+TiC$	[7,16]
C-22	$L \rightarrow L+\gamma \rightarrow L+\gamma+P \rightarrow L+\gamma+P+\sigma \rightarrow \gamma+P+\sigma \rightarrow \gamma+P+\sigma+\mu$	[7,16]
C-276	$L \rightarrow L+\gamma \rightarrow L+\gamma+P \rightarrow \gamma+P \rightarrow \gamma+P+\mu$	[7,16]
242	$L \rightarrow L+\gamma \rightarrow L+\gamma+M_6C \rightarrow \gamma+M_6C^③$	[48]

续　表

合　　金	转　变　程　序	参考文献
Ni-20Cr-12Mo	L→L+γ→γ	[24]
Ni-20Cr-24Mo	L→L+γ→L+γ+P→γ+P	[24]
Ni-44Fe-20Cr12Mo	L→L+γ→L+γ+σ→γ+σ	[24]
625(0.03Si,0.009C)	L→L+γ→L+γ+NbC→L+γ+NbC+Laves→γ+NbC+Laves	[4]
625(0.03Si,0.038C)	L→L+γ→L+γ+NbC→γ+NbC	[4]
625(0.38Si,0.008C)	L→L+γ→L+γ+NbC→L+γ+NbC+M_6C→L+γ+NbC+M_6C+Laves→γ+NbC+M_6C+Laves	[4]
625(0.46Si,0.035C)	L→L+γ→L+γ+NbC→L+γ+NbC+Laves→γ+NbC+Laves	[4]
HR-160	L→L+γ→L+γ+$(Ni,Co)_{16}(Ti,Cr)_6Si_7$→γ+$(Ni,Co)_{16}(Ti,Cr)_6Si_7$	[10]
C-4Gd	L→L+γ→L+γ+Ni_5Gd→γ+Ni_5Gd	[19]

① 试验性的相识别。

② 实际反应程序未被确定。

③ 也观察到少量的附加 M_6C 型相。

仅有少量合金添加剂的 Fe-Ni-Cr 型合金也主要以全奥氏体模式凝固。按照简单的 Fe-Ni-Cr 液相线投影图(图 2.5)表明伴随 Fe-Ni-Cr 系统富镍端凝固温度,奥氏体是唯一稳定的相。在这些合金中加入碳,经常会导致在焊接热循环的冷却阶段时在固态中析出 M_{23}C 型碳化物。参照显示出 18wt% 铬合金中镍和碳在奥氏体中溶解度的图 3.9[27],就能够理解这一点。随着温度的降低,溶解度明显下降,对于碳含量高于~0.02wt%,当镍浓度大于~35wt%时,可以预期在 950℃(1 740℉)附近有 M_{23}C 碳化物析出。同时存在碳和强碳化物形成元素,诸如钛和铌,可导致由于包括 γ 和 MC 相的共晶型反应的凝固最终阶段在枝状晶间区域形成 MC 型碳化物。这种情况在一些 Ni-Fe-Cr 型合金,诸如 800 合金、52 和 82 填充金属中已经被观察到[28,29]。

由于钼的存在而获得稳定的金属间拓扑紧密堆积(TCP)相,诸如 σ相、μ 相和 P 相的势能的形成,Ni-Mo 和 Ni-Cr-Mo 型合金的熔焊焊缝中显微组织的演变就更为复杂。添加钨也稳定这些 TCP 相。从焊接性

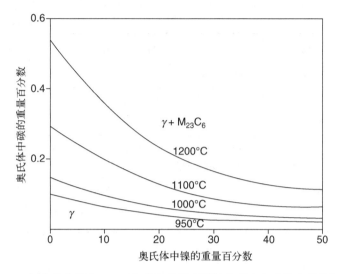

图 3.9　恒定铬含量为 18wt%，在各种温度下镍和碳在奥氏体中的溶解度。高于溶解度极限形成富铬的 $M_{23}C_6$ 碳化物（取自 Tuma 等[27]）

和性能两者的观点来看它们通常是不希望有的。已经表明，它们的形成会扩大凝固温度范围和提升凝固裂纹的敏感性。它们复杂的结晶结构导致限制滑动系统，如果它们以高的比例存在，使得这些相呈脆性，导致韧性和延性的下降。它们高的铬和钼的含量会降低在奥氏体基体中铬和钼的浓度，从而降低抗腐蚀性能。从某些镍合金中熔合区测定的这些相的结晶结构和典型的成分示于表 3.9[7,24]。示出这些合金的铁、铬和钼的名义成分是用作参考的。在熔焊焊缝中 P 相和 σ 相的典型例子示于图 3.10。要注意的是这些相处于枝状晶间区域，表明它们与凝固结束时因偏析存在的富溶质液体中发生的似共晶反应有关。所有这些相是高铬和高钼的。μ 相和 P 相在钼中特别高，同时 σ 相中铬很高。这些相的镍和铁浓度通常用名义合金成分来标定。

表 3.9　某些固溶强化镍基合金熔焊焊缝中观察到的 μ 相、σ 相和 P 相的结晶结构和成分

合　金	成　　　分				
	Ni	Mo	Cr	W	Fe
μ 相—六边形的					
C-22(3Fe-21Cr-13Mo)	33	39	19	6	2
C-276(5Fe-16Cr-16Mo)	33	41	15	6	4

续　表

合　金	成　分				
	Ni	Mo	Cr	W	Fe
σ 相—四边形的					
AL6XN(48Fe-21Cr-6Mo)	13	17	29	—	38
Ni-44Fe-20Cr-12Mo	15	21	26	—	38
C-22(3Fe-21Cr-13Mo)	35	35	23	4	2
P 相—正交晶的					
C-22(3Fe-21Cr-13Mo)	33	37	22	5	2
C-276(5Fe-16Cr-16Mo)	34	40	16	7	4
Ni-20Cr-24Mo	31	47	12	—	—

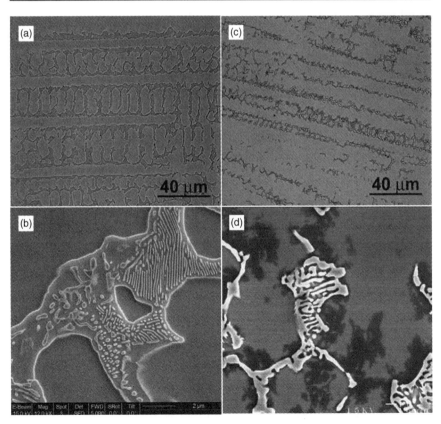

图 3.10　在 Ni-Cr-Mo 型合金的熔合区中观察到的 σ 相[(a)和(b)]和 P 相[(c)和(d)]的例子(取自 Perricone 和 DuPont[24])

　　简单的 Ni-Mo 合金,如 B-2,一般凝固为单相奥氏体带有少量的 M_6C 碳化物[14]。含钼量低于～15wt％和很低铁和钨的 Ni-Cr-Mo 合金也能固化为单相奥氏体而不形成脆性的 TCP 相[7,24]。这方面的迹象由 C-4 哈氏合金和实验的 Ni-20Cr-Mo 合金在表 3.9 中显示出来。C-4 合金有少量加入的钛,它促使在凝固结束时以类似于上面对 Ni-Fe-Cr 合金所述的方式形成 TiC 相。钼加入量的提高与铁和钨的存在,凝固时在熔合区中典型地不能避免 TCP 相。形成的相的类型和数量以及它们相应的反应程序取决于合金成分。

　　Cieslak 等研究了 C-22 和 C-276 合金中熔焊焊缝的凝固行为[7]。C-22 是名义为 Ni-21Cr-13Mo-3Fe-2W 合金,同时 C-276 是名义为 Ni-16Cr-16Mo-5Fe-4W 合金。由于当时未获得多成分液相线投影图,显微组织的演变借助于 Ni-Cr-Mo 等温投影图和采用下面给出的当量成分模型来估算的:

$$Mo_{eq} = wt\%Mo + wt\%W \qquad (3.6a)$$

$$Ni_{eq} = wt\%Ni + wt\%Fe + \sum wt\%X_i \qquad (3.6b)$$

$$Cr_{eq} = wt\%Cr \qquad (3.6c)$$

式中,$\sum X_i$ 表示所有其他较少量元素之和。这个模型是基于被观察到的钼和钨之间与镍和铁之间的分离行为的相似性。钼和钨各自分离至 TCP 相,同时镍和铁各自被观察到分离至奥氏体。该当量成分模型示于图 3.11 中 Ni-Cr-Mo 在 1 250℃和 850℃(2 280℉和 1 560℉)的等温截面图上。

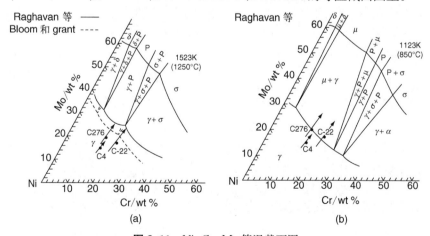

图 3.11　Ni-Cr-Mo 等温截面图
(a) 1 250℃和(b) 850℃示出的 C-4、C-22 和 C-276 合金的当量 Ni-Cr-Mo 成分

这里,与每个箭头相关的点表示当量名义合金成分。箭头尾部的开始处表示枝状晶芯部当量成分,箭头顶部表示枝状晶间当量成分(由显微探针数据测得)。这样,箭头代表当量成分贯穿晶格/枝状晶亚组织的变化情况。根据这种分析,关于 C-22 和 C-276 合金中熔焊焊缝提出了如下的转变程序。

$$C-22:L \rightarrow L+\gamma \rightarrow L+\gamma+\sigma \rightarrow \gamma+\sigma \rightarrow \gamma+\sigma+P \rightarrow \gamma+P+\sigma+\mu$$

$$C-276:L \rightarrow L+\gamma \rightarrow L+\gamma+P \rightarrow \gamma+P \rightarrow \gamma+P+\mu$$

对于每种合金,μ 相是作为 P 相分解时固态转变的产物而形成的。合金之间的主要不同点在于凝固程序,其中 σ 相预期是 C-22 中最终凝固产物,而 P 相预期是 C-276 中最终凝固产物。C-22 合金中 P 相的形成大概是由于 σ 相分解时固态转变而发生的。对 C-4 合金的分析结果也表明该合金不会形成 TCP 相,因为其当量成分范围不列入任何的 TCP 相场。

当前采用多组成物液相线投影图和凝固模型的计算,对该数据进行了更详细的分析[16]。其结果示于图 3.12。这些多组成物液相线投影图提供了对这些合金的凝固行为作更精确的解释,因为它们表明了在凝固温度下相的稳定性。

此外,还考虑了所有的合金元素对相边界线的方位的影响。图中的箭头代表采用 Scheil 公式三重模拟计算的凝固途径。这里箭头的起始处代表名义合金成分以及箭头代表凝固进行时枝状晶间液体中铬和钼浓度的变化。这些结果表明,P 相实际上是两种合金凝固的产物。对于 C-22,P 相和 σ 相两者在凝固过程中形成,而在 C-276 合金凝固过程中仅形成 P 相。这种不同是由于两种合金之间铬含量的变化及其对凝固途径的作用所造成的。C-22 合金中的铬要比 C-276 高(21wt% 比 16wt%)。作为结果,C-22 初始 L→γ 凝固途径的终端的位置紧靠三相 γ-P-σ 三元共晶点。这样,液体的成分在 σ 相形成之前 P 相开始形成之后仅"移动"一个小的距离。C-276 合金中低的 Cr 含量使得初始 L→γ 凝固途径横切 γ/P 相边界处的终端至三相 γ-P-σ 三元共晶点的距离要远。这样,在到达三元共晶点之前,剩下的枝状晶液体沿着这条线由于 L→γ+P 反应而消耗掉,从而避免 σ 相的形成。对于每种合金,μ 相是由 P 相的分解在固态中形成。经修订的这些合金的转变程序汇总于表 3.8。

对铁和钨加入量较少的液相线投影图的多次反复计算表明铁的加入扩大 σ 相场,钨的加入扩大 P 相的相场。铬和钼对相稳定性的影响可以

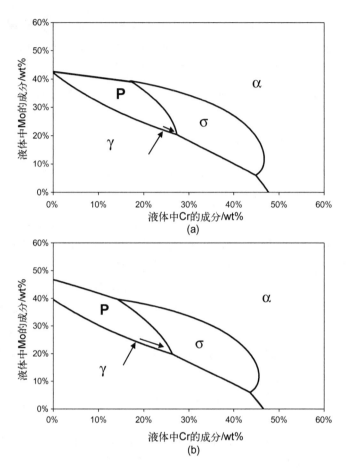

图 3. 12　计算的液相线投影图和凝固途径
（a）C-22 合金；（b）C-276 合金（取自 Perricone 和 DuPont[16]）

直接从图 3.12 所示液相线投影图来估算，这里添加铬稳定 σ，添加钼稳定 P 相。这样，铁和铬稳定 σ 相，而钨和钼稳定 P 相。值得注意的是这些趋势也与表 3.9 中提供的相成分是一致的。这里在铁和铬中 σ 相高，在钨和钼中 P 相高。这些观察到的趋势对于将来合金开发战略是有用的，为了焊接性和力学性能，对合金成分需要进行适当的平衡处理。

含铌合金的熔焊焊缝中显微组织的演变，不管被设计为固溶强化剂，还是沉淀硬化剂，已表明对铌和碳的含量是非常敏感的，对硅含量的敏感程度较小[4,6,11-13,30,31]。对于 625 合金所得到的结果汇总于表 3.8，因为这是一种固溶合金。含铌沉淀硬化合金中熔合区显微组织问题将在第 4 章中进行讨论。表 3.8 中的结果是经过对 625 合金中铌（~0 至~3.6wt%）、硅

（~0.03wt%至~0.40wt%）和碳（~0.009wt%至~0.036wt%）作系统改变而获得的。NbC 和 Laves 相是含铌合金焊缝中观察到的通常的二次相。在每一种这些相中的铌都很高。事实上，从 625 合金中去除铌会导致单相奥氏体凝固以及完全消除 NbC 和 Laves 相[4]。正如表 3.8 中所示，当硅含量低和碳含量高时就能够避免 Laves 相。高硅和低碳合金能够在凝固过程中形成附加的碳化物（M_6C）。这些作用在第 4 章中将作更多详细的描述，那里讨论含铌沉淀硬化合金焊缝金属的显微组织演变。

表 3.8 也包含了在两种特殊 Ni-ad 合金中观察到的转变程序。这些程序提供了感兴趣的例子，因为它们展示了如何通过参照适当的 Ni-X 二元系统来理解多组成物合金的凝固行为。HR-160 是一种高温 Ni-Co-Cr 合金，添加有 ≈2.7wt% Si（名义成分为 37Ni、29Co、28Cr、2.75Si、0.5Mn、0.5Ti、0.05C），它被设计在气态硫化物气氛中具有良好的抗腐蚀性能。当硅与铬和铝在一起，促使形成抗腐蚀的保护氧化层。这些看上去加入少量的硅和钛（~0.5wt%）对于这种合金熔焊焊缝中显微组织的发展变化有很强的影响[10]。正如表 3.7 中的数据所示，在该合金中钛和硅具有相当低的 k 值，因此在凝固过程中各自都强烈地偏析到液体中去。这样，这种合金的凝固始于形成初始奥氏体枝状晶，它排挤硅和钛到液体中去。随着凝固的进行，奥氏体和液体各自逐渐变成富含这些元素，直至达到在奥氏体中最大固体溶解度。在这点上，剩下的液体转变为奥氏体并形成靠共晶型反应 $(Ni、Co)_{16}(Ti、Cr)_6Si_7$ 相。显微组织随同这个凝固程序示于图 3.13。

虽然在共晶型组成物中的二次相相当复杂，HR-160 合金的显微组织形态与简单共晶系统中的相似，这里单相成核的枝状晶在二相的枝状晶间共晶组成物之前形成。在 Ni-Si 和 Ni-Ti 二元系统与 HR-160 合金之间凝固特性的相似性汇总于表 3.10 中。Ni-Si 和 Ni-Ti 系统各自都显示出包括 $L \rightarrow (\gamma + Ni_3X)$ 的最终共晶反应，这里 X 是钛或硅。在 HR-160 合金中，硅和钛两者与富含溶质的共晶液体反应而形成三元型化合物——$(Ni、Co)_{16}(Ti、Cr)_6Si_7$。

这种相与在 Ni-Ti-Si[32] 和 Co-Ti-Si[33] 系统中都能形成的 G 相十分相似。在那些三元系中，G 相具有 $A_{16}Ti_6Si_7$ 的化学计量学成分，这里 A = Ni 或 Co。这样，在 HR-160 合金中，钴和镍的行为与铬和钛相似，形成 $(Ni、Co)_{16}(Ti、Cr)_6Si_7$ 相。Ni-Si 二元系统中 $L \rightarrow (\gamma + Ni_3Si)$ 反应温度（1 143℃）与 HR-160 合金中观察到的温度十分相似（1 162℃）。

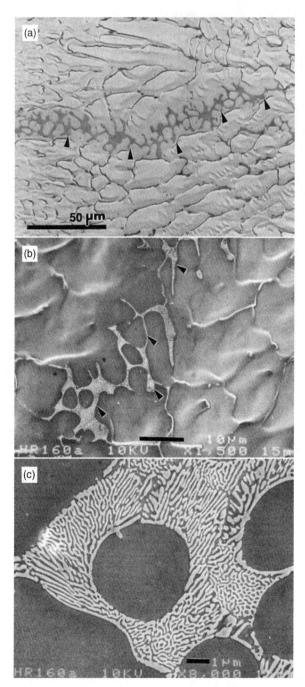

图 3.13   HR-160 合金的熔合区中的凝固显微组织,显示出枝状晶亚组织和枝状晶间 $\gamma/(Ni、Co)_{16}(Ti、Cr)_6 Si_7$ 共晶组成物(取自 DuPont 等[10])

当然,在简单的 Ni-Si 系统中,是在单一的温度和成分下发生反应。相反,在多组成物的 HR-160 合金中,L→[γ+(Ni,Co)$_{16}$(Ti,Cr)$_6$Si$_7$]反应可能在一个温度和成分范围内发生。12.4wt%结合起来的(Ti+Si)"共晶"成分是处于 Ni-Si(11wt% Si)和 Ni-Ti(14wt% Ti)系统的中间。正如本章后面将要叙述的,硅和钛加入这种合金也对焊接性有强烈的作用。

表 3.10 HR-160、Ni-Ti 和 Ni-Si 系统的共晶反应
温度和成分、最大固体溶解度和分离系数的比较

系 统	共 晶 反 应	共晶温度 /℃(℉)	共晶体成分/wt%	C_{Smax} /wt%	k
Ni-Si	L→γ+Ni$_3$Si	1 143(2 090)	11 Si	8.2 Si	0.75
Ni-Ti	L→γ+Ni$_3$Ti	1 304(2 380)	14 Ti	11.6 Ti	0.83
HR-160	L→ γ + (Ni、Co)$_{16}$ (Ti、Cr)$_6$Si$_7$	1 162(2 125)	12.4 (Si+Ti)	7.8 (Si+Ti)	0.71(Si) 0.44(Ti)

表 3.8 中 C-4Gd 合金是一种加入钆的 C-4 基合金,是用于吸收中子目的的。当前开发这种合金是为了包括废弃核燃料的运输和贮存的应用[19,34]。加入钆是因为它具有在元素中所能获得的最大中子横截面,使得这种合金对于安全操作放射性燃料是很理想的。这种合金的凝固行为和相应的熔合区显微组织与简单的 Ni-Gd 二元系统具有许多相似之处。现代的显微探针测量已表明基本上没有钆溶解在奥氏体基体中,这表示 $k_{Gd}≈0$。凝固开始于初始 L→γ 阶段,此时液体变成富钆。这种过程一直持续下去,直至液体中的钆浓度升高到 L→γ+Ni$_5$Gd 的共晶成分,在这点上凝固由于形成枝状晶间的 γ/GdNi$_5$ 组成物而终止。这种多组成物合金和 Ni-Gd 系统之间的更多的相似处目前也已被揭示出来[19]。例如,随着钆含量升高,共晶型组成物的数量也升高;共晶体中各相的比例数值对名义钆含量相对不敏感;以及共晶温度不强烈依赖于钆的名义浓度。

考虑了这些相似之处,详细的显微组织特征和热分析结果目前已被结合起来开发了一种二元 γ-Gd 凝固图来表示这个系统的凝固行为[19]。由于用来构成图的资料来自对凝固过程的热分析和已凝固焊缝显微组织的特征,该称作"凝固"图优先用于"相图"。这样,该图不能被认为是相图,而主要被理解为熔焊焊缝的凝固行为。γ-Gd 相图示于图 3.14(a),作为比较在图 3.14(b)中提供了 Ni-Gd 相图[25]。两图之间有某些相似之处。每个图示出了 Ni$_5$Gd 相的形成,显示了在相似温度下的共晶反应和

成分(在 Ni-Gd 二元系统中 1 270℃和 13wt%钆,在 C-4Gd 合金中 1 258℃
和 14.7wt%钆),以及钆在奥氏体中无溶解度。$Ni_{17}Gd_2$ 相的形成是仅有
的主要区别,它在 Ni-Gd 二元系统中形成,而在多组成物 C-4Gd 合金中
不会形成。

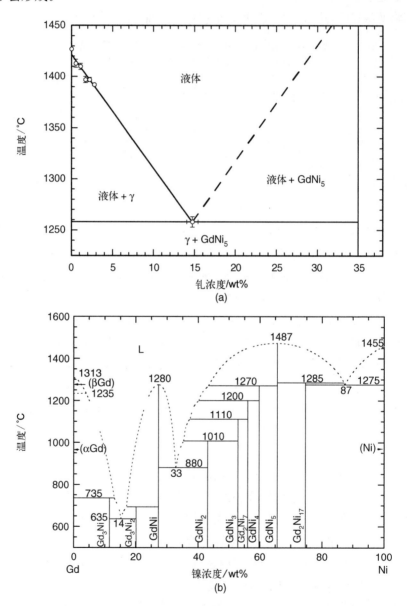

图 3.14 (a) C-4Gd 合金凝固图与(b) Ni-Gd 二元相图的
比较(取自 Baker[25],经国际 ASM 同意)

3.3.2　热影响区

在固溶强化镍基合金的 HAZ 中发生一些冶金反应,它们能影响到这些材料的性能和焊接性。这些反应包括再结晶、晶粒长大、粒子溶解、沉淀物形成、晶界偏析和晶界液化。由于绝大多数合金以固溶退火状态供货,一般不发生再结晶。在经过冷加工得到强化或者包含一些锻造、挤压或其他热加工后的残余“暖加工”的材料中,有可能发生 HAZ 中的再结晶。在焊接之前进行冷成形加工的退火材料中也会发生再结晶。如果冷加工量超过约 10%,可能需要在焊接之前对材料进行再退火处理。

当这些合金处于固溶退火状态,熔化焊接一般会导致 HAZ 中晶粒的某些长大。晶粒长大的程度取决于母材的初始显微组织和焊接热输入量。如果母材的晶粒尺寸小以及焊接热输入量和初始塑性变形量高,晶粒长大就厉害。如果母材的初始晶粒尺寸大和塑性变形量低,则甚至在高的焊接热输入量的情况下,晶粒长大仍可能是最小的。当焊接热输入量低及 HAZ 中温度梯度陡,可望在 HAZ 中有小的晶粒长大。两种固溶强化合金(625 和 690 合金)的典型 HAZ 显微组织示于图 3.15。这些组织可与图 3.1 中相对应的母材显微组织进行比较。要注意,625 合金 HAZ 显示出晶粒的某些长大,但基本上没有其他变化。690 合金母材显微组织经热处理后沿晶界产生稳定的 $M_{23}C_6$ 碳化物。这些碳化物在沿着 690 合金 HAZ 中熔合边界的狭窄的区域中溶解。如果富铬碳化物再沉淀导致晶界“敏化”,这种溶解会不断恶化 HAZ 的抗腐蚀性能。

某些合金也可能在 HAZ 紧靠熔合边界的部位经受晶界液化。这种液化是沿晶界杂质和/或溶质的偏析,或者所谓“组成物液化”现象的结果。这些合金的 HAZ 中晶界液化的偏析机理示意图示于图 3.16 中。硫、磷、铅和硼的偏析对晶界液化起最主要的作用,但是绝大多数镍基合金中这些元素被控制在很低的水平。在某些合金中添加硼以改善蠕变性能,这样,该元素在晶界的偏析会导致液化。一般来讲,HAZ 晶界液化倾向性对于固溶退火材料较大,因为它晶粒较粗大,这样的晶粒界面的面积较小。由于这个原因,高热输入量焊接方法通常不推荐用于固溶退火材料。在母材中存在 TiC 和 NbC 两者都会导致这些粒子和奥氏体之间的界面上的组成物液化。这种液体随后能渗透晶界。该两种液化机理都促使在 HAZ 开裂,在第 3.5.2 节中将对此进行更详细的讨论。

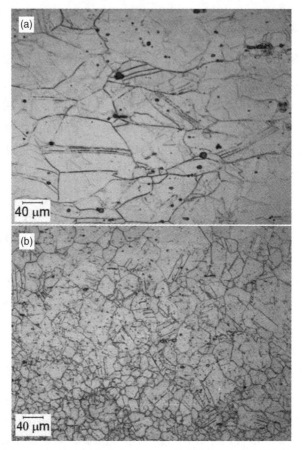

图 3.15　(a) 625 合金和 (b) 690 合金中的 HAZ 显微组织。母材的显微组织见图 3.1

3.3.3　焊后热处理

对固溶强化合金的焊件进行焊后热处理（PWHT）是为了如下几方面的原因，包括消除残余应力、均质化、溶解可能在熔合区或热影响区中形成的不希望有的二次相、稳定尺寸和改善抗腐蚀性能。在某些场合，在 PWHT 过程中能够发生再结晶，但这不是经常有的。正如前面所述，合金，诸如 625、600、690 和 825 等经受 PWHT 以形成稳定的晶界碳化物，它们改善抗应力腐蚀裂纹和防止在某些介质环境中的晶间腐蚀（IGA）。通过允许铬扩散到在焊接过程中经受敏化的区域中以转化晶界的敏感性就能够避免 IGA[36]。这方面的重要性在第 3.6 节"抗腐蚀性能"中讨论。

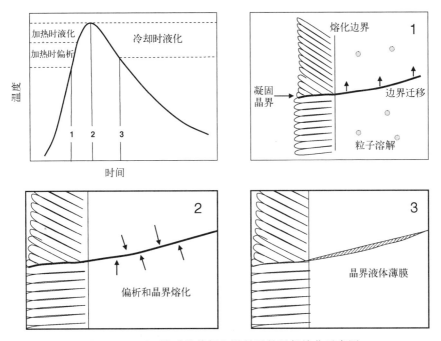

图 3.16　HAZ 溶质的偏析和沿晶界的局部熔化示意图

3.3.3.1　消除应力热处理

在镍基合金的焊缝中能够生成很高的残余应力,特别是在厚件、多道焊缝中。由于这些合金经常用于高温,此时在运行中残余应力的释放会导致几何尺寸的不稳定,所以高的残余应力是不希望有的。当结构被加热到高温,高的残余应力也会加速不希望有的相的形成。

在 PWHT 过程中,残余应力的下降是通过应力松弛过程发生的[37]。应力松弛是当材料的屈服强度下降至低于残余应力水平,推动局部塑性变形而发生的。随着材料塑性变形(松弛),残余应力下降或受到限制。接着在 PWHT 过程中由于蠕变而发生残余应力的下降。这样,在 PWHT 温度时的屈服强度就处于剩下残余应力水平的上限,并提供证实为有效的 PWHT 温度的最初的确定方案。图 3.17 展示出了几种通常采用的固溶强化镍基合金的屈服强度随温度变化的情况。这些数据表明,对于在较高温度下仍保留强度的较高合金化的材料,为消除残余应力,要求采用较高的 PWHT 温度。

对于某些母材所推荐的消除应力热处理列于表 3.11 中。通常,对于镍和镍-铜合金,诸如 200 和 400 合金,消除应力 PWHT 在 700～900℃(1 300～1 650℉)的温度范围内进行。要注意,在消除应力温度下的时间

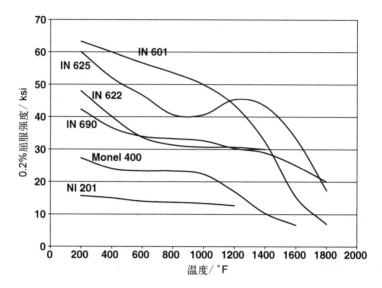

图 3.17 各种固溶强化合金屈服强度随温度的变化
（经特殊金属公司同意，出版物 No. SMC-035）

表 3.11 对某些固溶强化镍基合金所推荐的消除应力处理温度

合 金	UNS No.	热 处 理	说 明
200 合金	N02200	580℃(1 075℉)/3 h 705℃(1 300℉)/20 min 870℃(1 600℉)/5 min	控制晶粒度至 ASTM 3.5 最大 (0.1 mm 最大)
400 合金	N04400	760℃(1 400℉)/20 min 870℃(1 600℉)/8 min 925℃(1 700℉)/5 min	控制晶粒度至 ASTM 3.5 最大 (0.1 mm 最大)
600 合金	N06600	900～980℃(1 650～1 800℉) 保温 30～60 min	提供尺寸稳定性
625 合金	N06625	955～980℃(1 750～1 800℉) 保温 30～60 min	为避免脆化，注意仔细 控制温度
800 合金	N08800	900℃(1 650℉)/1 h	见 ASME 第Ⅷ卷
800H 合金	N08810	＋1 h/in 厚度	第 3 册第 56.6e 节
800HT 合金	N08811		

必须小心控制，以避免母材中过分的晶粒长大。对于诸如 600、625 和 690 等合金，在 700～900℃范围内的消除应力处理会导致形成 $M_{23}C_6$ 碳化物，并且它们对于在焊缝的偏析区域中形成 δ 相具有潜势。碳化物的沉淀和形成 δ 相的脆化的潜势使得达到这些合金消除应力的目的复杂

化。消除应力应在 955～980℃(1 750～1 800℉)的狭窄的温度范围内以及仔细控制保温时间下进行。特别是在这个温度范围内的保持时间对于含铌的合金(如 625 合金)要作限制,这是因为形成 δ 相的脆化有降低延性和韧性的潜在危险(参阅图 3.22)。对于 800、800H 和 800HT 合金,最低为 900℃(1 650℉)的消除应力热处理被用于粗化 $M_{23}C_6$ 碳化物,以预防在运行过程中形成有害的晶界碳化物薄膜。

应该指出,由于显微组织的不同,在图 3.17 中的数据是对母材而言的,而对焊缝金属,取决于温度的屈服强度可能是不同的。虽然熔合区的屈服强度数据经常难以获得,应将在焊接件中每个部位获得的数据用来确定 PWHT 温度。在表 3.12 中提供一些被选用的镍-铬焊缝金属的高温拉伸性能。

Diehl 和 Messler 已经指出应力松弛技术对于识别有效的消除应力 PWHT 温度是个有用的方法[38]。采用这种程序(在 ASTM"试验程序 E328"中描述),对试样在固定好的温度下加上初始负载,使产生一个给定的应变。初始应变一般这样设定:使施加的应力等于在感兴趣温度下的屈服强度。测定负载及相应造成的应力下降作为时间的函数。典型地,在开始阶段由于塑性流动应力下降很快,在以后的时间里由于蠕变发生附加的下降。这种程序是有用的,因为它能直接确定对于一个给定的 PWHT 温度和时间所预期的剩下的残余应力。

图 3.18 给出 625 合金的应力松弛试验结果[38]。图 3.18(a)示出母材和焊缝金属作为温度函数的屈服强度。图 3.18(b)和 3.18(c)分别表示母材和焊缝金属的应力松弛试验结果。初始的焊缝金属强度比母材高,这大概是由于细化的凝固组织和存在着凝固过程中形成的二次相以及随后在熔合区的富溶质枝状晶间部位中的沉淀析出。焊缝屈服强度的升高导致在周围的 HAZ 形成比母材更高的残余应力水平。这些结果也显示出由于在较高的 PWHT 温度下的蠕变而发生的附加应力水平的下降。例如,注意到残余应力水平与 565℃和 605℃(1 050℉和 1 125℉)较低温度下的屈服强度相似。然而,由于初始塑性变形后发生的蠕变,残余应力水平在较高温度下大大降低到屈服强度以下。对这些数据和采用应变片的更为复杂的钻孔技术进行比较表明应力松弛技术提供相类似的结果。这些结果突出了应力松弛试验结果对确定 PWHT 时间和温度的重要性。

应该提请注意:800、800H 和 800HT 合金厚件的消除应力处理能导致在焊后热处理过程中产生消除应力热处理裂纹。如果不采用焊后消除应力处理,焊接件暴露于高温工况下会对"松弛裂纹"敏感。这样,按照表

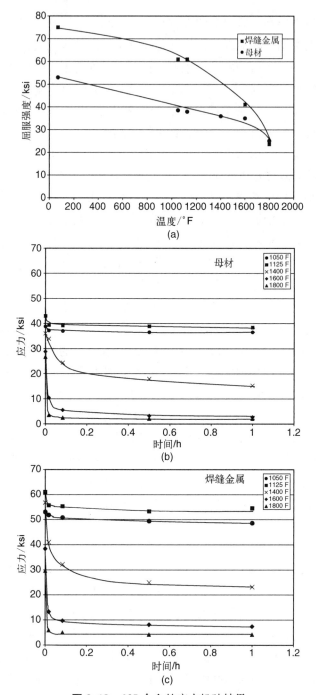

图 3.18   625 合金的应力松弛结果
（a）对于母材和焊缝金属作为温度函数的屈服强度；（b）母材的应力松弛结果；
（c）焊缝金属的应力松弛结果（取自 Diehl 和 Messler[38]，经美国焊接学会同意）

3.11 中为了避免在运行中发生破坏的潜势所作的推荐,厚截面焊接件必须进行消除应力处理。

3.3.3.2　焊缝金属显微组织均质化

为了恢复固溶强化合金焊缝的抗腐蚀性能,经常要求进行 PWHT 来消除熔合区中的浓度梯度。有效的均质化所要求的 PWHT 时间和温度可采用所获得的扩散公式来确定。通过假定凝固状态的显微偏析模式呈现枝状晶亚组织的正弦曲线型变化,Kattamis 和 Flemings 提出了一个对于铸件的表达式,它描述浓度如何随均质化过程中时间(t)和部位(x)而变化的。该表达式如下:

$$C_{(x,\,t)} = \bar{C} + (C_{\max} - \bar{C})\sin\left(\frac{\pi x}{l}\right)\exp\left[-\frac{4\pi^2 Dt}{\lambda^2}\right] \tag{3.7}$$

式中,$C_{(x,\,t)}$ 是感兴趣的元素在任何部位和时间的浓度;$\bar{C}$ 是在梯度中的平均浓度;l 是枝状晶间隔的一半(即浓度梯度的长度);$C_{\max}$ 是枝状晶区域中存在的最高初始浓度;D 是感兴趣元素的扩散系数;λ 是枝状晶间隔。对于绝大多数情况,$C_{\max}$ 是最大固体溶解度。规定一个如下的残余偏析指数(δ)是有用的:

$$\delta = \frac{C_{\text{M}} - C_{\text{m}}}{C_{\text{M}}^0 - C_{\text{m}}^0} \tag{3.8}$$

式中,C_{M}^0 和 C_{m}^0 分别是在枝状晶间区域和枝状晶芯部存在的最高初始浓度和最低初始浓度。C_{M} 和 C_{m} 是在 PWHT 温度下经一些时间后的在那些同样部位的浓度。在均质化开始之前,δ 的初始值为 1,随着浓度梯度衰减和均质化接近完成,其值向零变化。这样,δ 值提供一个跟踪特定的 PWHT 时间和温度下均质化程度的合适的参数。C_{M} 和 C_{m} 值可以通过公式(3.7)以时间和温度的函数来确定。通过将枝状晶间区域 $C_{\text{M}}(x = 3l/2)$ 和枝状晶芯部 $C_{\text{m}}(x = 3l/2)$ 部位(x)的适当数值插入公式(3.7)中,并与公式(3.8)相结合引导出下列残余偏析指数的表达式:

$$\delta = \exp\left[-\frac{4\pi^2 Dt}{\lambda^2}\right] \tag{3.9}$$

虽然可以得到更详细的计算模型[39],公式(3.9)对于确定有效均质化要求的 PWHT 时间和温度是有用处的。

图 3.19 和 3.20 示出了对 CK3MCuN 合金铸件和焊缝进行热处理

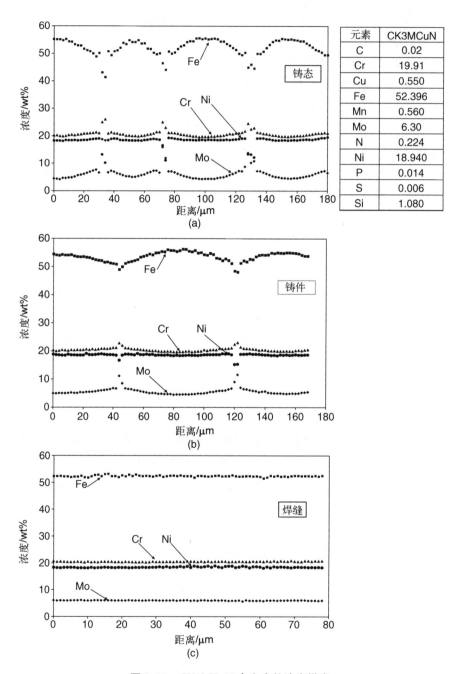

元素	CK3MCuN
C	0.02
Cr	19.91
Cu	0.550
Fe	52.396
Mn	0.560
Mo	6.30
N	0.224
Ni	18.940
P	0.014
S	0.006
Si	1.080

图 3.19　CK3MCuN 合金中的浓度梯度
（a）铸态;（b）铸态+1 150℃/1 h;（c）焊态+1 150℃/1 h(取自 DuPont[40])

的例子[40]。这种合金的化学成分是 52Fe-19Ni-20Cr-6.3Mo-1.1Si-0.55Cu-0.56Mn-0.22N-0.02C。虽然这种合金实际上是一种超级奥氏体不锈钢,它显示出基本上与含钼镍基合金相同的显微组织,展示具有大量的凝固状态浓度梯度和枝状晶间 σ 相。探索了在各种时间和温度下的热处理,来证实能够消除浓度梯度和恢复抗腐蚀性能的工艺。在浇铸状态下存在的浓度梯度示于图 3.19(a)。焊缝显示了在最低和最高浓度方面相同程度的偏析,这里仅有的差别是由于较高的冷却速率使得初始枝状晶干间隔(PDAS)较小。铸造合金具有～60 μm 的 PDAS,而焊缝由于较高的凝固速率具有～10 μm。图 3.19(b)和 3.19(c)展示铸件和焊缝分别进行 1 150℃(2 100℉)、保温 1 h 的热处理之后仍能保持的残余偏析程度。铸件中的浓度梯度仅仅是中等程度的下降,而在焊缝中,在同样的热处理条件下,由于较细的凝固组织(较短的扩散距离)浓度梯度基本上已被清除。

图 3.20 展示焊缝中和铸件母材中经相同热处理之后显微组织的不同。应注意的是在焊缝中二次相已完全被溶解。铸件母材中的二次相比起浇铸状态没有大的减少。

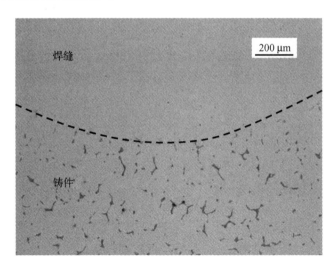

图 3.20　CK3MCuN 铸件在 1 150℃/1 h 后的
焊缝显微照片(取自 DuPont[40])

图 3.21 展示了钼在 1 150℃和 1 205℃(2 100℉和 2 200℉)的温度下作为时间函数的残余偏析指数的计算变化情况。在这些计算中采用了钼的扩散系数,因为它代表了合金中最慢扩散的元素。也展示了 60 μm 和

10 μm 的初始枝状晶干间隔(PDAS)的结果。已被发现,δ 的计算结果与试验观察的结果具有很好的一致性。其中对铸件($\lambda = 60 \ \mu m$)几乎完全均质化要求 1 250℃/4 h 的热处理,而焊缝($\lambda = 10 \ \mu m$)在 1 150℃/1 h 已完全被均质化。这些结果表明,当应用于在锻件材料上进行焊接时,对于减小 PDAS 和与此相关的 PWHT 时间,采用较低的热输入量是有利的。描述 PWHT 对固溶合金的焊缝力学性能的作用方面更多资料可在下一节被找到。

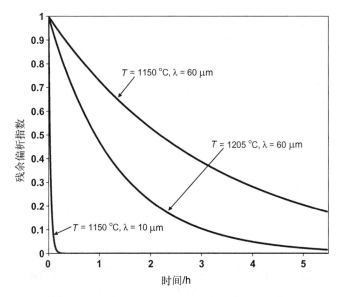

图 3. 21   CK3MCuN 合金残余偏析指数的计算值作为 PWHT 时间和温度的函数(取自 DuPont[40])

3. 4   焊接件的力学性能

通常,固溶强化合金在焊态下能够保持与母材相接近的性能。不同于沉淀强化合金(参见第 4 章)必须在焊后进行热处理来提高强度,固溶强化合金能够在焊后直接投入运行而不明显降低力学性能。凝固过程中的偏析会降低熔合区的固溶强化作用,这点可以被形成的二次相抵消,因为是在枝状晶间形成,提供了二次相的强化作用。HAZ 的力学性能一般比母材不会偏离许多,因为晶粒长大是仅有的影响该部位性能的冶金现象。在经受冷加工而有附加强化的合金中,HAZ 中再结晶和晶粒长大可能导致局部软化。然而，这不是常有的，因为绝大多数固溶强化合金是在固溶退火状态下进行焊接的。其结果是，由于焊接，这些合金的强度和延性可望有小的下降。

　　参照表 3.1 至表 3.6 显示焊缝金属和母材之间存在化学成分的差别。绝大多数固溶强化镍基合金焊缝金属会含有附加的 Al、Ti、Mn、Nb，有时还有 Mo 和其他脱氧剂和增塑剂。所有这些元素能起到强化剂作用，作为结果，绝大多数固溶强化镍基合金焊接产品提供比名义上相匹配的母材更高的强度。但 625 合金是个明显的例外。母材具有 830 MPa（120 ksi）的最低抗拉强度，而对于该合金的焊缝金属（ERNiCrMo-3 型）常常仅提供约 90% 的强度。在这种情况下，为设计目的必须采用焊缝金属的强度而不是母材的强度。

　　用于连接固溶强化合金的焊接材料的典型焊缝金属力学性能见表 3.12。表 3.12a 列出了大范围的焊接材料的室温力学性能。焊缝金属的强度通常与表 3.5 中所列可锻合金强度具有可比性。表 3.12b 列出了 ERNiCrFe-2（INCO A）和 ERNiCr-3（FM 82）焊缝金属的短时高温强度和延性。应注意到，这些填充金属在 650℃（1 200 °F）以下温度仍保持相当好的强度。

表 3.12　焊缝金属的力学性能

AWS 类别[1]	类型	抗拉强度/MPa(ksi)	屈服强度/MPa(ksi)	伸长率/%	断面收缩/%	硬度/洛氏 B
ERNi-1	FM 61	380(55)	209(30)	25	30	75
ERNiCu-7	FM 60	517(75)	276(40)	40	50	80
ERNiCr-3	FM 82	586(85)	310(45)	35	40	85
ERNiCr-4	FM 72	690(100)	414(60)	35	40	90
ERNiCrFe-7	FM 52	620(90)	310(45)	35	40	85
ERNiCrFe-7A	FM 52M	620(90)	310(45)	35	40	85
ERNiFeCr-1	FM 65	586(85)	276(40)	30	35	80
ERNiMo-3	FM W	690(100)	414(60)	30	35	90
ERNiMo-7	FM B2	760(110)	450(65)	30	35	90
ERNiCrMo-1	Hast G	586(85)	310(45)	30	35	85
ERNiCrMo-3	FM 625	760(110)	450(65)	35	40	95

续　表

AWS 类别[1]	类型	抗拉强度/MPa(ksi)	屈服强度/MPa(ksi)	伸长率/%	断面收缩/%	硬度/洛氏 B
ERNiCrMo-4	C-276	690(100)	414(60)	35	40	95
ERNiCrMo-10	C-22	760(110)	414(60)	40	40	95
ERNiCrMo-13	FM 59	760(110)	414(60)	40	40	95
ERNiCrMo-14	FM 686	760(110)	414(60)	40	45	90
ERNiCrMo-17	C-2000	690(100)	414(60)	35	40	90
ERNiCrCoMo-1	FM 617	760(110)	450(65)	35	35	95
ERNiCrWMo-1	230-W	760(110)	450(65)	35	35	95

AWS 类别[2]	温度/℃(℉)	抗拉强度/MPa(ksi)	屈服强度/MPa(ksi)	伸长率/%
Inco Weld A	27(80)	655(95)	395(57)	39
ERNiCrFe-2	150(300)	600(87)	345(50)	41
	315(600)	560(81)	305(44)	42
	425(800)	545(79)	295(43)	42
	540(1 000)	525(76)	290(42)	41
	650(1 200)	455(66)	275(40)	30
	760(1 400)	345(50)	240(35)	22
	870(1 600)	205(30)	200(29)	36
FM 82	27(80)	680(99)	375(54.1)	46
ERNiCr-3	150(300)	630(91)	345(50)	45
	315(600)	585(85)	315(45.5)	44
	425(800)	580(84.3)	330(47.5)	50
	540(1 000)	585(85)	315(45.5)	44
	650(1 200)	465(67.5)	295(42.7)	31
	760(1 400)	355(51.2)	270(39.2)	29
	870(1 600)	185(26.9)	170(24.3)	34
	980(1 800)	100(14.8)	80(11.9)	22

(1) 焊态下典型的焊缝金属性能。
(2) 全焊缝金属试样的短时高温拉伸数据。

3.4.1　氢的作用

已经被观察到,当采用含有＞1％氢的保护气体进行焊接[41]或者采用已吸潮的焊剂进行熔剂垫焊接方法进行焊接,就可能发生焊缝金属延性的损失。为了改善焊缝金属的湿润和流动特性,镍基合金钨极气体保护焊经常采用氩-氢混合气体。这种延性的损失伴随着向焊缝金属中氢的侵入,导致氢脆。Young 等的研究工作表明,像 5 ppm 这样低的氢就足以降低 82 填充金属多道焊熔敷金属的强度和延性[41]。焊缝熔敷金属中的氢水平从 3 ppm 升高至 12 ppm,极限抗拉强度从 689 MPa(100 ksi)下降至 620 MPa(90 ksi)以及延性(断面收缩)从 50％下降至 20％。将保护气体改变为 100％氩或 Ar-He 混合气体,82 填充金属的熔敷金属的力学性能就获得了恢复。

3.4.2　焊后热处理

虽然固溶强化镍基合金在焊态下的力学性能常常是足够的,有时推荐采用 PWHT 是为了消除残余应力、降低氢含量或均匀显微组织。Cortial 等研究了焊后热处理对 625 合金力学性能的影响[42]。这种合金由钼和铌的固溶强化作用提供其强度。然而,铌的存在,在热处理和高温下运行的过程中也会导致各种相的沉淀。在工业生产实践中采用的典型的热处理温度已经过评定求得为在 600~1 000℃(1 110~1 830℉)下保温 8 h。

图 3.22 展示了 625 合金焊缝金属经过这些热处理之后的显微组织和这种合金在固溶退火状态下的时间—温度沉淀行为。在 600℃和 700℃(1 110℉和 1 290℉)之间没有观察到显微组织有较大的变化。在 700℃以上的温度下,透射电子显微镜分析(TEM)表明 γ''(Ni$_3$Nb)在枝状晶间区域形成。在枝状晶间区域中优先形成 γ'' 能够归因于在焊缝凝固过程中铌的显微偏析。γ'' 只有在特定的热处理温度下已经超过了铌的固体溶解度的热处理过程中形成。在晶格芯部降低了的铌浓度使得该部位处于单相场中,同时这里铌含量较高的枝状晶间区域超过了溶解度极限。在 850~950℃(1 560~1 740℉)的范围内,γ'' 溶解及形成正交晶的金属间 δ 相。该相也属于化学计量法的 Ni$_3$Nb,显示为针状型结构,如图 3.22(c)和图 3.22(d)所示。正如先前已讲过,这种相由于对力学性能的有害作用,一般是不希望有的。高于 850℃,在晶界上形成 M$_6$C 碳化物。

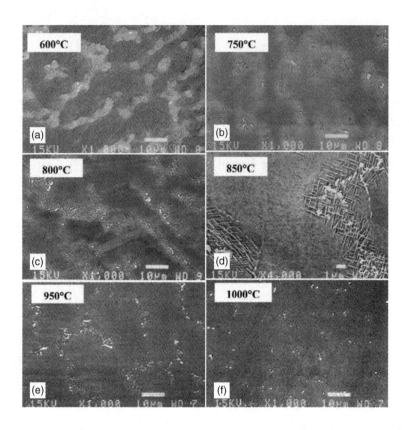

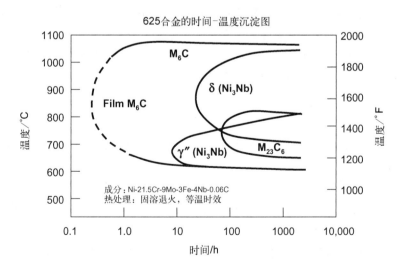

图 3. 22   625 合金焊缝金属在所示的温度下保温 8 h 的热处理后的
显微组织和该合金的时间—温度沉淀图（取自 Cortial 等[42]）

在 1 000℃(1 830℉)，δ 相溶解，M_6C 晶界碳化物的数量略有增加。也被观察到，比起焊态，在 850℃以下的热处理温度下显微偏析的程度没有大的变化，但在 950℃及以上温度下有明显下降。在 1 000℃时，焊缝金属已基本上完全被均质化。

图 3.23 示出了 625 合金焊缝的作为保温 8 h 热处理温度的函数的室温强度、延性和冲击韧性的变化情况。标出"B"的数据点表示焊态下的性能。在 700℃时的强度峰值与形成 γ″ 相有关系的。在 750～950℃范

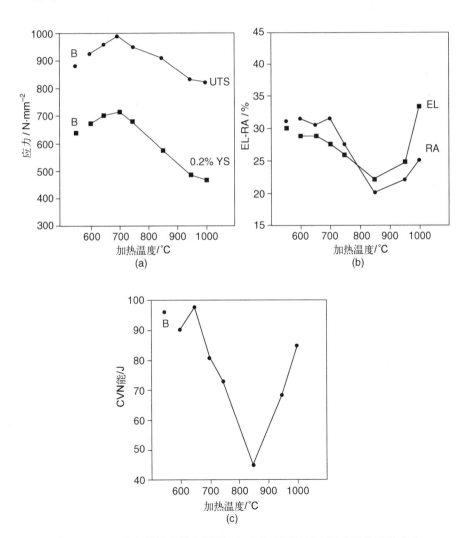

图 3.23　625 合金焊缝的作为保温 8 h 热处理函数的室温力学性能的变化
（a）强度；（b）延性；（c）冲击能。"B"数据点表示焊态下的性能（取自 Cortial 等[42]）

围内强度和延性的损失和韧性的陡降是与形成脆性的δ金属间相有关的。在1 000℃，由于δ相的溶解延性得到恢复，但是强度由于晶粒大而下降。因为在热处理过程中，δ相溶解，因此不再锁住在晶界上，并且在这个温度下发生晶粒长大。在625合金的母材中已观察到相似的作用[43]，这里力学性能在600～800℃（1 110～1 470℉）范围内由于形成δ相受到不利的影响。这样，从力学性能观点来看，625合金焊缝进行热处理少有好处，这是由于焊态的性能一般比热处理状态要好，并且预期对母材和焊缝两者会起有害的作用。然而，正如在3.6节中所讨论的，采用热处理能够在某些环境中提供改善了的抗腐蚀性能以及对于降低残余应力经常是需要的。在这些情况下，为防止脆化应仔细地控制好热处理。对于含铌焊缝金属（如625合金）的热处理，应避开从750℃至950℃（1 355℉至1 740℉）的温度范围以防止延性和韧性的损失。

Edgecumbe-Summers等评估了C-22合金中钨极气体保护焊（GTA）焊缝的力学性能[44]。观察到焊缝的强度比母材约高25%，但延性低了30%～40%。这种差别是由于在焊缝中存在着TCP相。虽然硬的TCP相使强度略有提高，它们在塑性变形过程中也可成为显微空穴的成核场，这样，在应变时萌发断裂要比少含或不含TCP相的锻造母材来得早。也研究了从425℃至760℃（800℉至1 400℉）温度下进行40 000 h以内的时效的影响。

图3.24示出了母材和焊缝金属的屈服强度和夏比冲击能随各种温度下时效时间的变化情况。屈服强度是在穿越焊缝（横向）试样上测定的。在C-22合金中，在约600℃（1 110℉）以下形成排列有序的$Ni_2(Cr、Mo)$相并促使强化。这里有这种排列的某种证明，在427℃（800℉）的温度下于很长时间内伴随着强化。母材在593℃（1 100℉）下的研究时段内未显示出任何强化，但焊缝金属在相同的温度下显示出很大的强化性。虽然在该工作中没有研究这方面的原因，但好像在焊缝中存在的偏析物是加速该$Ni_2(Cr、Mo)$相的排列的动力。母材发生韧性的下降是由于沿着晶界形成TCP相。焊缝的韧性的加速下降是归因于增强的TCP相的形成。在焊缝中TCP相成核的需要是可避免的，因为这些相在凝固之后已经存在于枝状晶间区域，这样，TCP相的长大相对于要求几千小时才成核的母材是被加速的。TCP相的长大速率在焊缝的枝状晶间区域大概也是很高的，因为在这些区域中由于凝固偏析钼的浓度是较高的。

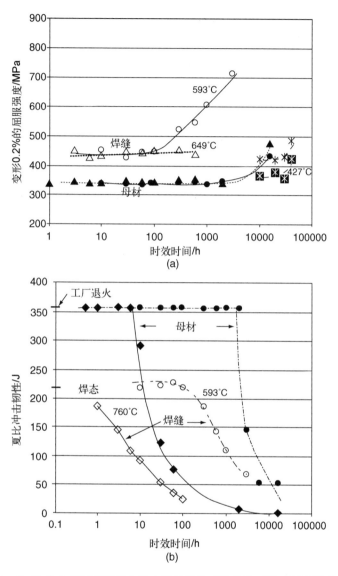

图 3.24 C-22 合金母材和焊缝金属力学性能的变化作为时效时间和温度的函数
(a) 屈服强度;(b) 夏比冲击韧性(取自 Edgecumbe 等[44])

C-22 合金的焊缝金属相对低的力学性能通过采用合适的固溶热处理是可以得到恢复的。El-Dasher 等评估了在 C-22 合金多道焊缝中 TCP 相的溶解和再结晶[35]。研究了在 1 075℃、1 121℃、1 200℃ 和 1 300℃(1 970℉、2 050℉、2 190℉ 和 2 370℉)下的 20 min、24 h、72 h 和 168 h 的固溶时间。在 1 075℃ 和 1 121℃ 下的 24 h 和在 1 200℃ 和

1 300℃ 下的 20 min 观察到 TCP 完全溶解。在熔合区中,在如下温度—时间相结合的情况下:1 075℃/168 h,1 121℃/24 h 和 1 200℃ 和 1 300℃ 经 20 min 后也观察到全部再结晶(>95%)。在 1 300℃ 的试样中也发生了晶粒长大。再结晶首先发生在靠近焊缝根部的地方,这是因为在该区域由于残余应力所致的塑性应变最高。

Brown 和 Mills 已经评估了 600 和 690 合金以及它们各自的填充金属(82 和 52 填充金属)的断裂韧性和拉伸性能[45]。这些合金广泛地应用于核反应堆场合。早期是使用 600 合金的,但被发现在高温除氧水中对应力腐蚀裂纹敏感。已经发现这些破坏与低的热加工和退火温度有关,它导致较高的屈服强度和有限制的晶界碳化物[46]。较高的退火温度产生具有晶界碳化物的显微组织和提高了的抗 SCC 能力[47]。690 合金具有较高的铬含量和改善了的抵抗 SCC 的能力,其与热处理状态的关系较小。

拉伸性能在沿焊接方向的全焊缝金属试样上测定,而断裂韧性试验(J_{IC})在焊接的纵向和横向试样上进行。试验在 54℃ 和 338℃(130°F 和 640°F)下在空气中和具有较高含氢量的水中进行。母材和焊缝的拉伸性能一般不受试验条件的影响。焊缝显示出略高的屈服强度,345～490 MPa(50～71 ksi),而母材为 275～407 MPa(40～59 ksi),并且焊缝和母材的伸长率是相似的(27%～60%)。在拉伸性能方面仅能观察到的环境的作用是 82 填充金属的拉伸伸长率在 54℃ 水中试验时略有降低,下降到 10%～27%。

图 3.25 汇总了母材和焊缝的断裂韧性试验结果,在母材和焊缝韧性值之间存在着很大的不同以及由于试验条件不同也会不同。试验的方向也对焊缝断裂韧性起作用。当在 54℃ 水中无环境的作用时,焊缝一般显示出比母材有更高的 J_{IC} 断裂韧性值。母材稍低的 J_{IC} 值是因为存在着大的初始 MC 型碳化物,在容易引起过早空穴成核的应力的影响下发生破坏。作为比较,在焊缝金属中存在的较细的碳化物能阻止粒子破坏引起过早的空穴成核。在焊缝中细的空穴成核要求粒子/基体脱散。当环境因素不大时,母材和焊缝金属断裂韧性值各自都被认为是很高的。在 54℃ 下水中观察到的母材和焊缝的断裂韧性值的巨大下降伴随着从有延性的微观空穴聚焦至脆性晶间破坏断裂机理的改变,这种延性至脆性的转变归因于氢致裂纹机理。

这种作用在焊缝和 690 合金母材中是十分明显的。600 合金母材对

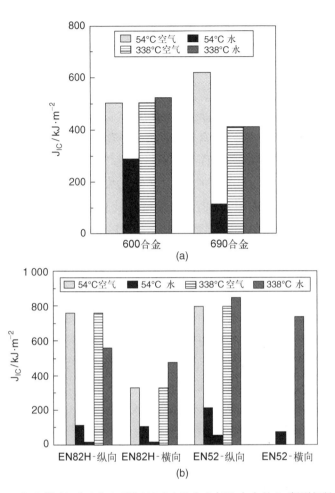

图 3.25 　在 54℃(130°F)和 338℃(640°F)及在空气和水中的 J_{IC} 断裂韧性行为
(a) 600 和 690 合金母材;(b) 52 和 82H 焊缝金属(取自 Brown 和 Mills[45])

氢致裂纹的敏感性略小。82 填充金属焊缝显示出方向性的作用,裂纹扩展方向纵向于焊缝的韧性值比横向于焊缝的值要高。这种不同是由于在焊缝金属中柱状晶及枝状晶间二次相(富镍 MC 碳化物)的各向异性的性质所致。在横向,裂纹沿着柱状晶界和枝状晶间相扩展,降低了韧性。对于 52 填充金属的焊缝金属所得到的有限的数据表明方向的作用并不这么严重。这是由于对于每种焊缝金属裂纹尖端位置的不同。对于 82 填充金属,裂纹尖端位于焊缝根部,这是裂纹扩展方向与发生的柱状晶界/枝状晶间相之间具有非常的一致性。对于 52 填充金属,裂纹尖端的位置靠近焊缝的中部,此处晶粒结构形态和枝状晶间相分布是较为各向同性的。

3.5　焊接性

在本节中讨论固溶强化镍基合金的焊接性。这里采用焊接性这个术语来描述在制造过程中产生裂纹的敏感性。正如在第 3.3 节中所论述的,这些合金凝固呈奥氏体(富镍 fcc 相),导致合金元素和杂质元素强烈偏析。这样的偏析会影响凝固开裂的敏感性,并可促使在 PWHT 过程中脆化。这些合金也对 HAZ 和焊缝金属液化裂纹敏感,又是由于在 HAZ 中的晶界偏析及在再热的焊缝金属中残余凝固偏析所致。最后,这些合金已显示出对晶间的高温脆化现象的敏感性,即为人们所知的失塑裂纹(DDC)。

3.5.1　熔合区凝固裂纹

镍基合金熔合区中焊缝凝固裂纹已成为大量研究工作的对象,其机理一般是容易理解的。正如在其他系统中焊缝凝固裂纹的特征一样,裂纹在凝固最后阶段形成,此时液体薄膜沿凝固晶界及有时沿枝状晶间场分布。在这个阶段,贯穿部分已凝固边界的收缩应变能已相当可观。假如最终的液体沿边界的分布呈连续的薄膜,对应变不能适应,边界分离就形成裂纹。

图 3.26 和图 3.27 展示了镍基合金熔合区中凝固裂纹的例子。应注

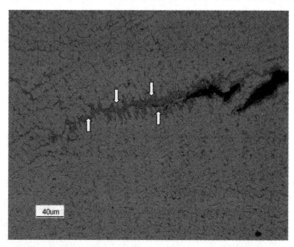

图 3.26　镍基合金中凝固裂纹的例子。沿裂纹走向的暗色部分(箭头)是共晶体组成,由凝固结束时最终富溶质液体形成。这是裂纹"治愈"的例子

意,凝固裂纹位于沿凝固最后阶段的凝固晶界和枝状晶间区。图 3.26 中用箭头表示的裂纹区的暗色组成部分是共晶体型的组成物。它是在凝固结束时的最终液体相。这种沿着凝固晶界的连续的液体薄膜由于受到形成固体/固体边界的干扰而促使产生裂纹。

图 3.27 显示在不同的合金之间最终凝固液体薄膜的分段是如何能够变化的。在 625 合金的情况下,正如在图 3.27(a)中亮色相所示,沿着凝固晶界有较多的液体。这种薄膜能导致开裂,但是如果处于高的分段处,可使已形成裂纹处得到"治愈"。形成对照的是,在 230W 合金中沿凝固晶界的液体薄膜并不明显[图 3.27(b)]。事实上,液体薄膜沿边界是存在的,但它们是如此之薄,甚至在扫描电镜(SEM)中高倍放大的情况下几乎观察不到。

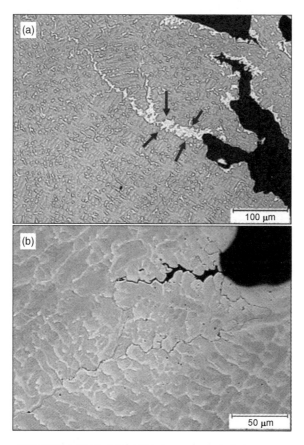

图 3.27　凝固裂纹尖端附近的显微组织(a) 625 合金和(b) 230W 合金。(a)中的光亮浸蚀相是在裂纹尖端沿凝固晶界的富镍共晶液体。箭头显示裂纹治愈。要注意放大倍数的不同(取自 Lippold 等[55])

　　焊缝凝固裂纹敏感性是冶金因素和在凝固结束时存在的局部应变水平两者的函数。关于冶金因素，已很好被确定的是凝固温度范围以及界面最终液体的数量和分布，它们是控制镍基合金凝固开裂主要的因素[4,7,10,13,22,31,34,48]。溶质的再分布在凝固开裂中起重要的作用，因为它影响到凝固温度范围和最终液体的数量。

　　凝固温度范围的作用能够简单地理解为对固体＋液体糊状区尺寸的影响。在焊接过程中，糊状区跟在液态焊缝熔池后面。这样的糊状区在收缩应变和外部拘束的影响下对开裂敏感。液态焊缝熔池和糊状区（即糊状区的起始处）之间的界面是处于实际温度与合金液相线温度相交处（假定枝状晶端过冷可忽略不计）。相似地，糊状区与完全凝固的焊缝（即糊状区的末端）之间的界面是处在实际温度与合金最终固相线温度相交处。对于糊状区中确定的温度梯度（恒定的操作参数），促使在凝固最终阶段低温反应的成分的改变将拓宽凝固温度范围，通常由于扩大了裂纹敏感的糊状区就加剧了发生开裂的趋势。

　　凝固裂纹通过糊状区扩展的实际距离取决于在固体＋液体区末端附近存在的最终液体的分布及存在的局部应变水平[31]。接下来，糊状区末端附近的液体的分布受到最终液体的数量和固体/液体表面的张力的控制。当最终液体的数量为中等，在约 1～10 之间的体积百分数[31,49]和/或表面张力低时，液体倾向于湿润边界和形成连续的薄膜。这种类型的结构形态是最为有害的，因为它干扰固体/固体边界的形成，这样就降低了材料适应应变的能力。相反，少量的最终液体，一般小于约 1 的体积百分数，它显示出高的与固体的表面张力，经常以相互隔离的液滴形态存在，促使在固体/固体间搭桥，从而降低开裂的倾向性。当最终液体的数量是高的（大于约 10 的体积百分数），它常能流入裂纹中，并提供"裂纹治愈"的作用[31,50]。对于一个给定的合金系统，凝固温度范围和最终液体的数量主要受控于化学成分（在高的冷却速率情况下，这里枝状晶尖端的过冷可能很大，操作参数变为很重要）。这样，许多研究工作都企图建立镍基合金中凝固裂纹的敏感性与化学成分之间的关系。

　　对于一般以单相奥氏体凝固、在凝固结束时没有显著的金属间和/或碳化物形成的合金，裂纹的敏感性很大地受控于杂质和/或微量元素。镍基合金中最重要的杂质元素是硫、磷及有时候是铅和银。硼也能提升裂纹敏感性，但它在绝大多数固溶强化合金中并不存在。在第 4 章中将展示 B 在"超合金"中凝固裂纹方面能成为一个争论的问题，因为这个元素经常是故意被添加进来以改善蠕变或持久强度性能。

对于商用纯镍合金以及许多 Ni-Cu、Ni-Cr 和 Ni-Fe-Cr 型合金,诸如硫、磷和硼等元素对焊接性的影响已众所周知。对于焊缝凝固裂纹敏感性有关系的重要的凝固参数汇总于表 3.13。应注意,硫、磷和硼在奥氏体中都具有很低的溶解度,并在凝固过程中积极地在液体中偏析(k 值低)。这种偏析促使在枝状晶间和凝固晶界区域形成低熔点液态薄膜并大大地提高开裂的敏感性。虽然在复杂的、多组成物合金中的这些杂质元素的行为不能用表 3.13 中所示简单的凝固参数来精确表达,但数据展示它们一般的作用。这点已在商用镍基合金中由实验所证实[51-54]。元素硼和硫是十分有害的,因为它们降低固体/液体表面能量以及促使边界受低熔点薄膜的极大湿润。虽然硅由于形成低熔点 Ni-Si 化合物(硅化物)能施展相似的作用,除非它以相对大的数量存在,就并不像其他元素那样有害。

表 3.13 Ni-P、Ni-S、NiB 和 Ni-Si 系统中分离系数、最大固体溶解度和最终共晶温度的汇总

系 统	k	最大溶解度 /wt%	最终共晶温度 /℃(℉)
Ni-P	0.02	0.32P	870(1 600)
Ni-S	~0	~0S	637(1 180)
Ni-B	0.04	0.7B	1 093(2 000)
Ni-Si	0.70	8.2Si	1 143(2 090)

图 3.28 提供了硫和硅作用的例子,该图展示了一些商用纯镍合金的可变拘束试验结果[54]。应注意,开裂敏感度(按裂纹总长度/应变百分数测定)随着硫和硅的增加而增大。在镍基合金中磷和硫保持在低的水平,当典型地 S<0.003wt% 和 P<0.001wt% 时,对于抵抗凝固裂纹是重要的。添加 Mn 经常是有益的,因为它与 S 相结合形成显示为球形结构的 MnS,这样会降低湿润晶界的倾向性。总之,以单相奥氏体凝固的合金,只要它们的杂质元素含量保持在低的数值,是容易焊接的。

在图 3.28 中可以很有意思地注意到 Ni-270 甚至在施加最大的应变时,也不能引发开裂。Ni-270 是一种特高纯镍合金,这样,凝固温度范围特别小。作为结果,从 100% 液体转变为 100% 固体是很突然的,有效地防止发生开裂的柔软区。对于基本上纯净的合金,施加任何应变仍可抵

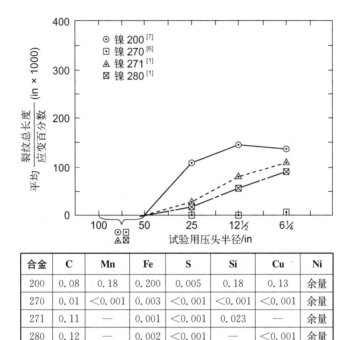

合金	C	Mn	Fe	S	Si	Cu	Ni
200	0.08	0.18	0.200	0.005	0.18	0.13	余量
270	0.01	<0.001	0.003	<0.001	<0.001	<0.001	余量
271	0.11	—	0.001	<0.001	0.023	—	余量
280	0.12	—	0.002	<0.001	—	<0.001	余量

图 3.28 展示硫和硅对某些商用纯镍合金焊接性影响的可变
拘束焊接性试验结果(取自 Lingenfelter[54],经 AWS 同意)

抗开裂展示了凝固温度范围和它所造成的柔软区尺寸对开裂敏感性的重
要作用。

在更高合金化的固溶强化合金中,在凝固的最终阶段形成碳化物
和/或金属间相,通常可控制凝固裂纹的敏感性。一般来说,这些相是
发生在凝固结束时的共晶反应的产物。这种共晶反应发生在比合金固
相线更低的温度,扩大凝固温度范围,使得合金对裂纹更敏感。表 3.14
汇总了在某些商用合金中观察到的最终反应和相关反应温度。这些数
据随同与可变拘束焊接性试验所得的结果相结合对于验明合金化学成
分和焊接性之间的总趋势是有用的。在第 8 章中可找到有关可变拘束
试验的说明。

表 3.14 某些商用镍合金的最终凝固反应和相对应温度的汇总

合　　金	最终凝固反应	温度/℃(℉)
B-2	$L{\rightarrow}L{+}\gamma{+}M_6C$	1 277(2 330)
W	$L{\rightarrow}L{+}\gamma{+}P$	1 250(2 280)

续　表

合　金	最终凝固反应	温度/℃(℉)
C-22	L→L+γ+σ	1 285(2 345)
C-276	L→L+γ+P	1 285(2 345)
242	L→L+γ+M_6C	1 260(2 300)
625(0.03Si,0.009C)	L→L+γ+Laves	1 150(2 100)
625(0.03Si,0.038C)	L→L+γ+NbC	1 246(2 275)
625(0.38Si,0.008C)	L→L+γ+Laves	1 148(2 100)
625(0.46Si,0.035C)	L→L+γ+Laves	1 158(2 115)
HR-160	L→L+γ+$(Ni, Co)_{16}(Ti, Cr)_6Si_7$	1 162(2 125)
C-4Gd	L→L+γ+Ni_5Gd	1 258(2 295)

Cieslak 研究了 C-4、C-22 和 C-276 等 Ni-Cr-Mo 型合金的焊接性[6]。该研究项目中可变拘束焊接性试验结果示于图 3.29,这里按 C-276>C-22>C-4 的次序裂纹敏感性下降。正如在第 3.3 节中所讨论的,C-4 在较低温度下不形成任何 TCP 相。这种合金仅仅在凝固结束时形成很少量的 TiC。虽然 C-4 中这种相精确的形成温度未能被测得,典型地在镍基合金中碳化物比 TCP 相在更高的温度下形成[4,31]。Cieslak 提出,C-4 可望显示出与 304 型不锈钢相似的很好的焊接性。C-22 和

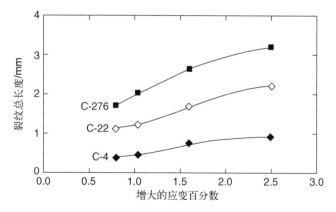

图 3.29　C-4、C-22 和 C-276 合金的可变拘束焊接性试验结果(取自 Cieslak 等[6])

C-276合金的较高的裂纹敏感性归因于在较低温度下形成 TCP 相,C-22
合金中的 σ 相和 C-276 合金中的 P 相每种都约在 1 285℃(2 345℉)。
C-276合金略高的裂纹敏感性归因于在凝固结束时存在着较多的最终液
体。然而,所有这些合金在大多数实际制造条件下,应显示出良好的抵抗
焊缝凝固开裂的能力。

Rowe 等目前在 Ni-Cr-Mo 型合金的宽广范围内开展了可变拘束试
验,其结果示于图 3.30[18]。这些结果总的来说与 Lienert 等[14] 以及
Maguire 和 Headley[48] 从相似合金获得的数据是一致的。Lienert 指出,
B-2 合金的抗裂性能基本上与 C-4 的相当,而 Maguire 和 Headley 指出
242 和 W 合金的抗裂性能与 625 合金的相似。这样,在图 3.30 中,C-4
合金的结果可望与 B-2 的相似,242 和 W 合金的结果可望与 625 合金的
相似。从表 3.15 中列出的数据来看,这些趋势可认为是合理的。一般来
说,这里所研究的"B"和"C"型合金在相对高的温度(1 277~1 285℃)下
形成 TCP 和/或碳化物相。这样,它们的抗裂性能一般是很好的。虽然
有关 686、59、C-2000 和 B3 合金的详细特征结果尚未获得,但基于这
些合金相似的抗裂性能水平,可望它们显示出相似的凝固特性。625、
W 和 242 合金的最终凝固温度比更容易焊接的合金低,并且互相相似
(分别为 1 246℃、1 250℃ 和 1 260℃),这导致较高的裂纹敏感性。对
于 625 合金,如果形成 Laves 相(低至~1 115℃),凝固温度范围甚至会
进一步扩大。

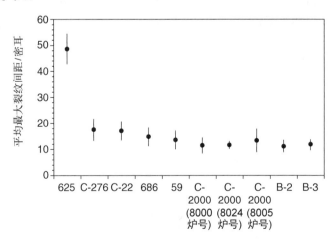

图 3.30　一些商用合金的可变拘束焊接性试验结果
(取自 Rowe 等[18],经 AWS 同意)

表 3. 15　按可变拘束试验数据的凝固裂纹敏感性排行表

合　　金	可变拘束 MCL 或 MCD/mm	参 考 文 献
B-3	0. 3~0. 5	[1,2]
B-2	0. 5	[2]
59	0. 5	[2]
C-276	0. 5~0. 7	[1,2]
686	0. 6	[2]
C-22	0. 7~1. 0	[2,3]
617	1. 0	[4]
230W	1. 1	[4]
214	1. 1	[1]
625	1. 2~2. 2	[1,2,4]
W	1. 5	[4]
Waspaloy[(1)]	1. 5	[1]
718[(1)]	1. 75	[5]
X	2. 0	[4]
HR-160	2. 5~3. 0	[1,5]

(1) 沉淀硬化合金。

参考文献：

[1] Rowe, M. D. , Ishwar, V. R. , and Klarstrom, D. L. 2006. Properties, weldability, and applications of modern wrought heat resistant alloys for aerospace and power generation industries, *Transactions of ASME*, 128: 354-361.

[2] Rowe, M. D. , Crook, P. , and Hoback, G. L. 2003. Weldability of a corrosion resistant Ni-Cr-Mo-Cu alloy, *Welding Journal*, 82(11): 313s-320s.

[3] Gallagher, M. 2007/ *Unpublished research performed at The Ohio State University*.

[4] Lippold, J. C. , Sowards J. , Alexandrov, B. T. , Murray, G. , and Ramirez, A. J. 2007. Weld solidification cracking in Ni-base alloys, *2nd International Workshop on Hot Cracking*, Berlin, March 2007, Springer-Verlag.

[5] DuPont, J. N. , Michael, J. R. , and Newbury, B. D. 1999. Welding metallurgy of alloy HR-160, *Welding Journal*, 78(12): 408s-414s.

Lippold 等采用可变拘束方法研究了 617、625、X、W 和 230W 填充金属的凝固裂纹敏感性[55]。对于这些合金在所采用的应变范围内的最大裂纹间距(MCD)示于图 3.31。根据这些结果,625 和 X 合金被评判为最敏感,而 617 和 230W 合金为最抗裂。在这项研究中,填充金属的熔敷金属的凝固温度范围是采用单传感器差异热分析(SS-DTA)技术测定的[56,57],并与采用 Scheil-Gulliver 近似法计算的凝固温度范围[58]作了比较,如表 3.16 所示。应注意到除 230W 合金外,测定的凝固温度范围比 Scheil-Gulliver 模拟法的要小。该项研究采用了第 8 章所描述的技术也确定了实际的凝固裂纹温度范围(SCTR)。SCTR 数值也在表 3.16 中列出,并在图 3.32 中标绘出来。

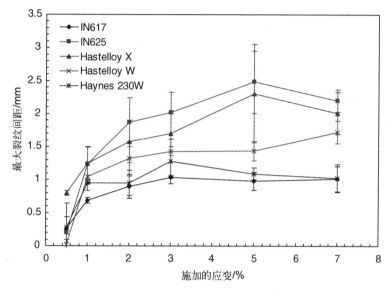

图 3.31 某些固溶强化填充金属的最大裂纹间距(MCD)
与应变的对应关系的汇总(取自 Lippold 等[55])

表 3.16 某些固溶强化镍基合金填充金属的凝固温度范围和 *SCTR* 值

焊缝金属	凝固范围/℃		可变拘束 *SCTR* /℃
	Scheil-Gulliver	**SS-DTA**	
617	160	93	85
625	243	97(306)[(1)]	205
Hastelloy W	325	162	145
Hastelloy X	160	108	190
Haynes 230W	125	139	95

(1) 括号内的值包括共晶凝固终端。

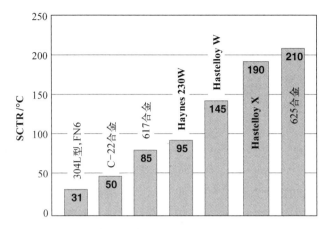

图 3.32　图 3.31 中所列填充金属的凝固裂纹温度范围。列入了 304L 型的铁素体数(FN)为 6 和 C-22 合金作为比较

根据凝固开裂理论,*SCTR* 应小于或等于凝固温度范围(或柔软区),这是因为仅仅当实质的固体已经形成时才发生开裂。这样,当与 SS-DTA 和 Scheil-Gulliver 值相比较时,625 和 230W 合金的 *SCTR* 值看来是最为合适的。对于 617 和 W 合金,*SCTR* 和 SS-DTA 数值是几乎相当,同时 X 合金的 *SCTR* 大于模拟的和测定的凝固温度范围。由于这些材料也对失塑裂纹(DDC)敏感,在可变拘束试验中测得的裂纹长度的某个部分可能是凝固裂纹以外的实际上的 DDC 的延伸。这就导致人为的 *SCTR* 高值。

图 3.31 所示和表 3.16 中所列的镍基合金的裂纹敏感性,根据 *SCTR* 数值被认为是属于中等的。众所周知,304L 型焊缝金属(其铁素体数为 6)是最为抵抗焊缝凝固裂纹的,并显示出 *SCTR* 值为 31℃,具有低于 100℃ 的 *SCTR* 值的合金是能抵抗焊缝凝固裂纹的,同时 *SCTR* 值在 100～200℃ 范围的合金具有中等的敏感性。根据这些范围,617、230W 和钨填充金属可望属于中等程度抵抗焊缝凝固裂纹,而 X 填充金属具有中至高的敏感性。

对 625 合金的凝固裂纹敏感性采用铌、硅和碳的因子变化进行了研究[4]。值得提出,该研究中无铌合金全部以单相奥氏体凝固,没有形成任何终端凝固相,显示出良好的焊接性。这清楚地表明了低熔点相对焊接性的有害影响。添加铌后,形成 NbC 和 Laves 相,并且采用可变拘束试验确定的裂纹敏感性急剧上升。我们知道,Laves 相对扩大 625 合金和其他含铌合金的凝固温度范围起特别大的作用,这是因为它在如此低的温度下形成[13,21]。终端凝固相随同凝固温度范围强烈地受到铌和碳的相关数量的影响,而硅含量的影响较小。

在可变拘束试验结果中得到的最大裂纹长度和测得的凝固温度范围之间未观察到简单的相互关系。应该指出,虽然在 625 合金中铌是作为固溶强化剂而加入的,但其强烈的偏析倾向(625 合金中 $k_{Nb}=0.54$)以及形成富铌的 NbC 和 Laves 相表明在焊缝金属中比较多的铌结合成二次相。例如,NbC 相中约 85wt% ～ 90wt% 铌,Laves 相中约 22wt% ～ 36wt% 铌[4,13,16,31]。这样,含铌合金的凝固行为对铌和碳的相关数量和形成相应类型的终端相(即 NbC 或 Laves)是很敏感的。不管添加铌是为了通过形成 γ''-$Ni_{13}Nb$ 相而进行固溶强化或者沉淀硬化,这些趋势是仍旧保持着的。由于绝大多数商用合金为了沉淀强化而添加铌,这些合金的凝固行为和伴随的焊接性将在第 4 章中作更为详细的讨论。

应该指出,625 合金在实际上展示出具有良好的抗焊缝金属凝固裂纹性能,并且经常被选择用于中等拘束度的应用场合来避免裂纹问题,尤其是当焊接异种材料时。图 3.30～图 3.32 中可变拘束试验结果与实践中的明显的不一致可以用裂纹反填充现象来解释。正如图 3.27(a)中所示,625 合金焊缝金属显示有高份额的富铌最终凝固液体。当拘束度低,这种液体通过反填充机制促成对任何裂纹进行修复。然而,在可变拘束试验中,所采用的(或经放大的)应变足够高来克服反填充作用。这样就可以想象,对于要通过裂纹反填充机理来达到抵抗凝固裂纹的焊缝金属,可变拘束试验可能不精确反映其裂纹的敏感性,尤其是在高应变下完成试验时。在这种试验中采用的高应变,甚至当存在大量最终液体的情况下,也会促使裂纹的产生。采用开裂限值应变比起饱和应变时的最大裂纹间距(MCD)可能更适宜于测定这些焊缝金属的敏感性。

对 625 合金,尽管其具有宽的凝固温度范围,通过保证熔敷微凸的焊缝表面形状,通常就可获得致密的焊缝。按照同样的逻辑,微凸的填满的弧坑很少显示有裂纹。虽然当存在高的铌浓度(如 625 合金),铌促使形成低熔点 Laves 相,合理地使用铌和小心地控制焊缝外表成形,采用许多含铌的 Ni-Cr-Fe-Mo 焊接材料能够熔敷出无裂纹的焊缝。

图 3.33 展示 HR-160 合金的可变拘束试验结果,并与 304 和 310 型不锈钢和 718 合金作比较[10]。304 型凝固为初始 δ 铁素体,其结果是具有极好的焊接性。310 型的裂纹敏感性略高,因为它的凝固呈全奥氏体。718 合金由于共晶反应导致在～1 200℃(2 190℉)形成 Laves 相,对开裂

敏感[13]。图 3.33 中的试验结果表明,HR-160 合金中加入2.6wt% 的硅对其抗裂性能具有极强的有害作用,其原因是在~1 160℃(2 120℉)下形成(Ni、Co)₁₆(Ti、Cr)₆Si₇相。显微组织的特性表明最终液体随同这种相积极润湿凝固晶界和枝状晶间区域,促成了这种合金的高开裂敏感性。事实上,发现这种裂纹是在试样的应变部位之外形成的,表明了焊接的收缩应变在不需要任何外加的应变下已足以促使在这种合金中发生裂纹。

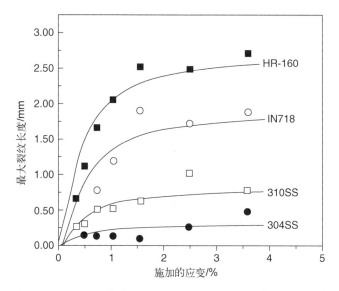

图 3.33　HR-160 合金、IN718 和 304、310 型不锈钢的可变拘束焊接性试验结果(取自 DuPont 等[10],经 AWS 同意)

图 3.34 汇总了 C-4 合金加入不同钆而获得的当前焊接性和显微组织特性的试验结果[59]。该图展示了裂纹敏感性、最终 γ/Ni₅Gd 共晶型组成部分以及凝固温度范围作为与钆浓度的函数关系。这些结果是有用的,因为它们提供了合金成分、凝固行为和造成的裂纹敏感性之间的更加定量的关系。正如本章前面所述和表 3.8 和表 3.14 所汇总的,这些合金以与简单二元合金相类似的方式凝固,凝固从初始 L→γ 开始及在~1 258℃(2 296℉)下进行 L→γ+Ni₅Gd 共晶型反应结束。

图 3.34(b)和 3.34(c)中的线分别代表借助于伪二元相图(图 3.14)和 Scheil 公式进行计算的最终共晶型组成部分的百分比数量和凝固温度范围。也提供了实验测定的数值,在计算值与测定值之间有着很好的一致性。在低的钆浓度时,凝固温度范围是大的,但最终共晶液体的百分比

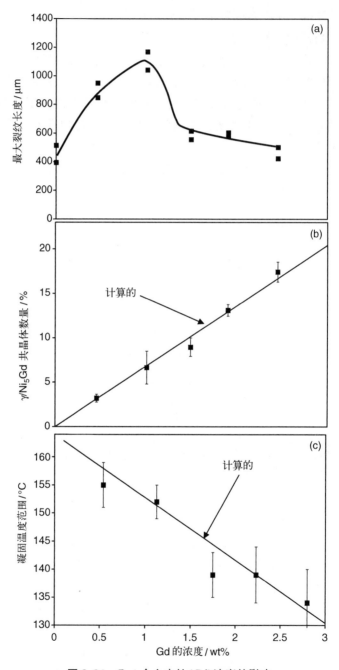

图 3.34 C-4 合金中钆(Gd)浓度的影响
(a) 对可变拘束最大裂纹长度;(b) 对最终 γ/Ni₅Gd 组成的数量;
(c) 对凝固温度范围(取自 DuPont 和 Robio[59])

很低。这样,开裂敏感性就低。当钆浓度升高,凝固温度范围仅略有下降,但最终共晶液体的百分比(由 γ/Ni_5Gd 数量来反映)有相当大的提高。这导致了图 3.34(a)所示的开裂敏感性升高,在～1wt%钆时达到最高。随着钆数量的升高,最终液体的数量增高至开裂敏感性由于凝固裂纹的修复或反填充而下降的这个点。凝固温度范围随着钆浓度升高而下降也有助于降低裂纹敏感性。促成反填充所要求的最终液体数量与其他试验结果是一致的,它指出了 7 至 10 体积百分数的临界值[49,50]。对于 C-4Gd 系统,当钆浓度达到～1.5wt% 时这种情况就发生了。在该 Gd 水平时裂纹修复的例子示于图 3.35。

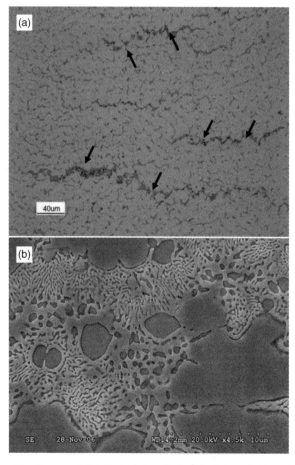

图 3.35　添加有 1.5wt%钆的 C-4 合金熔合区中观察到的凝固裂纹反填充
(a) 反填充后裂纹(箭头)的低倍放大;(b) 在反填充区域中共晶 γ/Ni_5Gd 组成的扫描电镜(SEM)的高倍放大

　　在这个系统中也观察了硼对镍基合金裂纹敏感性的有害影响。图 3.36 展示了 C-4 合金含有恒定的 2wt％钆时硼浓度与最大裂纹长度的函数关系。应注意到,仅仅提高 500 ppm 的硼,裂纹敏感性就会升高 5 倍。图 3.37 展示了含有 230 ppm 硼的合金的显微组织,这里箭头指出存在着一种附加的相,它是在 Ni_5Gd 相之后形成的,该附加的相覆盖了晶界的绝大部分。该相初步被识别为 M_3B_2,它也已经在其他含硼的镍基合金中被确认[60]。差异热分析表明该相在～1 200℃(2 190℉)的低温下凝固。这样,硼的有害作用可归因于扩宽凝固温度范围和剧烈湿润凝固晶界两者。对于抗凝固开裂性能的有害作用在其他的材料(诸如 214 和 230 合金)中也已被观察到。

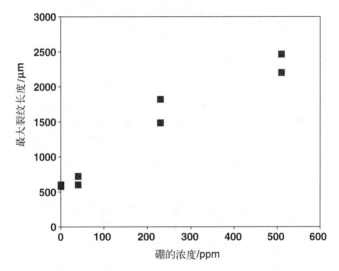

图 3.36　硼浓度对添加有 2wt％ Gd 的 C-4 合金裂纹敏感性的影响

　　根据采用可变拘束试验进行的一些凝固裂纹研究,有可能作出如前面在表 3.15 中所示的镍基合金开裂敏感性的近似的排行表。这个排行表仅限于将裂纹敏感性归纳为最大裂纹长度[10,18,61] 或者最大裂纹间距[55,62](见图 3.31 和图 3.38)。该两种米制尺寸提供了确立裂纹扩展的柔软区的范围。假定在凝固温度范围内温度梯度和冷却速率是近似相同的,这些不同研究工作中得到的数据可用来提供裂纹敏感性的粗略的排行表。在这种分析的基础上,B-2、B-3、C-276 和 C-22 合金是最能抵抗凝固裂纹的。617、214 和 W 合金显示出中等的抗裂性能,而 X 和 HR-160合金对裂纹最为敏感。根据 3 项研究的结果,625 合金的裂纹敏

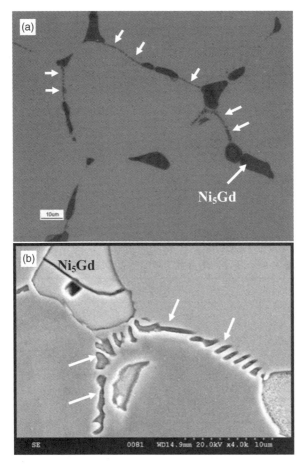

图 3. 37 示出富硼相对 2wt％ Gd C-4 合金熔合区晶界强烈湿润的照片
（a）光学照片；（b）晶界的 SEM/BSE

感性处于中至高之间。

通过将表 3. 15 中的数据与其他研究中得出的焊接性数据相结合起来，可以制得如表 3. 17 中所示的镍基合金裂纹敏感性总的分类图。某些沉淀硬化合金作为比较也包括在这些结果中。对这些合金将在第 4 章中进行更详细的讨论。

商用纯镍材料由于其凝固温度范围比较窄是抗裂的。Lingenfelter 在他对很宽范围镍基合金的研究工作中已确认了这一点[54]。在该研究中，商用纯镍材料在比其他合金高约 30％ 的热输入量的情况下进行试验，在所有考虑的合金中间仍显示出最短的裂纹长度（正如下面更详细的解释，较高的热输入量一般增加开裂的严重性）。Monel 400 显示出

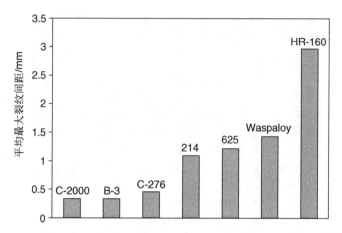

图3.38 一些商用合金的可变拘束焊接性试验结果（取自 Rowe 等[61]）

表3.17 各种商用合金的凝固开裂行为的质量上的分类

	开裂敏感性		
合金类型	低	中　　等	高
Ni 合金	200,270,271,280		
Ni-Cu	400		
Ni-Mo	B2,B3		
Ni-Cr		600,601,230	
Ni-Cr-Mo	C-4,C-22,C-276	Hast W,242	
	C-2000,59,686	Hast X,617	
Ni-Cr-Mo-Nb		625	
Ni-Co-Cr-Si			HR-160

比商用纯镍合金仅稍高的裂纹敏感性,镍和 Ni-Cu 合金的单相凝固也提供其良好的抗裂性能。虽然在硼和碳类型合金中形成最终凝固相,这些最终的反应发生在相对高的温度下,不会很大地扩展凝固温度范围,这样就保持了抗凝固裂纹的能力。中等裂纹敏感性范围合金的略有降低的抗裂性能可归因于在这些合金中发生较低温的最终反应。裂纹敏感级别的合金都是含铌的合金,正如在第 4 章中更详细解释的那样,这些合金在低温(1 150~1 200℃)下形成 Laves 相。HR-160 差的抗裂性能主要归因于其高的含硅量。

也应强调的是,表 3.15 和表 3.17 所提供的凝固裂纹敏感性排行表是从可变拘束试验结果得出的。该试验在第 8 章中进行详细描述。自从 1960 年代起,可变拘束试验已被用于确定焊缝凝固裂纹敏感性,并已广泛被接受为开裂行为的试验方法。但是,该试验尚未被标准化,以及在试验室中如何进行试验和裂纹如何定量方面还存在着很大的变数。这是一种"增大应变"的试验,在试验中为了促使材料开裂,要施加比实际焊缝中可望得到的要高很多的应变。

按照作者的看法,可变拘束试验提供很好的测定绝大多数合金系统中凝固裂纹敏感性的方法,并表明对不锈钢是十分可靠的[63]。因为很多已报道的可变拘束数据来自在高应变试验的试样,沿着凝固晶界的液体薄膜的行为可能相对于低应变下的行为有所变化。这方面 625 合金是一个例子,它在凝固的终端形成大量的低熔点共晶液体[见图 3.27(a)]。在低应变条件下,该液体能够有效地"治愈"裂纹,但在高应变下"治愈"作用被掩盖,裂纹就会形成。这样,625 合金的现场经验表明,不管图 3.30～图 3.32 中数据的推荐,它是十分抗焊缝凝固裂纹的。在低至中等拘束条件下,625 合金在焊缝凝固裂纹方面显示出良好的焊接性。在高的拘束水平下,可望发生焊缝凝固开裂,尤其是在焊缝表面成形为凹形时。

还应指出的是表 3.17 中某些合金的行为可能强烈地依赖于标准中经常允许的化学成分的微小变化(炉号对炉号的可变性)。例如,在 625 和 800 合金中已经被观察到[4,28]。这种变化可能使得表 3.17 中汇总的合金具有不同的行为。此外,几乎任何工程用合金在不适当的条件下能显示出开裂,其中包括制造条件,诸如高拘束条件、高热输入量和不合适的焊缝成形。

这样,表 3.17 中提供的分类应该用作为根据在相对高的应变条件下完成的可变拘束试验的一般性指南。如果在凝固过程中施加的应变低,几乎所有所列合金是抗裂性良好的。因此,该指南最好用于高拘束条件下焊制的焊缝,诸如厚件的多道焊缝。在制造或焊接修复过程中要考虑凝固裂纹时,为在合金中间进行比较,本分类是最为有用的。

3.5.2　HAZ 液化裂纹

所有的工程用合金在某个温度范围内熔化和凝固。通常合金元素含量越高,熔化/凝固温度范围就越宽。这样,固溶强化镍基合金,由于其高的合金元素含量,能够显示出特别宽的熔化和凝固温度范围。在焊接过程中,紧靠熔合区的母材将经受合金的液相线和有效(非平衡)固相线温度之间的峰值温度范围。该区域内的显微组织因此经受部分熔化,并被描述为 HAZ 的部分熔化区(PMZ)。在镍基合金的 PMZ 中会发生液化开裂,当局部熔化区中的液体不能承受所施加的应变时就形成通常沿晶界的裂纹。这种 HAZ 晶界液化的趋势在采用高热输入量焊接方法时会增加,例如采用喷射过渡模式的熔化极气体保护焊(GMAW)。

晶界熔化和 HAZ 液化开裂是由于两种基本的机理而发生——偏析机理和渗透机理。对于偏析机理,溶质和/或杂质元素由于扩散机理偏析至晶界并抑制晶界的局部熔化温度。对于渗透机理,显微组织在高温下发生局部熔化,并与移动的晶界相交,然后液体渗透及湿润晶界。

对于单相的合金,合金元素及杂质元素(硫、磷和硼)在晶界的偏析会导致熔化温度的局部压低,促使沿这些边界形成连续的液体薄膜[64-66]。这样,在单相材料的 PMZ 中晶界典型地经受某种程度的液化。有人提出,在 HAZ 中晶粒长大时晶界偏析会增加,因为溶质和杂质元素被推入并聚焦在迁移的边界中[64]。这样,当显微组织经合适的抛光和浸蚀,富溶质的晶界的凝固在 PMZ 中经常被观察到为粗大的边界。617 合金的这种偏析及相关的开裂的例子示于图 3.39。

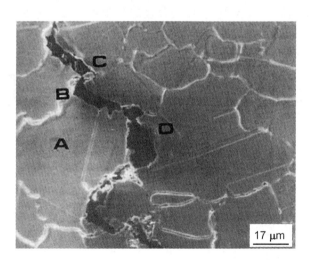

图 3.39 展示 617 合金 HAZ 中晶界液化(箭头)迹象的微观照片(取自 Lundin 等[75])

按渗透机理的液化也可能在含有二次组成物,如金属间化合物、碳化物或 TCP 相等的镍基合金中发生,该过程被称为组成液化[67-68]。在此情况下,与焊接热循环有关的快速加热不允许有足够的时间使二次相溶解于基体中。在加热到共晶温度以上时,二次相与基体互相作用形成界面间的具有共晶成分的液体薄膜。这种类型的液化在一些镍基合金,包括沉淀强化合金 Udiment 700、Waspaloy 和 718 合金以及固溶强化合金 Hastelloy X 和 625 合金中的碳化物和金属间化合物上被观察到[69-73]。这种机理在沉淀强化合金中较为普遍,并在第 4 章中作更详细的讨论。

渗透机理的另一种现象是残余共晶组成物的局部熔化。在这种情况下,快速的加热循环不允许有足够的时间来溶解共晶组成物,当超过共晶温度时组成物仅是简单地熔化。假如合金高于其最大固体溶解度,不管加热速率如何,共晶物不能溶解,而经常会发生局部熔化。含有 NbC 碳化物和 Laves 相的镍基合金中液化的例子示于图 3.40[74]。能够通过在二次组成物边缘附近的部分溶解来识别液化。

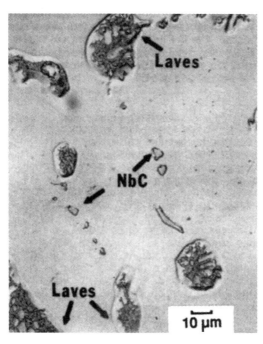

图 3.40　含有 NbC 碳化物和 Laves 相的镍基合金中 HAZ 液化的例子(取自 Kelly[74])

对于渗透机理,局部熔化一般不足以自己促成开裂,因为局部熔化区在开始时是孤立的。然而,移动着的晶界与液体相交(由于晶粒长大)引起液体渗透及湿润边界,经常导致晶界被液体薄膜完全覆盖。在此条件下边界很难支撑局部应变,裂纹就会形成。总的来说,两种形式的渗透机理(组成的液化和共晶熔化)从开裂角度来看,比偏析机理更为有害。从两个主要原因来看这是正确的:第一,组成液化或共晶熔化通常产生较多的残余液体;第二,这些液体薄膜凝固时的温度较多地低于合金的固相线。由于晶界液体薄膜能够保持低于合金固相线温度(取决于共晶温度),至沿母材晶界存在的液体薄膜的距离会很大,足够的应变能促使开裂。这个距离也是 HAZ 中温度梯度的函数,并会受到焊接方法和焊接条件,特别是热输入量的影响。

根据上面的讨论,在固溶和沉淀强化的镍基合金之间,可望得到的液化类型和相关的裂纹敏感性程度之间有着明显的差别。绝大多数固溶合金被设计为单相的,并且所有合金元素存在于溶体中的。这样,偏析机理对于固溶强化合金是最为典型的,并且裂纹敏感性一般低于沉淀强化合金。关于这方面的一个例子示于图 3.41,它对固溶强化合金(617 合金)和沉淀强化的 Thermo-Span 合金的 Gleeble 热延性试验结果进行了比较[17,75]。在这些试验中,典型地采用了零延性范围(ZDR)作为 HAZ 开裂敏感性的指数。这个参数是从零强度温度(NST)与合金自 NST 冷却至开始恢复延性时的温度的差值得到的。合金具有较宽的 ZDR 数值显示更广泛的液化以及伴随的裂纹敏感性。617 合金显示为~100℃的 ZDR,而 Thermo-Span 合金具有近 1 倍的 ZDR,其值为~190℃。也应注意到,固溶强化合金在冷却过程中基本上全部恢复其延性,而沉淀硬化合金在冷却阶段的延性比加热时显示出的延性要低很多。

在被分类为固溶强化材料,特别是那些含有铌和钛添加物的合金中,会发生共晶熔化和组成液化。大家都知道,NbC 和 TiC 易在奥氏体基体中发生组成液化[64,71,73]。例如,625 合金母材含有 NbC,会导致组成液化和随后的 HAZ 液化裂纹。在某些合金中,当浇铸后和/或热机械加工处理不足以完全溶解二次组成物时,残余共晶体和二次组成物会从初始浇铸过程中留存下来。在这些合金中,这是母材初始显微组织的状态而不是按照对 HAZ 液化裂纹敏感性的一般的合金分类。

磷、硫和硼对液化裂纹的影响和熔合区凝固裂纹的影响是相似的,众所周知这些元素也是特别有害的。磷一般最少有害,硼最为有害,而硫的作用主要是中等的[76]。这些元素都是由于晶界偏析导致液体薄膜一直保持到低温而加重开裂。这样,一个好的经验是保持尽可能低的杂质是避免方法。在许多合金中,采用了特殊的双熔化技术,硫和磷的总含量可降低至 100 ppm(0.01wt%)。在这种水平下,硫和磷不会促成液化开裂。

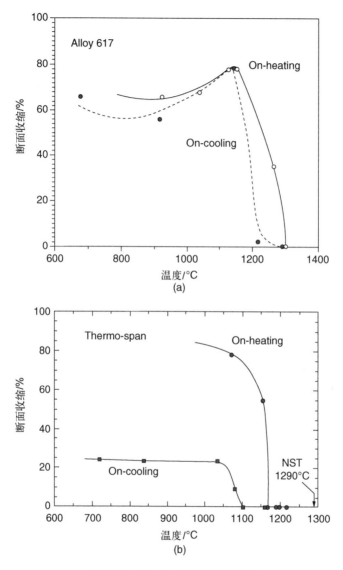

图 3.41 Gleeble 热延性试验结果
(a) 固溶强化 617 合金[74]；(b) 沉淀硬化 Thermo-Span 合金（取自
Kelly[74] 和 Robino 等[17]）

　　另一方面，在某些镍基合金中加入硼来提升蠕变性能，就有需要平衡
改善抗蠕变性能与焊接性的潜在降级之间的利弊。硼对液化裂纹的作用
是很大的，其一个例子示于图 3.42[52]。该图展示了两个炉号的 214 合金的
Gleeble 热延性试验结果。该两个炉号，除硼不一样外，成分基本相同（硼为
0.000 2wt%和 0.003wt%）。每个合金具有 NST 值～1 355℃（2 470℉）。

低硼炉号显示有小的 ZDR 值～50℃，而硼的微小增加至 0.003wt％就扩大 ZDR 5 倍，至～250℃。当前的试验结果已经表明，含硼合金的行为取决于晶界的特征，对于高角度边界，偏析和随同的开裂趋势比低角度边界，诸如双晶边界，要高[77]。应该指出，B 对镍基合金焊接性的影响对于沉淀硬化合金一般有多种论点，这方面的论题将在第 4 章中作更详细的讨论。

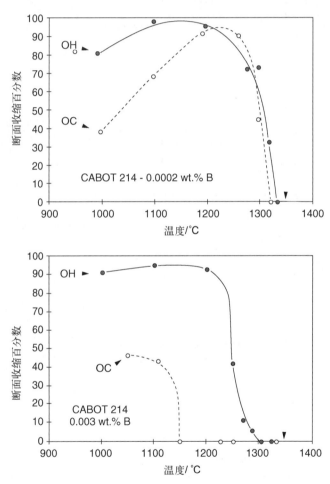

图 3.42　不同硼含量的 214 合金的两个炉号的 Gleeble 热延性试验结果（取自 Cieslak 等[52]）

最后，液化裂纹也能发生在多道焊缝中，这里前面的焊道成为后续焊道的 HAZ。这种现象称为焊缝金属液化裂纹，并且表示为一种特殊形式的 HAZ 液化裂纹，这里的 HAZ 是先前熔敷的焊缝金属。在这种情况下，液化是由于下面一层的焊缝金属中沿晶界局部熔化的结果。因为偏析发生在沿前面焊缝中凝固晶界和迁移的晶界,这些边界当被重新加热对熔化是敏感的。625 合金多道焊缝中的焊缝金属液化裂纹的一个例子示于图 3.43。应该指出,镍基合金焊缝金属中的焊缝金属液化裂纹可能发生在同一固态附近的失塑裂纹。在实践中很难区分这两种形式的裂纹。这两种开裂形式的不同处将在第 3.5.4 节中进行详细描述。

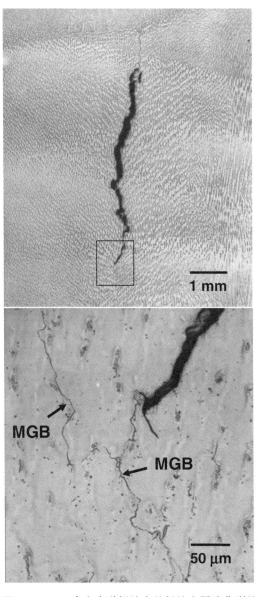

图 3.43　625 合金多道焊缝中的焊缝金属液化裂纹

3.5.3　避免凝固裂纹和液化裂纹

　　基本上,引起凝固裂纹和液化裂纹有 3 个因素:合金的化学成分、焊接参数和拘束度。焊接方法和焊接条件的选择会对开裂敏感性有影响,但它们仅仅对化学成分和拘束条件促成开裂起修正的作用。焊缝金属凝固裂纹常常通过合适的选用焊接材料来避免。正如前面所讨论的,如果焊缝金属在窄的温度范围内凝固以及避免形成低熔点共晶组成部分,开裂敏感性一般就较低。液化裂纹敏感性受合金的化学成分和母材的显微组织状态的影响,细晶粒母材比粗晶粒材料提供更好的抗 HAZ 液化裂纹性能。

　　将杂质控制在低的水平是通常提倡的,因为磷、硫和硼(以及当存在铅和银时)等元素为大家所知是提高裂纹敏感性的。也提出要限制会形成低熔点共晶组成物的元素,如铌、钛和硅等。但是,这种途径通常是行不通的,因为这些元素一般是有意加入母材或填充金属的。在这样的情况下,必须在要求的性能和焊接性之间达到某些平衡。

　　总之,为避免两种类型的开裂,采用低热输入量的焊接方法和焊接条件是有益的。从凝固裂纹的观点来看,低的热输入量导致小的焊缝尺寸,同时也降低凝固收缩应变。较低的热输入亦导致焊缝熔池尾端和母材 HAZ 陡峭的温度梯度,在两个部位降低裂纹敏感区的宽度。可变拘束试验结果所展示的热输入量的作用的一个例子示于图 3.44[78],该图显示出

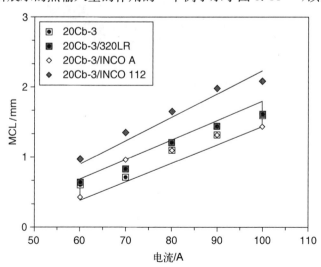

图 3.44　显示作为 20Cb-3 合金钨极气体保护焊自熔焊缝及 3 种不同填充金属以焊接电流(热输入量)为函数的最大裂纹长度的可变拘束试验结果(取自 DuPont[78])

最大裂纹长度作为 20Cb-3 合金采用自熔焊和 3 种不同填充金属钨极气体保护焊的焊接电流的函数。在每一种情况下，最大裂纹长度随焊接电流的加大呈线性增加，显示出对裂纹敏感的柔软区的尺寸随电流升高而增大。

根据简单的热流考虑就能懂得这一点。一般发生最大裂纹长度的焊缝中心线处的温度梯度 G 由 Rosenthal 公式给出：

$$G = \frac{2\pi k(T_L - T_o)^2}{\eta V I} \tag{3.10}$$

式中，k 是热传导系数；T_L 是液相线温度；T_o 是初始温度；η 是热源传递效果；V 是电压；I 是电流。糊状区的长度（L）由简单的凝固温度范围（ΔT）与温度梯度（假定在凝固范围中呈线性温度梯度）的比值给出。这样柔软区长度与焊接电流及凝固温度范围的关系为：

$$L = \frac{\Delta T \eta V I}{2\pi k(T_L - T_o)} \tag{3.11}$$

虽然 Rosenthal 热流解法并不提供高精确的结果，公式（3.11）展示了糊状区尺寸和相应的最大裂纹长度与焊接电流的线性关系，并由图 3.44 所示的实验结果所证实。这些结果表明，较低的热输入量对于减少熔合区凝固裂纹是有益的。应该指出，发生裂纹的温度范围并不改变，但开裂能够发生的空间由于低热输入量焊缝造成的陡峭的温度梯度变得窄小了。促使陡峭的温度梯度和较低的拘束度相结合的低热输入量的焊接经常被用于避免/减少这些合金中的焊缝凝固裂纹。

焊缝熔池形状也能影响凝固开裂敏感性。焊缝熔池的宏观形状影响焊缝中的晶粒结构和凝固过程中所施加的拘束度。图 3.45 提供了控制焊道成形的例子。通过调整焊缝的深—宽（D/W）比，焊缝金属的晶粒结构会发生变化。由于晶粒倾向于按固体/液体界面垂直方向长大，低 D/W 比的焊缝和椭圆形焊缝熔池的形状显示出图 3.45(a)所示的呈径向的晶粒结构。当 D/W 比升高，焊缝熔池变得更加呈泪滴的形状，随着晶粒趋向朝前生长和会聚在焊缝中心线，形成了很明显的焊缝中心线，如图 3.45(b)所示。在此情况下，最大收缩应变垂直于明显的中心线，沿此中心线可能存在液体薄膜。这样的情况趋于促成开裂。甚至于如果 D/W 比降低了，焊缝表面成形也能影响开裂。呈现凹形表面的焊缝通常使焊缝表面处于促成开裂的拉伸状态。相反，焊缝呈现平坦的或凸起的表面轮廓,典型地在表面引起压缩应变,使应变穿过焊缝(或者在焊趾处)。示于图 3.45(c)和 3.45(d)的例子展示了如何为了用凸起的焊缝代替凹下的焊缝来改变焊接工艺程序以有效地消除凝固裂纹。一般来说,过快的焊接速度提升形成泪滴状凝固模型的趋势,它产生示于图 3.45(b)中的明显的中心线。降低焊接速度提供更为相同方向的晶粒长大,消除了明显中心线的特征,如图 3.45(a)所示。

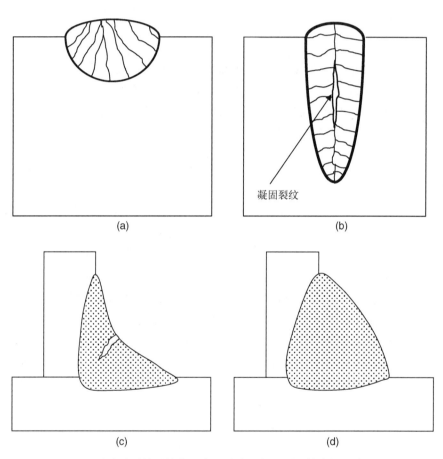

凝固裂纹

(a)　　　　　　　　　　(b)

(c)　　　　　　　　　　(d)

图 3.45　显示熔池形状对晶粒形态和造成的凝固裂纹敏感性影响的示意图

　　较低的热输入量对于将 HAZ 液化裂纹减低到最少也是有利的,因为它们减小 PMZ 的尺寸。没有一定程度的拉伸应变就不可能发生各种形式的开裂。由于机械拘束和凝固收缩产生的残余应力将会使焊缝区产生拉伸应变。低的热输入量与降低了的拘束度相结合都有助于降低焊缝经受的拉伸应变水平。在多道焊中,用大量细小焊道来填充接头是有利的,因为它降低热输入量、残余应力和收缩应变。通过控制母材的初始显微组织,在某种程度上能够降低液化裂纹的敏感性。例如,溶解金属间相和共晶型组成的热处理可消除较低温度下液化的可能性和改善抗裂性能。根据这种探讨,需要确定有效的溶解温度,要在实验证实之前借助于多组分热动力学计算(在第 2 章中进行讨论)作初步估算。

最后,已经表明细晶粒材料要比粗晶粒材料更能抵抗 HAZ 液化裂纹[79]。已经有人提出较大的晶粒尺寸由于促使晶界受液体薄膜更剧烈的湿润和引起更高的应力集中而提升开裂的敏感性。不幸的是,许多镍合金用于高温,这里为了得到更好的抗蠕变性能而希望大的晶粒尺寸。这样,与合金的化学成分一样,晶粒尺寸必须在对焊接性和运行性能之间取得平衡。在某些情况下,为了抗蠕变要求粗晶粒材料,焊接可在细晶粒材料上完成,然后跟随进行能增大晶粒的固溶退火处理。

对于焊接工程师来说,试图通过"旋转按钮"的动作来解决焊缝凝固裂纹和液化裂纹问题经常是很吸引人的。按此方案,焊接条件(电流、电压、焊接速度、送丝速度等)的完美结合的探索力求使裂纹消失。有时候这种做法是成功的,特别是如果裂纹是由于焊缝成形未控制好而引起的。然而在大多数情况下,这些努力可能是十分无效的,因为下层中引起开裂经常与母材和填充金属的化学成分及伴随的凝固行为联系在一起。在制订焊接工艺程序之前,重要的是首先要知道材料的焊接性特征。在很多情况下,根据希望得到的母材的稀释作用,有可能通过对焊接材料的最佳选择来避免焊缝凝固裂纹。如果没有得到数据,正如在第 8 章中所述,经常通过焊接性试验来达到目的。

3.5.4 失塑裂纹

直至今日,焊接结构中的失塑裂纹(亦称延性下降裂纹)(DDC)被认为比严重的焊接性问题更使人瞩目。随着采用为抵抗发电设备工业中应力腐蚀裂纹而设计的高铬(25wt%～30wt%)填充金属,DDC 已成为这些焊接材料的生产厂商和用户都要接受挑战的焊接性问题。从 20 世纪 90年代早期开展的大量研究对阐明焊接结构中 DDC 的机理做了很多工作,现在有可能通过试验和冶金特性研究来预测 DDC 的敏感性。

3.5.4.1 失塑裂纹的描述

失塑裂纹(DDC)是一种在一些结构材料,包括奥氏体不锈钢、铜合金、钛合金和镍基合金中已观察到的固态现象。在对 DDC 敏感的材料中,在固相线(T_s)和约 $0.5T_s$ 温度范围内发生延性的陡降。这种延性的下降经常发生在很狭窄的温度范围内,图 3.46 为其示意图。由于在焊接过程中收缩应力在这个温度范围内可能很大,这种延性的损失能导致局部延性耗尽及随后的 DDC。

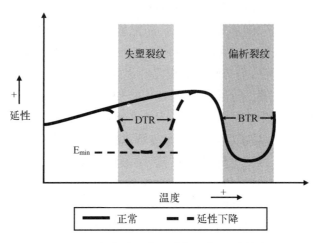

图 3.46　延性作为温度函数的示意图,点线表示固态延性的下降(取自 Nissley[100])

Haddrill 和 Baker[80] 将 DDC 定义为在固相线下面的一个温度范围中延性的损失,在焊接引起的热应变的影响下足以产生裂纹。在许多有关 DDC 的文献中采用的术语既混乱又不一致。在焊接文献中 DDC 已被归类为热裂纹、热撕裂、热微裂纹、再热裂纹、微观裂纹和"多边形化"裂纹[81]。由于许多这些术语系指不同类型的"热"裂纹和高温下的固态裂纹,在"失塑裂纹"的正确含义方面有许多混淆之处。正像文献中包含许多参照为焊缝金属中液化裂纹和微观裂纹,实际上是 DDC。

在努力澄清用于描述焊缝裂纹的术语中,Hemsworth 等[81] 将高温裂纹分设和定义为两个分开的类型,即偏析裂纹和失塑裂纹。"偏析裂纹"术语是指存在晶间液体薄膜的裂纹类型。这些名为焊缝凝固裂纹、HAZ 液化裂纹和焊缝金属液化裂纹的裂纹形式现在一般称作为"热"裂纹的 3 种形式。这样,要下定义,热裂纹是以存在液体薄膜为特征及发生在较高的温度下的裂纹,如图 3.46 所示。固溶强化镍基合金的热裂纹敏感性已经在第 3.5.1 节和第 3.5.2 节中进行描述。

按照 Hemsworth 等的看法[80] 失塑裂纹也能有 3 种形式:发生在焊缝金属中,在 HAZ 中及在被再热的焊缝金属中。这是与在焊接结构中对失塑裂纹的观察是一致的。虽然在实际中 DDC 最常见是在焊缝金属中被观察到。不幸的是,Hemsworth 等所定义的失塑裂纹术语并非足够明显来定义单一的开裂机理,因为它们广泛的定义仍包含这样的裂纹,如再热裂纹、消除应力处理裂纹及应变—时效裂纹。这些后者的开裂机理都要求沉淀强化机理与应力松弛一起作用来促使开裂——正常地在母材的 HAZ 中。晶界的夹杂物偏析也会引起这些形式的裂纹。

DDC 既不要求形成起强化作用的沉淀,也不要求晶界夹杂物的偏析。高纯的固溶强化合金常常比经受沉淀反应的或者具有中等杂质水平的合金对 DDC 更敏感。这样,这里所描述的 DDC 是代表一种由于晶粒边界的滑移或分离及高温下延性耗尽所引起的 HAZ 或焊缝金属中独特的开裂形式。在下一节汇总了已被提议描述这个机理的论点。

3.5.4.2　有关失塑裂纹提出的机理

早在 1912 年,Bengough 已报道过在奥氏体合金中存在着延性的下降[82]。从那个时候起对描述 DDC 提出了一些论点,如表 3.18 中所列。在 1961 年,Rhines 和 Wray[83] 报道在铜合金、镍合金、奥氏体不锈钢、钛和铝中发生延性的丧失。他们相信,延性的丧失是由于与持久断裂相似的晶界剪切所引起的。在低于再结晶温度的温度下,空穴有时间因晶界剪切而相连接,引起断裂。高于再结晶温度,新的晶界的形成使得空穴难以相连。这个机理总体上是与目前由 Ramirez、Lippold[84] 和 Noecker 与 DuPont[85,86] 提出的相一致。

表 3.18　失塑裂纹论点的汇总

姓名(参考文献)	说　　　明	年份
Rhines & Wray[83]	再结晶温度以下的晶界剪切	1961
Yamaguchi 等[87]	硫偏析和脆性	1979
Zhang 等[92,93]	再结晶温度以下的各种作用的结合	1985
Ramirez 和 Lippold[84]	晶界滑移和微空穴的形成,晶界曲折的作用	2005
Noecker 和 DuPont[85,86]	晶界滑移,碳化物分布及形态	2008
Young 等[101]	沉淀诱发裂纹	2008

Yamaguchi 等[87] 提出含硫量的增加提升在 950℃ 和 1 150℃(1 740℉ 和 2 100℉)之间发生延性丧失的倾向性,这里硫析出于晶界并脆化晶界,在应力作用下发生开裂。Matsuda[88] 和更近时期 Nishimoto 等[89,90] 也曾

提出过相近似的硫析出机理。Collins 等[91] 最近采用 82 填充金属开展的工作也显示出硫的添加提高 DDC 的敏感性。

在认同硫和其他杂质可引起 DDC 的同时,Ramirez 和 Lippold 的工作提出结论,不同的敏感性不能简单地用杂质(S 和 P)含量来解释,因为许多具有很低杂质元素含量的材料也对此敏感[84]。例如,690 合金自熔气体保护焊焊缝在进行应变断裂试验中,甚至当在合金中杂质(P+S)总含量低于 0.010wt% (100 ppm)时,发现其对 DDC 的敏感性是很高的。Zhang 等[92] 曾报道,晶界沉淀、晶界滑移、晶界迁移和晶界呈锯齿状等的联合作用,对低膨胀的 INVAR(Fe-36Ni)合金的 DDC 行为有影响。他们也提出,再结晶和降低了的流动应力是恢复在高温下延性的因素[93]。

Ramirez 和 Lippold[84] 开展了镍基合金中 DDC 的综合性研究,并得出结论认为 DDC 实质上是一种高温晶界蠕变现象。他们发现杂质(磷、硫、氧和氢)偏析、晶界沉淀和边界"曲折"影响 DDC 敏感性以及控制晶粒边界的性质是避免镍基焊缝金属中 DDC 的关键。他们提出的机理的详细情况在第 3.5.4.3 节中提供。

在撰写本书的时候,对于镍基合金(或其他材料)中 DDC 的机理还没有总体上一致的看法,有可能在不同的材料中 DDC 的表现也是不一样的。很明显,实际上所有的奥氏体(fcc 基体)合金显示出失塑性。甚至于含有铁素体的奥氏体不锈钢焊缝金属在 $0.5T_s$ 以上的温度显示出明显可见的失塑现象[94]。为了更好地了解 DDC,要求在研究评定 DDC 敏感性的标准方法及继续研究详细的冶金特性方面开展工作。

3.5.4.3　镍基合金焊缝金属中的失塑裂纹

失塑裂纹(DDC)在许多镍基焊缝金属中可能是严重的焊接性问题,尤其是在高拘束度厚件的多道焊缝中。在图 3.47 中展示了采用 52 填充金属的厚件焊缝中 DDC 的例子。示出了该多道焊缝中的 3 个焊道,在第 2 焊道中发生一些裂纹。所附的微观照片显示出裂纹区更高的放大倍数展现出已经沿着焊缝金属迁移的晶界发生了裂纹。应注意,晶粒尺寸是很大的,并在某些情况下,沿着大的晶界存在着很细小的晶粒。这大概是由于在高温下沿这些晶界因高的应变集中导致再结晶的结果。这种局部再结晶现象不是在对 DDC 敏感的焊缝金属中正常能观察到,但它表明了在晶界上高的局部应变,促使在这些焊缝金属中产生 DDC。

正如前节所指出的,失塑裂纹是一种晶粒边界的现象,并且在镍基焊

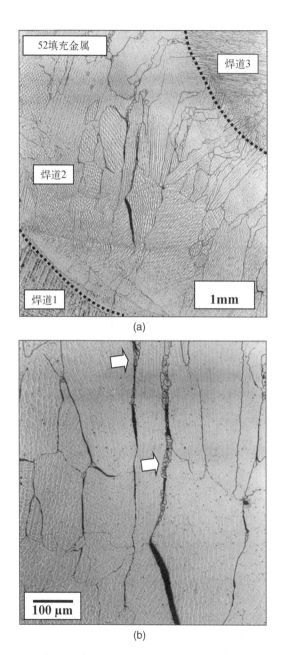

图 3.47　采用 52 填充金属焊制的厚件多道焊缝中的失塑裂纹
(a) 示出多道焊缝中 3 个焊道的照片；(b) 焊道 2 的较高倍数
的放大照片，示出一些 DDC 和沿迁移晶界的再结晶(箭头)

缝金属中经常是沿着迁移的晶界被观察到的(见图 3.2 和图 3.3)。如在第 3.3.1.1 节中所述,焊缝金属迁移的晶界是高角度结晶边界,是由初始凝固晶界在固态下形成的。在单相奥氏体材料中,这些边界已经在金相抛光和浸蚀后的显微组织中被观察到。在图 3.48 中示出了 82 和 52 填充金属中焊缝金属迁移的晶界的例子。要注意,由于在高温下发生的晶粒边界的"锁住",这些边界的形貌是十分不同的。在 82 填充金属的焊缝金属中,在凝固终结时通过共晶反应形成的 NbC(见第 3.3.1.2 节)提供锁住的能量导致形成"曲折"的晶界。相反,52 填充金属的焊缝金属边界是很直的,因为该焊缝金属不形成能锁住迁移的晶界的高温沉淀物。合适的设定填充金属来锁住晶界的重要性将在第 3.5.4.4 节"避免失塑裂纹"中进行更详细的讨论。

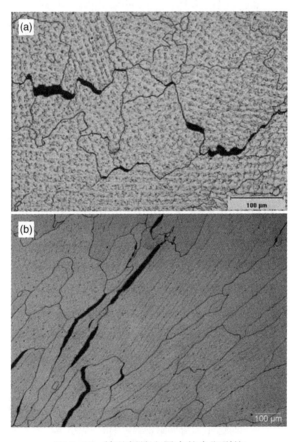

图 3.48 镍基焊缝金属中的失塑裂纹
(a) 82 填充金属;(b) 52 填充金属

已采用一些确定 DDC 敏感性的试验方法。用得最广泛的是热延性试验、双点可变拘束试验和应变断裂试验。热延性试验和应变断裂试验在第 8 章中将作较详细的描述。双点可变拘束试验开始是由 Lippold 等提出的[95]，这是为了将在标准的横向可变拘束试验过程中产生的凝固裂纹与 DDC 分隔开来。在该试验中，在试样上采用一个初始的钨极气体保护焊的点状焊缝。然后在该初始焊缝的范围内焊上第二个点状焊缝来完成标准的焊点可变拘束试验(见第 8 章)。然后在施加足够的应变时在初始的点状焊缝中会产生焊缝金属 DDC。当在标准的可变拘束试验上得到改善的同时，仍还有 3 个主要的复杂化的问题：

(1) 焊缝金属液化裂纹和 DDC 无法区分；

(2) 发生开裂的温度范围难以确定；

(3) 某些材料在最高可达到的应变(～10%)时仅显示出 DDC。

尽管有这些问题，双点可变拘束试验对于某些镍基填充金属曾提供一些有用的 DDC 敏感性数据。例如，Kikel 和 Parker[96] 曾对 52 填充金属和 690 合金的 DDC 敏感性与 82 和 625 填充金属进行了比较。

为避免可变拘束和热延性试验在确定 DDC 敏感性中的不足，Nissley 和 Lippold[97] 研究开发了应变-断裂试验方法。试验的细节在第 8 章中提供。这是一种以 Gleeble 试验为基础的试验方法，可采用显微组织、应变和温度作为主要的变数来评定焊缝或母材。采用这种试验，可获得显示一种给定的材料发生 DDC 的应变—温度所包括的范围。在图 3.49 中提供了 52、52M 和 82 填充金属的焊缝金属的这种数据的例子。作为镍基合金和不锈钢中典型的 DDC，在 650℃ 和 800℃(1 200℉ 和 1 470℉)之间发生延性的陡降。最低的延性发生在 850℃ 和 1 050℃(1 560℉ 和 1 920℉)之间，然后在 1 050℃ 以上延性逐步上升。

DDC 的相对敏感性能够用贯穿整个温度范围的最低开裂临界应变和高于临界应变的开裂严重程度来确定。例如，在图 3.49 中 52 和 52M 填充金属的最低临界应变稍小于 2%，而 82 填充金属的要超过 4%。虽然这种最低临界应变的差别可视作为较小，但在实践中已表明具有 4% 到 6% 之间的临界应变的焊缝金属是对 DDC 中等敏感的，而超过 6% 的材料倾向于较好的抗裂性。

基本上，采用应变断裂试验方法试验的所有镍基填充金属的最低临界应变趋向于处在紧靠 950℃(1 740℉)的温度处。由于这个原因，在这个单一的温度下试验多种应变进行对一些焊缝金属的简单筛选。用这种

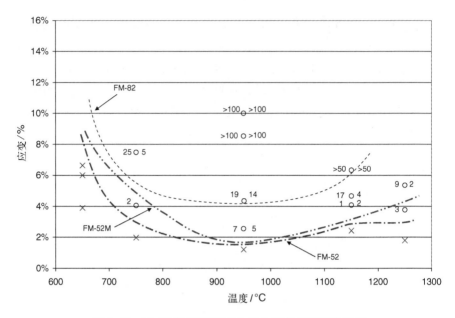

图 3.49　82、52 和 52M 填充金属的应变断裂试验结果
"×"代表无裂纹,"○"代表在给定的温度—应变组合下开裂。线条表示每种焊缝金属断裂的临界应变,数字代表观察到的裂纹数量(取自 Lippold 和 Nissley[98])

方法,用少量的试验就能够确定临界应变和开裂严重程度为应变增高的函数。在图 3.50 中,采用这种方法对一些商用镍基填充金属进行比较。对于含 30wt%铬的填充金属(52、52M、Sanicro68HP 和 Sanicro 69HP),临界应变全部处在约 1% 至 2.5% 的范围内,而 82 填充金属的临界应变约为 4%。这点预示着 82 填充金属具有较高的抗 DDC 的能力,这点与大厚度多道焊接的制造实践是一致的。

　　图 3.50 中的数据也揭示 52M 填充金属的炉号与炉号之间的很大差异。请注意,该填充金属的"C"炉号比"A"炉号和"B"炉号显示出较低的开裂临界应变值和 4% 应变时大得多的开裂严重程度。这就提出,应变断裂试验对于确定炉号与炉号之间 DDC 敏感性差异是足够灵敏的,可以作为评定焊接性的有益的筛选手段。

　　在撰写本书的时候,已经试验了两种实验性的高铬填充金属,显示出比 52 和 52M 填充金属明显改善了的抗 DDC 性能。这些填充金属含有 4wt% 的钼,并添加有 2.5wt% 以下的铌。这些实验性的填充金属在 950℃时的应变断裂试验结果示于图 3.51,并与标准级别的 52、52M 和 82 填充金属作比较[98]。应注意到实验性填充金属 52X-D 和 52MSS(原

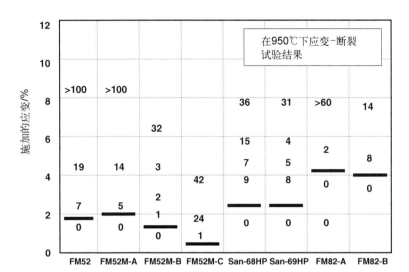

图 3.50　一些镍基填充金属的在 950℃下的应变-断裂试验结果。横的粗线代表开裂临界应变，而数字代表在给定应变下观察到的裂纹数量（取自 Lippold 和 Nissley[98]）

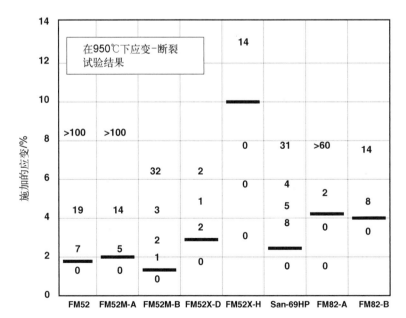

图 3.51　两种实验性的高铬填充金属在 950℃下的应变-断裂试验结果，并与 52、52M、82 和 Sanicro 69HP 填充金属的比较[98]

先标志为 52X‐H)的开裂临界应变和裂纹严重程度有很大的改善。
52X‐D 填充金属(4Mo‐1Nb)显示出在开裂临界应变方面比 52 和 52M
填充金属仅有稍许的改善,但是在临界点以上的应变下,对严重开裂有明
显的抵抗能力。52MSS 填充金属(4Mo‐2.5Nb)显示出特别高的临界应
变(~10%),并且在应变超出 12% 时仍能抵抗严重开裂。

对 52MSS 填充金属抗 DDC 的进一步研究得到了完整的应变‐断裂
曲线,并与 304L 型和 82 填充金属进行了比较,如图 3.52 所示。该数据
表明了比图 3.51 中所表示的较低的临界应变,但仍具有较高的抗 DDC
能力。82 填充金属,除了存在着特别高的拘束度的情况下,为大家所知
是抗 DDC 的。含有图 3.52 中 304L 型材料的铁素体水平的奥氏体不锈
钢填充金属在所有情况下是能避免 DDC 的。这样,52MSS 填充金属的
STF 结果表明,甚至在高的拘束条件下具有高的抗 DDC 的能力。这种
高的抗裂性的原因在下面几节中进行讨论。

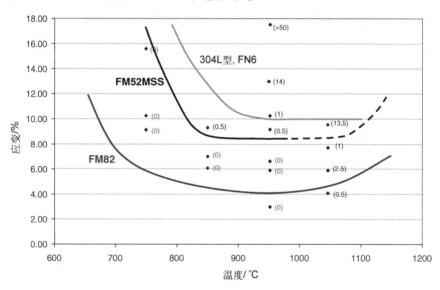

图 3.52   52XMSS 填充金属的应变‐断裂试验结果与 304L 型(铁素体数为 6)和 82 填
充金属试验结果的比较(取自 Lippold 和 Nissley[98])

镍基焊缝金属中 DDC 已清楚地被表明与迁移的晶界联系在一起(见
图 3.47 和图 3.48)。这样,为确立 DDC 的机理,了解这些晶界的性质是
重要的。在诸如 52 和 52M 填充金属的高铬焊缝金属中,焊缝金属的晶
粒是很粗大的,边界相对较直。当在扫描和透射电镜(SEM 和 TEM)中
以高放大倍数进行检验,这些边界通常发现有 $M_{23}C_6$ 型微小碳化物点缀

着。52 填充金属的迁移的焊缝金属晶界的 SEM 和 TEM 图像的例子示于图 3.53。相反,含有足够铌的填充金属将在凝固结束时形成 NbC 沉淀。由于这些沉淀存在于凝固结束时,它们能锁住迁移的晶界,并阻止它们离开原来的凝固晶界。这种"锁住"的净作用是产生不直的边界,即边界是"曲折"的。82 填充金属的曲折的迁移的晶界与 52 填充金属的直的边界特征相比较的例子示于图 3.54[99] 中。

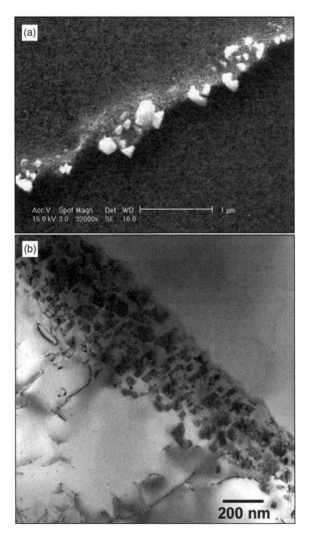

图 3.53　52 填充金属中 $M_{23}C_6$ 型晶界碳化物
(a) SEM 图像;(b) TEM 图像(取自 Lippold 和 Nissley[98] ,TEM 图像经 Antonio Remirez 博士同意)

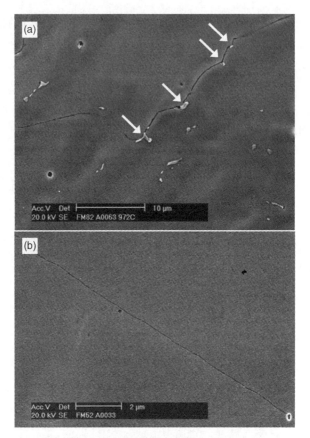

图 3.54　焊缝金属迁移晶界的 SEM 微观照片
(a) 82 填充金属显现出 MC 碳化物锁住现象；(b) 52 填充金属
（取自 Collins 等[99]，经 AWS 同意）

　　大致上，控制晶界碳化物沉淀可极大地影响镍基焊缝金属中抵抗
DDC 的能力。Ramirez 和 Lippold 的图解是最好的说明，如图 3.55 所
示[84]。在没有晶界碳化物形成的情况下，或者当碳化物在 DDC 敏感温
度范围以外形成，晶界是十分直的，并且由于晶界滑移的应变将积聚在晶
界的三相点，如图 3.55(a) 中所示。这点在应变断裂试验中已被证实，当
应变刚刚到达开裂临界应变以上时，裂纹首先萌生于该三相点。在沿着
迁移的晶界存在碳化物的焊缝金属中，在施加应变时，积聚在三相点和碳
化物/基体的界面，如图 3.55(b) 中所示。在此情况下，边界仍然很直，对
DDC 的敏感性可认为仍是很高的。

　　当碳化物在凝固终结时形成，并且它们存在于锁住迁移的晶界，应变
的分布会有显著的变化，如图 3.55(c) 中所示。边界锁住造成的曲折的

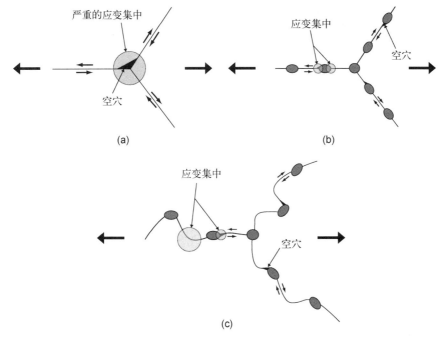

图 3.55　展示随晶界几何形状和沉淀行为而变化的晶界应变积聚的示意图(取自 Ramirez 和 Lippold[84]) (a) 直的晶界 (b) 晶间沉淀物的作用 (c) 晶间沉淀物和折晶界的作用

晶界提供了边界的机械锁定,它有效地阻抗晶界滑移。虽然 DDC 仍有可能,但萌生裂纹要求的应变是很大的,并且裂纹倾向于很短。82 填充金属和 52MSS 填充金属(图 3.51 和图 3.52)的抗 DDC 性能可直接归因于晶界的机械锁定来抵抗高温的晶界滑移。这样,添加促使在凝固终结时形成碳化物合金元素(如铌)看来是改善镍基填充金属抵抗 DDC 性能的有效方法。

采用在 SEM 中电子反向衍射(EBSD)对添加铌对高铬、镍基填充金属中晶界曲折程度的作用进行了研究[98,100]。采用这种技术,高角度迁移的晶界能够被绘制出来,并且很容易评估其曲折程度。图 3.56 示出了实验的 52MSS 填充金属和标准的 52M(FM52M-C)填充金属的 EBSD 图像,它们的 DDC 敏感性示于图 3.50 和图 3.51。与 52M 填充金属的晶界组织相对照,含有 2.5wt% 铌的填充金属的晶界的极大曲折程度是显而易见的。虽然 52M 填充金属含有某些铌(~1wt%),这个含量在凝固结束时不足以产生足够的 NbC 沉淀来促成晶界锁住。采用这种填充金属焊成的焊缝熔敷金属中存在的相对直的迁移的晶界使它本来就对 DDC

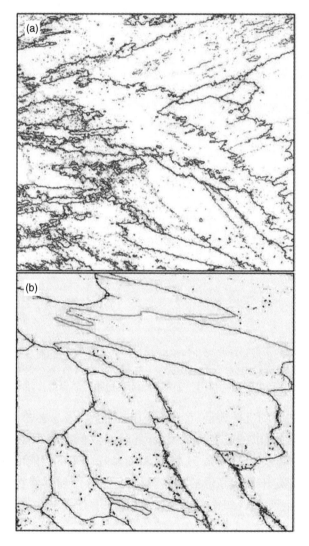

图 3.56 显示焊缝金属迁移的晶界性质的电子反向衍射（EBSD）图像，来自图 3.51 中的
(a) FM52X-H；(b) FM52M-C（取自 Lippold 和 Nissley[98]）

很敏感。

Noecker 和 DuPont[85,86] 更详细地研究了 $M_{23}C_6$ 碳化物沉淀对 DDC 敏感性的作用。他们在研究中采用了 Gleeble 热延性试验，展示了通过在 52 填充金属中控制沿迁移的焊缝金属晶界的 $M_{23}C_6$ 沉淀，在抵抗 DDC 能力方面取得了进展。这大概是由于微观晶界的锁定机理，借以合适的尺寸和分布可阻止晶界的滑移。这点可解释在实验的 52MSS 填充金属

中添加钼的有利作用。钼可改变 $M_{23}C_6$ 沉淀的性质,它形成一个更有利于锁定晶界的温度范围,或者钼作为晶界强化剂来抵抗高温下的滑移和散离。

Young 等研究了很广范围的含铬量为 16wt%~33wt% 的 Ni-Cr 焊缝金属的 DDC 敏感性[101]。他们提出宏观热应力和凝固应力与部分散离的 $(Cr、Fe)_{23}C_6$ 碳化物的沉淀产生的局部晶界应力相结合导致这些焊缝金属中的 DDC。这表示通过晶界不适宜的应力形成沉淀—诱发的开裂相当于其他亚固相线开裂现象,如镍基超合金中的应变—时效开裂。他们辩称添加铌(或钛)的有利作用是降低晶界 $(Cr、Fe)_{23}C_6$ 的沉淀,而不是影响边界的程度和边界的滑移。

应提请注意的是其他影响镍基焊缝金属中 DDC 敏感性的因素已由 Ramirez 和 Lippold 进行了汇总[84]。虽然晶界的杂质偏析不是促成 DDC 所必要的,但在某些情况下被显示出会加剧 DDC。Collins 等指出了 52 和 82 填充金属中硫对 DDC 的有害作用[91,99],同时 Nishimoto 等在他们的研究中对 Invar 也做了这方面的工作。Collins 等也指出在氩保护气体中使用氢倾向于升高对 DDC 的敏感性。这种观察结果已得到工业实践的支持。将 98Ar-2H₂ 保护气体改变为 100% 的氩就导致了采用 82 填充金属时抗 DDC 性能获得明显的提升。也有某些迹象表明氧可对 DDC 有好的作用[100],虽然该元素的作用尚未被明确证实。

3.5.4.4　避免失塑裂纹

在要求提供与诸如 690 合金的高铬母材一致的抗腐蚀性能而采用高 Cr(~30wt%)镍基焊接材料中,DDC 已成为特别困难的问题。在不要求这种抗腐蚀性能水平的应用中,诸如 82 和 625 填充金属通常有效地避免 DDC(请注意,这点在大厚度多道焊缝中可能不正确)。这两种焊接材料都含有足够的铌来保证凝固终结时形成 NbC,这样促成焊缝金属微观组织具有抗 DDC 的曲折的晶界。

当不能选择采用抗裂的填充金属时,应或者在接头设计上,或者在工艺变数方面采取预防措施降低焊缝拘束度。当从生产效率角度没有特别要求时,采用在大的焊件中总体降低热输入量的细直焊道能有助于降低 DDC 敏感性。正如在前面一节中所述,采用氩-氢保护气体倾向于提升 DDC 敏感性。推荐这些混合的保护气体是因为它们改善许多镍基合金填充金属的湿润特性,并有助于防止未熔合缺陷。采用纯氩或氦保护气体一般会改善抗 DDC 的能力,但要完全消除它可能并不有效。

最后,填充金属必须被设计为能通过形成抗高温晶界滑移的焊缝金属显微组织来阻抗 DDC。在前面一节所讨论的 52MSS(Ni-30Cr-4Mo-2.5Nb)填充金属在产生这样的显微组织方面显示具有很大的希望,但是必须继续进行研究以便更好地了解其基本的机理。应该指出,当添加铌在改善抗 DDC 能力方面出现希望时,形成低熔点富铌共晶体组成潜在地增加凝固开裂的敏感性(见第 3.5.1 节)。很可能应该保持仔细的平衡,以使不要解决了一个焊接性问题时产生另一个问题。

3.6　抗腐蚀性

表 3.1~表 3.3 提供了许多商用固溶强化镍基合金的化学成分。表 3.19 展示了某些镍基合金在它们通常被使用的腐蚀环境中的腐蚀速率。在表 3.20 和表 3.21 中分别示出某些母材和焊缝金属在 25℃(77℉)海水和 67℃(152℉)盐水两者中的电化学腐蚀性能试验(galvanic series)结果。

表 3.19　某些镍合金的抗腐蚀性能

合金/焊接材料	环　　境	表 现 结 果
Ni200/FM 61/FM99[1]	23% NaOH 在 104℃(220℉) 75% NaOH 在 204℃(400℉)	0.004 μm/y(0.16 mpy) 0.020 μm/y(0.8 mpy)
Ni-Cu400/FM60/ WE190	60%~65% HF[2] 在 15~27℃ (60~80℉)	0.56 μm/y(22 mpy)
600[3] 合金/FM82	80% NaOH 在 300℃(572℉)	<0.025 μm/y(<1 mpy)
625 合金/FM625	25% P_2O_5 +2% HF(沸腾)	<0.05 μm/y(<2 mpy)
C-276 合金	40% $NH_4H_2PO_4$ 在 93℃(200℉)	<0.05 μm/y(<2 mpy)
C-22 合金	绿色死亡(Green Death[4])在 125℃	0.87 mm,最大深度
C-2000 合金	绿色死亡(Green Death[4])在 125℃	0.70 mm,最大深度
686/686CPT 合金	绿色死亡(Green Death[4])在 125℃	无腐蚀

(1) FM99 需要的最高浓度 NaOH。

(2) 酸含有 1.5%~2.5%氟硅酸,0.3%~1.25%硫酸和 0.01%~0.03%铁。

(3) 600 合金经消除应力处理,以避免 SCC。

(4) 11.9% H_2SO_4 +1.3% HCl +1% $FeCl_3$ +1%$CuCl_2$。

取自:High-Performace Alloys for Resistance to Aqueous Corrosion, Special Metals, SMC026/9M/2000 and Corrosion Data Survey-Metals Section Sixth Edition, 1985 NACE publication.

表 3.20　某些镍基合金在 25℃合成海水中的电化学腐蚀试验结果

电压[1]		材　料
	阴极(有保护)	
+0.25		FM 625(ERNiCrMo-3)
0		
−1.25		400 铸件[2]
−1.50		400 锻件 WE 190(ENiCu-7)
−1.60		FM 60(ERNiCu-7)
	阳极(已腐蚀)	

(1) 对 SCE(饱和氯化亚汞电极)的电压。
(2) 400 铸件是通过感应熔化小块 400 合金锻件而制得的。

表 3.21　某些镍基合金在 67℃盐水中的电化学腐蚀试验结果

电压[1]		材　料
	阴极(有保护)	
−1.25		FM 625(ERNiCrMo-3)
−1.40		400 锻件
−1.50		ENiCrFe-2
−1.70		WE 190(ENiCu-7)
−1.80		400 铸件[2]
−3.25		FM 60(ERNiCu-7)
	阳极(已腐蚀)	

(1) 对 SCE(饱和氯化亚汞电极)的电压。
(2) 400 铸件是通过感应熔化小块 400 合金锻件而制得的。

商用纯镍,包括 200 合金(即以前我们所知道的"A 镍")主要用于苛性碱,如氢氧化钠的生产和贮存。由于 200 合金的名义含碳量(0.07wt%)已超出极限溶解度,由于在基体中形成石墨,这种合金不能在高于约 315℃ (600℉)的温度下使用。为了这个原因,创制了具有小于 0.02wt%碳的 201 合金,使得它适用于在相似环境中更高的温度。CZ100 合金是具有与 200 合金相似,但性能并不相当的铸件合金形式。为了生产出致密的铸件,升高了硅的含量以改善浇铸时的流动性。另外,为了脱氧和抗裂性加入很高的碳和锰。205、211 和 233 镍是 200 和 201 的有微小的变型材料,其开发是为了电气和电子应用中提供专门的特性。253 和 270 镍是超纯的品种,其由碳酰镍小球制得,其后者采用粉末技术生产而成。这些超纯镍合金,当它们受到甚至微不足道数量的硫或其他通常遭遇的不重要元素的污染时,由于它们对热裂纹的极强的敏感性,使其焊接性受到损害。它们对 DDC 也十分敏感。

400 系列和镍合金用于航海环境中一般的抗腐蚀、酸洗设备、制盐设备包括蒸发器和管道以及建筑的应用中。除这些应用之外,镍-铜族材料广泛地用于要求抗硫酸、氢氟酸、磷酸和有机酸的应用场合。401 合金为了省成本具有降低了的镍含量,并降低碳和铁。404 合金,除镍和铜外的所有元素均保持低的水平以改善钎接性能以及 405 合金中为改善机械加工性能加入大量的硫(0.025wt% ～ 0.060wt%)。应注意,M25S 和 M35-2 是铸造形式的镍-铜合金,它们都加入足够的硅来改善浇铸过程中的流动性。

一些镍-铬和镍-铬-铁合金列于表 3.2,这些合金主要用于要求高温抗腐蚀性和强度的高温应用场合。600 合金是最初的抗氧化和抗渗碳的镍合金,它在热加工固定装置和设备中已使用了数十年。含有最低为72%的镍,它抵抗渗碳;有 15%的铬,它适用于许多热加工作业中的抗氧化。600 合金也用于苛性碱的高温处理。601 合金的研发是提高了铬含量及加入铝以促成在较高的温度下的抗氧化性能,以及为使合金更容易获得而用铁代替某些镍。601 合金在高达 1 260℃(2 300℉)的温度下具有很好的抗氧化性能。693 合金具有较高的铬及其他添加剂以改善高温抗氧化和氯化性能,以及在高碳活性环境中的抗中温金属撒灰性能。

包括 HP、800 和 800H 合金的铁-镍-铬合金都是高温合金,例外的是825 合金,注意到其抗硫酸性能和抗氯化物离子应力腐蚀裂纹性能,是一种抗水腐蚀的合金。HP 合金是一系列高碳镍铬铸造合金中的一种,它在诸如氢重整器和乙烯高温分解炉的高温应用中可提供良好的蠕变强度。

表 3.2 中所列的 Ni-Cr-Mo 合金,除 617 合金外,都被设计为抗水腐蚀的。617 合金及示于表 3.4 中的相应的焊接材料被设计为具有高温强度和抗腐蚀性能以及借助于钴、钼和铬具有很高的蠕变强度。其他含有较高含量的钼和有时含钨专门被设计为用于抗局部腐蚀性能(点蚀和缝隙腐蚀)。诸如 C-276、C-22、C-2000、59 合金和 868 合金等显示出极好的抗点蚀和缝隙腐蚀性能,使它们适合于诸如燃煤电站锅炉中从烟气中

除去 SO_2 所用湿石灰石洗涤器要求采用的工况。这些应用代表大于 100 000 ppm氯离子以及氧化类的腐蚀环境,如很低 pH 状态中的铁和铜的氯化物,包括很广范围浓度的硫酸。

固溶强化合金中焊缝的抗腐蚀性能一般低于它们锻造的对应面。这可能是由于几个方面因素造成的。熔合区含有浓度梯度和由于凝固过程中溶质再分布形成的枝状晶间二次相。这些梯度和二次相能导致加速局部腐蚀。显微组织中腐蚀的精确位置极大地取决于合金和环境条件。例如,合金元素贫乏的枝状晶芯部区域在 HCl 还原环境、含有硝酸的氧化环境及煤燃烧条件下高温含硫气体中经常会选择性地发生腐蚀[102,103]。诸如含有 HNO_3 和 HF 的其他环境已观察到枝状晶间相的有选择性的腐蚀[104]。在任何情况下,抗腐蚀性能相对于母材有所降低是与存在浓度梯度和枝状晶间相有关的。

熔合区的抗腐蚀性能经常能够通过焊后热处理(PWHT)得到改善。在这个探讨中,为消除梯度而充分的扩散,必须选择合适的时间和温度,在知晓扩散数据和枝状晶干间隔的基础上确定合适的 PWHT 程序的技术已经在第 3.3.3 节中描述。当要求溶解二次相时,应具有该 PWHT 要在沉淀物溶解温度以上进行的附加要求。在涉及应力腐蚀开裂的条件下,存在的残余应力经常在焊缝中要比母材更能加速开裂。在此情况下,就要进行 PWHT 来消除应力。正如在第 3.3.3 节中所述的那样,应力松弛技术是非常简单的手段来确认可有效地消除应力的合适的时间和温度。

Cortial 等[42]研究了 PWHT 对 625 合金中焊缝的抗腐蚀性能的影响。对从 600～1 000℃(1 110～1 830℉)的温度,保温 8 h 的 PWHT 进行了评估。这些处理的显微组织和力学性能的变化情况已在第 3.4 节中作了描述。发现 γ'' 和 δ 枝状晶间相的存在对于抗晶间腐蚀性能有不利的影响。观察到 γ'' 相在 700～750℃(1 290～1 380℉)的范围内形成,而 δ 相在 850～950℃(1 560～1 740℉)之间形成。作为结果,在 700～950℃的范围内的 PWHT 之后,抗晶间腐蚀性能比起焊态来由于 γ'' 和 δ 增加而下降。在 1 000℃(1 830℉)的 PWHT 时,由于 γ'' 和 δ 相的溶解,抗晶间腐蚀性能恢复到相似于焊后状态的水平。

试验温度在 90℃(195℉)以下,在任何状态下都没有观察到点蚀。在 95℃(205℉)时,在焊态下的试样中以及经 600～850℃(1 110～1 560℉)热处理后的试样中都观察到点蚀。在 950℃(1 740℉)以上温度的 PWHT 时,由于均质化而使抗点蚀性能获得改善。在 850℃及以下温度的 PWHT 对均质化没有大的作用,而在 950℃以上的温度导致几乎完全的均质化。采用观察到的枝状晶干间隔为～10 μm 的公式(3.9),对最慢扩散元素钼的残余偏析指数的计算得出对于 950℃/8 h 热处理的 δ 值≈0.1,对于 850℃/8 h 热处理的 δ≈0.8。这样,用公式(3.9)计算的结果与实验观察到的均质化在一条线上。

有意思的是比较 PWHT 对 625 合金中焊缝的消除残余应力、力学性能和抗腐蚀性能的作用来证实最佳 PWHT 工艺程序。为很好地消除应力,要求温度在～870℃(1 600°F)以上、保温大于 0.5 h 的 PWHT(见第3.3.3 节)。然而,在这个温度范围内由于形成 δ 相(见第 3.4 节),冲击能量和抗晶间腐蚀性能受到有害的影响。1 000℃(1 800°F)温度的PWHT 恢复韧性和抗晶间腐蚀性能,但这种恢复仍略低于或相似于焊后状态,屈服强度相对于焊态有下降。

对于抗点蚀性能,在～950℃(1 740°F)及以上温度的 PWHT 由于发生均质化是有益的。这些结果突出了根据特定应用选择合适的 PWHT工艺程序的重要性。在抗点蚀或 SCC 是主要考虑问题的情况下,降低残余应力、降低屈服强度和显微组织的均匀化是重要的,并要求采用高于～950℃的 PWHT。另一方面,假如腐蚀和局部开裂不是考虑的问题,以及由常温力学性能来控制运行,采用 PWHT 看来好处不大。

在很多情况下,特别是在工地上的作业,PWHT 并不是一种选择。为达到均质化的 PWHT 的一个替代的方法是使用焊接材料,要选择一种焊缝金属,它能接受来自被焊母材的稀释,同时提供比焊态下的母材更好地在所定环境中的抗腐蚀性能。这里有一些例子开始使用 625 合金来焊接 904L、317L 或 825 合金。在每个情况下,625 合金焊缝在焊态下提供具有比母材更好的抗点蚀和抗缝隙腐蚀的性能。当诸如 AL6XN 的"超奥氏体合金"被引进,625 和 112 合金(用于 SMAW)被广泛地使用,一直到母材的生产厂商发现大数量的氮会提升抗点蚀性能。后来也发现,如果氮足够高,625 和 112 中的铌能导致铌氮化物在熔合线呈一线排列,这样要符合弯曲试验要求就会受挫。采用含钨代替含铌的有较高抗腐蚀性能的焊接材料,如 622 合金和 WE122(NiCrMo-10)或甚至 686CPT 产品(NiCrMo-14)是一种比较简单的方法。

图 3.57 比较了 22 合金母材和焊缝采用 ASTM G28A 试验方法得出的腐蚀速率。该试验包括在沸腾的 50%硫酸(H_2SO_4)和 42g/L 硫酸铁($Fe_2(SO_4)_3$)溶液中浸泡 24 h。这些结果以时效时间和温度的函数关系

显示出来。焊缝金属的腐蚀速率开始时比母材高。该降低了的抗腐蚀性能归因于焊缝中存在着 TCP 相。当经过 649℃(1 200℉)的热处理后,由于形成 TCP,母材和焊缝金属的腐蚀速率随时效时间的增加而升高。母材和焊缝金属的腐蚀行为在最长的时效时间和较高的温度下变为相类似,看来是因为每个试样中的 TCP 相数量在长的时间下是相似的。在 427℃(800℉)的较低温度下观察到焊缝与母材之间很小的差别,在试验的时间内,时效的作用很小。发生这种情况大概是由于在该较低温度下形成 TCP 的动能非常低的缘故。正如前面所解释的,当选用合适的热处理工艺,TCP 相能溶解于 22 合金中,已经表明,在 1 075～1 121℃(1 965～2 050℉)的范围经 24 h 和在 1 200～1 300℃(2 190～2 370℉)的范围经 20 min,在 22 合金的焊缝中发生 TCP 完全溶解。

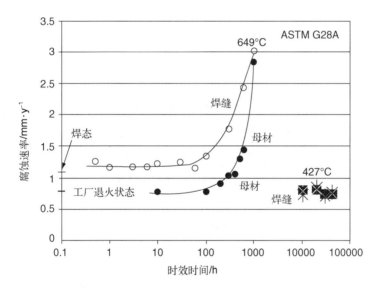

图 3.57　22 合金母材和焊缝的 ASTM G28 试验的腐蚀速率(取自 Edgecumbe-Summer 等[44])

3.7　案例分析

3.7.1　MONEL® 焊缝中的点蚀

电化学腐蚀的可能性有时要求认真的选用比母材有更高合金含量的焊接材料。采用"匹配成分"的 Ni-Cu 焊接材料焊接的 Ni-Cu 合金在海水中的例子示于图 3.58 中[105]。该图示出了船舷脱盐装置的一条角接焊缝,采用 400 合金制造,采用 ERNiCu7 焊材的 GTAW(钨极气体保护焊)焊接,焊缝金属遭受严重的点蚀,而在 400 母材中仅有少量腐蚀。图 3.58(b)示出了有严重点蚀的焊缝的横截面,图 3.58(c)示出了焊缝在熔合线处的点蚀及 400 合金仅仅是一般的腐蚀。在 25℃(77℉)合成海水中的电化学腐蚀试验进行的简要的腐蚀研究示于表 3.20 中。在制盐设备中促成电化学腐蚀的进一步研究中,在 67℃(152℉)的盐水中的电化学腐蚀试验示于表 3.21 中。每项电化学作用研究的结果是焊接 400 合金中,为熔敷对母材是阴极的焊缝金属选用了 NiCrMo-3 焊接材料。建造于墨西哥 Coatzacoalcos 的制盐工厂采用了 160 000 磅的 400 合金,为了避免与"匹配成分"焊接材料有关的电化学腐蚀,唯一地采用 NiCrMo-3 焊接材料进行焊接。对于绝大多数类型的采用 400 合金制造的制盐厂设备,包括蒸发器、泵、阀门和分离器等,NiCrMo-3 焊接材料已变成为标准的选择。

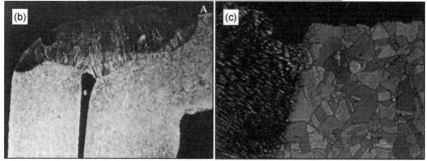

图 3.58　400 合金/ERNiCu7 焊缝在海水中的腐蚀
(a) 海水蒸馏装置的角接接头;(b) 示出点蚀的横截面;(c) 在熔合线上的局部腐蚀

参考文献

[1] Lippold, J. C., Clark, W. A. T., and Tumuluru, M. 1992. An investigation of weld metal interfaces. *The Metal Science of Joining*, published by The Metals, Minerals and Materials Society, Warrendale, PA, pp. 141-146.

[2] Brody, H. D. and Flemings, M. C. 1966. Solute redistribution in dendritic solidification, *Transactions of AIME*, 236(5): 615-624.

[3] Scheil, E. 1942. *Z. Metallkde*, 34: 70-77.

[4] Cieslak, M. J. 1991. The welding and solidification metallurgy of Alloy 625, *Welding Journal*, 70(2): 49s-56s.

[5] Cieslak, M. J., Headley, T. J., Knorovsky, G. A., Roming, A. D., and Kollie, T. 1990. A comparison of the solidification behavior on incoloy 909 and inconel 718, *Metallurgical Transactions A*, 21A: 479-488.

[6] Cieslak, M. J., Headley, T. J., Kollie, T., and Romig, A. D. 1988. A melting and solidification study of Alloy 625, *Metallurgical Transactions A*, 19A: 2319-2331.

[7] Cieslak, M. J., Headley, T. J., and Romig, A. D. 1986. The welding metallurgy of Hastelloy alloys C - 4, C - 22, and C - 276, *Metallurgical Transactions A*, 17A: 2035-2047.

[8] Cieslak, M. J., Knorovsky, G. A., Headley, T. J., and Romig, A. D. 1986. The use of New PHACOMP in understanding the solidification microstructure of nickel base alloy weld metal, *Metallurgical Transactions A*, 17A: 2107-2116.

[9] DuPont, J. N. 1998. A combined solubility product/New PHACOMP approach for estimating temperatures of secondary solidification reactions in superalloy weld metals, *Metallurgical and Material Transactions*, 29A: 1449-1456.

[10] DuPont, J. N., Michael, J. R., and Newbury, B. D. 1999. Welding metallurgy of alloy HR-160, *Welding Journal*, 78(12): 408s-414s.

[11] DuPont, J. N., Robino, C. V., and Marder, A. R. 1998. Solidification of Nb-bearing superalloys: Part II. pseudo ternary solidification surfaces, *Metallurgical and Material Transactions A*, 29A: 2797-2806.

[12] DuPont, J. N., Robino, C. V., Marder, A. R., Notis, M. R., and Michael, J. R. 1988. Solidification of Nb-bearing superalloys: Part I. reaction sequences, *Metallurgical and Material Transactions A*, 29A: 2785-2796.

[13] Knorovsky, G. A., Cieslak, M. J., Headley, T. J., Romig, A. D., and Hammeter, W. F. 1989. Inconel 718: A solidification diagram, *Metallurgical Transactions A*, 20A: 2149-2158.

[14] Lienert, T. J., Robino, C. V., Hills, C. R., and Cieslak, M. J. 1990. A welding metallurgy study of Hastelloy alloys B-2 and W, *Trends in Welding*

Research I, ASM International, Materials Park, OH, pp. 159-165.

[15] Perricone, M. J. , DuPont, J. N. , and Cieslak, M. J. 2003. Solidification of Hastelloy Alloys: An alternative interpretation, *Metallurgical and Materials Transactions A*, 34A: 1127-1132.

[16] Perricone, M. J. 2003. *Microstructural development of superaustenitic stainless steel and Ni base alloys in castings and conventional arc welds*, PhD Thesis, Lehigh University, Bethlehem, PA.

[17] Robino, C. V. , Michael, J. R. , and Cieslak, M. J. 1997. Solidification and welding metallurgy of thermo-span alloy, *Science and Technology of Welding and Joining*, 2(5): 220-230.

[18] Rowe, M. D. , Crook, P. , and Hoback, G. L. 2003. Weldability of a corrosion resistant Ni - Cr - Mo - Cu alloy, *Welding Journal*, 82 (11): 313s-320s.

[19] Susan, D. F. , Robino, C. V. , Minicozzi, M. J. , and DuPont, J. N. 2006. A solidification diagram for Ni - Cr - Mo - Gd alloys estimated by quantitative microstructural characterization and thermal analysis, *Metallurgical and Material Transactions A*, 37A: 2817-2825.

[20] Joo, H. and Takeuchi, H. 1994. Cast structure of Inconel 713C alloy, *Tokai Daigaku Kiyo*, 34(1): 203-209.

[21] Heubner, U. , Kohler, M. , and Prinz, B. 1988. Determination of the solidification behavior of some selected superalloys, *Superalloys 1988*, TMS, Warrendale, PA, 18-22 Sept. pp. 437-447.

[22] Banovic, S. W. and DuPont, J. N. 2003. Dilution and microsegregation in dissimilar metal welds between super austenitic stainless steels and Ni base alloys, *Science and Technology of Welding and Joining*, 6(6): 274-383.

[23] Clyne, T. W. and Kurz, W. 1981. Solute redistribution during solidification with rapid solid-state diffusion, *Metallurgical Transactions A*, 12A: 965-971.

[24] Perricone, M. J. and DuPont, J. N. 2005. Effect of composition on the solidification behavior of several Ni - Cr - Mo and Fe - Ni - Cr - Mo alloys, *Metallurgical and Material Transactions A*, 37A: 1267-1289.

[25] Baker, H. Ed. 1992. *Alloy phase diagrams*, ASM Handbook, ASM International, Materials Park, OH.

[26] Choi, I. D. , Matlock, D. K. , and Olson, D. L. 1988. The influence of composition gradients on tensile properties of weld metal, *Acta Metallurgica*, 22: 1563-1568.

[27] Tuma, H. , Vyklicky, M. , and Loebl, K. 1970. Activity and solubility in austenitic chromium-nickel steels with about 18wt% Cr, *Arch Eisenhuttenwes*, 40(9): 727-731.

[28] Lippold, J. C. 1984. An investigation of weld cracking in Alloy 800, *Welding Journal*, 63(3): 91s-103s.

[29] Ramirez, A. J. and Lippold, J. C. 2004. High temperature behavior of Ni-base weld metal Part I. Ductility and microstructural characterization, *Materals Science and Engineering A*, 380: 259-271.

[30] DuPont, J. N. , Robino, C. V. , and Marder, A. R. 1988. Modeling solute redistribution and microstructural development in fusion welds of Nb bearing superalloys, *Acta Metallurgica*, 46(13): 4781-4790.

[31] DuPont, J. N. , Robino, C. V. , and Marder, A. R. 1988. Solidification and weld-ability of Nb-bearing superalloys, *Welding Journal*, 77: 417s-431s.

[32] Williams, K. J. 1971. The 1 000℃ isotherm of the Ni-Si-Ti system from 0 to 16% Si and 0 to 16% Ti, *Journal of the Institute of Metals*, 99: 310-315.

[33] Markiv, V. Y. and Gladyshevskiy, E. I. 1966. Phase equilibria in the Ti-Co-Si system, *Russian Metallurgy*, 3: 118-121.

[34] DuPont, J. N. , Robino, C. V. , Mizia, R. E. , and Williams, D. B. 2004. Physical and welding metallurgy of Gd-enriched austenitic alloys for spent nuclear fuel applications — part II: nickel base alloys, *Welding Journal*, 83(11): 289s-300s.

[35] El-Dasher, B. S. , Edgecumbe, T. S. , and Torres, S. G. 2006. The effect of solution annealing on the microstructural behavior of Alloy 22 welds, *Metallurgical and Material Transactions A*, 37A: 1027-1038.

[36] Was, G. S. 1990. Grain boundary chemistry and intergranular fracture in austenitic nickel-base alloys: a review, *Corrosion*, 46(4): 319-330.

[37] Ernst, S. C. 1993. Postweld heat treatment of nonferrous high temperature materials, *ASM Handbook*, Vol. 6, ASM International, Materials Park, OH, 572-574.

[38] Diehl, M. J. and Messler, R. W. 1995. Using stress relaxation tests for evaluating and optimizing postweld heat treatments of alloy 625 welds, *Welding Journal*, 74(5): 109s-114s.

[39] Kattamis, T. Z. and Flemings, M. C. 1965. Segregation in Castings, *Transactions of AIME*, 233: 992-999.

[40] DuPont, J. N. 2007. *Unpublished research on homogenization treatments of high alloy castings and welds, unpublished research*, Lehigh University.

[41] Young, G. A. , Battige, C. K. , Lewis, N. , Penik, M. A. , Kikel, J. , Silvia, A. J. , and McDonald, C. K. 2003. *Factors affecting the hydrogen embrittlement resistance of Ni-Cr-Mn-Nb welds*, 6th Int. Trends in Welding Research, ASM International, pp. 666-671.

[42] Cortial, F, Corrieu, J. M. , and Vernot-Loier, C. 1995. Influence of heat treatment on microstrueture, mechanical properties, and corrosion resistance of weld alloy 625, *Metallurgical and Material Transactions A*, 26A: 1273-1286.

[43] Kohler, M. 1991. Effect of the elevated temperature precipitation in alloy 625 on properties and microstructure, *Superalloys 718, 625, and Various*

Derivatives, (E. A. Loria, Editor), TMS, Warrendale, PA, pp. 363-373.

[44] Edgecumbe-Summers, T. S. , Rebak, R. B. , and Seeley, R. R. 2000. *Influence of thermal aging on the mechanical and corrosion properties of C-22 alloy welds*, Lawrence Livermore National Laboratory UCRL-JC-137727.

[45] Brown, C. M. and Mills, W. J. 1999. Effect of water on mechanical properties and stress corrosion behavior of Alloy 600, Alloy 690, FM 82H, and FM 52 welds, *Corrosion*, 55(2): 173-186.

[46] Garud, Y. S. and Gerber, T. L. 1983. Intergranular stress corrosion cracking of Ni-Cr-Fe alloy 600 tubes in PWR primary water — review and assessment for model development. Palo Alto, CA. EPRI Report NP-3057.

[47] Webb, G. L. and Burke, M. G. 1995. *Stress corrosion cracking behavior of alloy 600 in high temperature water*, *Seventh International Symposium on Environmental Degradation of Materials in Nuclear Power Systems-Water Reactors*. Vol. I; Breckenridge, CO; USA; 7-10 Aug. 1995. 1-56.

[48] Maguire, M. C. and Headley, T. J. 1990. A weldability study of Haynes alloy 242, *Weldability of Materials*, ASM International, Materials Park, OH, pp. 167-173.

[49] Clyne, T. W. and Kurz, W. 1982. The effect of melt composition on the solidification cracking of steel, with particular reference to continuous casting, *Metallurgical Transactions B*, 13A: 259-266.

[50] Matsuda, F. , Nakagawa, H. , Katayama, S. , and Arata, Y. 1982. Weld metal cracking and improvement of 25% Cr - 20% Ni (AISI 310S) fully austenitic stainless steel, *Transactions of the Japan Welding Society*, 13: 41-58.

[51] Kelly, T. J. 1990. Rene 220C -the new, weldable, investment cast superalloy, *Welding Journal*, 69(11), 422s-430s.

[52] Cieslak, M. J. , Stephens, J. J. , and Carr, M. J. 1988. A study of the weldability and weld related microstructure of Cabot Alloy 214, *Metallurgical Transactions A*, 19A: 657-667.

[53] Savage, W. F. , Nippes, E. F. , and Goodwin, G. M. 1977. Effect of minor elements on hot-cracking tendencies of Inconel 600, *Welding Journal*, 56(8): 245s-253s.

[54] Lingenfelter, A. C. 1972. Varestraint testing of nickel alloys, *Welding Journal*, 51(9): 430s-436s.

[55] Lippold, J. C. , Sowards, J. , Alexandrov, B. T. , Murray, G. and Ramirez, A. J. 2008. *Weld solidification cracking in Ni - base alloys*, *Hot Cracking Phenomena in Welds II*, Springer, ISBN 978-3-540-78627-6, pp. 147-170.

[56] Alexandrov, B. T. and Lippold, J. C. , 2006. In-situ weld metal continuous cooling transformation diagrams, *Welding in the World*, 50(9/10): 65-74.

[57] Alexandrov, B. T. and Lippold, J. C. 2006. A new methodology for studying

phase transformations in high strength steel weld metal, Trends in Welding Research VII, Proc. of the 7th International Conference, ASM International, pp. 975-980.

[58] Scheil, E. 1942. *Zeitschrifi fur Metallkunde*, 34: 70-74.

[59] DuPont, J. N. and Robino, C. V. 2007. *Unpublished research on solidification and weldability of Alloy C - 4 with Gd additions*, Lehigh University.

[60] Vincent, R. 1985. Precipitation around welds in the nickel base superalloy inconel 718, *Acta Metallurgica*, 35(7): 1205-1216.

[61] Rowe, M. D, Ishwar, V. R. , and Klarstrom, D. L. 2006. Properties, weldability, and applications of modern wrought heat-resistant alloys for aerospace and power generation industries, *Trans. ASME*, 128: 354-361.

[62] Gallagher, M. 2007. *Unpublished research performed at The Ohio State University.*

[63] Lippold, J. C. and Kotecki, D. J. 2005. *Welding Metallurgy and Weldability of Stainless Steels*, pub. by Wiley and Sons, Inc. Hoboken, NJ, ISBN 0 - 47147379-0.

[64] Lippold, J. C. 1983. An investigation of heat-affected zone hot cracking in alloy 800, *Welding Journal*, 62(1): 1s-11s.

[65] Hondors, E. and Seah, M. P. 1984. *Physical Metallurgy* 3rd Ed. , Amsterdam, New Hollan, pp. 855-933.

[66] Lippold, J. C. , Baeslack, W. A. , and Varol, I. 1992. Heat-affected zone liquation cracking in austenitic and duplex stainless steels, *Welding Journal*, 71 (1): 1-14.

[67] Pepe, J. J. and Savage, W. F. 1970. The weld heat-affected zone of the 18Ni maraging steel, *Welding Journal*, 49(12): 545s-553s.

[68] Pepe, J. J. and Savage, W. F. 1967. Effects of constitutional liquation in 18-ni maraging steel weldments, *Welding Journal*, 46(9): 411s-422s.

[69] Duvall, D. S. and Owczarski, W. A. 1967. Further heat affected zone studies in heat resistant nickel alloys, *Welding Journal*, 46(9): 423s-432s.

[70] Lin, W. , Nelson, T. W. , Lippold, J. C. , and Baeslack, W. A. 1993. A study of the HAZ crack-susceptible region in Alloy 625. *International Trends in Welding Science and Technology*, Eds. S. A. David and J. M. Vitek, ASM International, Materials Park, OH, pp. 695-702.

[71] Owczarski, W. A. , Duvall, D. S. , and Sullivan, C. P. 1966. A model for heat affected zone cracking in nickel base superalloys, *Welding Journal*, 45(4): 145s-155s.

[72] Savage, W. F. and Krantz, B. M. 1966. An investigation of hot-cracking in Hastelloy X, *Welding Journal*, 45(1): 13s-25s.

[73] Thompson, R. G. and Genculu, S. 1983. Microstructural evolution in the HAZ

of Inconel 718 and correlation with the hot ductility test, *Welding Journal*, 62 (12): 337s-345s.

[74] Kelly, T. J. 1990. Welding metallurgy of investment cast nickel based superalloys, *Trends in Welding Research I*, ASM International, Materials Park, OH, pp. 151-157.

[75] Lundin, C. D., Qiao, C. Y. P., and Swindeman, R. W. 1993. HAZ hot cracking behavior of HD 556 and Inconel 617, *International Trends in Welding Science and Technology*, Eds. S. A. David and J. M. Vitek, ASM International, Material Park, OH, pp. 801-806.

[76] Richards, N. L. and Chaturvedi, M. C. 2000. Effect of minor elements on weldability of nickel base superalloys, *International Materials Reviews*, 45(3): 109-129.

[77] Guo, Z., Chaturvedi, M. C., and Richards, N. L. 1998. Effect of nature of grain boundaries on intergranular liquation during weld thermal cycling of nickel base alloy, *Science and Technology of Welding and Joining*, 3(5): 257-259.

[78] DuPont, J. N. 2000. *Unpublished research on solidification cracking susceptibility of stainless steels and nickel alloys*, Lehigh University.

[79] Thompson, R. G., Cassimus, J. J., Mayo, D. E., and Dobbs, J. R. 1985. The relationship between grain size and microfissuring in Alloy 718, *Welding Journal*, 64(4): 91s-96s.

[80] Haddrill, D. M. and Baker, R. G. 1965. Microcracking in Austenitic Weld Metal, *British Welding Journal*, 12(9).

[81] Hemsworth, B., Boniszewski, T., and Eaton, N. F. 1969. Classification and definition of high temperature welding cracks in alloys. *Metal Construction & British Welding Journal*, pp. 5-16.

[82] Bengough, G. D. 1912. A study of the properties of alloys at high temperatures, *Journal of the Institute of Metals*, VII: pp. 123-174.

[83] Rhines, F. N. and Wray, P. J. 1961. Investigation of the intermediate temperature ductility minimum in metals, *Transactions of the ASM*, 54: 117-128.

[84] Ramirez, A. J. and Lippold, J. C. 2004. High temperature cracking in nickel-base weld metal, Part 2 — Insight into the mechanism, *Materials Science and Engineering A*, 380: 245-258.

[85] Noecker, F. F. and DuPont, J. N. 2009. Metallurgical investigation into ductility dip cracking in Ni-based alloys, Part I, *Welding Journal*, 88(1): 7s-20s.

[86] Noecker, F. F. and DuPont, J. N. 2009. Metallurgical investigation into ductility dip cracking in Ni-based alloys, Part II, *Welding Journal*, 88(3): 62s-77s.

[87] Yamaguchi, S. 1979. Effect of Minor Elements on Hot Workability of Nickel-

Base Superalloys, *Met. Technol.*, 6(5): 170-175.

[88] Matsuda, F. 1984. Weldability of Fe-36% Ni alloy, II.-effect of chemical composition on reheated hot cracking in weld metal, *Trans. JWRI*, 13(2): 241-247.

[89] Nishimoto, K., Mori, H., and Hongoh, S. 1999. *Effect of sulfur and thermal cycles on reheat cracking susceptibility in multipass weld metal of Fe-36% Ni alloy*, International Institute of Welding, IIW Doc. IX-1934-99.

[90] Hirata, H. 2001. Mechanism of hot cracking in multipass weld metal of Fe-36%Ni Invar alloy, welding of Fe-36%Ni Invar alloy (I), *Quarterly Journal of the Japan Welding Society*, 19(4): 664-672.

[91] Collins, M. G. and Lippold, J. C. 2003. An investigation of ductility-dip cracking in nickel-based filler metals — Part I, *Welding Journal*, 82(10): 288s-295s.

[92] Zhang, Y. C., Nakagawa, H., and Matsuda, F. 1985. Weldability of Fe-36%Ni Alloy (Report VI), *Transactions of JWRI*, 14(5): 125-134.

[93] Zhang, Y. C., Nakagawa, H., and Matsuda, F. 1985. Weldability of Fe-36%Ni Alloy (Report V), *Transactions of JWRI*, 14(2): 119-124.

[94] Nissley, N. E., Collins, M. G., Guaytima, G., and Lippold, J. C. 2002. Development of the Strain-to-Fracture Test for Evaluating Ductility-Dip Cracking in Austenitic Stainless Steels and Ni-base Alloys, *Welding the World*, 46(7-8): 32-40.

[95] Lippold, J. C. and Lin, W. 1994. *Unpublished research performed at Edison Welding Institute*.

[96] Kikel, J. M. and Parker, D. M. 1998. Ductility dip cracking susceptibility of filler metal 52 and Alloy 690, Trends in Welding Research, Proceedings, 5th International Conference, Pine Mountain, GA, 757-762.

[97] Nissley, N. E. and Lippold, J. C. 2003. Development of the strain-to-fracture test for evaluating ductility-dip cracking in austenitic alloys, *Welding Journal*, 82(12): 355s-364s.

[98] Lippold, J. C. and Nissley, N. E. 2008. *Ductility dip cracking in high-Cr Ni-base filler metals*, Hot Cracking Phenomena in Welds II, Springer, ISBN 978-3-54078627-6, pp. 409-426.

[99] Collins, M. G., Ramirez, A., and Lippold, J. C. 2004. An investigation of ductility-dip cracking in Ni-base filler metals-Part 3, *Welding Journal*, 83(2): 39s-49s.

[100] Nissley, N. 2006. *Intermediate temperature grain boundary embrittlement in Nibase weld metal*. PhD Dissertation, The Ohio State University.

[101] Young, G. A, Capobianco, T. E, Penik, M. A, Morris, B. W., and McGee, J. J. 2008. The mechanism for ductility dip cracking in nickel-chromium alloys, *Welding Journal*, 87(2): 31s-43s.

[102] Kain, V. , Sengupta, P. , De, P. K. , and Banerjee, S. 2005. Case reviews on the effect of microstructure on the corrosion behavior of austenitic alloys for processing and storage of nuclear waste, *Metallurgical and Materials Transactions A*, 36A: 1075-1084.

[103] Luer, K. R. , DuPont, J. N. , Marder, A. R. , and Skelonis, C. K. 2001. Corrosion fatigue of alloy 625 weld claddings exposed to combustion environments, *Materials at High Temperatures*, 18: 11-19.

[104] Lee, H. T. and Kuo, T. Y. 1999. Effects of niobium on microstructure, mechanical properties, and corrosion behavior in weldments of alloy 690, *Science and Technology of Welding and Joining*, 4(4): 246-255.

[105] Kiser, S. 1990. Nickel alloy consumable selection for severe service conditions, *Welding Journal*, 69(11): 30-35.

第 4 章

沉淀强化镍基合金

高强度和优良的抗腐蚀性的组合,使得沉淀强化镍基合金在金属基的合金体系中成为独一无二的一种合金。没有这些"超合金"在 20 世纪 50 年代的发展,正像我们现在所知的"喷气机时代"就不可能了。然而,通过沉淀反应来强化镍基合金至很高水平,不是它唯一的能力,对于这些合金来说,超过其熔化温度一半以上,仍保持高分数的强度,才是真正显著的特征,这是其在高温场合能广泛应用的关键。

沉淀强化合金的物理冶金十分复杂,因为这些合金含有固溶强化(铬、钴、铁、钼、钨和钽),沉淀物形成(钛、铝和铌),抗氧化(铬、铝和钽),抗热腐蚀(铬、镧和钇),蠕变和应力断裂性能(硼和锆)以及中温延性(铪)等特意添加物的混合体。当然,这些合金的焊接冶金也是相当复杂的,因为熔合区凝固时,这些元素的分离部分能导致形成共晶型的组分和第二相,这在母材中是不能通过正常方法观察到的。

在热影响区,合金化元素偏析至晶界能促进液化或形成沉淀物,对焊接结构的力学性能和焊接性会造成负面影响。因此,通常需要焊后热处理来恢复焊件的性能,这是很正常的事情。遗憾的是:一种众所周知的现象,如应力消除和沉淀的组合,促使晶界开裂的应变—时效裂纹,这就导致一些合金在焊接性方面进一步劣化。

本章回顾了沉淀强化"超合金"的物理和机械冶金,描述了熔合区和热影响区的焊接冶金以及提供了与这些合金有关的焊接性问题,进行较深入的讨论。

4.1 标准合金和焊材

表 4.1 汇总了所有沉淀强化镍基合金的成分。几种常用的填充金属的成分则列于表 4.2。一般,焊材成分相似于母材的成分。这些合金的

表 4.1　典型的沉淀强化镍基合金的成分[1]（wt%）

类 别	UNS	C	Cr	Fe	Mn	Ni	Mo	Ti	Al	其 他
K500	N05500	0.25	—	2.00	1.50	63.0~70.0	—	0.35~0.85	2.3~3.15	Cu 余量
300	N03300	0.40	—	0.60	0.50	97.0 min	—	0.20~0.60	—	Mg 0.2~0.5
301	N03301	0.30	—	0.60	0.50	93.0 min	—	0.25~1.0	4.0~4.75	Si 1.0
80A	N07080	0.10	18.0~21.0	3.0	1.0	余量	—	1.8~2.7	1.0~1.8	Co 2.0
X-750	N07750	0.08	14.0~17.0	5.0~9.0	1.0	70.0 min	—	2.25~2.75	0.4~1.0	Nb 0.7~1.2
90	N07090	0.13	18.0~21.0	3.0	1.0	余量	—	1.8~3.0	0.8~2.0	Co 15.0~21.0
263	N07263	0.04~0.08	19.0~21.0	0.7	0.60	余量	5.6~6.1	1.9~2.4	0.3~0.6	Co 19.0~21.0
713	N07713	0.08~0.20	12.0~14.0	2.50	0.25	余量	3.8~5.2	0.5~1.0	5.5~6.5	Nb 1.8~2.8
718	N07718	0.08	17.0~21.0	余量	0.35	50.0~55.0	2.8~3.3	0.65~1.15	0.2~0.8	Nb 4.75~5.50
Waspaloy	N07001	0.03~0.10	18.0~21.0	2.00	1.00	余量	3.5~5.0	2.75~3.25	1.2~1.6	Co 12~15
Rene 41	N07041	0.12	18.0~22.0	5.00	0.10	余量	9.0~10.5	3.0~3.3	1.4~1.8	Co 10.0~12.0
214	N07214	0.05	15.0~17.0	2.0~4.0	0.5	余量	0.5	0.5	4.0~5.0	Co 2.0

续表

类 别	UNS	C	Cr	Fe	Mn	Ni	Mo	Ti	Al	其 他
U520	N07520	0.06	18.0~20.0	—	—	余量	5.0~7.0	2.8~3.2	1.8~2.2	Co 12.0~14.0 W 0.8~1.2
702	N07702	0.10	14.0~17.0	2.0	1.0	余量	—	0.25~1.0	2.75~3.75	Cu 0.5
U720	N07720	0.03	15.0~17.0	—	—	余量	2.5~3.5	4.5~5.5	2.0~3.0	Co 14.0~16.0 W 1.0~2.0
725	N07725	0.03	19.0~22.5	余量	0.35	55.0~59.0	7.0~9.5	1.0~1.7	0.35	Nb 2.75~4.0
751	N07751	0.10	14.0~17.0	5.0~9.0	1.0	70.0 min	—	2.0~2.6	0.9~1.5	Nb 0.7~1.2
706	N09706	0.06	14.5~17.5	余量	0.35	39.0~44.0	—	1.5~2.0	0.40	Nb 2.5~3.3
925	N09925	0.03	19.5~23.5	22.0 min	1.00	38.0~46.0	2.5~3.5	1.9~2.4	0.1~0.5	Cu 1.5~3.0
945	N09945	0.04	19.5~23.0	余量	1.0	45.0~55.0	3.0~4.0	0.5~2.5	0.01~0.7	Nb 2.5~4.5 Cu 1.5~3.0
909	N19909	0.06	—	余量	—	35.0~40.0	—	1.3~1.8	0.15	Co 12.0~16.0 Nb 4.3~5.2 Si 0.25~0.50

（1）表中单值为最大值。

表 4.2　用于焊接沉淀强化镍基合金的典型填充金属的成分[1] (wt%)

类　别	UNS	C	Cr	Fe	Mn	Ni	Mo	Ti	Al	其　他
FM64	N05500	0.25	—	2.00	1.50	63.0~70.0	—	0.35~0.85	2.3~3.15	Cu 余量
FM69	N07750	0.08	14.0~17.0	5.0~9.0	1.0	70.0min	—	2.25~2.75	0.4~1.0	Nb 0.70~1.2
FM718	N07718	0.08	17.0~21.0	余量	0.35	50.0~55.0	2.8~3.3	0.65~1.15	0.2~0.8	Nb 4.75~5.50
FM725	N07725	0.03	19.0~22.5	余量	0.35	55.0~59.0	7.0~9.5	1.0~1.7	0.35	Nb 2.75~4.0
FM80A	N07080	0.10	18.0~21.0	3.0	1.0	余量	—	1.8~2.7	1.0~1.8	Co 2.0
FM90	N07090	0.13	18.0~21.0	3.0	1.0	余量	—	1.8~3.0	0.8~2.0	Co 15.0~21.0
FM263	N07263	0.04~0.08	19.0~21.0	0.7	0.60	余量	5.6~6.1	1.9~2.4	0.3~0.6	Co 19.0~21.0
FM 909	N19909	0.06		余量	—	35.0~40.0		1.3~1.8	0.15	Co 12.0~16.0 Nb 4.3~5.2 Si 0.25~0.50
625PLUS	N07716	0.03	19.0~22.0	余量	0.20	59.0~63.0	7.0~9.5	1.0~1.6	0.35	Nb 2.75~4.00
Thermo-Span		0.05	5.0~6.0	30.3~36.7	0.50	23.5~25.5		0.7~1.0	0.3~0.6	Co 28.0~30.0 Nb 4.5~5.2 Si 0.2~0.3

(1) 表中单值为最大值。

最初发展要追溯到 1926 年。那时，K-500 Ni-Cu 合金是添加钛和铝形成 γ' 沉淀而发展起来的。同样的成分用于光的填充金属，它就是现在的 FM64。接着，配制了药皮焊条(WE-134)用于 K-500 合金,这些材料的成分与现在许多合金相比是简单的，但是对于进一步发展的许多沉淀强化合金来说，它是形成的基础。K-500 合金成为普遍使用于远洋轮船的螺旋桨轴合金，并因为它在海洋环境中有良好的抗扭强度、韧性和抗腐蚀性，得到海军设计师的选用。后来，它又广泛使用于无磁钻杆。

为了高硬度、耐磨并具有高的导热性，开发了 Permanickel 300 和 Duranickel 301。起初，301 合金用于有特别冷却要求的玻璃模制品，例如阴极射线管模制品。后来发现 Duranickel 301 是一种优良的电弧喷涂线，在热喷涂工艺过程中，用这种合金作为电弧喷涂线，即利用铝 (5wt%)在空气中快速氧化放热反应的优点。在结合强度方面，它明显超过以前使用的含镍喷涂线。Permanickel 是在 20 世纪 30 年代末期发明的，紧跟着在 1941 年 Nimonic 80A，1944 年 X-750 合金。与 X-750 合金匹配的焊接材料为填充金属 69 和焊条 139。

在 X-750 之后，很快开发了许多 Nimonic 合金和其他 Ni-Cr 合金，也包括早期的铸造合金。许多铸造合金由于加入大量的铝＋钛，从铸造温度冷却时引起硬化，实质上认为是不可焊的。713 合金是 1956 年创制而广泛用于涡轮叶片的合金，成为 1962 年最广泛使用的合金之一。由 H. L. Eiselstein 发明的 718 合金，在 1963 年获得美国专利♯3 0146 108。这种合金主要是通过铌促使形成 γ''(Ni$_3$Nb)而硬化的。γ'' 形成的沉淀动力学与 γ' 形成相比，相对较慢，在焊后热处理时有较好的抗应变—时效—开裂性能，为改善焊接性做出贡献。到 2006 年为止，在商用超合金生产中 718 合金的投入已超过 50%。

从 Nimonic 80A 起步，开始在 NiCr 合金中加入钴作为高温基体增强剂。Rene 41，Nimonic 90，Udimit 520,720 和 Nimonic 263 都是用增加含钴量的高温沉淀强化合金的例子。725，925 和 945 合金都具有良好的抗应力腐蚀开裂的性能，并伴有很高强度，是使用于含硫的气和油环境中的合金。在慢应变率的高压釜试验中，它们非常抗硫化氢开裂和显示出很慢的裂纹成长速率。751 合金是在 X-750 合金成分基础上的进一步发展，由于它有良好的抗渗碳性和刚性，故成为汽车排气阀最通常的选择。

706 合金是在 718 合金基础上发展的，广泛用于陆用燃气轮机转子。706 和 718 合金为了产生很洁净的显微组织以提供良好的高周疲劳强度,有时采用三次熔炼(真空感应熔炼,接着电渣重熔,接着真空电弧重熔)。909 合金是低膨胀沉淀强化合金族的极品,用于燃气轮机环,它要求与转子叶片尖端有紧密的配合公差。为了保持低的热膨胀特性,要减少铬,并在投入使用前该合金要防止氧化。合金族的焊接性是良好的,909 合金拉成丝材成为所有低膨胀涡轮合金焊接的选用焊材。

　　在本章后面有更多具体讨论,焊缝金属一般由于显微偏析显示较低的强度水平,焊缝金属的力学性能可以通过采用焊后固溶退火加上沉淀硬化处理来改善,固溶退火处理对减少显微偏析是有效的。使用于燃气轮机的某些合金和焊接材料的蠕变强度和断裂寿命通过加入硼和锆可以得到明显的改善。强化机理已经从改善晶界强度和延展性方面得到了解释。可是,正像本章以后要讨论的,据发现甚至少量硼的存在对于镍基合金的焊接性和抗热裂性都是极端有害的。

4.2　物理冶金和力学性能

　　沉淀强化镍基合金的物理冶金有些相似于在第 3 章讨论的固溶强化合金,它们由奥氏体面心立方(fcc)基体组成并含有许多同样的第二相和金属间化合物相。在这些合金系之间最主要的差别因素是在适当的热处理条件下,加入能够产生强化沉淀物的合金元素。最初主要的强化沉淀物是 γ',是由于加钛和铝形成的,化学式为 $Ni_3(Ti, Al)$。这些合金也可以由 γ'' 相的形成而强化,通常形成 Ni_3Nb。因为这些沉淀物对于这些合金的力学性能和焊接性的重要性,所以下面几节提出了沉淀行为的描述。

　　在表 4.3 中汇总了借各种不同机理加以强化的用含有 γ'-$Ni_3(Al, Ti)$ 沉淀物的镍基合金,该表也包括各种合金元素影响的描述[2]。这

表 4.3　镍基合金强化机理和元素作用的概要[1]

强 化 组 元	元　素　作　用
固溶强化 γ	W,Mo,Ti,Al 和 Cr 多数有效
固溶强化 γ'	Mo,W,Si,Ti,Cr 多数有效
γ' 的数量	Cr,Ti,Al,Nb,Mo,Co,Ta,V,Fe 增加数量
γ/γ' 反相界能	Ti,Co,Mo,Fe 增加;Al 和 Cr 减少
γ/γ' 点阵错配	Ta,Nb,C,Ti 增加;Cr,Mo,W,Cu,Mn,Si,V 减少
γ' 的粗化率	Ti,Mo,Nb,Co,Fe 减少;Cr 增加

(1) 本表取自 Decker 和 Mihalisin[2]

些合金最重要的特征是靠有序 γ′ 沉淀物的形成能够在高温时保持室温强度的高分数。有序相具有不平常的特征,显示了屈服强度随着温度的增加而增加,直至 800℃(1 470°F)[3]。虽然对这种现象不完全了解,但这一过程至少部分与位错和 γ′ 沉淀物之间的相互作用有关。

如图 4.1 示意图所示,有序化的 γ′ 沉淀物通过单一位错的最初切割,

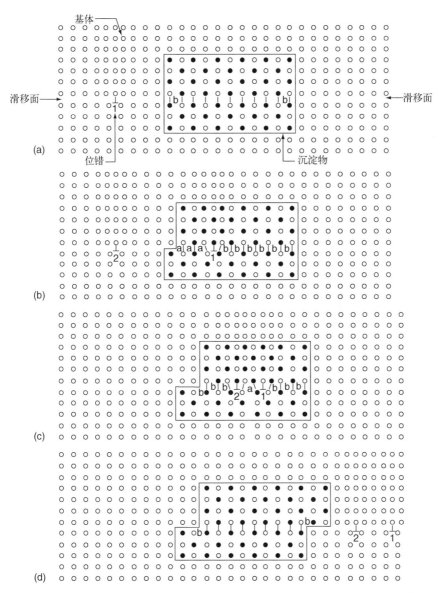

图 4.1　位错与有序化 Ni₃Al 结构相互作用的示意图(取自 Decker 和 Mihalisin[2])

建立了穿过滑移面的反相界（APB），代表原子层的不正确结合。接着，第二次位错通过有序化相的运动恢复有序[图 4.1(b)和(c)]。因此，位错被迫成对移动（常看作超点阵位错）在沉淀物切割后保持有序化的结构。

图 4.2 示出镍基超合金中这些成对的超点阵位错的 γ′颗粒切割的例子。

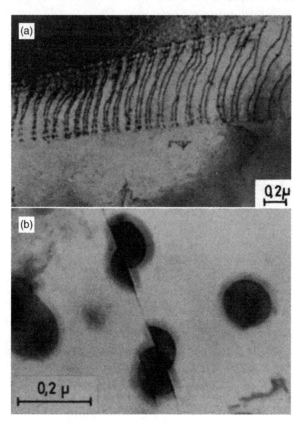

图 4.2　(a) 示出在镍超合金中成对的超点阵位错的 TEM 显微照片；(b) 示出 γ′沉淀物切割由于镍超合金中位错的 TEM 显微照片（取自 Decker 和 Mihalisin[2]）

这种变形涉及超点阵位错的横向滑移片从{111}滑移面至{001}横向滑移面。这些横向滑移片阻止变形，因为它们如没有形成反相界（APB）则不能移动。随着温度的增加，这种横向滑移的强化变为更重要，因为横向滑移的组分是通过加热而激活的。

γ-γ′合金的总强度取决于许多因素，包括 γ 和 γ′两个相对于固溶强化的能力，γ′的数量，γ/γ′反相界能量以及 γ/γ′点阵不匹配应变。γ′的粗化率对于部件用于高温延长期间也是重要的。这些因素叙述如下。

图 4.3 示出在镍基合金中,在 γ' 沉淀物形态上的变化作为 γ/γ' 点阵不匹配函数的一个例子[4]。在每个图片中注明了点阵不匹配的程度。沉淀物的形状会以一种减少应变和表面能的形态推出。在轻度点阵不匹配时,应变能是低的并且最有利的形状是减少表面能的球形体。在较高程度点阵不匹配时,应变能变得重要并取决于方向。在这种情况下,γ 和 γ' 之间的方向关系促成立方体形态,典型的是 γ' 沉淀物本身沿着基体的 <100> 方向排列,它具有最低的弹性刚度。沉淀物形态也随着沉淀物的粗大化而改变。在这种场合下,开始的形态一般是球状的,但是随着粗大化的进程,经常逐步变成立方体,立方体的组合和树枝状。在下面更具体讨论时,点阵失配对长期力学性能具有重要的影响。

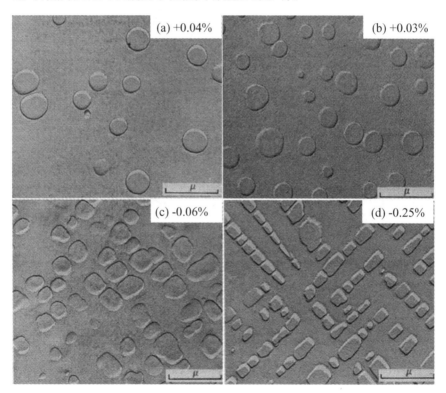

图 4.3　Ni-Al-Mo 合金在不同点阵错配的 γ' 的显微照相(取自 Biss 和 Sponseller[4])

如第 2 章和第 3 章所述,对于奥氏体基体固溶强化来说,合金元素在镍中显示明显的固溶度与赋予点阵失配应变能力相结合是最有效的。从这种观点来看,元素钨、钼、钛、铝和铬是最有效的。虽然不经常认为 γ' 沉淀物通过固溶强化也能被硬化。图 4.4(a)示出各种元素在 1 150℃

（2 100℉）时在 γ′ 中的固溶度，而图 4.4(b)示出几种合金添加物对 γ′ 在 25℃(75℉)时硬度的影响[5]。注意到，钼赋予 γ′ 显著的固溶强化，但由于钼的溶解度低，实际上仅仅少量的钼会有助于固溶强化，元素铜、钒和钴显示很好的溶解度，但是没有给予 γ′ 高的强度。元素硅、钛和铬是最有效

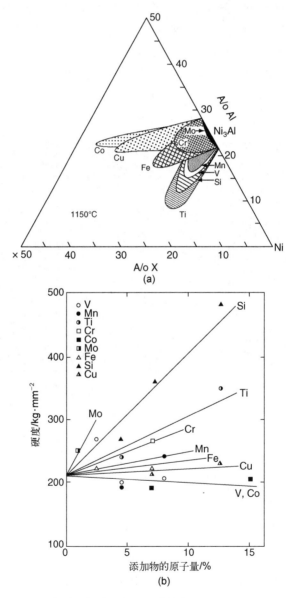

图 4.4　(a) 示出 γ′ 中各种元素的固溶度在 1 150℃时的 Ni-Al-X 系；(b) 各种元素对 γ′ 在 25℃时的硬度影响（取自 Guard 和 Westbrook[5]）

的,因为它们有显著的溶解度并且也能很大提高强度。

　　铝含量对 γ′ 体积分数的影响和 Ni-Cr-Al 合金在 25℃、500℃和 900℃(73℉、930℉和 1 650℉)的 0.2％屈服强度示于图 4.5[6]。这些结果都是在 Ni 含量 75wt％恒定时获得的,而 γ′ 的量是通过不同的铬和铝含量而变化的。因此,在这些结果中也有一些 γ 和 γ′ 来自 Cr 固溶强化的影响。在室温和 500℃(930℉)时,强度的峰值大约在 γ′25％体积百分数时,而强度在 900℃(1 650℉)时继续随着 γ′ 含量增加而增加。建议直接使用 γ′ 作为一种工程合金或许在高温下是最有效的。可是,γ′ 相一般很脆,并且为了良好的韧性和延性必须溶入延性的奥氏体基体中。虽然,如在第5章中所述,工作在进展,为了高温使用,要发展更延性的有序化的金属间化合物。

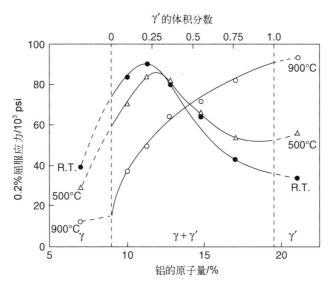

　　图 4.5　Ni-Cr-Al 合金在 25℃、500℃和 900℃时的强度作为 γ′ 含量的函数关系(取自 Beardmore 等[6])

　　许多合金都具有 60％体积分数 γ′ 的上限(甚至有几个更高),但是 γ′ 数量的要求主要取决于应用。如图 4.6 所示,蠕变强度随着 γ′ 含量的增加而增加[7],因此在要求蠕变强度的场合经常规定较高数量的 γ′。实际 γ′ 量取决于其他合金元素的存在以及它们对 γ/(γ+γ′)相边界位置的有关影响。一般,减少 γ 单相场大小的任何元素将导致较高量的 γ′ 相。图 4.7 示出总的增加硬度对某些合金成分 γ′ 体积分数的影响,并指出钛、铝和铌每个对 γ′ 增加量都是十分有效的[8]。

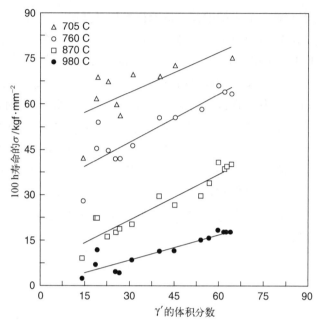

图 4.6　几种商用合金 100 h 蠕变寿命应力与 γ′ 体积
百分数之间的函数关系（取自 Decker[7]）

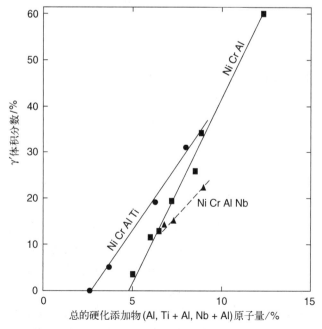

图 4.7　Ni-Cr-Al-Ti 和 Ni-Cr-Al-Nb 合金在恒定铬含量为 20wt% 750℃
时，铝、钛和铌对 γ′ 形成量的影响（取自 Gibbons 和 Hopkins[8]）

有序化 γ′ 沉淀物通过单一位错的初始切割需要增加与形成反相边界有关的力。因此，当反相边界能增加时，需要更多的力切割沉淀物，结果就造成强度的增加。反相边界能对整个强度做出明显的贡献，但是通过测量来确定具体合金元素的效应是困难的。所有得到的数据均提出元素钛、钴、钼和铁在增加反相边界能时都是有效的。

γ 和 γ′ 相点阵参数取决于合金元素在溶液中的数量和形式。当加入的元素是形成合金元素时，每个元素可不同分入每个相，并且以不同方法改变每个相的点阵参数。γ/γ′ 点阵失配程度取决于由每个合金元素引起的相对分割和点阵参数的改变。在 Ni-Al-X 三元合金中对于各种元素效应的有用性概括示于图 4.8[2]。

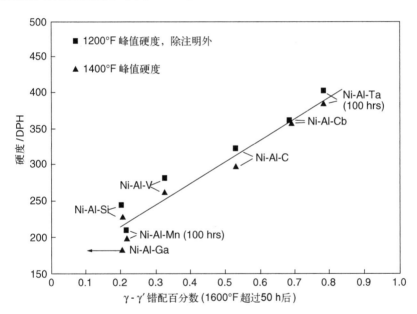

图 4.8　γ/γ′ 错配对某些 Ni-Al-X 三元合金峰值硬度的影响（取自 Docker 和 Mihalssin[2]）

该图显示了在 650℃（1 200℉）和 760℃（1 400℉）时获得的硬度峰值作为由于存在各种元素而导致 γ/γ′ 失配的函数。注意到钽、铌和碳最为有利。如图 4.9 所示，钛也具有强烈的失配效应，该图示出对于 Ni-20Cr-Al-Ti 和 Ni-20Cr-5Mo-Al-Ti 合金以（Al+Ti）量3.5% 为恒定时 Ti/Al 比对 γ/γ′ 失配的影响[9]。在这些合金中用钛替代铝时，失配显著增加。在更复杂的合金中，有时候要预测钛和铝的正确行为是困难的。应当指出，失配的程度取决于应用的需要。较高的失配有时候对改善短时/

高温场合或低温场合的强度也是所希望的。可是,正像下面所讨论的,较大程度的失配也加速 γ' 相在高温长期运行时的粗化率,这将降低强度和导致减少断裂寿命。

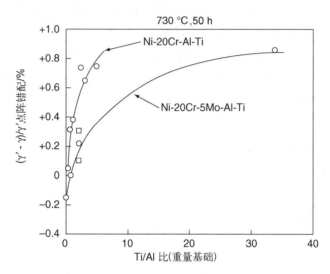

图 4.9　Ti/Al 比对 Al+Ti 含量 3.5wt% 恒定的 Ni-20Cr-Al-Ti 和 Ni-20Cr-5Mo-Al-Ti 合金 γ/γ' 错配的影响

　　每个 γ' 粒子沉淀在 γ 基体中的成核和成长速率在热处理期间是不会等同的。结果,γ' 沉淀物将显示粒子尺寸的范围和形态(见图 4.3)。一旦沉淀物从基体中靠生核和成长完成,在粒子尺寸的变化会引起粒子粗化(实际上沉淀物生成和粗化过程发生在整个期间,但是多数粗化发生在成核和成长阶段后的使用阶段)。

　　粒子粗化过程是受粒子尺寸变化和在基体成分中的伴随变化而推动的。基体成分与沉淀物平衡取决于沉淀物尺寸。基体与较小粒子的平衡比基体与较大粒子平衡具有较高的溶解物浓度。这种情况于基体内建立一个浓度梯度,并且从较小 γ' 粒子通过基体向较大粒子扩散。这引起较小粒子缩小(实质上溶解),同时较大粒子粗化,结果 γ/γ' 表面积减少并且伴随整个自由能减少。粗化过程业已证明是与通过 γ 基体的体积扩散有关,下面是 Lifshitz 和 Sloyozov[10] 经典的粗化理论,用公式表示:

$$d = \left[\frac{64 \Gamma D C_0 V_{\mathrm{m}}^2}{9RT}\right]^{1/3} \cdot t^{1/3} \tag{4.1}$$

式中,d 是粒子直径,Γ 是 γ/γ' 表面能,D 是扩散系数,C_0 是在基体中的溶解度,V_m 是分子体积,R 是气体常数,T 是绝对温度,t 是时间。

图 4.10 示出 Ni-Al 合金在 700℃(1 290℉)时 γ' 粒子尺寸与 $t^{1/3}$ 的函数关系,在 d 和 $t^{1/3}$ 之间的线性关系证实公式(4.1)所期待的性质[9]。这种关系是重要的,因为它表明粗化率可以通过减少 γ/γ' 表面能而降低。反之,表面能受 γ/γ' 点阵失配影响,处于较大失配时,产生较大表面能以及伴有较高粗化率。因此降低 γ 和 γ' 之间的失配有利于抗蠕变场合,这里需要低的粗化率。图 4.11 示出 Ni-Cr-Al 合金蠕变断裂寿命与 γ/γ' 失配函数关系的实例[9]。由于粒子粗化率减少而使失配最小时,蠕变寿命得到了优化。

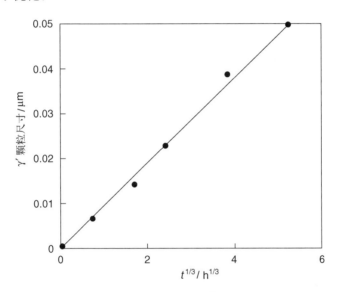

图 4.10　Ni-Al 合金 700℃时 γ' 颗粒尺寸与 $t^{1/3}$ 之间的函数关系(取自 Brooks[9])

正如第 2 章所述,许多含铌的镍基合金,促使 γ''-Ni_3Nb 相的形成。该相具有体心正方晶体结构[图 2.2(b)],与奥氏体基体是共格的。虽然许多含铌合金也含少量铝和/或钛,因而会形成小量的 γ',但是在含铌的合金中主要的强化是由于 γ'' 的存在而实现的。由于 γ'' 强化的原因是约~3%的大失配应变造成的。大的失配应变在低温时提供很高的强度。可是,如在图 4.12 上 718 合金的时间-温度转变曲线所示,γ'' 仅仅是亚稳状态,在高温和较长时间下,将被带有同样 Ni_3Nb 成分的不连贯的 δ 相所替代[11]。一般,该相的转变伴随着蠕变强度和延展性的降低,并且限止

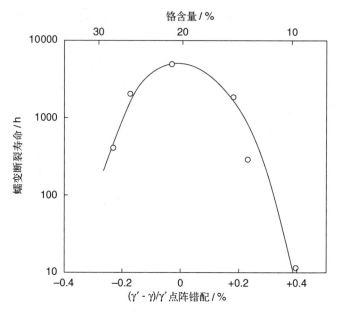

图 4.11　Ni-Cr-Al 合金在 21 000 psi 时蠕变断裂寿命与 γ/γ′错配之间的函数关系（取自 Brooks[9]）

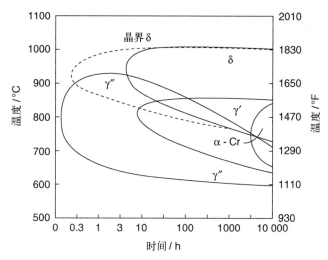

图 4.12　718 合金的 TTT 转变图（取自 Brooks 和 Bridges[11]）

γ″强化合金在 650℃（1 200℉）温度下使用[12]。图 4.13 示出 718 合金在 815℃（1 500℉）经过 100 h 时效后的 γ″和 δ 相的例子。γ″相是较小的等轴相，而 δ 相是由特有的针状形态来区别。正如本章和第 6 章以后要讨论的那样，δ 相在使用中或焊后热处理时的形成，会造成焊接性的严重

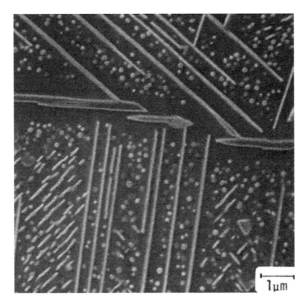

图 4.13　示出微细 γ″沉淀物和粗的针状 δ 沉淀物存在的
扫描电镜显微照片(取自 Radvich[13])

劣化。

表 4.4 列出若干沉淀强化镍基合金的力学性能。该表也包括了这些合金在 650℃、760℃ 和 870℃(1 200℉、1 400℉ 和 1 600℉)时 1 000 h 的断裂强度数据,因为该信息通常对于选择这些合金在高温使用至关重要。

4.3　焊接冶金

沉淀强化镍基合金的焊接冶金相似于固溶强化合金,在这些系统中所使用的许多合金元素是相似的。因此,在焊缝凝固时发生的分离以及生成第二相伴随的许多问题都是类似的。本节描述的是沉淀强化合金独有的特征。

4.3.1　熔合区显微组织评价

4.3.1.1　凝固时的元素偏析

镍基合金在凝固时合金元素的偏析行为在第 3 章中作了详细考虑。包括固溶和沉淀强化两种合金都有评论。着重指明,在凝固时,元素的偏析行为与其预期效果无关,也就是不管加入的合金是打算促进固溶强化

表 4.4 沉淀强化镍基合金的力学性能[1]

合金	UNS	抗拉强度 /MPa(ksi)	0.2%屈服强度 /MPa(ksi)	伸长率 /%	硬度 /洛氏 C	1000 h 断裂应力/MPa(ksi)		
						650℃ (1 200℉)	760℃ (1 400℉)	870℃ (1 600℉)
K500	N0550	1 100(160)	790(115)	20	—	—	—	—
X-750	N07750	1 100~1 380 (160~200)	690~1 035 (100~150)	15~30	30~40	78(540)	40(275)	8(55)
80A 合金	N07080	970~1 240 (140~180)	585~830 (85~120)	25~36	—	73(520)	32(220)	—
90 合金	N07090	1 100~1 310 (160~190)	760~860 (110~125)	17~30	—	—	35(240)	11(75)
263 合金	N07263	970~1 100 (140~160)	585~690 (85~100)	35~45	—	58(400)	25(170)	6(40)
282 合金	N07282	1 165(170)	720(105)	32	32	80(550)	35(240)	10(70)
713 合金	N07713	830(120)	—	5	35~40	—	—	—
718 合金	N07718	1 035~1 590 (150~230)	900~1 240 (130~180)	14~30	30~40	85(580)	28(195)	—

续 表

合金	UNS	抗拉强度/MPa(ksi)	0.2%屈服强度/MPa(ksi)	伸长率/%	硬度/洛氏C	1000 h 断裂应力/MPa(ksi)		
						650℃(1 200℉)	760℃(1 400℉)	870℃(1 600℉)
Waspaloy	N07001	1 345(195)	900(130)	26	34~45	67(460)	28(195)	7(50)
René	N07041	1 345(195)	1 070(155)	15	33~40	85(580)	35(235)	9(60)
725 合金	N07725	1 165~1 310 (170~190)	830~970 (120~140)	25~35	30~40	—	—	—
706 合金	N09706	1 240~1 380 (180~200)	970~1 100 (140~160)	15~25	30~40	80(550)	25(170)	—
909 合金	N19909	1 275(185)	1 035(150)	15	—	47(325)	—	—
925 合金	N09925	970(140)	760(110)	18	26~38	—	—	—
945 合金	N09945	1 100~1 240 (160~180)	900~1 035 (130~150)	20~30	40~45	—	—	—

(1) 表中单值为时效硬化状态时的典型值。

或者是沉淀硬化。另外,回顾在第 3 章所提供的可用的数据表明,大多数合金在镍基合金中偏析倾向没有受名义合金成分的显著影响。因此,在3.3.1 节中提供的信息能够直接用于评估固溶和沉淀强化的两种合金中合金元素的偏析倾向。

简单总结一下,在镍基合金中,合金元素穿过树枝状亚结构的溶质再分配行为和最终分配对于感兴趣的合金元素来说,主要是受相关的 k 值(平衡分配系数)和 D_s(在固体内扩散率)的支配。k 值很低的元素能够穿过焊缝金属树枝状亚结构产生急剧的浓度梯度。可是,如果个别元素的固态扩散在固态中足够高以促进反向扩散,那么元素的梯度能够被消除。回顾已有的数据表明,在镍基合金中,置换合金元素的固态扩散在熔化焊缝凝固时是不明显的,同时,填隙元素如碳和氮的扩散想必在大多熔化焊接条件下几乎是无限快的。对于置换的合金元素来说,最终的偏析模型直接受相关 k 值的反映,在此,k 值较低的元素,在凝固状态的焊缝中产生较急剧的浓度梯度。

一般,对镍有相似原子半径的,也就是铁、铬和钴具有接近一致的 k 值。这种倾向认为是取决于原子大小不同对溶解度的影响,一般而言,相似原子半径的元素显示可估计的溶解度。因此,虽然这些元素在凝固时不能反向扩散,但是它们的浓度梯度因为 k 值接近一致,所以开始不是很大。碳在镍基合金凝固时强烈地分离($k \approx 0.21 \sim 0.27$),并且解释在这些合金凝固结束时对于各种碳化物相的形成。虽然在凝固时对液相有强烈的分离,但是在固态中最终碳的分布,由于碳在镍中高的固态扩散率可以认为是一样的。在 3.3.1.2 节中提供了详细的元素偏析行为的细节。

4.3.1.2 相变——γ' 的形成

在形成 γ' 合金的熔合区中,显微组织的演变可以用图 4.14 所示简图的帮助来了解。它代表 Ni-Al-Ti 液相线投影和穿过 Ni-Al-Ti 系的垂直截面的示意图。对于含碳量低的合金(一般小于~0.01wt%),γ 和 γ'-Ni₃Al 相是在这些合金中形成的主要组成。如在第 2 章中所述,Ni₃Ti 相也能在凝固时形成,但是从力学性能的立场来看,该相是不太理想的。对于 C_0 成分的合金,凝固最初以 γ 凝固开始。当凝固进行时,因为 Al 和 Ti 的 k 值小于 1,故偏析到液体。因此,液体的成分从富镍角移开并画出凝固路线[图 4.14(a)中的点线],直接走向 γ/γ' 单变共晶线。因为 γ'(而不是 Ni₃Ti)是优先相,而钛偏析至液体比铝更强势(钛比铝的 k 值较低,见第 3 章),通常与钛相比需要更多的铝以促进最初的凝固路线与 γ/γ' 共

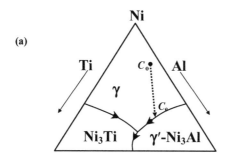

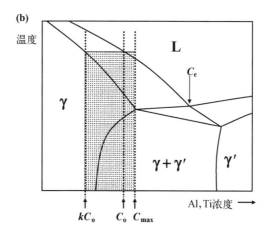

图 4.14　(a) Ni-Al-Ti 液相线表面示意图；
(b) 通过 Ni-Al-Ti 系统的垂直截面示意图

晶线相交而取代 γ/Ni₃Ti 共晶线。许多合金的确含铝比钛更多，而这也反映在图 4.14(a)所示名义成分 C_0 的位置。

最初凝固路线在 C_e（共晶成分）与 γ/γ′ 单变共晶线相交，接着液相成分移下共晶线，在液相中发生共晶反应同时形成 γ 和 γ′。因为该系统不是简单的二元系，在交点 C_e 的共晶成分取决于名义成分和相关铝和钛的 k 值，而共晶反应在一定的成分和温度范围内发生[14]。严格地说，在接近凝固末期，当液相成分实质上是三相 γ-Ni₃Al-Ni₃Ti 平衡点相交也会形成 Ni₃Ti 相，但一般在实践中观察不到。在图 4.14(a)所示的一般凝固次序说明 γ 枝晶的形成和枝晶间的 γ/γ′ 共晶在许多商用镍基超合金中已经观察到[14-16]。

显微组织的演变在 γ′ 形成合金凝固后，一般是不完全的。由于显微偏析初次 γ 相会显示出铝和钛的浓度范围，而显微偏析则与铝和钛在初次 γ 中的低扩散性有关。因此，如图 4.14(b)示意所示，初次 γ 相会含有成分范围从在晶格芯部的 kC_o 至晶格边界的 C_{max}，C_{max} 是铝和钛在 γ 中的最大固溶度。[γ 亚结构为了简单起见在此作为晶格状的，但是也可能是枝晶状的，这取决于合金含量、焊接参数和在液相中造成的温度梯度。也应注意，相的成分一般不能直接从图 4.14(b) 所示的垂直截面中确定。因为连线可能不处在图的平面内。这些在此所示的成分仅供参考。]成分范围在图 4.14(b) 中用阴影区表示。注明的是：取决于在 γ 晶格亚结构内的部位，在进一步冷却下，晶格或许进入 $\gamma + \gamma'$ 二相区并且 γ' 相的沉淀在热动力学上成为可能。

对于许多沉淀强化的工程合金在相对高的冷却速率下，结合大多数焊接热循环，生核和成长动力学会使得沉淀太慢。可是，γ' 相在 γ 晶格内的沉淀在这些合金的熔合区内经常观察到。这归因于穿过 γ/γ' 交界面优良的结晶匹配，导致极低的表面能和应变能。成核速率随着成核所需激活能的减少而呈指数式增加。接下来，激活能随着表面和应变能的减少而减少。因此，良好的结晶学匹配导致高的成核速率，甚至在高冷却速率的典型焊接条件下都容许 γ' 的形成。所以，最终的焊缝的显微组织是由成核芯的 γ 枝晶组成，含有 γ' 沉淀与 γ/γ' 在凝固亚晶（晶格和枝晶）边界处的共晶。PWA-1480合金作为有代表性的例子在图 4.15[17] 中用 TEM

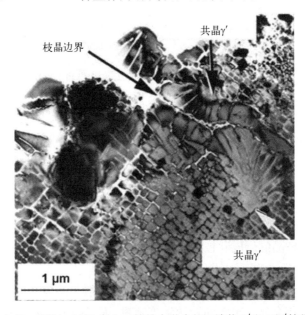

图 4.15 PWA-1480 合金 γ 枝晶内微小的沉淀物 γ' 和 γ/γ' 枝晶间共晶的 TEM 显微照片（取自 Babu 等[17]）

显微照相示出。

这些结果建议，γ' 沉淀物的大小和数量密度应该强烈地受焊缝冷却速率的影响。图 4.16 示出定向凝固合金 CM247DS 的 γ' 沉淀物大小和数量密度与冷却速率之间的函数关系[17]。冷却速率是使用 Gleeble 热模拟机控制并代表所有的冷却速率范围。注意到随着冷却速率的增加，γ'

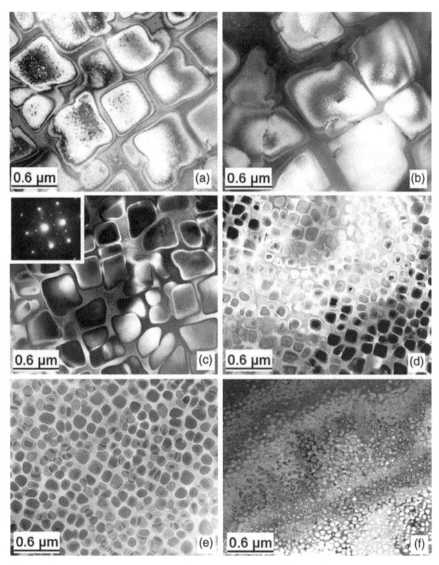

图 4.16 对定向凝固的 CM247DS 合金，冷却速率的变化对 γ' 沉淀物尺寸和数量密度变化的例子
(a) 空冷；(b) 0.17 K/s；(c) 1 K/s；(d) 10 K/s；(e) 75 K/s；(f) 水淬(取自 Babu 等[17])

沉淀物尺寸非常明显地减小和它们的数量密度增加。这些变化归因于增加了低于 $\gamma/(\gamma+\gamma')$ 溶解线温度的过冷度,是在增加冷却速率下发生的。在低的冷却速率下,过冷度是小的,导致低的成核速率和高的成长速率。在最低的冷却速率时也能够发生晶粒粗化。这就导致大而粗的沉淀物。随着冷却速率增加,过冷度变高,引发了高的成核速率和低的成长速率,因此促进带有高数量密度 γ' 沉淀物的细致分布。

合金元素的显微偏析在凝固时产生,也影响 γ' 沉淀物的大小和数量密度,这是在从凝固温度范围冷却下和在以后任何焊后热处理时固态下所形成的。在图 4.17 中,图 4.17(a)代表成分范围,它存在于凝固后穿过凝固亚晶(晶格或枝晶),相对于分隔 γ 和 $\gamma+\gamma'$ 相区的溶解线。图 4.17(b)、(c)和(d)表示在凝固后所有演变的显微组织,分别表示在凝固后,在 T_{sol} 温度固溶处理时和淬火时效后的组织情况。注意到溶解线温度由于浓度梯度会从晶格中心变化到晶格边界。因此,在凝固后冷却时,存在于接近晶格边界较高的溶解质含量,在较高温度时允许该部位进入 $\gamma+\gamma'$ 相区,在此成核速率是低的,生长速率是高的。为了生长和粗化而增加时间,这就导致形成相对粗大 γ' 沉淀物并带有在晶格间区域相对于晶格芯间数量密度的减少[图 4.17(b)]。

如果要施加焊后热处理则该处理必须这样完成,以使固溶温度低于最大固溶度发生的温度,用以防止液化。结果,具有溶质浓度超过固溶温度 T_{sol} 的固溶度曲线的晶格边界区将不可能溶解 γ' 沉淀物,事实上,在固溶处理时在该区的沉淀物实际上能粗化[图 4.17(c)],γ' 在晶格内的最后分布取决于发生在固溶处理时均匀性的程度。如果完全均匀化和浓度梯度得以消除,在晶格内区的固溶度曲线的温度是一致的,并且在该区相应的 γ' 沉淀物尺寸和数量密度也应该是均匀的。可是,如果均匀化不完,固溶度曲线温度的变化会持续穿过晶格和导致在 γ' 沉淀的尺寸和数量密度上的另一种(虽然较小)变化。在图 4.17(d)上示意性地示出该状态。

IN738 合金由于显微偏析造成 γ' 沉淀物形态不平衡的一个例子示于图 4.18[18]。对该特定的合金为了硬化母材给予了标准热处理,由 1 120℃(2 050℉)2 h 固溶处理,随后空冷和在 845℃(1 550℉)时效 16 h 所组成。SEM 显微照片表明在晶格内区域的沉淀物粗化,证明了固溶处理时,发生 γ' 不完全溶解。TEM 显微照片[图 4.18(b)]示出在固溶热处理和时效后晶格芯区形成较小 γ' 颗粒,这是由于在凝固后不是缺乏 γ' 沉

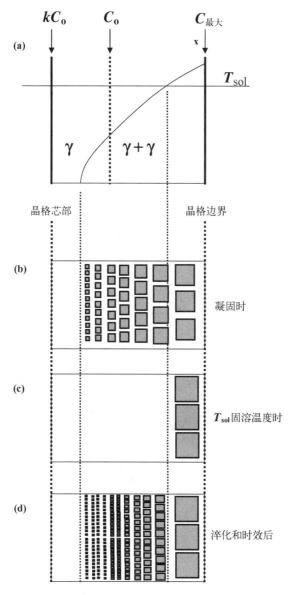

图 4. 17　γ′沉淀物尺寸和数量密度的演变示意图
（a）凝固后；（b）在固溶处理时；（c）淬火后；（d）时效后

淀物，就是在固溶热处理时凝固的 γ′有效溶解。

γ′沉淀物尺寸穿过晶格的变化，在高温使用时控制沉淀物粗化方面，也具有重要的结果。如 4.2 节所述，为了优化蠕变性能，需要降低粗化速率。有鉴于此，表明粗化速率的数据用下列关系式给出[10]。

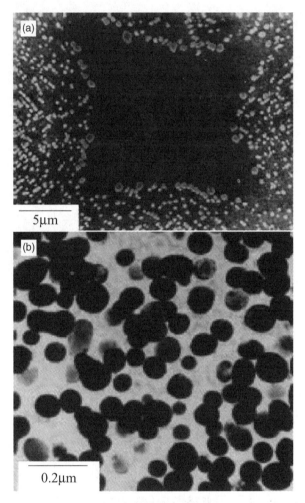

图 4.18   738 合金由于显微偏析造成 γ' 沉淀物不平衡形态的例子
（a）SEM 显微照片示出在晶格内区域沉淀物粗化和晶格内沉淀物溶解；
（b）TEM 显微照片示出在固溶热处理和时效后形成较小的 γ' 颗粒（取自
Rosenthal 和 West[18]）

$$\frac{\mathrm{d}r}{\mathrm{d}t} = \frac{2D\Gamma V_{\mathrm{m}}C_{\mathrm{o}}}{RT}\left(\frac{1}{\bar{r}} - \frac{1}{r}\right) \tag{4.2}$$

式中，r 是任一给定沉淀物的半径，$\bar{r}$ 是沉淀物的平均半径，而 $\frac{\mathrm{d}r}{\mathrm{d}t}$ 是半径

为 r 沉淀物的粗化率。其他名称在前面公式（4.1）中已经下过定义。

表明粗化速率随着颗粒半径增加的不同而增加。在理想情况下，所
有颗粒具有相同半径，并且按照公式（4.2）颗粒的粗化率为零。在实际情

况下,受显微偏析引起的 γ' 沉淀物半径的变化会导致粗化率加速并对蠕变性能有不利影响。由于这些因素,应当对这些合金在确定焊后热处理时需要仔细考虑。

4.3.1.3 相变——碳化物的形成

上面叙述过的凝固次序充分反映低碳超合金的显微组织演变。可是,含碳量足够高的合金,接近凝固末期在 $L \rightarrow \gamma + \gamma'$ 共晶型反应之前,形成大家熟知的 MC 碳化物[19]。在这些事例中,显微组织的演变能够通过检查图 4.19(a)所示的 Ni-Ti-C 液相投影图来定性地了解。该合金系显示了三个初始相领域——γ、碳化物 TiC 和 Ni$_3$Ti。如上所述,在超合金中存在的其他合金元素,最值得注意的是铝,比 Ni$_3$Ti 相优先,形成

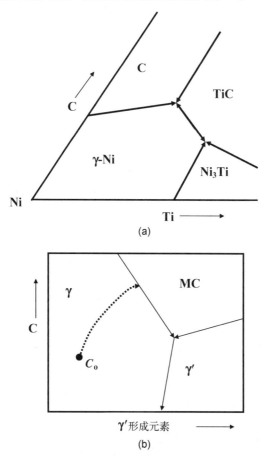

图 4.19 (a) Ni-Ti-C 液相线投影图;(b) 伪三元 γ-MC-Ni$_3$Al 液相线投影图

γ'-Ni$_3$Al 相。还有,其他碳化物形成元素,诸如铬、钽、铌和钼都能替代碳化物 TiC 中的钛。因此,用 γ'(Ni$_3$Al)代替 Ni$_3$Ti 相区,用 MC 代替 TiC,用总的 γ' 形成元素代替 Ti,合成的伪三元液相投影图提供在高碳合金中形成相的定性认识。图 4. 19(b)所示的图解,及其方法实质上与 DuPont 等[20]在早期研究中提出利用伪三元 γ-NbC-Laves 液相线图(在 4. 3. 1. 4 节描述)对含铌超合金显微组织演变的认识是一致的。

碳在这些合金中的分布系数 k 处在 0. 21~0. 27 的量级,因此,在凝固时碳会连同 γ' 形成元素,诸如钛和铝一起强烈地向液相偏析。其结果是,最初凝固路线[图 4. 19(b)点线]描绘出一条曲线,它代表碳、钛和铝在枝晶间溶液内的数量增加。然后,初始凝固线与 γ/MC 单变共晶线相交,当溶液成分沿着该条线行进时致使 γ/MC 共晶形成。Ni-Ti-C 系显示三元共晶点,其中 γ、MC 和 Ni$_3$Ti 都期待通过 L→γ+MC+Ni$_3$Ti 不变反应在三元共晶点等温形成。这会在最终显微组织内留下三个固相相互混合体。然而,γ/γ' 共晶型组成在商用合金中从 γ/MC 共晶中分离形成,并且 L→γ+γ' 反应发生在有限的凝固温度范围内[19]。这说明:在多元超合金中,不存在三元共晶点,但是液相线投影图反而显示了所谓Ⅱ级反应[21]。在这个别的事例中,Ⅱ级反应指的是在无碳伪二元图边凝固结束(在图内代替凝固结束)。该细节是温度降低方向的反映,正如由箭头向 γ/γ' 单变共晶线指出的那样。738 合金从凝固次序形成典型的显微组织例子示于图 4. 20。

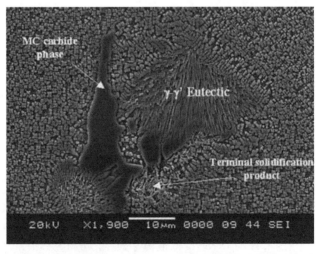

图 4. 20　738 合金熔区内形成的 γ、MC 和 γ' 相的 SEM 显微照片

还应该提及,存在少量的其他元素在 L→γ+γ′反应后能导致形成附加组成。例如,包括形成各种硼化物、硫化物和金属间化合物。这些相一般对焊接性有不利的影响,因为它们在低温形成并且扩展凝固温度范围。这些相形成更具体的细节将在 4.5 节中讨论。

4.3.1.4　相变——γ″的形成

如前所述,许多含有大量铌作为强化元素加入形成 γ″相的超合金已经得到发展。在本节中描述这些合金的熔合区显微组织的演变。大多数商用含铌合金显示三个阶段凝固过程,它由初始 L→γ 阶段,接着 L→γ+NbC 和最后凝固阶段 L→γ+Laves 反应[14,20,22-26]。图 4.21 示出含铌超合金的熔合区形成 γ/NbC 和 γ/Laves 共晶型组成的一个例子[20]。

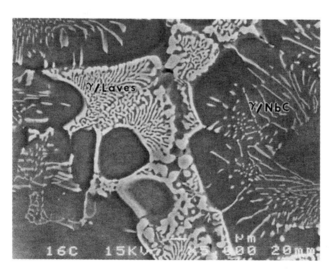

图 4.21　SEM 显微照相示出在含铌超合金的熔合区中的 NbC 和 Laves 相(取自 DuPont 等[20])

Laves 相是一种金属间化合物,具有六方晶体结构,化学式为 A_2B,其中 A 代表镍、铁、铬和钴等元素,B 代表铌、钛、硅和钼等元素。图 4.22(a)概括在几种商用合金中观察到的 Laves 相的成分,并在图 4.22(b)[27]中示出同样元素的浓缩比。

浓缩比的定义是当某一元素在 Laves 相中的浓度超过合金本体中的浓度。镍、铬、铁和钛等元素对 Laves 相不是强势分配体,而难熔型元素 Nb,还有稍低一些的钼在 Laves 相中是相当强的分配体。事实上,现在大家都知道,在这些合金中 Laves 相的形成需要铌的存在[14,20]。表 4.5

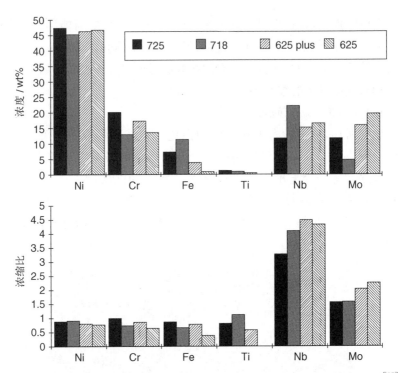

图 4.22 概括几种商用合金的 Laves 成分和浓缩比（取自 Maguire 和 Michael[27]）

概括了在一定数量含铌合金中观察到的 L→γ＋NbC 和 L→γ＋Laves 反应的发生和转变温度。在凝固期间，L→γ＋Laves 反应之前，恒定地发生 L→γ＋NbC 反应。一般认为，加入碳有时候能够完全地阻止 L→γ＋Laves 反应低温形成（例如，表 4.5 中 625 合金高碳炉号没有 Laves 反应），并且低碳合金（例如 909 和 Thermo-Span）一般不显示 L→γ＋NbC 反应。严格地说，应当指出这些合金一般不涉及作为 γ″强化合金，因为加铌是作为一种固溶强化剂。可是，在这些合金的熔合区中形成 NbC 和/或 Laves 相是由于在凝固时铌和碳的大量偏析。

表 4.5　概括商用含铌超合金的凝固反应温度

合　金	凝固反应和温度/℃	
	L→γ＋NbC	L→γ＋Laves
625(0.02Si，0.009C)	未检测到(1)	1 150
625(0.03Si，0.038C)	1 246	未发生
625(0.38Si，0.008C)	1 206	1 148

续　表

合　金	凝固反应和温度/℃	
	L→γ+NbC	L→γ+Laves
625(0.46Si，0.035C)	1 231	1 158
718	1 250	1 200
725	1 143	1 118
903	未测量[2]	未测量[2]
909	未发生	1 187℃
Thermo-Span	未发生	1 226℃

(1) 说明反应发生但要检测的组成量太小。
(2) γ/Nb 和 γ/Laves 组成形成，但是反应温度没有测量。

4.3.1.5 铌和碳的影响

　　Knorovsky 等对 718 合金熔合焊缝的显微组织演变进行了详细的研究[26]。该合金中，γ/Laves 共晶型组成是形成的主要微观组成，而 γ/NbC 仅仅有少量形成。因此，忽略少量的 γ/NbC，Knorovsky 认为合金凝固非常相似于二元系的模式，在二元系中，固溶初始 γ 相可看作"溶剂"，而铌作为"溶质"元素。图 4.23 示出从微化学测量和差异热分析相结合组成的伪二元凝固平衡图。点 1 和点 2 是从合金名义成分以及固相

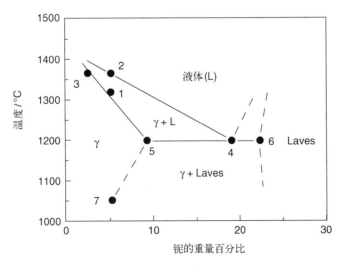

图 4.23　718 合金的伪二元凝固图

线和液相线温度得到的。点 3 代表液化温度和晶格芯部成分。点 5 和点 6 分别代表在 γ/Laves 共晶型组成中的 γ 和 Laves 相的成分。点 5 代表 718 合金中铌在 γ 中的最大溶解度(9.3wt%)。按 Eiselstein 报告,点 7 是铌在 718 合金基体中的溶解度极限[28]。因为凝固时铌在 γ 中扩散可以忽略不计,Scheil 公式结合平衡图可用来直接计算铌含量变化如何影响 718 合金最后的显微组织。业已证明,该平衡图的预测能力是十分精确的。

表 4.6 概括一组铁、铌、硅和碳系统变化的实验含铌合金的凝固反应和相关温度[14-16,20]。详细研究了这些合金,因为以前的工作[23,25]已经表明它们对含铌超合金熔合区显微组织的演变和综合焊接性具有强烈影响。这些合金允许更深入分析元素影响,通过比对来辨别商用合金中关键合金元素在常规的意义上不变是困难的。实验性的基材由二组合金组成(一组是 Ni 基,一组是 Fe 基),每组都有铌、硅和碳的因子变化。

表 4.6 实验性含铌超合金的凝固反应温度一览表

合　　金		凝固反应和温度/℃	
		L→γ+NbC	L→γ+Laves
镍基合金			
合金	成　　分		
1.5	Ni-10Fe-19Cr-2.00Nb-0.13Si-0.052C	未检测到	未发生
2	Ni-10Fe-19Cr-1.95Nb-0.06Si-0.132C	未检测到	未发生
3	Ni-10Fe-19Cr-1.82Nb-0.38Si-0.010C	未检测到	～1190
3.5	Ni-10Fe-19Cr-1.94Nb-0.41Si-0.075C	1322	未发生
4	Ni-10Fe-19Cr-1.91Nb-0.040Si-0.155C	1330	未发生
5	Ni-10Fe-19Cr-5.17Nb-0.05Si-0.013C	未检测到	～1190
6	Ni-10Fe-19Cr-4.87Nb-0.08Si-0.161C	1332	～1190
7	Ni-10Fe-19Cr-4.86Nb-0.52Si-0.010C	未检测到	～1990
7.5	Ni-10Fe-19Cr-4.92Nb-0.46Si-0.081C	1306	～1190
8	Ni-10Fe-19Cr-4.72Nb-0.52Si-0.170C	1328	～1190

合　　金		凝固反应和温度/℃	
		L→γ+NbC	L→γ+Laves
铁基合金			
合金	成　　分		
9	Fe-31Ni-19Cr-1.66Nb-0.10Si-0.003C	未检测到	~1 250
10	Fe-31Ni-19Cr-1.66Nb-0.01Si-0.108C	1 358	~1 250
11	Fe-31Ni-19Cr-1.77Nb-0.57Si-0.004C	未检测到	~1 250
11.5	Fe-31Ni-19Cr-1.84Nb-0.67Si-0.116C	1 348	~1 250
12	Fe-31Ni-19Cr-1.93Nb-0.61Si-0.079C	1 348	~1 250
13	Fe-31Ni-19Cr-4.42Nb-0.02Si-0.015C	1 333	1 250
14	Fe-31Ni-19Cr-4.51Nb-0.08Si-0.210C	1 361	1 243
15	Fe-31Ni-19Cr-4.88Nb-0.66Si-0.010C	1 290	1 256
16	Fe-31Ni-19Cr-4.77Nb-0.64Si-0.216C	1 355	1 248

　　这些实验性合金的共晶型组成(γ/NbC＋γ/Laves)总的体积百分数和单个共晶型组成的个别体积百分数概括于图 4.24 和 4.25。

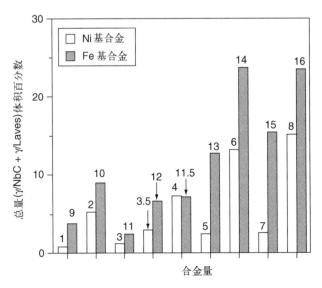

图 4.24　在实验性含铌合金中测量的总组成(γ/NbC 和 γ/Laves)的汇总(取自 DuPont 等[14,16,20])

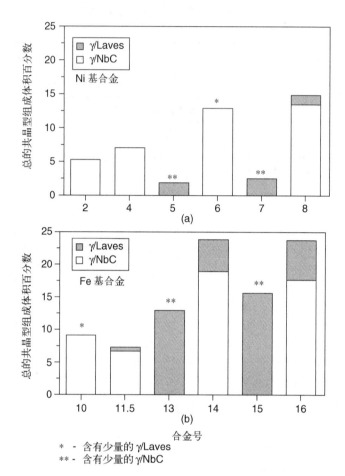

图 4.25 概括在实验性含铌合金中单个 γ/NbC 和 γ/Laves 组元的测量

对于总的体积百分数测量,铁基和镍基合金用相似含量的铌、硅和碳匹配进行比对。从单个组成测量的结果,排成一列进行相似比较,如果这样的区分是可能的话。在这些图中铁、铌、硅和碳显示重要的影响。首先,在加入相似水平的少量合金元素(铌、硅和碳),铁基合金一般形成高水平的总共晶型组成。

单个共晶型组成测量表明(见图 4.25),在铁基合金中这种反应可归因于最初形成大量 γ/Laves。值得指出,在简单的 Ni-Nb 二元相图中没有 Laves 相存在,而 Fe-Nb 系在 38wt%~50wt%的全部成分范围和很大的温度范围 600~1 400℃(1 100~2 550℉)内形成 Laves 相[29]。Ni-Nb 系形成 Ni₃Nb 的大约成分范围为 33wt%~38wt%Nb(在 1 200℃)。在 Ni-Nb 合金中加入铁,以 Ni₃Nb 为代价促进 Laves 相形成[23,25]。因此,在奥氏体基体中加入铁,在消耗镍的同时,能期待促使更多 γ/Laves 的形成。

加入硅具有相似的效应,在一个给定的基体成分内(见表 4.6 的合金编号,并比较合金 5 号对 7 号,6 号对 8 号,13 号对 15 号和 14 号对 16 号),γ/Laves 的量总是随着硅的增加而增加。硅促使 Laves 倾向在商用超合金中也已有文献记载[23,25]。加入铌促进总共晶体较高的体积分数。这是要期望的,因为在共晶型结构中形成的每一个二次相(NbC 和 Laves),两者都是高度富铌的。在高碳水平下,加入铌将会增加 γ/NbC (表 4.6 中比较 2 号合金对 6 号,4 号对 8 号,10 号对 14 号,11.5 号对 16 号)。当碳和铁两者水平都高时,加入铌会增加 γ/NbC 和 γ/Laves 两个组成的量(比较合金 10 号对 14 号,11.5 号对 16 号)。含有高碳水平的合金(甚至编号的合金)会形成大量的 γ/NbC 共晶型组成。

表 4.6 的数据也表明在相似水平的溶质元素下,在铁基合金中凝固反应温度始终如一地高于相应镍基合金的凝固反应温度。显微探针测量表明,铁基合金中的共晶型组成的铁含量显著地高于镍基合金中的含量[14,20,22]。考虑到铁的熔化温度高于镍,对铁基合金期待较高的反应温度。铁含量通过作用于铌的偏析潜能也发挥了强烈影响,图 4.26 示出 k_{Nb} 的变化与铁的名义含量的函数关系。

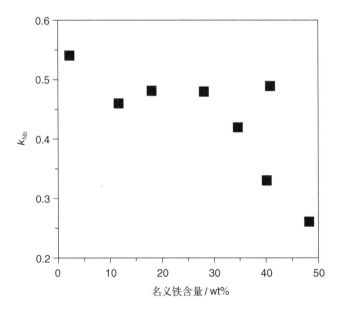

图 4.26　含铌超合金铌的平衡分布系数和名义铁含量的函数关系(取自 DuPont 等[14,16,20])

该数据是从若干实验性的和商用合金中得到的,并表示铁增加铌的偏析潜能(即较低的 k 值)。增加铌的偏析倾向具有对二次相形成的显著影响,因为两个二次相在凝固期形成(NbC 和 Laves)都是富铌的。该效应业已归因于铁在奥氏体基体内对铌溶解度的影响,在第 2 章中已作过简要描述。Nb 在 γ-Ni 中最大溶解度是 18.2wt%铌[在 1 286℃(2 347℉)],而 γ-Fe 在 1 210℃(2 210℉)类似温度下只能溶解最大 1.5wt%Nb。因此,加入铁减少铌在 γ(Fe、Ni、Cr)基体中铌的溶解度,并导致 k_{Nb} 跟着减少。

在含铌超合金中观察到的反应次序相似于在 Ni-Nb-C 三元系中所预料的。Ni-Nb-C 系的液相线投影图由 Stadelmaier 和 Fiedler 作出判断[30],该图的富镍角再画于图 4.27。液相线投影图显示三个有兴趣的初生相区:γ、NbC 和 Ni₃Nb。初始 C(石墨)相区存在于高碳含量时,但不感兴趣。正如前所述,在 Ni-Nb 系中加入铁、铬和硅靠消耗 Ni₃Nb 促使 Laves 的生成。因此,用 Laves 替代 Ni₃Nb,可以利用 Ni-Nb-C 液相线投影图作为发展在含铌超合金中凝固反应次序定性描述的指导[14,15,20,22]。凝固以初生 γ 枝状晶的形成开始,在形成时把铌和碳返回到溶液。当凝固进行时,溶液成分从富镍角移开(图 4.27 中的点线),变得逐步进展到铌和碳的富集直至到达 γ 和 NbC 之间的单变共晶线。在

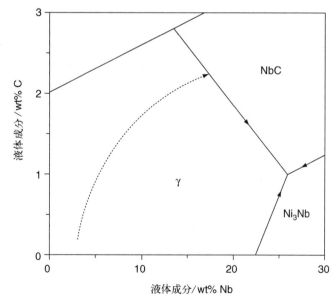

图 4.27 Ni-Nb-C 液相线投影图(根据 Stadelmaier 和 Fiedler 重画[30])

该点,当液相成分走向共晶线时,通过共晶型反应,γ 和 NbC 同时一起从溶液中形成。

由于 NbC(～9.5wt%)的高碳含量,当溶液的铌含量继续增加时,NbC 的形成消耗液相的碳。如果合金的碳含量足够高,而铌含量足够低,那么凝固完全能够沿 γ/NbC 共晶线而没有 Laves 相会形成[16]。对于多数合金,这种情况不会发生,而且液相成分不断浓缩直至 Laves 相形成。按照简单的三元 Ni-Nb-C 液相线投影图,凝固应以三元 L→(γ+NbC+Laves)共晶反应结束,液相线表面明显最小。在这种条件下,γ、NbC 和 Laves 相应当是相互混合的。可是,这种类型的组织在合金中观察不到,它们形成 NbC 和 Laves 两种相(例如图 4.21)。而且,γ/NbC 和 γ/Laves 共晶型组成常常清楚地分开。这说明对于多元合金实际液相线投影图用 Ⅱ 级反应代表比较更适当,在液相的表面局部最小发生,在此,γ/Laves 共晶线与图的"Ni-Nb 二元"侧相交[21]。这说明立体分开 γ/NbC 和 γ/Laves 共晶型组成是用实验方法观察到的。

溶质再分配模型化是最近应用于研究含铌合金成分和熔合区显微组织之间的定量关系[16]。根据简单的 Ni-NbC 相似性,把多元合金模型化作为三元系把基体(Fe,Ni,Cr)元素组合在一起作为形成 γ/Nb-C 伪三元凝固图 γ 组成的"溶剂"。图 4.28 示出含有相似水平的铌和增加碳含量的合金[图 4.28(a)]以及铌和碳含量系统变化的合金[图 4.28(b)]的典型模型化结果。液相线投影图是由定量金属学和显微探针测量实验确立的。

显而易见,初始凝固路线和双重饱和线之间的相交点是碳含量的强烈函数。虽然加入碳凭直觉希望促成 γ/NbC 共晶型组成,该分析对观察到的行为提供定量的原理。当合金名义碳含量增加时,相交点发生在高碳含量区,结果,液相成分必须行进双倍饱和线向下 L→(γ+NbC)一段长距离,行进时,在 γ/Laves 组成可能形成之前,形成 γ/NbC。为什么加入碳常常消除 γ/Laves 组成的形成的解释就是当碳含量高时富溶质的溶液能够沿 γ/NbC 共晶线完全消耗掉。L→(γ+NbC)反应开始的相关温度也很易确定,高碳名义含量驱动开始反应至较高温度。这是经过实验方法揭示的反应温度数据(见表 4.5 和表 4.6)。

反应温度随着碳含量的增加而增加不是一开始就看到,特别是当考虑碳的液相线斜率是负数时[23,25]。首先,在溶液中碳含量的任何增加应驱动反应至较低温度。真正的效应能够通过沿着 γ/NbC 共晶线铌和碳之

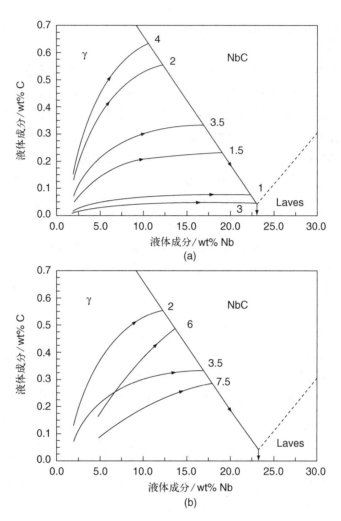

图 4. 28 实验性的镍基含铌合金溶质再分配模型的结果
（a）含相似铌水平和增加碳含量的合金；
（b）铌和碳含量系统变化的合金（取自 DuPont 等[14,20]）

间的关系来考虑。对镍基合金该线的斜率是−0.047wt％碳/wt％铌。因此，每增加碳含量 0.047wt％，在溶液中相应减少 1wt％铌。假定每个元素的液相线斜率是恒定的，并且与 Cieslak 等[25] 确定的值相等，这里，$m_{1,c} = -108.6℃/wt％碳$，$m_{1,Nb} = -11.1℃/wt％铌$，然而，每增加0.047wt％ 碳，反应温度下降≈5.1℃，同时相应减少 1wt％铌含量，反应温度增加 11.1℃。因此，每增加 0.047wt％碳含量（减少 1wt％铌含量），反应温度期望净增加 6℃。该效应引起反应开始温度随着名义碳含量的增加而增加。

铌名义浓度的影响可通过表 4.6 和图 4.28(b) 中合金 2 号对 6 号,合金 3.5 号对 7.5 号的对比而揭示。当含铌量低,凝固初期阶段时,溶液中碳含量相对地很快增加。随着接近双重饱和线时,碳的浓缩率不断减少。总的来说,反应开始温度随着铌的减少而增加(即增加 C/Nb 比)。再有,这种倾向是与实验结果一致的。因为对于高铌合金初次凝固路线的长度是较短的,这些合金在相交点显现更多的液化(即更多总共晶型组成)。使用这种方法对总的和单个的 γ/NbC 和 γ/Laves 组成数量在模型计算和实验测量值之间看到很好的一致性。

以上描述的结果,解释合金成分的少量变化对这些合金的凝固行为和产生的熔合区显微组织具有强烈的影响。正如下面更详细的讨论,这些少量变化也对最终焊接性具有强烈影响。表 4.7 示出 718 合金的例子,该表列出 5 个不同炉号 718 合金的化学成分,它们含有铌和碳浓度上的变化以及测量到的每种合金的 L→γ+NbC 反应的开始温度。需要注意:碳含量从 0.04wt% 至 0.09wt% 似乎是很小的变化,平均增加 L→γ+NbC 起始温度 ~36℃。通过实验确定的 718 合金伪二元平衡图(图 4.23)不能说明高碳合金中 γ/NbC 组元在最终显微组织中总的共晶型组元的巨大分数。在这种情况下,计算相图可与溶质再分配计算相结合来定量地说明这些变化。

表 4.7　5 个不同炉号 718 合金的成分以及测量与计算的 L→γ+NbC 温度

元　素	炉号 1	炉号 2	炉号 3	炉号 4	炉号 5
Ni	余量	余量	余量	余量	余量
Al	0.46	0.41	0.28	0.46	0.42
Cr	17.65	17.15	17.68	17.32	17.19
Fe	19.36	20.56	19.47	19.49	19.19
Mo	2.90	2.92	2.87	2.88	2.86
Nb	5.17	5.02	2.97	6.38	5.07
Ti	0.90	0.87	0.84	0.88	0.90
C	0.04	0.02	0.05	0.06	0.09
测量的 L→γ+NbC 温度/℃	1 260±12	未检测到	1 290±9	1 283±9	1 296±9
计算的 L→γ+NbC 温度/℃	1 260	1 237	1 297	1 264	1 294

　　图 4.29 示出计算的五个不同炉号 718 合金凝固路线,画在计算的液相线投影图上[31]。液相线投影图通过确定单变共晶线的位置,即分割 γ、NbC 和 Laves 初始相区的线,用计算机计算出来的。虽然平衡图展现三元投影,它说明八种元素(镍、铁、铬、钼、铝、钛、铌和碳)的存在当作基体 γ 单一的元素组成。在液相成分中的 L→γ+NbC 反应被 L→γ+Laves 取代,是在 19.1wt%铌和 0.03wt%碳的状态下计算出来的。这些数值与原先报道的 19.1wt%铌和 0.04wt%碳有非常好的一致性[14,20]。在平衡图上附加的初始凝固路线,是用三元溶质再分配模型计算出来的[16]。初始凝固路线与 γ/NbC 共晶线相交提供 L→γ+NbC 反应开始温度预测数值。这些预测值置于图 4.29 并汇总于表 4.7,观察到在计算的和测量的反应温度之间有良好的一致性。该事例强调计算的相图对于评估少量成分变化对熔合区凝固行为和最终显微组织影响的有用性。

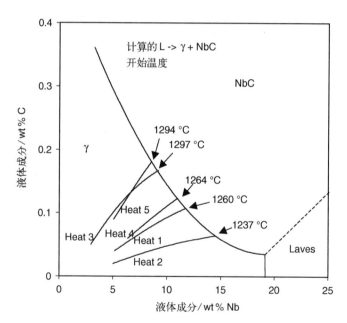

图 4.29　五个不同炉号 718 合金的计算凝固路线置于计算的液相线投影图上(取自 DuPont 等[31])

4.3.1.6　利用新 PHACOMP 程序预测熔合区显微组织

　　在第 2 章中描述的新 PHACOMP 程序能经常用于预测在熔合区中相的形成,它适用于在更复杂的热动力学计算路线或相应的热动力学数据不能获得的时候。利用相图和新 PHACOMP 程序之间的结合,取决于液相中的共晶成分和固态中最大溶解度之间的关系。有了图 4.30 所示的简单二元相图的帮助,这是最容易理解的。假定枝晶顶部的过冷忽略不计,第一个固态会从名义成分为 C_o 的液态中以 kC_o 成分形成。当凝固进行时,固态和液态交界面的成分分别跟随相平衡图的固相线和液相线走。该过程连续下去直至在固态/液态交界面的固态中局部满足溶质的最大溶解度,在该点通过共晶反应第二相开始形成。因此共晶转变符合在固态中满足最大溶解度的条件。

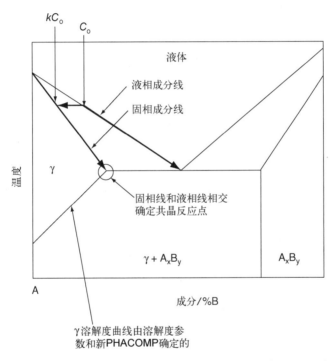

图 4.30　示出固相线和溶解度线相交点对共晶温度一致性的二元相图

该过程在多元合金中是相似的,除了简单的二元平衡图的平面相区发展成更复杂的容积和在温度范围内能发生超过一个反应外。为了评估凝固结束时会形成的各种相,用相图方法来检验液相成分,而新PHACOMP 法是通过监视固态的溶解度极限来预测相的形成。可是,根据图 4.30 很清楚两种方法结合在一起并提供凝固最终阶段相似的信息,这里因为满足固态的溶解度极限,引发共晶型反应。

有了这些概念,镍基合金的熔合区中的拓扑密排相(TCP)(例如 P 相,σ 相和 Laves 相)的形成,经过考虑如何超过费米能级的平均 d 电子能

M_d，由于显微偏析穿过晶格亚结构而变化就能被理解。如在第 2 章讨论过，M_d 的值由下式给出：

$$M_d = \sum (t_i)(m_d) \tag{4.3}$$

式中 t_i 是元素 i 在镍基体中的原子分数，M_d 是元素 i 的金属 d 级。不同元素的 m_d 值汇总于表 2.3。M_d 值在晶格芯部为最小值，而由于显微偏析接近晶格边界时增加。当实际的 M_d 级别达到临界温度规定值 $M_{d, crit}$ [公式 (4.4)] 时，固溶度会得到满足并且会发生共晶型反应，包括 TCP 相：

$$M_{d, crit} = 6.25 \times 10^{-5}(T) + 0.834 \tag{4.4}$$

该例子示于图 4.31，它示出几种商用合金穿过晶格亚结构的 M_d 分布图，连同每个合金的 $M_{d, crit}$ 值（水平点线）[32]。在图 4.31 中分析了固溶和沉淀强化合金，因为如前所述，在这些合金中各种元素的偏析倾向与它们的预期目的是无关的。M_d 的变化是通过显微探针的数据和公式 (4.3) 确定的。对 C-22、C-276、625 和 718 合金，M_d 水平超出 $M_{d, crit}$ 水平。因此可正确地预测在这些合金的枝晶间区 TCP 相的发生。Laves 相在 625 和 718 合金中形成。C-22 合金形成 P 和 σ 两种相，而 C-276 合金在凝固时只形成 P 相。C-4 合金在凝固时熔合区内不形成任何 TCP 相，图 4.31 显示的结果精确地反映了这些情况。

　　最近，该方法已有改进，包括碳化物的形成，及提供对反应温度作定量估计的方法[33]。这是通过使用简单的溶质再分配公式计算固体成分变化和温度的函数关系来完成的，然后，将这些结果与在固体中形成碳化物或形成 TCP 相所需的与温度有关的成分值作比较。通过溶解度产物的关系，计算了在初生 γ 内形成碳化物所需的合金元素的临界值，而形成 TCP 相所需的临界值是通过新 PHACOMP 计算途径来确定的。

　　除了碳以外的合金元素，Scheil 公式是用来确定界面固相成分 C_s^* 和温度之间关系的：

$$C_{s, i}^* = k_i C_{o, i} \left[\frac{T_o - T}{T_o - T_l} \right] \tag{4.5}$$

式中 $C_{s, i}^*$ 是元素 i 处于固/液界面固态内的浓度，k_i 是元素 i 在液相和初始固体之间的分配系数，$C_{o, i}$ 是元素 i 的名义合金含量，T_o 是纯溶剂的熔点，T_l 是合金的液相线温度，而 T 是实际温度。

　　对于碳来说，应用平衡杠杆定律显示在固态中的碳浓度与温度的

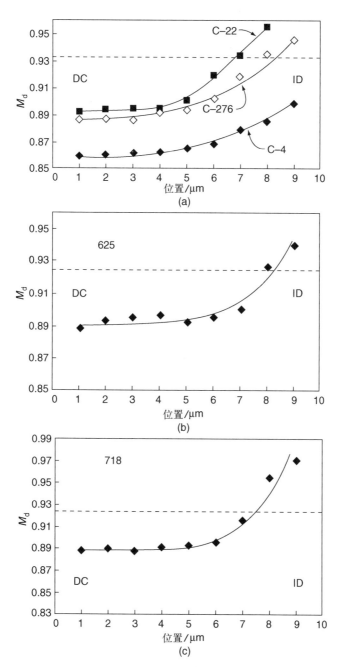

图 4.31　几种商用合金（数据）穿过晶格亚结构的 M_d 分布图，连同每种合金的 $M_{d, crit}$（水平点线）（取自 Cieslak 等[32]）

关系[14,34]：

$$C_{s,c} = \frac{k_c C_{o,c}}{1 - \dfrac{T_1 - T}{T_o - T}} \tag{4.6}$$

在固体/液体交界面处初生固体中基体元素(即铁、镍、铬)的浓度,当与它们的名义合金含量同样比例时,随着温度变化而加以估算。

当在固体/液体交界面处的固体内已经局部超过金属碳化物形成元素和碳的最大固溶度时,碳化物相将会在凝固期间析出。该反应的溶解度产物可以以温度为函数的通用公式表达：

$$In(MC) = A - \frac{B}{T} \tag{4.7}$$

式中,A 和 B 为材料常数,T 是绝对温度。温度取决于公式(4.4)中所给出的 γ/TCP 溶解度曲线。

这些关系能用来评估包括碳化物和 TCP 相两者在以下状态时的温度反应。首先初始 γ 成分随温度的变化是以公式(4.5)和(4.6)溶质再分配建立的。根据这种关系,计算了 M_d 和 $In(MC)$ 随温度的变化。然后,与温度有关的 $In(MC)$ 值与相应温度有关的 $A-B/T$ 值进行比较,来估算何时初始 γ 枝晶的成分满足形成碳化物的条件。以同样的方式,把与温度有关的 M_d 值与相应的温度有关的 $M_{d,crit}$ 值进行比较,来确定什么时候会形成 TCP 相。

图 4.32 是对于展示 L→(γ+NbC)和 L→(γ+Laves)转变的某合金用图解法表示的计算例子。图中示出与温度有关的 $In(NbC^{0.81})$ 和 M_d 值。叠加在每一曲线上的是与温度有关的 $A-B/T$ 和 $M_{d,crit}$ 值。$In(NbC^{0.81})$ 曲线与 $A-B/T$ 曲线的交点表明 L→(γ+NbC)反应的初始温度。同样,预测 L→(γ+Laves)转变在 M_d 和 $M_{d,crit}$ 曲线相交温度处开始。这些结果,正确地预测在 L→(γ+Laves)转变之前发生的 L→(γ+NbC)反应。对 L→(γ+NbC)反应,预测反应温度为 1 355℃(2 470℉),对于 L→(γ+Laves)反应,预测温度为 1 190℃(2 175℉),它们分别与 1 328℃(2 420℉)和 1 190℃的测量值具有合理的一致性。这些结果也抓住反应温度随同名义合金成分的变化,例如,$A-B/T$ 值仅取决于温度,所以曲线的位置不会随合金名义含量的变化而改变。当碳含量增加时,$In(NbC^{0.81})$ 曲线向上移。$In(NbC^{0.81})$ 曲线向上移说明铌和碳在初始奥

氏体内的最大固溶度会在较高温度下合金中的名义碳含量增加时得到满足。结果预测 L→(γ+NbC)反应是在凝固期碳含量增加时较高温度下发生,这种倾向已经通过实验得到证实[23,25]。

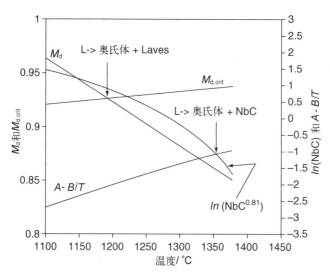

图 4.32　新 PHACOMP 程序计算镍合金,结合固溶度产物的图解表示

4.3.2　热影响区

在沉淀强化镍基合金中产生的热影响区(HAZ)取决于母材的显微组织。这些合金能够在固溶退火状态或沉淀硬化状态下焊接。当母材在固溶退火状态下焊接时,开裂常常在熔合区或 HAZ 的部分熔化区(PMZ)发生。当母材在沉淀硬化状态时,HAZ 和焊缝金属的固有拘束将会显著地高于软化状态的母材。当母材在固溶退火状态焊接时,整个结构必须在焊后进行热处理以恢复母材和焊件的强度。对在沉淀强化状态下的这些合金进行焊接,焊后热处理是不可能的。在本节中对两种状态均进行描述。

当母材处于固溶退火(或部分固溶退火)状态,HAZ 内显微组织的演变相似于在 3.3.2 中所描述的。冶金方面的反应包括晶粒成长、晶界偏析、晶界液化、组成液化和冷却时形成沉淀物等。晶粒成长的程度是由母材初始晶粒尺寸和 HAZ 所经历的热过程来确定的。这是受焊接热输入量和焊缝周围热流动条件所支配。因为许多镍基超合金都是以细晶粒状态供应的,以提供良好的抗高周疲劳性能,在 HAZ 常常不希望晶粒长大。

晶界偏析在 3.3.2 节中已作过描述,基本原理对于沉淀强化合金是同样的。因为一些镍基超合金为了改善抗高温蠕变含有硼元素,该元素偏析至 HAZ 晶界,由于它促使晶界液化就能成为问题。在足够的拘束条件下,它使部分熔化区(PMZ)开裂。在 4.5.2.2 节中会有更详细的讨论。其他合金和杂质元素偏析至 HAZ 晶界也是可能的。这些元素包括铝、钛、硅、铌、硫和磷。硫和磷的偏析是会有问题的,但在大多数超合金中这些元素的水平一般足够低(小于 100 ppm),所以这些元素的偏析就无关紧要。

组成液化是在 1966 年由 Pepe 和 Savage[35] 根据对钢材加工首先提出,但不久,由 Duvall 和 Owzarski 在 Pratt 和 Whitney[36,37] 提到了在镍基合金中的 HAZ 液化。该机理的基础需要在"组成"颗粒和周围基体之间的反应,在组成基体交界面上发生局部熔化,因此术语称为"组成"液化。在组成液化条件下,组成颗粒本身不熔化,经历组成液化的大多数颗粒(如 NbC 和 TiC),具有远远超过母材的熔化温度。倒不如说是在颗粒和基体之间的反应区中间成分熔化。为了使这机理可以操作:

(1) 颗粒必须与基体反应,颗粒周围建立一个成分梯度。

(2) 反应区成分必须在低于周围基体的熔化温度经受熔化简单的二元相图显示颗粒相 A_xB_y 和基体相 α 之间的共晶反应,可以用来描述组成液化如图 4.33 所示。当成分为 C_A 的合金加热时,基体和颗粒之间的反应将会发生。在图 4.33 中,在 T_1、T_2、T_e 和 T_3 温度下的那种反应的性质在图 4.34 中用示意图表示。

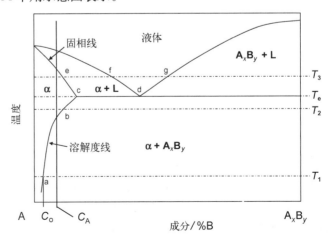

图 4.33 用于描述组成液化的二元相图

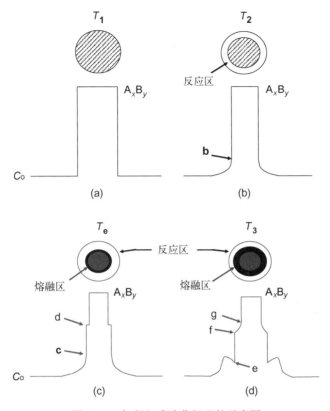

图 4.34　解释组成液化机理的示意图

在室温时成分为 A_xB_y 的颗粒存在于成分为 C_o 的基体中,如图 4.34 (a)所示。如果该显微组织慢慢地加热,当温度超过在图 4.33 中大约为 T_2 的溶解度温度时,颗粒将会溶解。在 HAZ 中经受快速加热条件时,颗粒不会全部溶解。当然,当显微组织快速加热至 T_2,颗粒开始与周围的基体反应。因为在颗粒基体的交界面上总是保持平衡,成分为 A_xB_y 的颗粒与基体成分在溶解度线上相接触用点"b"标明。来自部分颗粒溶解产生的成分梯度存在于基体。这发生在颗粒周围的反应区,这里 B 原子扩散至周围的基体。

当合金从 T_2 加热到 T_e,交界面成分不断沿着相图的溶解度线移动。如图 4.34(c)所示,当该成分达到"c"点共晶温度时,平衡图规定"d"成分的液体必须与固体相接触。结果在反应区内,系统中形成共晶成分的液体。该液体完全包围颗粒并表示"组成液化"的开始。

当显微组织继续加热到 T_3,在系统内另外的液体形成。液体成分范围为从颗粒交界面处"g"至基体交界面处"f",如图 4.33 和 4.34(d)所示。与液体接触的基体成分现用固相线上的"e"点表示。再有,所有交界面成分必须服从由相图决定的显微平衡图。要注意的是反应区内固体基体中可预测到溶质的"峰"值。因为固体成分必须沿着固相线移动,当到达 T_e(点"c")时已减少到"e",这就是发生的原因。高于 T_3,围绕颗粒会发生另外组成液化直至合金超过固相线温度,并且基体大块熔化开始。

对于组成发生液化,在加热至共晶温度时颗粒一定是部分熔化而不是全部。如果发生全部熔化,如慢加热,没有组成的液化能发生。在非常快速加热的条件下,如果没有颗粒发生溶解,组成液化能得到压制。因此,焊接热循环,特别是弧焊工艺过程,提供了组成可能发生液化的独特的情况。图 4.35 示出了在焊缝热影响区(HAZ),NbC 颗粒经历了组成液化的一个实例,组成液化对 HAZ 液化裂纹的意义在 4.5.2 节中描述。

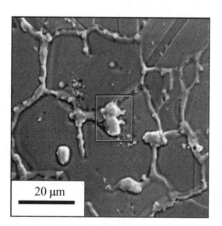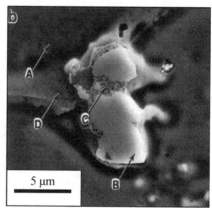

位置	组 织	成分/wt%					
		Fe	Ni	Co	Nb	Ti	Si
A	γ基体	余量	37.0	11.8	5.8	1.5	0.7
B	富 Nb 碳化物	余量	0.2	—	85.3	13.4	0.3
C	Laves 相	余量	33.4	10.9	25.9	3.3	1.0
D	晶界 γ	余量	38.5	11.3	10.2	2.6	0.9

图 4.35 NbC 颗粒的组成液化

4.3.3　焊后热处理

沉淀硬化镍合金的焊后热处理(PWHT)响应一般地在 4.3.1.2 节中

已作了讨论。表 4.8 概括了使用于几种沉淀强化镍基合金的典型
PWHT 循环。这些处理通常是靠沉淀恢复焊缝强度而设计的,并且也能
提供消除残余应力。需要指出,复合的 PWHT 循环能用于在某一给定的
合金中突出各种不同性能,所以要制订用于广大范围合金 PWHT 的总计
划是困难的。例如,当选择 718 合金在疲劳极限下使用时,它的典型热处
理是在 955～1 010℃(1 750～1 850℉)范围内低温退火,以保证细的晶粒
度。低温退火后快速冷却,随后在较低温度下沉淀处理。

表 4.8　推荐几种沉淀强化镍基合金典型的焊后热处理

母材/填充金属	UNS	推荐的焊后热处理程序
K500/FM64	N05500	1 100℉/16 h,炉冷(15℉/h)到 900℉,空冷
750/FM69	N07750	1 300℉/20 h,空冷
718/FM718	N07718	1 325℉/8 h,炉冷到 1 150℉,1 150℉保温 8 h,空冷
725/FM725	N07725	1 900℉/h 加 1 350℉/8 h,炉冷至 1 150℉,1 150℉保温 8 h,空冷
80A/FM80A	N07080	1 700℉/h,空冷至 1 380℉,1 382℉保温 4 h,空冷
90/FM90	N07090	1 700℉/h,空冷至 1 380℉,1 382℉保温 4 h,空冷
263/FM263	N07263	1 472℉/8 h,空冷
909/FM909	N19909	1 325℉/8 h,100℉/h 炉冷至 1 150℉,1 150℉保温 8 h,空冷

对于蠕变极限使用,选择从 1 010～1 065℃(1 850～1 950℉)较高的
温度范围内退火,在母材中产生粗晶,随后沉淀热处理。如果要提升冲击
强度,选择 1 065℃(1 950℉)高温退火,在 760℃(1 400℉)下 10 h 进行沉
淀热处理,随后炉冷,并在 650℃(1 200℉)保温 20 h。这些处理都是列于
表 4.8 所有各种推荐的 PWHT 变量。

大多数沉淀强化镍基合金在时效处理前,应当从退火温度快速冷却。
要求快速冷却是为了避免沉淀物过时效。一些早期合金,为了帮助厚截
面焊接时改善焊接性,有时在过时效状态下焊接。本来,应变-时效裂纹
(下面更详细讨论)经常在大截面快速时效合金中发生,诸如 K-500 或
X-750,在没有中间退火的场合焊接。一旦焊接完成后,整体制作部件固
溶退火,快速冷却,接着时效,以避免应变-时效裂纹。在许多情况下,
PHWT 可能损害焊接性,提升了需要修复或替换的事故。例如,对于最

佳抗蠕变的高温使用,沉淀强化合金在时效热处理前通常给予高温退火以增加晶粒尺寸。一旦晶粒尺寸已经粗大,材料对热影响区液化裂纹变得更敏感,如 4.5.2 节中讨论。

　　PWHT 程序也可以为异种焊缝组合所需要,可以选择镍基焊接材料用于良好抗蚀和与钢材 PWHT 兼容性的组合。例如,某些可淬硬钢,诸如 A1S1 4340 和 8620 可以用填充金属 725 堆焊,而钢材所要求的 PWHT 能够有利于镍合金堆焊层。堆焊焊缝金属的简单时效处理(即没有使用正常的焊后固溶退火)能提供的堆焊层强度稍微高于钢材。该种处理亦能给钢材基体提供回火。例如,基体/堆焊层结合件 1 200 ℉/8 h 或 1 150 ℉/10 h 的直接时效处理,产生堆焊层的屈服强度为 670 MPa (97 ksi),而 1 200 ℉/24 h 处理,屈服强度增加至 785 MPa(114 ksi)。任何这种处理,会保持 4340 或 8620 钢的原来性能,对在钢的 HAZ 中形成的马氏体提供回火处理,以及强化 FM725 焊缝堆焊层。还有,725 合金堆焊层良好的抗腐蚀性在时效热处理后通常仍旧得到保持。

表 4.9　用于沉淀强化镍基合金填充材料的力学性能

类　　型	UNS	抗拉强度 /ksi	屈服强度 /ksi	伸长率 /%	断面收缩 /%	硬度 /洛氏 C
FM64	N05500	100~150	80~110	30~15	45~28	28~35
FM69	N07750	120~170	80~120	35~15	48~20	30~40
FM718	N07718	160~220	140~180	28~10	30~12	35~50
FM725	N07725	120~175	70~130	35~15	35~20	25~40
FM80A	N07080	160~180	110~120	30~35	15~20	
FM90	N07090	130~160	100~115	20~10		
FM263	N07263	120~140	75~80	35~40		
FM909	N19909	150~190	130~150	14~18	20~32	
625 PLUS	N07716	160~190	100~140	20~40	40~60	
Thermo-Span		150~180	90~130	10~20	25~35	

4.4　焊件的力学性能

　　表 4.9 给出几种沉淀强化镍合金焊件的典型的力学性能范围,在每

个例子中,拉伸性能在退火状态时接近母材的同样值。为了获得最大的拉伸值,采用典型的焊后固溶热处理后,接着为买方设计的沉淀相关强化相的热处理。略为较高的温度和较长的时效时间,一般说,提供较好的冲击性能。

4.5　焊接性

　　沉淀强化镍基合金可能存在的焊接性问题,包括熔合区凝固裂纹,HAZ 液化裂纹,应变-时效裂纹和失塑裂纹。用于了解这些合金焊缝凝固裂纹敏感性的一些概念与第 3 章所述的固溶强化合金那些相似,虽然为改善高温性能加入合金元素能提出另外的问题。HAZ 液化裂纹的发生是由于晶界偏析和组成液化机理两个原因。特别是,用加铌强化的合金,由于 NbC 组成的液化,对 HAZ 液化裂纹特别敏感。应变-时效裂纹是一种固态现象,它是这一类合金所独有的。加入铝和钛通过 γ' 的沉淀来强化的合金,对应变-时效裂纹是最敏感的。如在 4.5.3 节中更具体讨论的,裂纹敏感性强烈取决于铝和钛的含量和伴随的沉淀动力学。高含量铝和钛合金的严重应变-时效裂纹敏感性已直接由这些合金的快速时效反应所关联。718 合金和其后的加铌合金发展的推动力之一是 γ''-Ni_3Nb 的慢时效反应,使得这些合金对应变-时效裂纹基本免疫。虽然,这些合金可能是对失塑裂纹(DDC)敏感,但是在沉淀强化超合金中只有有限的报告。这可能是由于焊缝显微组织的性质或沉淀强化合金不使用于厚截面的场合以及焊缝拘束不足以促使 DDC。

　　下面几节将评述沉淀强化合金的焊缝凝固裂纹,HAZ 液化裂纹和应变-时效裂纹的敏感性。对于元素对裂纹敏感性的影响和如何把成分和/或显微组织变换到减少或消除这些合金中的裂纹,作出特别强调。

4.5.1　凝固裂纹

　　控制镍基合金凝固裂纹敏感性的总因素在 3.5.1 节已作简要评述。γ' 强化合金的凝固裂纹反应强烈地受微量元素,诸如磷、硫、硼、碳和锆含量的影响。为了改善抗裂性,杂质元素磷和硫应当保持尽可能低,因为它们对于合金的性能一般是不利的。

4.5.1.1　微量元素的影响——硼和锆

　　为了获得良好蠕变强度而强化晶界常常要求加入硼、碳和锆等元素,因此它们的加入量必须受到控制以达到高温强度和焊接性的平衡。硼对于焊接性的作用是早已确定的,该元素对凝固和液化裂纹敏感性具有强烈的有害的影响。以 214 合金为例,如图 4.36 所示,显示出对于两个炉号不同硼浓度(0.000 2wt％和 0.003wt％)的 214 合金可变拘束试验得到的总裂纹长度[38]。低硼炉的抗裂性是优良的,而高硼炉对裂纹极敏感。高硼合金还含有略高的锆(<0.02wt％与 0.07wt％比),它们也会影响到试验结果。硼的影响相似于第 3 章所示的含硼的 C-4 合金。硼的不利影响可归咎于它强烈的偏析倾向和在相对低温～1 200℃(2 190°F)下形成 M₃B₂型相。

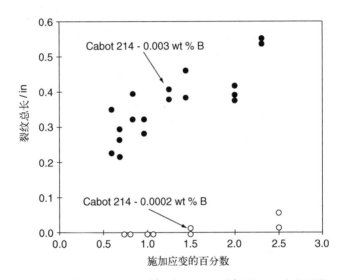

图 4.36　含有 0.000 2wt％B 和 0.003wt％B 的 214 合金可变
拘束凝固裂纹试验结果(取自 Cieslak 等[38])

加入硼也呈现出较低的固/液表面能,它加剧开裂,因为促进凝固晶界和枝晶间区域受到富有最终溶质液体的大面积湿润。

在凝固最后阶段形成的低温相取决于微量合金元素的存在和数量。以 80A 合金为例,锆和硫的组合存在,导致在晶界和枝间区形成 ZrS[39]。也形成以镍和锆为基的中间金属物相,形成情况类似于 738 合金[18,19]。从 80A 合金中取掉锆,形成 TiS 化合物来代替 ZrS。ZrS 和 TiS 相形成温度都是～1 170℃(2 140°F),所以预期对焊接性的影响是相似的。

图 4.37 示出锆和硼对 939 合金凝固裂纹敏感性的组合影响[40]。这些结果从 Sigmajig 试验中得到,在试验中测定横向应力的大小,该横向应

力是为了使样品通过凝固裂纹完全分离所需而确定的。因此,较高的阈值应力意味着较大的抗裂性能。对于商品化的合金 939 而言,锆和硼的名义含量分别是 0.1wt％和 0.01wt％。虽然一般认为在这些类型的合金中加入锆对抗裂是有害的,这些结果证明,加入锆～0.04wt％,硼的含量保持在 10～50 ppm(0.001wt％～0.005wt％)是能够忍受的,对裂纹敏感性无不利影响。该结果甚至建议加入锆在 0.01wt％～0.04wt％的范围,当硼的含量很低时,能提供有利的影响,虽然其理由现在还不清楚。硼含量在 100 ppm 水平时,任何数量锆的加入对裂纹敏感性的影响都是有害的。图 4.37 所示的结果,是对含硫在 20～40 ppm 范围的合金试验得到的。硫浓度减少至＜1 ppm 表明,较高含量硼和锆是能够承受的。例如,0.1wt％ 锆/100 ppm 硼,＜1 ppm 硫的合金在 Sigmajig 试验中,与含有 20～40 ppm 硫的合金(10 ksi)相比显示出 2 倍阈值应力(21 ksi)。这些结果清楚地证明,保持低硫含量对于容纳较高数量微量元素的影响是有利的,这些微量元素从开裂立场来看是有害的,但从晶界强化观点是有益的。

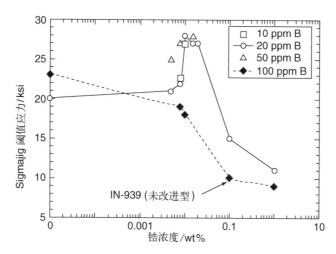

图 4.37　锆和硼对 939 合金凝固裂纹敏感性的影响(取自 George 等[40])

4.5.1.2　铌的影响

由 γ'' 强化含铌合金的熔合区凝固裂纹敏感性,最初是由 γ/Laves 共晶型组成的形成温度和 γ/NbC、γ/Laves 组成的形态及数量来加以控制的。图 4.38 是对若干商用含铌镍基合金进行可变拘束焊接性试验的结果[27,41,42](在图中提供沉淀强化和固溶强化两种合金的试验结果,因为如前所述,凝固反应和最终的凝固开裂行为一般是与加入合金元素的目的无关)。900 系列和 Thermo-Span 合金是用于高温场合的低热膨胀固溶强化合金,要求在整个温度范围内控制尺寸允差。

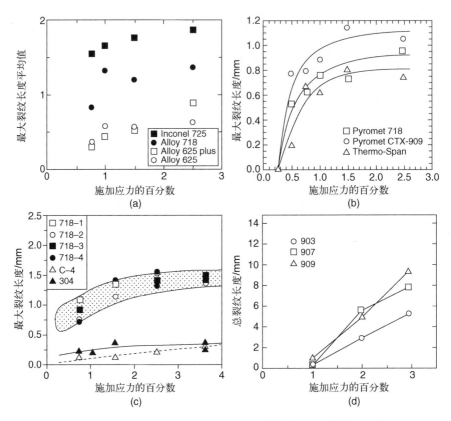

图 4.38 若干商用含铌超合金可变拘束焊接性试验结果(取自 Maguire 和 Micheal[27]、Cieslak 等[41] 和 Robino 等[42])

这些焊接性试验结果从实用的观点出发,为了在商用合金中开展裂纹敏感性的排名是有用的。每种合金的成分再结合液相线和 L→γ+ Laves 转变温度以及凝固温度范围都概括于表 4.10。图 4.38(a)、(b)和 (c)所示的结果特别有用,因为它们来自同一实验室在基本相同的条件下产生的,所以能够直接进行比较。这种比对概括在图 4.39 中,这里每种合金的最大裂纹长度(MCL)是采用施加最大应变作为裂纹敏感性的指标。

304 不锈钢和 C-4 合金也出现在试验结果中,作为比较的基础,因为这些都是不含铌的合金。注意,含铌合金的裂纹敏感性显著地高于 304

不锈钢和 C-4 合金。该敏感性的增加归因于低温 γ/Laves 组成的形成，它扩展凝固温度范围。图 4.38(d)所示的试验结果指出，合金 907 和 909 的裂纹敏感性是相似的，而 903 合金显得有稍低的裂纹敏感性。

可是，在商用含铌合金中要在合金成分、凝固行为和综合的焊接性之间建立一般的关系是困难的。725 合金高的裂纹敏感性可能归因于它低的 γ/Laves 形成温度(表 4.10)。可是 625 Plus 合金显示与 725 合金相似的 L→γ+Laves 温度，但是 625 Plus 合金的裂纹敏感性显著地较低。如前所述，工程合金的裂纹敏感性常常能够与凝固温度范围相关联。熔焊焊缝的凝固温度范围，即液相线温度和最终固相线温度之间的间隔是最好的代表(在这种场合是 L→γ+Laves 温度)，因为凝固在熔合线开始外延不需要过冷[43]。回顾表 4.10 和图 4.39 的数据，说明对这些合金在凝固温度范围和裂纹敏感性之间不存在直接关系。

表 4.10　若干商用含铌镍基合金的合金成分(wt%)、液相线温度、L→γ+Laves 转变温度和凝固温度范围(ΔT)的汇总

元　素	625	625 Plus	ThermoSpan	909	718	725
Ni	余量	余量	24.42	37.3	余量	余量
Fe	2.54	5.18	余量	余量	8.10	8.72
Cr	22.14	21.03	5.45	0.48	18.18	20.84
Co	—	—	28.84	14.25	—	—
Nb	3.86	3.39	4.92	5.00	5.25	3.62
Mo	8.79	7.96	0.02	0.10	3.12	7.57
Ti	0.26	1.31	0.86	1.62	0.95	1.64
Al	0.18	0.18	0.49	0.05	0.56	0.24
C	0.039	0.009	0.005	0.02	0.040	0.010
Si	0.10	0.03	0.24	0.40	0.21	0.92
液相/℃	1 357	1 356	1 413	1 395	1 362	335
L→γ+Laves 转变温度/℃	1 150	1 126	1 226	1 187	1 198	1 118
ΔT/℃	207	230	187	208	164	217
参考文献	[27]	[27]	[42]	[42]	[27]	[27]

Cieslak[23,25]对八种不同炉号具有铌、硅和碳变化的 625 合金观察到相似的现象，这些合金的可变拘束试验结果概括在图 4.40 中。通

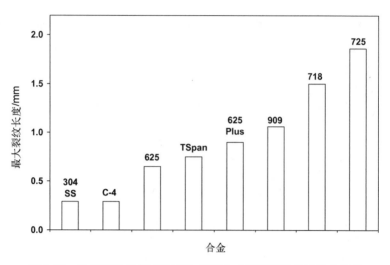

图 4.39 根据可变拘束试验结果,商用合金凝固裂纹敏感性的排名

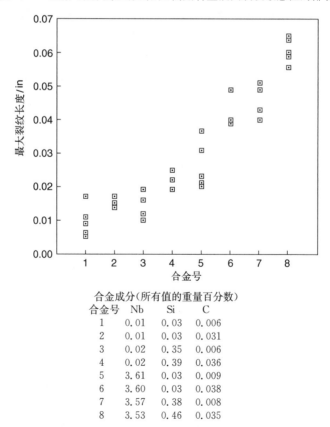

合金成分(所有值的重量百分数)

合金号	Nb	Si	C
1	0.01	0.03	0.006
2	0.01	0.03	0.031
3	0.02	0.35	0.006
4	0.02	0.39	0.036
5	3.61	0.03	0.009
6	3.60	0.03	0.038
7	3.57	0.38	0.008
8	3.53	0.46	0.035

图 4.40 八种不同炉号铌、硅和碳变化的 625 合金可变拘束焊接性试验结果(取自 Cieslak 等[23,25])

常,总的合金含量随着合金号增加而增加,这些试验结果显示,在考虑的范围内,铌、硅和碳都具有不利的影响。低铌合金是作为单相奥氏体凝固的,因此,说明在这些合金中需要铌来形成 Laves 相。铌和硅的不利影响一般归因于它们促成 γ/Laves 组成的趋向。以后会表明,在这些类型的合金中加入较高量的碳,对抗开裂是有利的。对于商用合金,在裂纹敏感性和凝固温度范围之间没有观察到有直接的关系。

在表 4.6 中列出的从大量试验合金中获得的最新焊接性试验结果很清楚地阐明了这种现象。图 4.41 示出每种试验合金的最大裂纹长度(MCL)。在镍基合金中,焊接性存在很清楚的分界线,其中低碳(≤0.017wt%碳)合金具有相对差的焊接性,而高碳合金(≥0.052wt%碳)显示很好抗凝固裂纹性能。在铁基合金中,只有当铌含量是低的时候(≤1.93wt%),加碳才是有益的,而碳必须在~0.10wt%以上才能提供有利的影响。在具有高铌的铁基合金中,碳没有好的效应,甚至在0.21wt%的水平时。图上示出 718 合金和 625 合金的 MCL 值用作比较,它们都处在实验合金的范围内。304 型不锈钢代表了非常抗凝固裂纹的一种合金。

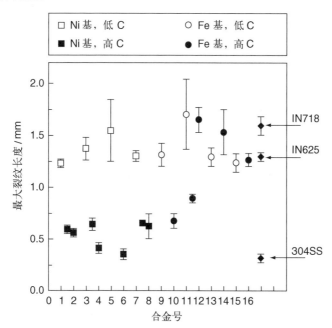

图 4.41　含铌试验合金的最大裂纹长度,以及商用 625、718 合金和 304 不锈钢的数据

　　高碳镍基合金显示的抗裂性可与 304 型不锈钢相比较。在实验性的和商用合金中采用低到适中的碳含量,这是显著的改进。如在 4.3.1 节中所讨论的,碳含量对这些合金的初始凝固路线和最终的凝固温度范围具有显著的影响。当碳含量增加时,驱使初始凝固路线很快进入凝固表面的富碳侧,并在接近凝固终了时,在相对高的温度下与 γ/NbC 共晶线相交(见图 4.27~图 4.29)。因此,加碳减少初始 L→γ 反应的凝固温度范围。图 4.42 表示 MCL 和实际凝固温度范围的函数关系,并观察到与商用合金没有直接关系。

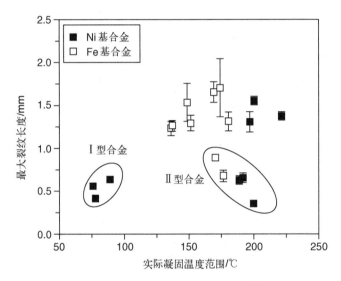

图 4.42　实验性的含铌超合金的最大裂纹长度和实际凝固温度范围的函数关系

　　更具体的特征表明,在这些合金中抗裂性是由在裂纹敏感的糊状(固、液两相)区形成的 γ/NbC 和 γ/Laves 组成的相对量和形态所确定的。图 4.43 表示所有合金都落入四种显微组织形态之一。在每个图的底部,描绘晶粒内形成两个邻近的凝固晶格成长进入焊缝溶池的边缘。在图的中部用温度梯度图表示在糊状区内相的稳定性和温度之间的关系,图中枝晶尖端是处于液相线温度(假定不计过冷)。该点代表液体熔池和固体+液体糊状区之间的边界。在糊状区的实际温度达到终端固相线温度的距离定义为糊状区和完全凝固焊缝金属之间的边界。温度、距离、相的稳定性和凝固路线之间的关系是由 γ-Nb-C 液相线面结合其他两个图给出的。

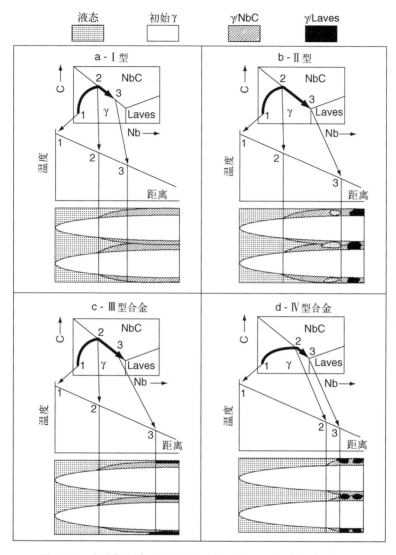

图 4.43 在含铌超合金中四种不同显微组织形态的发展示意图

在含高碳和低铌的镍基合金内,发现Ⅰ型显微组织,它显现 L→(γ+ NbC)反应,由于这些合金高的 C/Nb 比,当凝固路线走向 γ 和 NbC 之间的共晶线时,枝晶间的液体变得高度富碳,初次凝固路线在相对高的温度下与共晶线相交。结果,γ/NbC 开始从枝晶尖端形成一个短的距离。由于在这些合金中溶质再分配的性质(特别是碳),残留的液体完全沿 γ/NbC 共晶线消耗掉,所以不会形成 γ/Laves 组成[16]。结果,在这些合金中的糊状区相对小,而且裂纹可进展的距离相对短。这就导致了对于这些合金,观察到的良好的抗凝固裂纹性。

Ⅱ型显微组织是在高铌/高碳镍基合金和低铌/高碳铁基合金中观察到的。凝固过程相似于Ⅰ型,除了当初始凝固路线与 γ/NbC 共晶线相交时一般存在大量液体以及在 $L \rightarrow (\gamma + NbC)$ 反应时液体没有完全消耗掉以外。结果,形成 $\gamma/Laves$ 组成。$L \rightarrow (\gamma + Laves)$ 反应在非常低的温度下发生,因此把糊状区延伸出去至较大距离。这就有增加最大裂纹长度的潜在因素。可是,在这些合金中形成的 $\gamma/Laves$ 组成的量低于~2 体积%。在这种等级水平,γ/NbC 常常包含 $\gamma/Laves$ 并保持它分离。这就联想到 $\gamma/Laves$ 从最后残留的液体中形成,当裂纹扩展时在糊状区内也是隔离的。有了这种类型的形态,分离的液体坑应有小的或无有害的影响,所以,通过整个糊状区的裂纹扩展是不大可能的。可变拘束试验数据倾向于支持这种想法。对于这些合金的最大裂纹长度(MCL)值为0.35~0.89 mm 范围,它相似于在Ⅰ型合金中观察到的 0.41~0.64 mm 范围,Ⅰ型合金不形成 $\gamma/Laves$ 并具有良好的焊接性。这些结果认为对于这些合金的有效凝固温度范围更适当地规定为液相线温度和 $L \rightarrow \gamma + NbC$ 反应温度之间的间隔。

Ⅱ型和Ⅲ型形态之间的主要差异在于 $L/Laves$ 组成的分布和数量,Ⅲ型合金形成 $\gamma/Laves$,要大于2个体积百分数,结果,观察到 $\gamma/Laves$ 成连续网状。Ⅲ型合金糊状区的实际大小期望与Ⅱ型相似,因为每种类型的凝固是以 $L \rightarrow (\gamma + Laves)$ 反应终止的。可是,有了存在于连续网内的残留液,对于具有Ⅲ型显微组织的合金,裂纹进展通过糊状区的大部分低温区是更有利的。因此,在这些合金中控制裂纹进展的凝固温度范围应当是由液相线和 $L \rightarrow \gamma + Laves$ 反应之间的间隔给出的。

Ⅳ型显微组织一般由低 C 合金产生,它显示初始凝固路线走向非常靠近凝固表面的 $\gamma-Nb$“二元”侧。初始路线在具有 $L \rightarrow (\gamma + Laves)$ 反应凝固终止以前,正好与 γ 和 NbC 之间的共晶线勉强相交。在该凝固表面区的共晶型反应是在低温发生的。因此,有了这凝固路径,糊状区相对较大,主要由液体和初生 γ 带有小量的 γ/NbC 和 $\gamma/Laves$ 组成。所有这些合金的 MCL 值是高的(1.23~1.70 mm),所以认为裂纹通过全部或大部分糊状区扩展是很可能的。

根据这些考虑,影响Ⅲ型和Ⅳ型显微组织凝固裂纹的终端固相线温度应当适当地由最终 $L \rightarrow (\gamma + Laves)$ 反应温度给出。可是,影响Ⅱ型合金凝固裂纹的温度范围比较现实地是用 $L \rightarrow (\gamma + NbC)$ 反应作为终端固相线的点来代表的,因为在凝固末了形成的 $(\gamma + Laves)$ 体积分数是很小的。使用这种方法,MCL 和有效的凝固温度数据都重新画在图 4.44 上,并且裂纹敏感性和凝固温度范围之间的关系现已非常显然。数据分成两个不同的区域,即低温度范围和高温度范围的合金。虽然,这种改进的关系多少有点是定性的,通过各种不同类型的显微组织可用来支持提出的裂缝扩展机理。因此,裂纹敏感性可由凝固温度范围的学识和在凝固终了阶段形成的组成类型/数量来阐明。

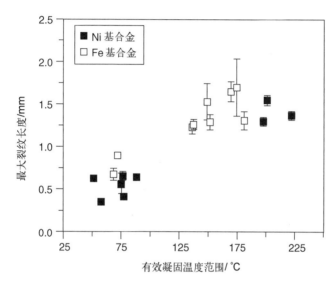

图 4.44　实验性的含铌超合金有效凝固温度范围和最大裂纹长度之间的函数关系

可是,应当指明:这种关系并不考虑裂纹返填对凝固裂纹敏感性的影响。一般认为,凝固裂纹由终端共晶液体的返填能减少或消除凝固裂纹,特别是在低拘束水平的情况下。该影响使用可变拘束试验来定量是困难的(见第 8 章),因为,使用相对高的应变去诱发裂纹倾向于掩盖返填的作用。

无论如何,可变拘束凝固裂纹试验的结果表明:可以配制成分来控制 γ/NbC 和 $\gamma/Laves$ 组成的量以得到最合适的焊接性。从这观念来看,图 4.45 提供溶质再分配模型化结果示出总的共晶($\gamma/NbC + \gamma/Laves$)和单个 γ/NbC 和 $\gamma/Laves$ 共晶组成的量,以及它们的形成与名义成分铌和碳含量的函数关系。由于 $\gamma/Laves$ 共晶成分(C_e)和 k_{Nb} 值不同(镍基合金的 $k_{Nb}=0.45$,铁基合金的 $k_{Nb}=0.25$,镍基合金的 $C_e=2.31wt\%$ 铌,铁基合金的 $C_e=20.4wt\%$ 铌)。这些结果对铁基和镍基合金是分开的。随着合金中铌和碳的增加,($\gamma/NbC + \gamma/Laves$)的组合含量也增加。总的共晶型组成简单地等同于液体的量,该液体是当初始 L→γ 凝固路径与分隔 γ 和 NbC 相的共晶线相交时存在的的。当合金富集铌和碳时,名义合金成分移至接近共晶成分,结果形成更多的共晶组成。

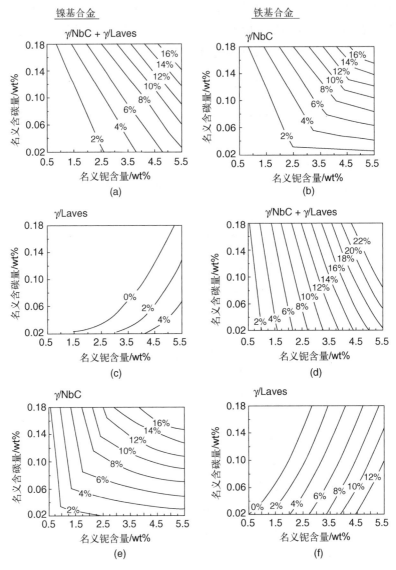

图 4.45 溶质再分配模型化结果显示出在实验性的铁基和镍基合金中形成的总的共晶(γ/NbC+γ/Laves)和单个 γ/NbC 和 γ/Laves 共晶组成的数量

对任一给定的名义合金成分,铁基合金总是形成更多的总的和单个的共晶组成的数量。发生该情况的原因是因为铁基合金具有较低的 k_{Nb}

值和 C_e 值。但是,对于每个组成的等重百分数曲线在不同方向移动；γ/NbC 组成是靠加入铌和碳两者给予的,而 γ/Laves 组成是靠合金高铌和低碳促成的。因此,合金成分虽然有一个很宽的范围,它能导致形成同一数量的 γ/NbC 组成,而 γ/Laves 的量将会大大的不同。这些关系对于将来合金的设计战略以及阐明新的含铌超合金的焊接性资料应当是有帮助的。根据实用的立场,操纵合金成分去消除低温 γ/Laves 组成的形成是改善抗焊缝凝固裂纹性能最简单和最直接的途径。图 4.45(c) 和 4.45(f) 所示的结果对这一目的特别有用,当铌和碳的名义含量位于 0% γ/Laves 曲线的左边时,不会形成该组成。

4.5.1.3 铸件销钉撕裂试验结果

铸件销钉撕裂试验(CPT)也已用于确定镍基超合金焊缝凝固裂纹敏感性。在第 8 章描述该试验方法,它能评估具有高度凝固裂纹敏感性的合金,因为使得开裂的应变远远低于可变拘束试验施加的应变。凝固时的应变是通过变换铸件销钉的长度来控制的,在凝固时,较长的销钉产生更大的收缩应变。铸造不同长度的销钉,在双筒显微镜下测量销钉周围圆周上的裂纹。使用 CPT 试验,确定了 René 合金 77、80、125、142 和 718 合金,Waspaloy 合金的裂纹敏感性。把具有良好抗凝固裂纹性能的固溶强化 600 合金也包括在内,作为参考材料。

图 4.46 示出这些合金的 CPT 结果。在最短的销钉长度上(最低的收缩应变)显示 100% 圆周裂纹的合金,对凝固裂纹是最敏感的。在实用中,众所周知 Rene 合金 125 和 142 对凝固裂纹非常敏感,因此,CPT 试

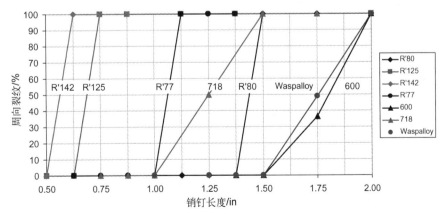

图 4.46 几种镍基超合金和 600 合金的铸件销钉撕裂试验结果(取自 Alexandrov 等[44])

验看来对这些材料提供了很好的排名次序。熟知的抗裂的 600 合金，为产生裂纹需要最长的销钉长度。

销钉的冶金检验揭示发生在实际的焊缝金属中的开裂具有焊接凝固裂纹的特征。图 4.47 示出一些合金中裂纹的金相截面。注意：René 125 和 142 两种合金示出了沿凝固裂纹路径有液化薄膜的证据。图 4.48 示出，裂纹表面的 SEM 检验揭示了经典的枝晶断裂形态是焊缝凝固裂纹的特征。

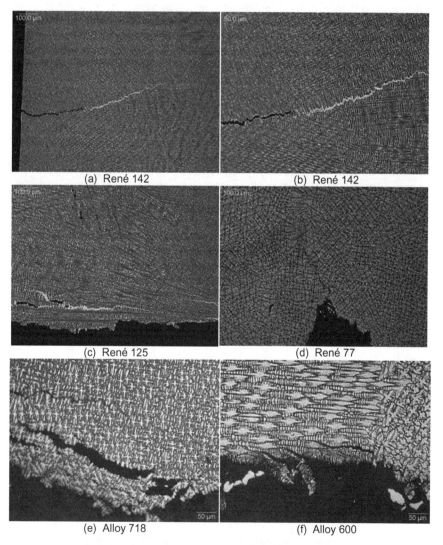

(a) René 142   (b) René 142

(c) René 125   (d) René 77

(e) Alloy 718   (f) Alloy 600

图 4.47 图 4.46 中的合金铸件销钉撕裂试验试样的凝固裂纹

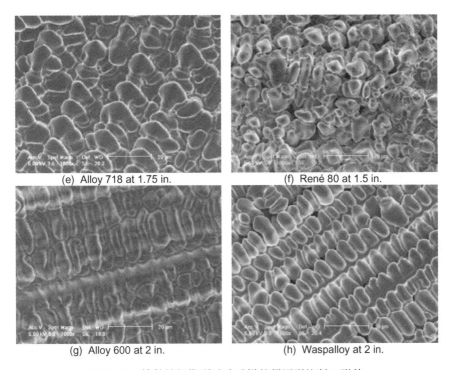

(e) Alloy 718 at 1.75 in.　　　　　(f) René 80 at 1.5 in.

(g) Alloy 600 at 2 in.　　　　　(h) Waspalloy at 2 in.

图 4.48　铸件销钉撕裂试验试样的凝固裂纹断口形貌

4.5.1.4　凝固裂纹小结

沉淀强化镍基合金中焊缝凝固裂纹是微量元素的加入,诸如硼和锆与对某些合金作为强化剂而加入的铌两者作用的结果。硼和锆两个元素在凝固期间强烈偏析,形成能促使凝固开裂的低熔点共晶组成。对含铌超合金的裂纹敏感性已展开了广泛研究,并且对加入铌的影响有很好理解。铌在凝固期间的偏析通过共晶反应促使形成 γ/NbC 和 γ/Laves 两个组成,它们扩大凝固温度范围并促进开裂。在这些合金中,要阻止凝固裂纹可能是困难的,因为铌、硼和锆都是故意加入的。硫和磷的存在也能加重凝固裂纹,但是这些杂质元素在这些合金和填充金属中通常保持极低的水平。

4.5.2　HAZ 液化裂纹

沉淀强化镍基超合金中 HAZ 液化裂纹是与 HAZ 的部分熔化区(PMZ)中沿晶界形成液体薄膜有关的。正如在前面第 3.5.2 节和第 4.3.2节已经讨论过的,这种液化能够由于偏析机理、组成的液化或者共晶组成物的熔化而发生。许多超合金对 HAZ 液化裂纹是敏感的,一些研究工作者对此问题进行了研究。

Owczarski 等在早期的对 Udimet 700 和 Waspaloy 锻造合金中 HAZ 开裂的研究中[36]发现在 MC 型碳化物和/或硼化物附近萌发组成的液化。他们假定在快速加热时发生的这些粒子的突然分解导致组成的液化、晶界湿润和随后的开裂。在后来的对 Hastelloy X 和 718 合金的研究中[37],他们再次发现了在这些合金中由于快速加热时 MC 型和 M_6C 型碳化物粒子的分解引起组成液化反应而形成 PMZ。

自从 Owczarski 和 Duvall 早先的焊缝 HAZ 模拟研究工作导致了提出 MC 型碳化物组成液化的机理以来,许多研究工作者都将注意力集中到晶间液体起因上来,即液化机理。一些研究工作者提议开展 HAZ 晶界液化附加机理的研究。

E. G. Thompson 在 718 合金中 HAZ 液化的早期研究中指出[45],718 合金中晶间薄膜的形成与 Laves 相有关,虽然他同时也考虑了可能的碳化物或硅化物的萌生。然而,R. G. Thompson 和其合作者后来指出[46,47],裂纹与铌碳化物的组成液化有关,并导致高温延性的剧烈下降。他们提出的液化机理示于图 4.49。E. G. Thompson 发现的沿液化晶界的 Laves 相被认为是凝固过程的产物,与热裂纹敏感性的增加无直接关系。Radhakrishnan 和 Thompson 也提出[48] 718 锻造合金中局部的熔化可能由于在快速加热过程中细小的富铌碳化物的完全溶解和富铌基体在峰值温度下液化所引起的。

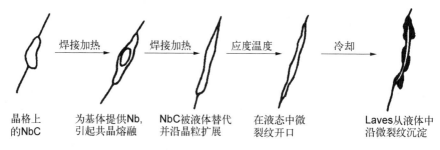

| 晶格上的NbC | 为基体提供Nb,引起共晶熔融 | NbC被液体替代并沿晶粒扩展 | 在液态中微裂纹开口 | Laves从液体中沿微裂纹沉淀 |

图 4.49　718 合金的 HAZ 液化开裂机理(取自 Thompson 等[46],经美国焊接学会同意)

Baeslack 和 Nelson 研究了 718 铸造合金的 HAZ 液化裂纹敏感性[49]。他们得出结论,铸件枝晶间区中 Laves 相的熔化促使 HAZ 液化开裂。这种 Laves 相是在铸件最终凝固时形成的,它在焊缝 HAZ 中简单地重熔。与 718 锻造合金中促进组成液化的富铌 MC 型碳化物相比较，Laves 相并不取决于形成液体的溶解反应，并且在再热时很容易熔化。因为在 718 铸造合金中存在着高的 Laves 相体积百分比，比起锻造合金，HAZ 液化能够剧烈地升高裂纹敏感性。Baeslack 等的进一步研究[50] 展示了在 718 铸造合金中用钽替代铌会导致形成 TaC 和升高 HAZ 液化温度的含钽 Laves 相。这些用钽改型的合金显示出其液化裂纹敏感性比含铌的合金有明显的下降。与其相似的，发现在 René 220C 合金中用钴代替铁可消除或减少 Laves 相，可提供比 718 铸造合金改善了的抗 HAZ 开裂性能[51]。

总之，718 铸造合金的 HAZ 开裂敏感性比其锻造合金要大。这是清楚的，富铌的 MC 碳化物的组成液化提升在锻造状态中 HAZ 液化开裂，液化的程度强烈地与碳化物分布和晶粒度有关。在 718 铸造合金中，富铌碳化物和 Laves 相两者在凝固最终阶段形成，但由于 Laves 相在较低的温度下发生熔化，HAZ 液化裂纹受 Laves 相熔化的支配，而不是碳化物的组成液化[52]。

4.5.2.1　成分的作用

合金和杂质元素对镍基超合金焊接性的作用获得了广泛的注意。合金元素能够影响 HAZ 液化裂纹的一些途径如下：

(1) 液化机理（液化因素的形成和成分）；

(2) 液化程度（形成液体的数量）；

(3) 液体存在的温度范围；

(4) 液体的分布（润湿特征）。

在极大程度上已进行了研究的元素包括有意加入的合金元素，如铌、碳、硼和锆以及杂质元素，如硫、磷和铅。

Morrison 等研究了镁、硅和锰对 718 合金的 HAZ 液化裂纹的作用[53]。他们发现，当镁、锰和硅的含量保持在高于最低水平时，HAZ 液化裂纹敏感性会降低。可以相信锰是有益的，因为它趋向于捆绑硫，否则当它在晶界偏析会起有害作用。镁和硅的有利作用尚不清楚，但这可能是镁对硫的高亲和力也会限制硫的偏析。相反，Lucas 和 Jackson 指出，当 718 合金中锰和硅结合起来的含量较高时，其对 HAZ 液化裂纹是非常敏感的[54]。Savage 等对 600 合金的研究表明，锰和硅两者降低硫的有害作用[55]（他们曾发现硫具有很高的有害作用）。然而，当这些元素一起存在时，由于强烈的锰-硅相互作用，它们的作用并不大。他们也发现钛和铝对开裂敏感性有很好的作用。钛、铝、锰和硅的有利作用被假定为(除了上面对锰和硅讨论的机理之外)是由于该 4 个元素有极好的脱氧作用。由于氧被观察到会降低碳化物的表面自由能,提出了这些元素能够借助于降低溶解的氧而提高表面自由能,这样就减少开裂的倾向性。虽然这些结论是根据 600 合金的行为作出的,但可以想象在镍基超合金中会发生相似的作用。

Pease 第一个指出了铅、硫、磷、锆和硼等不重要的元素对 HAZ 液化和焊缝金属凝固开裂的有害作用[56]。Canonico 等在对 800 合金的研究工作[57]中指出了硫、硼、磷及较小程度的碳和硅对焊接性的危害。Owczarski 描述了包括 718 合金在内的某些超合金中碳和硼对 HAZ 液化的叠加有害作用[58]。有时候单个元素的作用,由于其和其他元素的相互作用,就很不清楚。例如,Yeniscavich 和 Fox 指出[59] 在 Hastelloy 中磷、硼、碳和硅的有害作用的总和会导致开裂。每个元素单独地微小变化对开裂敏感性没有作用。

Vincent[60] 发现杂质元素,尤其是硫和磷在时效热处理过程中向晶界偏析,促使晶界湿润,导致了 718 合金锻件在经固溶热处理(927℃/1 h/AC)与固溶热处理加时效处理(650℃/10 h/AC)之间液化裂纹敏感性的差异。Kelly 已经指出硼对 718 铸造合金 HAZ 液化开裂起最为有害的作用[52,61],这是因为硼促使晶界湿润所致。这点也被其他研究工作者所证实[62]。

关于铌对液化裂纹敏感性的影响已经进行了大量的研究工作,特别是在 718 合金中,添加了铌,藉 γ'' 的沉淀而促进了强化。然而,因为它也形成 NbC 和 Laves 相,它已被发现通过在合金锻件中 NbC 的组成液化和铸件中富 Nb Laves 相的熔化促成 HAZ 液化裂纹[63]。在 718 铸造合金[50] 和 Rene 220C 合金[51,52] 中通过用钽部分替代铌显示出减少裂纹敏感性。不幸的是由于铌对材料的沉淀强化是需要的,它不可能完全被替代。

总之,不同合金元素和杂质元素对 HAZ 液化裂纹敏感性的影响取决于总体的化学成分。很清楚,将硫和磷降至很低的水平是有利的,并不改变合金的性能。也很清楚的是,硼就 HAZ 液化开裂来说是一种有害元素,但是这必须与添加硼能提升蠕变性能作出平衡。许多加入镍基超合金的元素的单独的影响尚不清楚,其与其他元素的相互作用使得问题变为更加复杂。一般来说,采用焊接性试验是为了对确定每个单独的合金的敏感性提供保证。

4.5.2.2　晶粒度的作用

许多研究工作者已经展示了细晶粒的材料比粗晶粒的同样材料更倾向于阻抗 HAZ 液化裂纹[45,46,64,65]。晶粒度的作用是由下列一个或几个因素所致：

(1) 随着晶粒尺寸的减少，晶界面积增加，使得应变更易适应，从而降低对于给定晶界的单位应变[47,66]。这样反过来降低了晶界滑移和裂纹萌生的潜在倾向。

(2) 细晶粒材料伴有大的晶界面积，使得施加至晶界三相点处最易发生裂纹萌生的应力集中降低[67]。

(3) 晶粒度决定晶界液化薄膜的浓度（即液体层的厚度）及液体凝固的速率。大的晶粒尺寸（小的晶界面积）促使提升晶界上液体的连续性，从而降低固体-固体晶界面的面积。这就导致贯穿部分熔化区（PMZ）的强度的下降。较厚的液体层随同大的晶粒尺寸在冷却时要求比较长的时间来再凝固，使得较多的应变积聚在 PMZ 以及形成裂纹的可能性更大[47]。

这就很清楚，铸件伴有大的晶粒尺寸导致比相同合金的锻件具有更高的裂纹敏感性。还有，Thompson 指出[63]，铸件中晶间液体在冷却过程中更为稳定，这是因为被富溶质的枝晶间区所包围而降低浓度梯度。这两种现象使得铸件的开裂敏感性升高。

与在铸件中控制晶粒度是困难的同时，锻造材料能够进行热-机械加工方法产生非常细的晶粒。为提升在高温下的抗疲劳性能，经常要求细晶粒的超级合金。较细的晶粒，按上面所述理由也被要求于提供改善 HAZ 液化裂纹的抵抗能力。在低线能量焊缝中控制母材晶粒度是特别有效的方法，这里在 PMZ 中的晶粒长大受到直至峰值温度的快速加热和冷却的抑制。

Radharishnan 和 Thompson[68] 以及 Guo 等[69] 展示了晶粒度对 HAZ 液化裂纹敏感性的作用。采用点状焊缝可变拘束试验，718 锻造合金的晶粒尺寸从平均直径 40 μm 提高至超过 200 μm，HAZ 的开裂就增加 1 倍，如图 4.50 所示。Guo 等对 718 锻造合金进行了电子束焊缝试验，平均晶粒直径为 50、100 和 200 μm，及 2 种硼的含量。其结果示于图 4.51。虽然硼在晶界上的偏析具有相同的危害作用，晶粒度的增大明显地提升 HAZ 液化裂纹敏感性。当硼杂质元素（磷和硫）含量能够被保持在一个低的水平，采用细晶粒母材，在许多合金中能够有助于降低或消除 HAZ 液化裂纹。

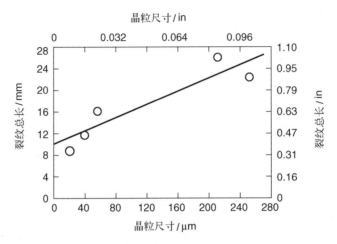

图 4.50　采用点状可变束拘束试验,718 合金晶粒尺寸对 HAZ 液化裂纹的影响(取自 Radhakrishnan 和 Thompson[48])

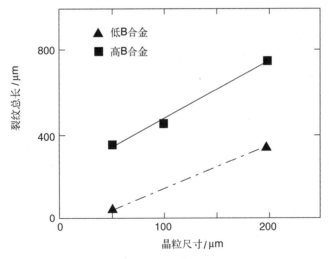

图 4.51　在 718 合金的电子束焊缝中,晶粒尺寸和 B 含量对 HAZ 液化裂纹的影响(取自 Guo 等[69])

电子束焊接中,采用细晶粒母材经常能避免 HAZ 液化裂纹。在高热输入焊缝中,由于晶粒明显长大及导致晶界熔化(杂质偏析、组成液化等)的冶金反应,采用细晶粒母材的作用就较小。

4.5.2.3　热处理的作用

一些研究工作评估了作为控制 HAZ 液化裂纹敏感性手段的母材焊前热处理或者"调节"处理的作用。这些研究的结果是相互矛盾的。

Chwenk[70] 指出,如果在固溶处理状态下进行焊接,René 41 合金的 HAZ 裂纹敏感性要比其在完全时效状态下焊接要小。然而,Owczarski 等[37] 指出,固溶处理的 Udimet 700 母材在焊接温度下具有比完全时效处理的合金更低的延性。认为对于这种合金,在焊前进行固溶退火是不合适的。

某些研究工作者已经指出,固溶退火降低了 718 合金的 HAZ 液化裂纹敏感性,而时效-硬化处理提高其敏感性[36,45,46]。Duvall 和 Owczarski[36] 是最早观察到在固溶退火和时效-硬化状态之间有不同的 HAZ 液化裂纹敏感性的。然而,他们在研究中没有对为什么母材进行固溶退火导致的明显改善进行解释。

Gordine[71] 发现进行焊前固溶处理的温度对 718 合金 HAZ 液化裂纹敏感性具有重要的影响。采用高温的固溶处理导致有较高的 HAZ 液化裂纹敏感性。在 927℃、1 038℃和 1 149℃(1 700°F、1 900°F 和 2 100°F)分别进行的固溶处理都导致后续焊道 PMZ 中晶界熔化。但是,在经 1 149℃ (2 100°F)固溶处理的试样中显示有开裂的迹象。虽然没有提供解释,但是他的试验结果揭示了晶界熔化不是 HAZ 液化裂纹的仅有直接结果,因为在所有 3 种热处理状态下都发生晶界熔化。

Boucher[64] 提出,对 718 合金在焊接之前采用"回火"处理可达到对溶质的阻截作用来降低裂纹敏感性。在高于 850℃(1 560°F)下进行回火处理能够沉淀 δ 相(Ni_3Nb)来稳定铌,明显降低对 HAZ 液化裂纹有关系的扩散铌的数量。在 900℃和 955℃(1 650°F 和 1 750°F)下进行回火处理被发现最为有效。这个情况是被假定为:因为 δ 相只有在高于1 010℃ (1 850°F)的温度下溶解,释放铌仅局限于紧靠熔合线(该部位被加热到 1 010℃以上)的很狭窄的区域,并且在很短的时间内存在。这样,铌扩散引起的晶界液化被限制在 HAZ 的很狭窄的区域内,并且还取决于 δ 相的溶解速率。这种"溶质阻截"的方法对于在大范围母材晶粒度的 718 合金中降低裂纹敏感性是有效果的。

相反,Vincent[60] 在他早期对 718 合金的研究中提出,在固溶退火过程中 δ 相的沉淀提高抵抗 HAZ 液化裂纹的能力。后来,经过对固溶处理[927℃(1 700°F)/1 h/AC]和固溶处理加时效热处理[650℃(1 200°F)/ 10 h/AC]结果进行比较,他提出升高了的液化裂纹敏感性是因为固溶加时效热处理由于在时效热处理过程中晶界杂质元素的偏析而促使焊接过程中发生晶界液化。

Thompson 和 Genculu[46] 在他们对 718 合金的早期研究中发现 NbC

的组成液化是采用 Gleeble 热延性试验观察到的冷却时延性丧失的一种必要条件。与 Duvall 和 Owczarski[36,37] 相一致,他们发现 HAZ 液化裂纹是由于富铌碳化物的组成液化萌生的。在固溶退火和时效硬化的两种状态下在模拟这种反应的 HAZ 试样中均发现晶间液体。同时他们观察到热处理能够很大地改变 718 合金 HAZ 液化裂纹敏感性。这样就可假定,决定冷却时热延性损失程度的热处理的作用与其对液化的晶界所获得的铌的数量和分布的作用有关。试验的结果既不能确认,又无法驳斥这个假说,但是某些偶然的迹象表示对其支持。业已证明,经过 1 093℃(2 000℉)退火的收货状态的材料比固溶退火状态的材料具有较多的聚集在晶界上的“自由铌”,固溶退火的材料含有大量的在整个基体上沉淀的 δ 相。这种较高的自由铌含量由于铌能够直接扩散到晶界,使材料对液化裂纹更敏感。在具有大量 δ 相沉淀的材料中,在自由铌能够在晶界上偏析之前就要求 δ 相溶解。按照这个论点,固溶退火加时效硬化处理的材料也要从使形成 γ″-Ni₃Nb 沉淀的溶解中取出自由铌。但是,其热延性试验结果表明固溶退火加时效硬化处理的材料比在2 000℉ 下固溶退火状态的材料对裂纹更敏感。要解释这种结果,后来表明在时效硬化的过程中晶界的杂质偏析受到铌捆绑作用的支配。这点是与 Vincent[60] 所做的论证相似的。

在随后的研究中,Thompson 等[72] 再次指出了固溶退火对于 718 合金 HAZ 液化裂纹敏感性的有利作用以及时效硬化处理的有害作用。在此情况下,热处理过程中的相变,包括固溶退火中的 δ 相(Ni₃Nb)的沉淀和时效硬化中的 γ′加 γ″的沉淀与观察到的 HAZ 液化裂纹敏感性的变化没有关系。热处理时的晶粒长大对于 HAZ 液化裂纹的变化不是一个重要的因素,因为具有最大初始晶粒度的材料显示出 HAZ 液化裂纹敏感性的最大的变化,但显示出 HAZ 中晶粒度没有很大的变化。然而发现晶界偏析的平衡速度与热处理过程中 HAZ 液化裂纹敏感性的变化有紧密的关系。它们使得在固溶退火和固溶退火加时效硬化处理(在热处理时由于偏析使晶界成分发生变化)之间在 HAZ 液化裂纹敏感性方面存在差异。

Huang 等[62] 指出了 718 铸造合金的均质化处理对 HAZ 液化裂纹敏感性有不同的作用。在整个从 1 037~1 163℃(1 900~2 025℉)的均质化温度范围内,TCL(可变拘束试验所得到的裂纹总长度)随着均质化温度在开始时下降,后来就升高。没有发现在 TCL 和二次相体积分数之间,即 Laves 和 MC 型碳化物相之间存在着相互关系。这就被假设为在热处理时平衡和不平衡偏析两者造成的硼向晶界偏析导致 HAZ 液化裂纹敏感性的变化。

Lu[73] 研究了在实际的燃气轮机部件上的锻造和铸造的 718 合金的 HAZ 液化裂纹的敏感性。该部件已经受过多次的修复和焊后热处理。在焊接修复之后,采用了 925～1 010℃(1 700～1 850℉)温度范围的低温固溶退火处理,然后再进行时效处理。正像能够在图 4.12[74] 中 718 合金的时间-温度转变图看到的那样,在采用了多次 PWHT 循环之后,能导致形成 δ相。锻件和铸件两者的显微组织分别含有约 30 和 12 体积百分数的大量的 δ相,见图 4.52 和 4.53 中所示的光学和扫描电镜的微观照片。

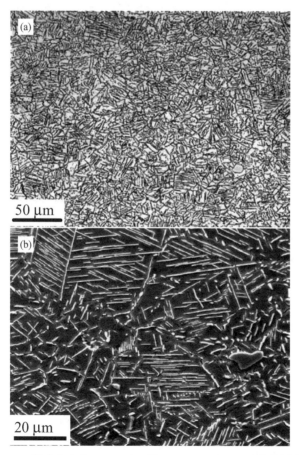

图 4.52　718 锻造合金在 925～1 010℃(1 700～1 850℉)温度范围内经多次 PWHT 循环后的显微组织。针状组织为 δ 相　(a) 光镜;(b) SEM(取自 Lu[73])

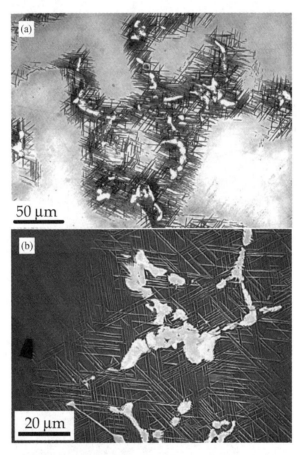

图 4.53   718 铸造合金在 925~1 010℃(1 700~1 850℉)温度范围内经多次 PWHT 循环后的显微组织,沿枝晶间边界形成 δ 相和 Laves 相 (a) 光镜;(b) SEM(取自 Lu[73])

应注意的是,δ 相在锻造组织中均匀地形成,但在铸造组织中由于 Nb 的偏析,δ 相集中在枝晶间区域。在铸件初始凝固时形成的少量的 Laves 相也还存在着。锻造和铸造材料的加热时和冷却时的热延性行为分别示于图 4.54 和图 4.55。按零强度温度(NST)和冷却时延性恢复温度(DRT)之间的差能够确定 HAZ 液化裂纹敏感性。对于铸造材料该值为 280℃,而对于锻造材料其约为 230℃,这样,其预示铸造材料具有较高的 HAZ 液化裂纹敏感性。实际上,锻件和铸件的两个值都是较高的,可预期它们都对 HAZ 液化裂纹是敏感的。根据 Qian 和 Lippold[75] 的热延性数据,没有 δ 相的 718 锻造合金的 NST-DRT 数值约仅为 100℃。关于高的 δ 相含量对 718 合金燃气轮机部件修复焊接性的作用将在第 6 章

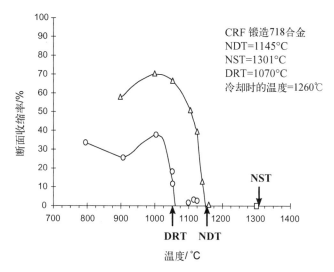

图 4.54　含有名义上为 30vol%δ 相的锻造 718 合金的热延性行为（取自 Lu[73]）

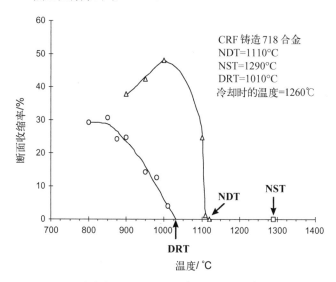

图 4.55　含有名义上为 12vol%δ 相和 3vol%Laves 相的铸造 718 合金的热延性行为（取自 Lu[73]）

中进行更详细的描述。

　　预先进行母材热处理对 HAZ 液化裂纹敏感性的影响终究还是不清楚的。绝大多数报道的工作是针对 718 合金的，已经研究了热处理对晶粒度、沉淀（δ 相或 γ″）和晶界偏析的作用。总之，焊接固溶退火状态的母材看来比完全时效状态的母材能够提供更好的抗 HAZ 液化裂纹性能，而这种探讨不能保证没有裂纹。施加在 HAZ 上的热循环强烈地影响到能够发生的组成液化的程度、沉淀物溶解和晶界偏析。所有这些因素影响到沿 PMZ 晶界形成液体的数量。

4.5.2.4   热应力/应变的作用

焊接的热量使得焊缝周围 HAZ 中发生热膨胀和随后的收缩。总的来讲,较低的热输入量降低在冷却时经受收缩的焊缝金属体积,从而导致冷却过程中 HAZ 较小的整体收缩。随后降低 HAZ 中的局部热应变和降低裂纹敏感性。大家知道,降低焊接热输入量是一种消除或减少 HAZ 液化裂纹的有效方法。不幸的是,这种方法不总是合适的,其对生产效率起负面作用(要求较多焊接时间)。

电子束焊接(EBW)被用来达到极低的热输入量,并成功地在 Nimonic 80A 中生产出无缺陷焊缝[76]。但这个情况与 Gordine 指出的 718 合金的情况不同[71],他在 EB 焊缝中观察到 HAZ 裂纹。Boucher 等[64,77]指出,焊缝熔池的形态决定焊缝熔透方向拉应力的大小,从而影响 718 合金和 Waspaloy 合金 HAZ 中形成显微裂纹的数量。随着宽度与深度比率(W/D)的升高,由于在固体边缘局部发生的应力降低,微裂纹的数量就下降。W/D 比的数值对于 GTA 焊接约为 2,使得微裂纹消失(见图 4.56),而 EB 焊接的 W/D 比的数值远低于 1,导致开裂。焊接速度和焊缝熔池形态是有关系的。改变焊接速度或材料厚度而不改变焊缝熔池形态不会减少裂纹的数量。

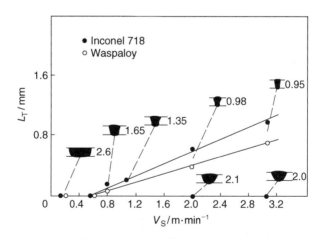

图 4.56   718 合金和 Waspaloy 钨极氩弧焊缝焊接速度(V_s)和宽/深比对裂纹长度(L_T)的影响(取自 Boucher 等[77])

Koren 等[78]提出焊接时热应力的产生是快速加热和凝固引起陡峭

的温度梯度的结果。713C 合金通过采用最佳焊接电流和速度及热输入量能够将焊缝 HAZ 裂纹减到最少。发现提高热输入量和降低焊接速度,由于降低加在凝固中焊缝上发生应变的速率而降低开裂的倾向性。

4.5.2.5 HAZ 液化裂纹的总结

镍基超合金中 HAZ 液化裂纹已成为一个持续已久的问题,在 718 合金中已开展了大量研究工作。NbC 的组成液化和硼在 HAZ 晶界上的偏析促成该合金的高开裂敏感性。在其他合金中,硼、硫和磷在晶界上的偏析已显示出可促使产生裂纹,而添加锰和镁可减少裂纹。锰和镁的作用,部分地,可能是由于它们能够捆绑硫。

许多学者也研究了母材初始显微组织对裂纹敏感性的作用,常常得到互相矛盾的结果。一般来讲,具有细化了的晶粒度以及处于固溶退火状态的母材具有低的开裂敏感性。这是被认为由于没有像在时效状态下存在的强度梯度,固溶退火已防止在 HAZ 中应变集中。细小的晶粒度创造更大的晶界面积,降低每个晶界的单位应变,并要求更多的液体来湿润晶界。然而应该指出,采用细晶粒材料来避免液化裂纹并不总是可能的,因为在抗蠕变是重要的高温运行应用中可能起有害作用。在 718 合金中已经表明存在高分数的 δ 提高裂纹敏感性。这大概是由于 HAZ 中 δ 相的溶解以及随后的铌向晶界偏析,这里促使形成液体薄膜。

很清楚,现在还没有描述在沉淀强化镍基合金中 HAZ 液化裂纹以及晶界液体在不同的合金中导致不同开裂原因的单一确定的机理。采用焊接性试验,特别是热延性试验对于确定这些合金对裂纹的相对敏感性是有用的。但是,高敏感合金中的裂纹常常仅能靠控制焊接方法和工艺以降低焊接过程中的拘束度来避免。

4.5.3 应变时效裂纹

应变时效裂纹是再热裂纹或 PWHT 裂纹的一种形式,它是沉淀强化镍基合金特有的裂纹。应变时效裂纹是一种固态开裂现象,经常可在紧靠熔合区的 HAZ 观察到,虽然它也可能在这些合金的焊缝金属中发生。在大多数情况下,它发生在 PWHT 时,但也可能(虽然不太可能)发生在多道焊的重新加热时。这种形式的开裂在使用 γ', $Ni_3(Al、Ti)$ 强化合金时最为普遍,由于这种开裂机理,所以认为许多这样的合金是"不可焊的"。

γ' 的沉淀速率受到成分(Ti + Al 含量)和母材条件的双重影响。例如,甚至对母材少量的冷加工会加速沉淀。Wilson 和 Burchfield 提供的

图 4.57 示出在三种 γ′强化合金(René 42、M252 和 Astroloy)中沉淀带来的硬化速率。注意到这些合金的硬化在固溶和时效温度下保温后会以极快的速度发生。相反,718 合金是由 γ″强化的,初始阶段在非常低的速率下硬化。可以看到沉淀速率(硬化)是控制应变时效开裂敏感性的关键因素。

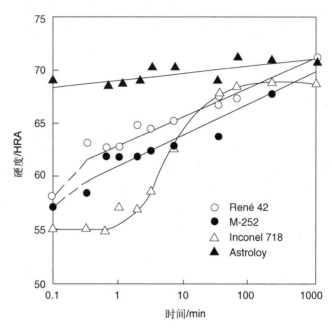

图 4.57　硬化速率作为某些镍基超合金沉淀的结果(取自
Wilson 和 Burchfield[79],经美国焊接学会同意)

代表焊接和 PWHT 镍基超合金的热过程示于图 4.58[80]。在焊接热循环过程中,存在于母材中的强化沉淀物(和其他组成)溶解于奥氏体基体中,根据焊接热输入的不同会发生某些晶粒长大。由于焊态的熔合区和 HAZ 有效地得到固溶,发生明显的软化。由固溶退火和时效组成的 PWHT 必须用来强化焊件和母材以达到原始母材的强度水平。固溶热处理同样亦用来松弛由焊接过程造成的残余应力。理想的办法是将焊件加热到合适的固溶退火温度,此时合金添加剂回到固溶状态,残余应力松弛,然后冷却到时效温度,这时沉淀应受到这样的控制,以便达到要求的力学性能。

事实上,在加热到固溶退火温度时,可能很困难(或不可能)阻止 γ′的沉淀。它是合金成分和硬化速率差异的函数。如图 4.57 所示。热循环和沉淀之间的关系示于图 4.59[81]。强化沉淀物,如 γ′和 γ″,显示出不同时间范围的"C 曲线",在该范围中沉淀是可能的。如果焊件能足够快地

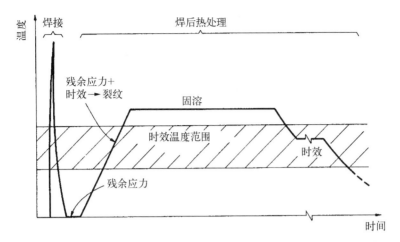

图 4.58　在镍基超合金焊接和 PWHT 时的热过程示意图(取自 Kou[80])

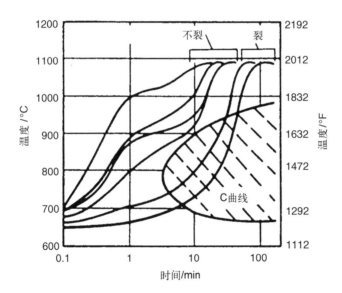

图 4.59　加热速率和沉淀行为对应变时效开裂敏感性的影响
(取自 Berry 和 Hughes[81],经美国焊接学会同意)

加热,避免与 C 曲线相交,那就不会发生沉淀,而能达到焊件的固溶。如果焊件不能足够快地加热(或者如果 C 曲线移到图 4.59 的左边),就会发生沉淀,合金将开始硬化。加热时的沉淀倾向于在明显应力松弛的同一温度范围内发生,它能导致在晶内边界的局部高应变。如果这些应变足够高,将会发生晶粒边界失效,形成应变时效开裂。因此,采取应变时效开裂的名字是因为同时存在应变和强烈的时效反应所致。应变时效开裂

(SAC)的机理见下一节的描述。

4.5.3.1   应变时效开裂机理

如上所述,术语应变时效开裂取自这样的事实,即局部应变和时效两者必须几乎同时发生。术语不应与在碳钢上观察到的"应变时效"现象相混淆。曾经对各种不同镍基超合金大范围地研究过在焊缝中的 SAC,这个问题的严重性导致抗 SAC 合金的发展,如 718 合金和 706 合金。

一般认为,在镍基超合金中的 SAC 是由 HAZ 的低塑性加上在同一区中高应变的积累所造成[82-85]。这种塑性的降低与在 PWHT 时出现的"强化"和/或晶粒界减弱有关。研究者把此归因于晶内沉淀硬化以及在晶粒边界无沉淀区或者晶间碳化物沉淀[84]。假如在 PWHT 时的塑性下降发生在应力释放前或者比应力释放更快,那么 HAZ 的脆化区由于它无力适应与应力释放过程有关的应变重新分布而可能开裂。

有关 SAC 曾进行过下列一般观察:

● 总是晶间的。

● 最普遍的是在接近熔合线的 HAZ,并在某些情况下与部分熔融区有关。

● 在焊后加热到固溶退火温度时发生,由于在晶粒边界同时沉淀和局部应变积累。

引起开裂的应力可以有三个原始来源:

(1)焊接残余应力;

(2)由母材和焊缝金属之间热膨胀系数的不同带来的热应力;

(3)由沉淀引起的尺寸改变带来的应力。

一般说来,沉淀物与基体相比有不同的点阵参数,它们的形成会导致产生局部的晶粒边界应力。

根据已出版的资料,对 SAC 冶金方面的贡献有以下一些:

● 硬化(强化)速率较慢硬化的材料允许对应力有较好的调节(例如图 4.57 所示的 718 合金)。

● 晶内沉淀造成的晶内硬化导致在晶粒边界的应力集中。这一机理最初是由 Prager 和 Shira[86] 在 Younger 等[87] 对奥氏体钢研究工作的基础上提出的。

● 由于晶间碳化物沉淀造成 HAZ 的"瞬时硬化"。根据这一理论[88-90],设想脆化反应是在焊接热循环时由碳化物的溶解所造成,然后在热处理时,$M_{23}C_6$ 型碳化物的"薄膜"沿晶粒边界重新沉淀。这些碳化物"薄膜"没有能力来抵抗由 γ' 沉淀引起的应力,由此可能在晶粒边界的碳化物/基体交界面发生失效。

- 沿靠近熔合线的晶粒边界局部熔化,它可能由于杂质的偏析或组成的液化所致。

镍基合金的应变时效开裂机理至今还不完全明确,虽然都知道,成分因素和拘束因素两者都起了作用。例如,很清楚,某些合金比其他一些更抗应变时效开裂。这种抗力一般归因于促进强化的沉淀反应的速率和本质。γ' 强化合金是最敏感的,有关钛和铝的影响已有诸多报道。钛和铝含量与 SAC 的关系最早是由 Prager 和 Shira[86] 提出的,以他们的工作为基础,包括某些现代合金在内的简图示于图 4.60。从连接约 3wt% 的铝到约 6wt% 的钛的一条带将抗裂的(下面)与敏感的(上面)的合金分割开来。较高的铝和钛含量促进了强化并使 γ' 更快地沉淀。事实上,它将沉淀曲线的鼻子移向更短的时间,使得它在焊后加热到固溶回火温度范围时难以抑制沉淀。它以示意方式示于图 4.61,作为(Ti+Al)含量对某些加热速率的函数。

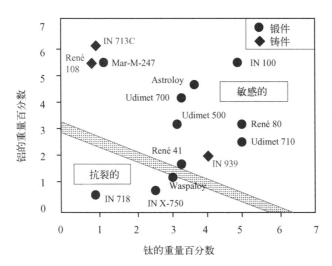

图 4.60　铝和钛含量对镍基超合金应变时效开裂敏感性的影响(取自 Prager 和 Shira 的改进图[86])

Duvall 和 Owzarski[91] 在其有关 Waspaloy 和 718 合金焊后热处理开裂敏感性的著作中论证了(Ti+Al)含量的影响。他们表明,HAZ 开裂服从 C 曲线的变化,如图 4.62 所示,718 合金的 C 曲线移向较长的时间。Waspaloy 的 C 曲线(含有 3wt% 钛和 1.4wt% 铝)代表了 γ' 的沉淀状态,

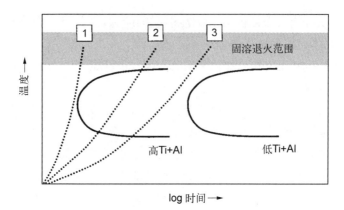

图 4.61 (Ti＋Al)含量和到达固溶退火温度加热速率的作用示意图

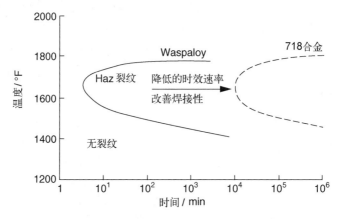

图 4.62 Waspaloy 和 718 合金应变时效开裂行为的 C 曲线示出 718 合金由于较慢的时效速率对 PWHT 开裂有更大的容限（取自 Duval 和 Owzarski[36]，经美国焊接学会同意）

而 718 合金（含有 0.9wt％钛、0.5wt％铝和 5wt％铌）的 C 曲线代表了 γ'' 的沉淀状态。这些结果再一次证实 γ'' 缓慢沉淀反应对避免镍基超合金在 PWHT 时应变时效开裂的有利作用。在同一著作中他们发现无"瞬时脆化"现象的迹象。通过在焊接和热处理时造成微观组织相互作用的结合，在开裂温度范围内时效时，塑性保持在适当低的水平。在不同炉次的 Waspaloy 之间开裂敏感性的变化是由 γ' 沉淀和晶间碳化物析出所造成的塑性改变所引起的。在敏感的和不敏感的两组微观组织内，曾观察到碳化物在数量上和形貌上的巨大差别。

Norton 和 Lipplod[9] 采用在 Gleeble 基础上的试验来研究 Waspaloy 和 718 合金的 SAC 敏感性。在该试验中，先把试样经受 HAZ 的热循环，然后在拘束下冷至室温,这样就会在室温下存在相当大的残余应力。然后慢慢将试样加热到时效温度范围,让应力得到松弛,并在保温时间内发生 γ' 沉淀(718 合金)。因为试样是固定住的,沉淀使得在试样内的应力加大,如图 4.63 所示。经过预先设定的时间后(一直到 4 h),将试样拉断,并测量其延性。这些试样导致在试验温度、时间和强度/延性的基础上形成三维的 C 曲线。然后能够用这些数据来对特定的时间-温度条件得出两维的延性 C 曲线。对两种合金在 PWHT 3 h 后的这种例子示于图 4.64,这些数据再一次显示出 γ'' 沉淀比 γ' 沉淀在 SAC 方面的有利作用。

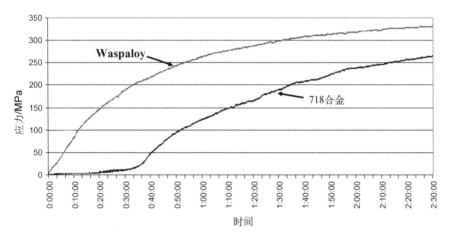

图 4.63 Waspaloy 和 718 合金模拟热影响的焊后时效时间对应力的影响(取自 Norton 和 Lippold[92])

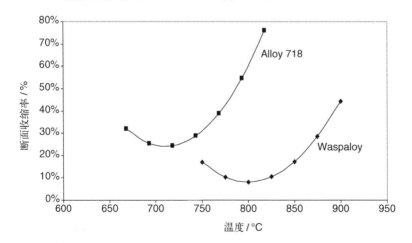

图 4.64 Waspaloy 和 718 合金在模拟 HAZ 热循环和 3 h 时效后的焊后热处理延性曲线(取自 Norton 和 Lippold[92])

　　对这些试样的分析同样清楚地表明在 Ni 基超合金中 SAC 的本质。图 4.65 的微观照片示出在 Waspaloy 试样中靠近断裂的区域。裂纹是晶间的,倾向于在晶粒边界的三态点开始。在 SEM 上对晶粒边界的高倍观察显示无碳化物或连续碳化物沉淀的迹象,并认为"瞬时脆化"现象并非在 Waspaloy 中发生。这与 Duval 和 Owzarski[93] 的结论是一致的。检测 Waspaloy 和 718 合金的断裂表面指出,断裂形貌或是光滑的,或是延性晶粒间的。两种断裂形貌的例子都可从图 4.66 上看到。

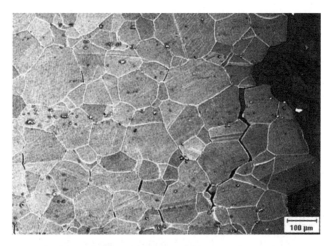

图 4.65　Waspaloy 模拟热影响区的晶间应变时效开裂(取自 Lippold 和 Norton[92])

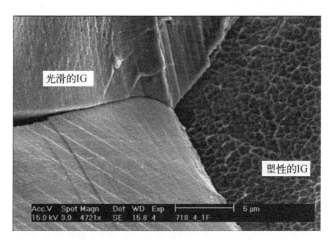

图 4.66　718 合金应变时效开裂的断裂形貌(取自 Norton 和 Lippold[92])

4.5.3.2　残余应力、热应力和时效应力的作用以及接头的拘束

众所周知，PWHT 开裂是由焊后热处理时产生的应力所致，应力优先在 HAZ 松弛，同时 HAZ 的延性也通过冶金反应而降低。曾经提出，促使开裂的应力包括焊接残余应力、由于局部热膨胀而造成的应力和时效收缩应力[90,93]。

焊接残余应力的水平与焊接热输入、组件的几何形状、材料的力学性能和拘束元件的弹性刚度有关。与其他材料一样，一般认为在高度拘束的超合金焊件中的残余应力具有这些材料屈服强度的数量级。在 HAZ，残余应力会相当于合金在固溶条件下的屈服强度。在复杂构件中的热应力可能受到组件几何形状和不均匀加热的强烈影响。在材料受到完全拘束无法膨胀的情况下，在相对小的温差下，能够产生高的热应力。因为在燃气轮机组件中的焊缝经常受到刚性拘束，在 PWHT 时产生的热应力值可能有很重要的意义。

时效收缩是由 γ' 的沉淀物而引起的，并倾向于随 γ' 沉淀体积分数的增加而增加（见第 4.2 节）。这样的收缩能导致产生非常高的应力。虽然组件的全面收缩是重要的，在 HAZ 和母材之间的时效收缩差异可能有特殊的意义。这种差异可导致在 HAZ 过量的局部应变，并加剧 PWHT 开裂的倾向性，特别在母材处于完全时效条件的情况下更是如此。在 HAZ 由时效所积累的应力能够从 Norton 和 Lippold 的著作中[92]清楚地看到，他们表明 718 合金和 Waspaloy 的模拟 HAZ 在时效超过 2 h 后，应力可达到 $250\sim350$ MPa（$35\sim50$ ksi）（图 4.63）。Fawley 和 Prager[94] 表明，对 René 41，当时效应力由于 γ' 更缓慢地沉淀而降低时，能够避免 PWHT 开裂。

在某给定的合金中，SAC 的倾向性随焊件拘束程度的增加而增加。如果拘束程度造成过大的残余应力，那么甚至抗裂性高的材料，如 718 合金，也能对 PWHT 时的开裂敏感[86,89]。这些残余应力随后在 PWHT 时松弛，甚至开裂。Norton 和 Lippold[92] 的数据表明，718 合金显示有类似于 Waspaloy 的最低延性，但 Waspaloy 的最低水平要低得多（$\sim10\%$ 对 25%），具有更高的敏感性。如果 718 合金的延性能够被 HAZ 的应力松弛造成高应变所用尽，该合金也是可能开裂的。因此，控制焊接时的残余应力对具有中等 SAC 敏感性的超合金是一种免除 SAC 的很好方法。

4.5.3.3　成分的作用

如前所述和图 4.60 所示，超合金的 SAC 倾向性是合金本身硬化剂

含量总数的强力函数。那些有较高 Al+Ti 总量(＞6wt%)的合金比那些有较低硬化剂含量的合金对 SAC 更敏感。它与以下事实有关,即随着硬化剂含量的增加:

(1) 在 PWHT 时,时效发生得更快(见图 4.61)。

(2) 强化沉淀物的体积分数增加。

(3) 时效收缩应力增加。

由于时效,在超合金中增加 γ′ 体积分数具有单纯降低延性和增加局部应力的作用,接下来又降低了合金的延性和增加了开裂的倾向性。采用 Nb 作为主要强化元素,如 718 合金,由于 γ″ 沉淀缓慢的时效反应,能有效地阻止 SAC(见图 4.62),虽然它们不可能是完全安全的,正如前面几节所提到的那样。

其他元素对 SAC 的作用不是很清楚。Hughes 和 Berry[90] 表明,具有较低含碳量的 René 41 炉次对 SAC 有较大的抵抗力。而 Koren 等[78] 发现,低碳成分对 713C 合金抵抗 SAC 的能力是不利的,并认为,较低的碳含量造成较少的碳化物来锁住晶粒边界和阻止在 HAZ 向边界迁移。因此,具有较低碳的合金更会倾向于晶粒变粗。

在许多超合金中加入硼是为了改善应力-断裂(蠕变)性能。Thamburaj 等发现[95],较高水平的硼是与 René 41 改善了的抗 SAC 能力有关。Carton 和 Prager[96] 发现,存在氧是在 René 41 中 SAC 的先决条件,并提出氧偏析到晶粒边界会降低晶粒边界的强度。他们指出,氧对 718 合金和 Waspaloy 有相似的作用。实质上,并没有开展过硫和磷杂质对这些合金 SAC 作用的研究。可以设想,这些杂质会有负面的作用,事实上,在大多数超合金中,低含量的(S+P)使得其作用可忽略不计。

4.5.3.4 晶粒尺寸

细晶材料增加晶粒边界面积的数量,曾经发现,细晶材料比粗晶材料更抗 SAC[90,96],推测起来,在细晶合金中增加晶粒边界面积提供了由于晶粒边界滑移而应力松弛的较大可能性。此外,在晶粒边界可能形成的脆性相会较大面积地铺开,形成或是较薄的,或是不连续的相层。也可能有争论的是细晶粒尺寸降低了晶粒边界的单位应变,因此由松弛和/或时效造成的应力在结构中会更好地得到调节,降低了应变在单个边界上的集中。这些争论与在 4.5.2.2 节中用来解释细晶粒尺寸对 HAZ 液化裂纹敏感性有利作用的那些相似。在那一节中同样指出,采用细晶材料来避免开裂并不总是可能的,因为它对在高温下抗蠕变为主要因素的运行场合会有不利影响。

4.5.3.5　母材的焊前状态

许多研究表明,母材应该是软性的,让在焊接和 PWHT 时产生的应力得到松弛。曾经得出[86],在固溶退火母材上制备的焊缝比那些在厂内退火或完全时效金属上制备的焊缝具有对 SAC 更明显的抗力。René 41 对 PWHT 开裂的优异抗力通过从固溶退火温度缓慢冷却而获得,因为它导致粗的、过时效的 γ′沉淀,并形成较软的母材[95]。两级过时效处理[固溶 1 170℃(2 140℉)/4 h/强制空冷和时效 1 080℃(1 975℉)/16 h/炉冷到 1 010℃(1 850℉)/4 h/空冷]对 Udimet 700 会产生最佳的抗 PWHT 开裂性能[93]。再者,γ′沉淀物的过时效会导致母材的全面软化,并在 PWHT 重新加热到固溶退火温度时稳定这些沉淀物。单纯的作用是降低 PWHT 时在 HAZ 集中的局部应力。

4.5.3.6　焊接工艺的作用

降低焊接热输入能够降低残余应力和减小冶金损伤。Wu 和 Herfert[88] 表明,低的焊接热输入能阻止有害的碳化物薄膜沿 René 41 晶粒边界沉淀。低热输入焊接技术作为部分固溶通常对 SAC 可能是有用的,但不见得完全固溶能通过简单的"减弱"焊接参数来获得。非常低的热输入能够采用电子束焊接来取得。但某些合金作为电子束焊接的结果会产生液化裂纹,并在随后的 PWHT 时会加重 PWHT 开裂的程度。

业已证明,预热对降低 SAC 是有用的,但预热温度可能非常高。例如在 Duvall 和 Doyle[97] 的研究中把 713C 合金叶片加热到 538℃(1 000℉)并在该温度下保温直到焊接修复完成。预热和焊接是在惰性气体中进行的。曾发现,该工艺事实上降低了热裂纹(凝固裂纹和 HAZ 液化裂纹)和 SAC 两者的程度。King 等[98] 发现,高预热温度 705～955℃(1 300～1 750℉)成功地避免了高强度铸造超合金叶片在焊接和 PWHT 时开裂。在燃气轮机工业中,常常把该技术称为"SWET"焊接(即在高温下的超合金焊接)[99]。

焊接接头的几何形状也是影响 SAC 的重要因素,因为它能影响到焊件的拘束程度。许多研究指出[54,100,101],改变焊道的外形会影响到 HAZ 的液化裂纹倾向性。电子束焊缝中的液化裂纹优先在焊缝的"钉头"区及其下面发生[86]。这些液化裂纹然后能在接下来的热处理时成为 SAC 的起始位置。也曾发现,利用强度较低、较延性的填充金属如 625 合金(固溶强化镍基合金)使得 713C 合金叶片的修复焊缝能防止 SAC[86]。然而,应该认识到,625 合金焊缝金属在 PWHT 时无法被强化。

4.5.3.7   焊后热处理的作用

大多数镍基超合金为了恢复力学性能要求在焊后完全固溶和时效处理。焊后单一时效通常是不合适的,因为焊缝金属和 HAZ 不能恢复到全强度,并且有可能对母材过时效,(如果焊接是在全时效材料上完成的)。此外,时效温度并没有高到足以让应力充分消除,而可能发生开裂。

如图 4.59 所示,快速加热到固溶温度可以有效地阻止 SAC。其所以有可能,是因为在开始沉淀前已经达到了发生应力松弛足够高的温度。对于小的组件或含有低或中(Ti+Al)含量的合金,这样的办法是可行的。在这种情况下,焊接残余应力和与沉淀有关的应力两者都受到限制或可避免。对大的组件,这种快速加热办法通常是不可行的,甚至可能更为危险,因为在组件内的温度梯度能造成更大的热应力。

阶段加热技术在某些状态下可能是有效的,特别当焊接残余应力还不是太高时。这种技术包括将组件缓慢加热到约 500℃(930℉),并在此温度下保持以降低在整个组件中的热梯度,并释放某些残余应力。随后快速将组件加热穿过裂纹敏感温度区到固溶温度。这种技术能否成功与残余应力的原有水平在低温下均温时能释放出的残余应力数量以及能够加热组件穿过沉淀区的加热速率有关。

曾经报道过,在热处理时的保护气氛是有益的[78]。PWHT 开裂在高纯度的干氩、含有 0.5% 氧的氩气和真空中会受到限制。富氧气氛的有害作用被认为是由于氧沿晶粒边界的快速扩散,并随后形成在应力松弛时不能阻止塑性变形的氧化物所致[96]。很清楚,氧最多也不过是参与者,在大多数情况下,从热处理环境中排除氧也不能消除 SAC。例如,D'Annessa 和 Owens[102] 指出,在真空中 PWHT 可以避免开裂的只有对 SAC 具有临界敏感性的材料(诸如 Waspaloy 和 René 41),但是对高敏感材料是无效的。

曾发现,René 41 合金的修复焊缝在 1 065℃(1 950℉)保温 5 min 局部固溶处理能避免在随后时效时失效[103]。局部固溶处理的作用在于:

(1) 使焊缝金属均质化;

(2) 促使时效沉淀物分布更均匀和更细;

(3) 避免碳化物沉淀,因为快的冷却速率与这样的处理有关。

然而,观察到的各种影响所起的作用并未得到解释。此外,应当小心避免产生足够高的热应力和在冷却时留下高的残余应力。

4.5.3.8 应变时效裂纹小结

在沉淀强化镍基合金中发生应变时效裂纹是由于应变的局部积累和由于沉淀而相伴的微观组织硬化。局部应变的发展是由于焊接残余应力和沉淀导致应力的松弛。焊后热处理时的不均匀加热也可以促使生成某些热致应力。应变和由于沉淀物时效硬化的组合能导致"应变时效"开裂。这种形式的开裂大多数在 HAZ 可以观察到。

避免 SAC 最有效的方法是通过合金选择。由 γ'、$Ni_3(Ti,Al)$ 沉淀物强化的合金最倾向于 SAC，如图 4.60 所示。随着合金中钛和铝含量的增加，SAC 敏感性亦增加。降低 $(Ti+Al)$ 含量或通过 $\gamma''(Ni_3Nb)$ 沉淀强化合金能降低或消除 SAC 敏感性。由于 γ'' 强化的 718 合金是作为抗 SAC 超合金而开发的，已广泛地（和成功地）用于各种焊接场合。

许多高强度超合金（具有高钛和铝含量的那些）由于 SAC 而成为事实上"不可焊"。高水平的 $(Ti+Al)$ 造成高的 γ' 体积分数，提供了在高温下的高强度，但亦在 PWHT 时加重了 SAC。在固溶退火或超时效条件下焊接可为这些高强度超合金从 SAC 中提供某些解脱。采用低热输入焊接方法和细晶母材亦能改善抗 SAC 性能，但是在高拘束结构中避免开裂看来是一种挑战。

参考文献

[1] Decker, R. F. 2006. "The Evolution of Wrought Age-Hardenable Superalloys," *JOM*, Sept. 2006, pp. 33-39.

[2] Decker, R. F. and Mihalisin, J. R. 1969. Coherency strains in gamma prime hardened nickel alloys, *Transactions of ASM Quarterly*, 62: 481-489.

[3] Thornton, P. H., Davies, P. H., and Johnston, T. L. 1970. Temperature dependence of the flow stress of the gamma prime phase based upon Ni$_3$Al, *Metallurgical Transactions A*, 1: 207-218.

[4] Biss, V. and Sponseller, D. L. 1973. Effect of molybdenum on gamma prime coarsening and on elevated-temperature hardness in some experimental Ni-base superalloys, *Metallurgical Transactions A*, 4: 1953-1960.

[5] Gaurd, R. W. and Westbrook, J. H. 1959. *Transactions of the Metallurgical Society of AIME*, 215: 807-816.

[6] Beardmore, P, Davies, R. G., and Johnston, T. L. 1969. Temperature dependence of the flow stress of nickel-base alloys, *Transactions of AIME*, 245: 1537-1545.

[7] Decker, R. F. 1969. Strengthening mechanisms in nickel base superalloys, Steel Strengthening Mechanisms Symposium, Climax Molybdenum Company,

Zurich, Switzerland, pp. 1-24.

[8] Gibbons, T. B. and Hopkins, B. E. 1971. Influence of grain size and certain precipitate parameters on the creep properties of Ni – Cr base alloys, *Metal Science Journal*, 5: 233-240.

[9] Brooks, C. R. 1982. *Nickel base alloys, in Heat treatment, structure, and properties of nonferrous alloys*, ASM International, Materials Park, OH.

[10] Lifshitz, I. M. and Sloyozov, V. V. 1961. The kinetics of precipitation from supersaturaed solid solutions, *Journal of Physical Chemistry of Solids*, 19: 35-50.

[11] Brooks, J. W. and Bridges, P. J. 1988. *Metallurgical Stability of INCONEL Alloy 718*, *Superalloys*, ASM International, Materials Park, OH, pp. 33-42.

[12] Barker, J. F. , Ross, E. W. , and Radavich, J. F. 1970. Long time stability of Inconel 718, *Journal of Metals*, 22: 31-41.

[13] Radavich, J. F. 1989. *The physical metallurgy of cast and wrought alloy 718, Superalloy 718*, ASM International, Materials Park, OH, pp. 229-240.

[14] DuPont, J. N. , Robino, C. V. , and Marder, A. R. 1998. Solidification of Nb-Bearing Superalloys: Part II. Pseudo Ternary Solidification Surfaces, *Metallurgical and Material Transactions A*, 29A: 2797-2806.

[15] DuPont, J. N. , Robino, C. V. , and Marder, A. R. 1988. "Solidification and weld-ability of Nb-bearing superalloys," *Welding Journal*, 77: 417s-431s.

[16] DuPont, J. N. , Robino, C. V. , and Marder, A. R. 1988. Modeling solute redistribution and microstructural development in fusion welds of Nb bearing superalloys, *Acta Metallurgica*, 46: 4781-4790.

[17] Babu, S. S. , Miller, M. K. , Vitek, J. M. , and David, S. A. 2001. Characterization of the microstructure evolution in a nickel base superalloy during continuous cooling conditions, *Acta Materialia*, 49: 4149-4160.

[18] Rosenthal, R. and West, D. R. F. 1999. Continuous gamma-prime precipitation in directionally solidified IN 738 LC alloy, *Materials Science and Technology*, 15: 1387-1394.

[19] Ojo, O. A. , Richards, N. L. , and Chaturvedi, M. C. 2006. Study of the fusion zone and heat affected zone microstructures in tungsten inert gas welded INCONEL 738LC superalloy, *Metallurgical and Material Transactions*, 37A: 421-433.

[20] DuPont, J. N. , Robino, C. V. , Marder, A. R. , Notis, M. R. , and Michael, J. R. 1988. "Solidification of Nb-Bearing Superalloys: Part I. Reaction Sequences", *Metallurgical and Material Transactions A*, 29A: 2785-2796.

[21] Rhines, F. N. Phase diagrams in metallurgy, McGraw Hill, New York, N. Y. , pp. 175-185.

[22] Banovic, S. W. and DuPont, J. N. 2003. Dilution and microsegregation in dissimilar metal welds between super austenitic stainless steels and Ni base

alloys, *Science and Technology of Welding and Joining*, 6: 274-383.

[23] Cieslak, M. J. 1991. The welding and solidification metallurgy of Alloy 625, *Welding Journal*, 70: 49s-56s.

[24] Cieslak, M. J., Headley, T. J., Knorovsky, G. A., Romig, A. D., and Kollie, T. 1990. A comparison of the solidification behavior on incoloy 909 and inconel 718, *Metallurgical Transactions A*, 21A: 479-488.

[25] Cieslak, M. J., Headley, T. J., Kollie, T., and Romig, A. D. 1988. A melting and solidification study of Alloy 625, *Metallurgical Transactions A*, 19A: 2319-2331.

[26] Knorovsky, G. A., Cieslak, M. J., Headley, T. J., Romig, A. D., and Hammeter, W. F. 1989. *Inconel 718: A solidification diagram*, *Metallurgical Transactions A*, 20A: 2149-2158.

[27] Maguire, M. C. and Michael, J. R. 1994. "Weldability of alloys 718, 625, and variants", Superalloys 718, 625, 706 and Various Derivatives, TMS, Warrendale, PA, pp. 881-892.

[28] Eiselstein, H. L. 1965. "Advances in technology of stainless steels", *ASTM STP 369*, pp. 62-79.

[29] Baker, H. Ed., *Alloy phase diagrams*, ASM International, Materials Park, OH.

[30] Stadelmaier, H. H. and Fiedler, M. 1975. The ternary system nickel-niobium-carbon, *Z. Metallkde*, 9: 224-225.

[31] DuPont, J. N. Newbury, B. D. Robino, C. V., and Knorovsky, G. A. 1999. The Use of Computerized Thermodynamic Databases for Solidification Modeling of Fusion Welds In Multi-Component Alloys, 9th International Conference on Computer Technology in Welding, National Institute of Standards and Technology, Detroit, MI, pp. 133-142.

[32] Cieslak, M. J., Knorovsky, G. A., Headley, T. J., and Romig, A. D. 1986. "The use of New PHACOMP in understanding the solidification microstructure of nickel base alloy weld metal," *Metallurgical Transactions A*, 17A: 2107-2116.

[33] DuPont, J. N. 1998. "A Combined Solubility Product/New PHACOMP Approach for Estimating Temperatures of Secondary Solidification Reactions in Superalloy Weld Metals", *Metallurgical and Material Transactions*, 29A: 1449-1456.

[34] Clyne, T. W. and Kurz, W. 1981. "Solute redistribution during solidification with rapid solid-state diffusion," *Metallurgical Transactions A*, 12A: 965-971.

[35] Pepe, J. J. and Savage, W. F. 1967. "Effects of constitutional liquation in 18-Ni maraging steel weldments," *Welding Journal*, 46: 411s-422s.

[36] Duvall, D. S. and Owczarski, W. A. 1967. "Further heat affected zone studies

in heat resistant nickel alloys," *Welding Journal*, 46: 423s-432s.

[37] Owczarski, W. A., Duvall, D. S., and Sullivan, C. P. 1966. "A model for heat affected zone cracking in nickel base superalloys," *Welding Journal*, 45: 145s-155s.

[38] Cieslak, M. J., Stephens, J. J., and Carr, M. J. 1988. A study of the weldability and weld-related microstructure of Cabot Alloy 214, *Metallurgical Transactions A*, 19A: 657-667.

[39] Gozlan, E., Bamberger, M., and Dirnfeld, S. F. 1992. Role of Zr in the phase formation at the interdendritic zone in nickel-based superalloys, *Journal of Materials Science*, 27: 3869-3875.

[40] George, E. P., Babu, S. S., David, S. A., and Seth, B. B. 2001. IN939 based super-alloys with improved weldability, Condition and Life Management for Power Plants, Porvoo, Finland, pp. 139-148.

[41] Cieslak, M. J., Headley, T. J., and Romig, A. D. 1986. "The welding metallurgy of Hastelloy alloys C-4, C-22, and C-276," *Metallurgical Transactions A*, 17A: 2035-2047.

[42] Robino, C. V., Michael, J. R., and Cieslak, M. J. 1997. "Solidification and welding metallurgy of thermo-span alloy," *Science and Technology of Welding and Joining*, 2: 220-230.

[43] David, S. A. and Vitek, J. M. 1989. Correlation between solidification parameters and weld microstructures, *International Materials Reviews*, 1989, pp. 213-245.

[44] Alexandrov, B. T., Nissley, N. E., and Lippold, J. C. 2008. Evaluation of weld solidification cracking in Ni-base superalloys using the cast pin tear test, *Hot Cracking Phenomena in Welds II*, Springer, ISBN 978-3-540-78627-6, pp. 193-214.

[45] Thompson, E. G. 1969. Hot cracking studies of Alloy 718 weld heat-affected zones, *Welding Journal*, 48: 70s-79s.

[46] Thompson, R. G. and Genculu, S. 1983. "Microstructural evolution in the HAZ of Inconel 718 and correlation with the hot ductility test," *Welding Journal*, 62: 337s-346s.

[47] Thompson, R. G., Cassimus, J. J., Mayo, D. E., and Dobbs, J. R. 1985. "The relationship between grain size and microfissuring in Alloy 718," *Welding Journal*, 64: 91s-96s.

[48] Radhakrishnan, B. and Thompson, R. G. 1991. "A phase diagram approach to study liquation cracking in Alloy 718," *Metallurgical Transactions*, 22A: 887-902.

[49] Baeslack, W. A. III and Nelson, D. E. 1986. "Morphology of weld heat-affected zone liquation in cast Alloy 718," *Metallography*, 19: 371-379.

[50] Baeslack, W. A. III, West, S. L., and Kelly, T. J. 1988. "Weld cracking in

Tamodified cast Inconel 718," *Scripta Metallurgica*, 22: 729-734.

[51] Kelly, T. J. 1990. "Rene 220C- The new, weldable, investment cast superalloy," *Welding Journal*, 69: 422s-430s.

[52] Kelly, T. J. 1986. "Investigation of elemental effects on the weldability of cast nickel-based superalloys," *Advances in Welding Science and Technology*, David, S. A. editor, Metals Park, OH, ASM International, 623-627.

[53] Morrison, T. J. , Shira, C. S. , and Weisenberg, L. A. 1969. The influence of minor elements on Alloy 718 weld microfissuring. *The Welding Research Council Bulletin*, pp. 47-67.

[54] Lucas, M. J. and Jackson, C. E. 1970. "The welded heat-affected zone in nickelbase Alloy 718," *Welding Journal*, 49: 46s-54s.

[55] Savage, W. F. , Nippes, E. F. , and Goodwin, G. M. 1977. "Effect of minor elements on hot-cracking tendencies of Inconel 600," *Welding Journal*, 56: 245s-253s.

[56] Pease, G. R. 1957. "The practical welding metallurgy of nickel and high nickel alloys," *Welding Journal*, 36: 330s-334s.

[57] Canonico, D. A. , Savage, W. F. , Werner, W. J. , and Goodwin, G. M. 1969. "Effects of minor additions on the weldability of Incoloy 800," Proceedings of conference on "Effects of Minor Elements on the Weldability of High-Nickel Alloys," Welding Research Council, New York, 68-92.

[58] Owczarski, W. A. 1969. "Some minor element effects on weldability of heat resistant nickel-base superalloys," Proceedings of conference on "Effects of Minor Elements on the Weldability of High-Nickel Alloys," Welding Research Council, New York, 6-23.

[59] Yeniscavich, W. and Fox, C. W. 1969. "Effects of minor elements on the weldability of Hastelloy Alloy X," Proceedings of conference on "Effects of Minor Elements on the Weldability of High-Nickel Alloys," Welding Research Council, New York, 24-35.

[60] Vincent, R. 1985. "Precipitation around welds in the nickel-base superalloy Inconel 718," *Acta Metallurgica*, 33: 1205-1216.

[61] Kelly, T. J. 1989. "Elemental effects on cast 718 weldability," *Welding Journal*, 68: 44s-51s.

[62] Huang, X. , Richards, N. L. , and Chaturvedi, M. C. 1992. "An investigation of HAZ microfissuring mechanisms in Cast Alloy 718," Proceedings of 3rd International SAMPE Metals Conference, SAMPE, CA.

[63] Thompson, R. G. 1988. "Microfissuring of Alloy 718 in the weld heat-affected zone," *Journal of Metals*, 40: 44-48.

[64] Boucher, C. , Varela, D. , Dadian, M. , and Granjon, H. 1976. Hot cracking and recent progress in the weldability of the nickel alloys Inconel 718 and Waspaloy, *Revue de Metallurgie*, 73: 817-831.

[65] Bologna, D. J. 1969. "Metallurgical factors influencing the microfissuring of Alloy 718 weldments," *Metals Engineering Quarterly*, 9: 37-43.

[66] Fletcher, M. J. 1970. "Electron-beam welding of Nimonic 80A," *Welding and Metal Fabrication*, 38: 113-115.

[67] Williams, J. A. and Singer, A. R. E. 1968. "A review of hot shot cracking," *The Journal of the Australian Institute of Metals*, 11: 2.

[68] Radhakrishnan, B. and Thompson, R. G. 1991. Modeling of Microstructure Evolution in the Weld HAZ, *Metal Science of Joining*, M. J. Cieslak *et al.* eds. , TMS/AIME, pp. 31-40.

[69] Guo, H. Chaturvedi, M. , and Richards, N. L. 1999. Effect of nature of grain boundaries on intergranular liquation during weld thermal cycling of a Ni-base alloy, *Science and Technology of Welding and Joining*, Vol. 3: 257-259.

[70] Schwenk, W. and Trabold, A. F. 1963. "Weldability of René 41," *Welding Journal*, 42: 460s-465s.

[71] Gordine, J. 1971. "Some problems in welding Inconel 718," *Welding Journal*, 50: 480s-484s.

[72] Thompson, R. G. , Dobbs, J. R. , and Mayo, D. E. 1986. "The effect of heat treatment on microfissuring in Alloy 718," *Welding Journal*, 65: 299s-304s.

[73] Lu, Q. 1999. PhD Dissertation, HAZ Microstructural Evolution in Alloy 718 after Multiple Repair and PWHT Cycles, The Ohio State University.

[74] Sims, C. T. , Stoloff, N. S. , and Hagel, W. C. 1987. Superalloys II, John Wiley and Sons, New York, pp. 3-4, 27-188, 495-515.

[75] Qian, M. and Lippold, J. C. 2003. Liquation phenomena in the simulated heat-affected zone of Alloy 718 after multiple postweld heat treatment cycles, *Welding Journal*, 82(6): 145s-150s.

[76] Kelly, T J. 1986. "Investigation of elemental effects on the weldability of cast nickel-based superalloys," *Advances in Welding Science and Technology*, David, S. A. editor, Metals Park, OH, ASM International, 623-627.

[77] Boucher, C. , Dadian, M. , and Granjon, H. 1977. "Final report COST 50," Institute de Soudure, Paris.

[78] Koren, A. , Roman, M. , Weisshaus, I. , and Kaufman, A. 1982. "Improving the weldability of Ni - base superalloy 713C," *Welding Journal*, 61: 348s-351s.

[79] Wilson, R. M. and Burchfield, L. W. G. 1956. *Welding Journal*, Vol. 35, p. 32s.

[80] Kou, S. 1969. *Welding Metallurgy*, 1st Edition, published by Wiley Interscience, Inc.

[81] Berry, T. F. and Hughes, W. P. , *Welding Journal*, Vol. 46, p. 505s.

[82] Baker, R. G. and Newman, R. P. 1969. "Cracking in Welds," *Metal Construction and Br. Weld. J.*, Vol. 1, Feb. pp. 1-4.

[83] Franklin, J. G. and Savage, W. F. 1974. "Stress Relaxation and Strain-Age Cracking in René 41 Weldments," *Welding Journal*, 53, pp. 380s.

[84] McKeown, D. 1971. "Re-Heat Cracking in High Nickel Alloy Heat-Affected Zone," *Welding Journal*, 50, pp. 201s-206s.

[85] Nakao, Y. 1988. "Study on Reheat Cracking on Ni - base superalloy, Waspaloy," *Transactions of the Japan Welding Society*, Vol. 19, No. 1, April pp. 66-74.

[86] Prager, M. and Shira, C. S. 1968. "Welding of precipitation-hardening nickel-base alloys," *Welding Research Council Bulletin* 128.

[87] Younger, R. N. and Barker, R. G. 1961. Heat-affected zone cracking in welded austenitic steels during heat treatment, *Brit. Weld. Jour.* 8 (12): 579-587.

[88] Wu, K. C. and Herfert, R. E. 1967. Microstructural studies of René 41 simulated weld heat-affected zones, *Welding Journal*, 46: 32s-38s.

[89] Weiss, S. , Hughes, W. P. , and Macke, H. J. 1962. Welding evaluation of high temperature sheet materials by restraint patch testing, *Welding Journal*, 41: 17s-22s.

[90] Hughes, W. P. and Berry, T. F. 1967. A study of the strain-age cracking characteristics in welded Rene 41-Phase I, *Welding Journal*, 46: 361s-370s.

[91] Duvall, D. S. and Owczarski, W. A. 1969. Studies of postweld heat-treatment cracking in nickel-base alloys, *Welding Journal*, 48: 10s-22s.

[92] Norton S. J. and Lippold, J. C. 2003. Development of a Gleeble-based Test for Postweld Heat Treatment Cracking Susceptibility, Trends in Welding Research, Proc. of the 6th International Conference, ASM International, pp. 609-614.

[93] Duvall, D. S. and Owczarski, W. A. 1971. Heat treatments for improving the weldability and formability of Udimet 700, *Welding Journal*, 50: 401s-409s.

[94] Fawley, R. W. and Prager, M. 1970. Evaluating the resistance of René 41 to strainage cracking, *Welding Research Council Bulletin* 150: 1-12.

[95] Thamburaj, R. , Goldak, J. A. , and Wallace, W. 1979. The influence of chemical composition on post-weld heat treatment cracking in René 41, *SAMPE Quarterly*, 10: 6-12.

[96] Carlton, J. B. and Prager, M. 1970. Variables influencing the strain-age cracking and mechanical properties of René 41 and related alloys, *Welding Research Council Bulletin* 150: 13-23.

[97] Duvall, D. S. and Doyle, J. R. 1973. Repair of turbine blades and vanes, ASME publication 73-GT-44.

[98] King, R. W. , Hatala, R. W. , and Hauser, H. A. 1970. Welding of superalloy turbine hardware, *Metals Engineering Quarterly*, 10: 55-58.

[99] Flowers, G. , Kelley, E. , Grossklaus, W. , Barber, J. , Grubbs, G. , Williams, L. 2000. U. S. Patent Number 6, 084, 196, issued July 4.

[100] Adam, P. 1978. *Welding of high-strength gas turbine alloys*, *High Temperature Alloys for Gas Turbines*, London Applied Science Publishes, 737-768.

[101] Arata, Y. *et al*. 1978. Fundamental studies on electron beam welding of heat-resistant superalloys for nuclear plants (Report 4), *Transaction of the Japan Welding Research Institute*, 7: 41-48.

[102] D'Annessa, A. T. and Owens, J. S. 1973. Effects of furnace atmosphere on heat treatment cracking of René 41 weldments, *Welding Journal*, 52: 568s-575s.

[103] Lepkowski, W. J. , Monroe, R. E. , and Rieppel, P. J. 1960. Studies on repair welding age-hardenable nickel-base alloys, *Welding Journal*, 39: 392s-400s.

第 5 章

氧化物弥散强化合金和镍铝化合物

氧化物弥散强化合金和镍铝化合物是镍基合金发展的两种特殊类别,通常是为了满足高温时优良的耐蚀和抗蠕变等苛刻使用环境的要求。氧化物弥散强化合金是通过使用机械合金化的工艺过程生产的,也就是利用球磨机使金属和氧化物机械混合。接着,让这个混合物成形和热处理,以获得必要的力学性能。镍铝化合物是以 NiAl 或 Ni_3Al 金属间系为基的。因为有高体积分数的铝,这两种金属间化合物合金比常规的镍基超合金强度高而重量轻,但是它们几乎没有延展性和韧性。因为想获得理想的强度重量比,ODS 和镍铝化合物两种合金对于航天涡轮发动机工业是非常有吸引力的。显然,这些合金具有某些独特的焊接性问题,将在本章中描述。

5.1 氧化物弥散强化合金

5.1.1 物理和机械冶金

镍基氧化物弥散强化(ODS)合金利用不可溶的微细氧化物颗粒作为它们基本的强化剂。因为氧化物颗粒是不可溶的,这些材料必须通过机械合金化方法来制备,也就是使用粉末冶金的途径。第一步,在球磨机内,混合各种粉末,它们是由氧化物粉末(典型的是氧化钇——Y_2O_3)和镍、铬粉末以及含有附加元素的主合金粉末所组成的。氧化物颗粒显现非常微细的颗粒直径,大约在 $25\sim50$ nm($0.025\sim0.050\ \mu m$)之间。在球磨中混合时,发生重复变形、破碎和冷焊而生成金属和氧化物粉末的合成,氧化物颗粒间的空隙大约为 $0.5\ \mu m$。这第一步的粉末生产对于 ODS 制备是特有的。

粉末产生以后,接着用标准的粉末冶金技术,固化成各种产品形状。

典型的粉末后处理工艺是由均衡热压制成粉末固体,然后,经热加工制成最终产品形状。最后一道包括高温退火,目的是产生再结晶和晶粒长大。大的晶粒尺寸对于抗高温蠕变是有利的,并且大部分晶粒沿着热加工方向成线状排列。对于最佳的高温强度而言,最适当的晶粒取向应平行于最大施加应力的方向。

表5.1提供几种在市场上可获得的ODS合金的化学成分。合金牌号中的"MA"是指这些材料通过机械方法合金化的。虽然MA956合金是铁基合金,但它的基本物理冶金原理和有关结合的种种问题都与镍基合金相似,所以在本章中也把它包括在内进行讨论。MA754合金是在商品化基础上生产的第一种ODS合金。MA758合金除了为改善抗氧化而加入较高浓度的Cr以外,与MA754合金相似。这两种合金的力学性能是相近的。还有已开发的几种ODS合金,则是利用固溶强化,加上氧化物颗粒和γ'相。表5.1中列举了MA760和MA6000合金,这两种合金含有铝和钛以形成γ'-Ni_3(Al、Ti)沉淀相和为了固溶强化加入钨和钼。

表 5.1　几种氧化物弥散强化合金的化学成分

合金	Ni	Fe	Cr	Al	Ti	W	Mo	Ta	Y_2O_3	C	B	Zr
MA754	余量	—	20	0.3	0.5	—	—	—	0.6	0.05	—	—
MA758	余量	—	30	0.3	0.5	—	—	—	0.6	0.05	—	—
MA760	余量	—	20	6.0	—	3.5	2.0	—	0.95	0.05	0.01	0.15
MA6000	余量	—	15	4.5	2.5	4.0	2.0	2.0	1.1	0.05	0.01	0.15
MA956	—	余量	20	4.5	0.5	—	—	—	0.5	0.05	—	—

镍基ODS合金有代表性的显微组织示于图5.1[1]。光学显微镜照片揭示了在轧制方向形成拉长的晶粒组织,而透射电镜照片显示了很微细的Y_2O_3颗粒弥散(具有0.25 μm直径较粗的颗粒是钛碳-氮化合物)。ODS合金在高温时达到的强度水平超过了γ'和γ''强化的镍基超合金。

在图5.2中,对两种ODS合金(MA754和MA6000)1 000 h的断裂强度与大范围的镍基超合金作一比较。

镍基超合金在较低的工作温度时,由于γ'和γ''的存在,提供了较高的强度水平。可是,当增加温度时,γ'和γ''沉淀物首先开始粗化,然而在

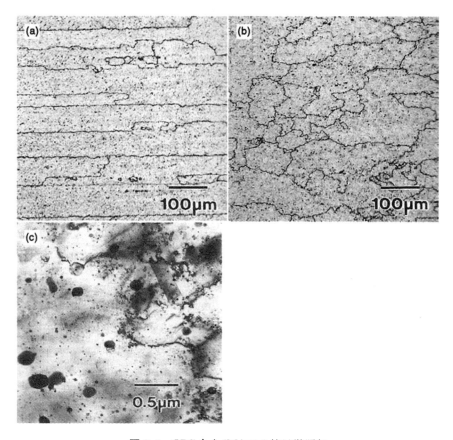

图 5.1　ODS 合金（MA754）的显微照相

（a）沿着轧制方向的光学显微照相；（b）相对于轧制方向横向的光学显微照相；（c）显示微细 Y_2O_3 颗粒弥散的透射电镜照相（取自 deBarbadilo 等[1]，经 ASM 国际同意）

更高温度时，发生溶解，结果强度严重损失。在 ODS 合金中，不可溶的氧化物本质上免除了晶粒粗大和溶解。对于颗粒粗大的阻力，可以回顾公式（4.2），颗粒粗化率 dr/dt 直接正比于在基体中的溶解度（C_0）。在物理意义上，这反映了在有能力通过基体扩散以引起粗化之前，主要的溶质元素必须首先溶解在基体中。因为，氧化物颗粒在镍中是不可溶的，所以粗化过程得到有效消除。

　　这些合金表明了在整个高温范围内都具有优良的强度，如图 5.2 所示的 MA6000 合金数据。在设计 ODS 合金时，需要考虑晶粒结构的各向异性性质，因为横向性能比轧向性能差。图 5.3 提供实例，它表示 MA754[1] 合金纵向和横向 1 000 h 发生断裂所需要的应力。

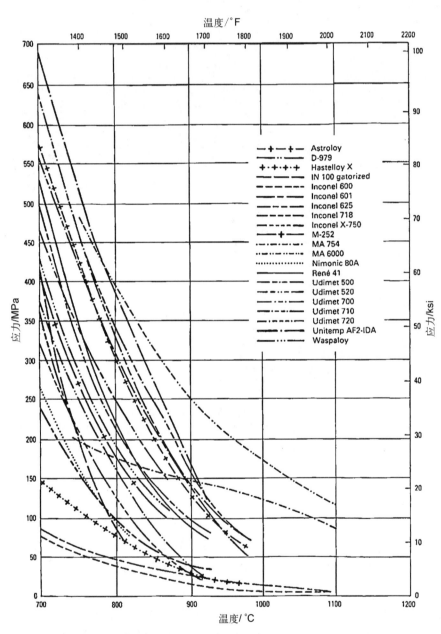

图 5.2 MA6000 和 MA754 ODS 合金 1 000 h 断裂强度与其他镍基超合金的比较(取自 Stoloff[2],经 ASM 国际同意)

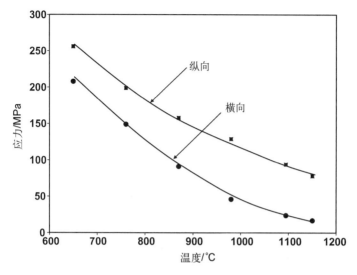

图 5.3　MA754 合金纵向和横向的 1 000 h 应力-断裂数据。这两个取向的显微组织示于图 5.1(取自 deBarbadillo 等[1]，经 ASM 国际同意)

5.1.2　焊接冶金

要保持 ODS 合金的熔化焊缝的蠕变性能，实际上是不可能的，因为熔化区在熔化和凝固时，失去了微细氧化物弥散和有利取向的柱状晶形态。当熔化区是液相时，氧化物颗粒将会积聚并且特别是会上浮到熔池的表面。结果，颗粒的密度数和体积分数两者都显著减少，同时颗粒的尺寸增加。在这种状态下，颗粒失去了许多改善高温强度的能力。在凝固时，因为焊缝金属晶粒主要垂直于熔化边界长大，任何强化元件由于有利位向的柱状晶，也会受到严重影响。等轴晶在接近焊缝金属的中心线形成，这里组成的过冷程度最高，造成在强度上进一步减少。在 ODS 合金焊缝金属中，这些显微组织改变的结果，显示出蠕变性能一般只有母材性能的 10%～50%[3,4]。

当必须使用熔化焊来焊接 ODS 合金时，可以采取几种方法来改善性能[4]。进行焊后再结晶和晶粒成长处理可在熔化区内增加晶粒尺寸，但是，如果在焊接以后和焊后热处理之前使用冷加工方法一般才是有效的。当母材在非再结晶状态下焊接，这种方法是最有效的。用电阻焊制造搭接接头可以提供相对于最大施加应力最有利的晶粒方向。如果可能，电弧焊焊缝的熔化区应处于较低的应力区和较低的温度范围。

高能密度工艺方法，例如电子束和激光束焊接，一般能提供比电弧工艺更好的焊缝性能[4,5]。有了高能密度工艺过程,消耗在凝固温度范围内的时间减少,同时增加了凝固速率。结果,在氧化物弥散的不利影响方面与电弧焊工艺比较没有那么严重。例如图 5.4 表示出在 MA754 合金上制作的激光焊缝和 GTA(钨极气体保护焊)焊缝的氧化物尺寸比较[5]。在激光焊缝内减少热输入导致更细的晶粒尺寸和减少氧化物颗粒的聚合。激光焊缝显示,Y_2O_3 氧化物颗粒的直径大约在 $0.1 \sim 0.4~\mu m$ 之间。但是比起不受影响母材的颗粒仍较大,比起在 GTA 焊缝中观察到的颗粒直径 $\sim 3~\mu m$ 又较小。在激光焊缝内氧化物体积百分数也比 GTA 焊缝内的更高,因而可以有较短的凝固时间以减少积聚和随后的氧化物上浮到表面。

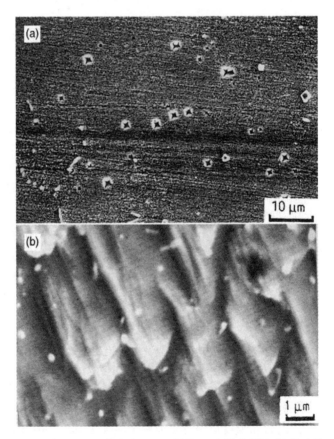

图 5.4 在 MA754 合金中,GTA 焊缝(a)和激光焊缝(b)的比较。
光学显微照片(a),扫描电镜显微照片(b)(取自 Molian 等[5])

表 5.2 把母材、GTA 焊缝和激光焊缝室温短时力学性能作一比较。激光焊缝显示力学性能只有轻度减少(即母材屈服强度的 95%),而 GTA 焊

缝的硬度和强度明显降低(母材屈服强度的 55%)。这些差异归因于激光焊缝中较小的晶粒和较高的氧化物份额。在 MA956 合金电子束焊缝中,已经观察到室温短时力学性能同样的情况,抗拉强度接近母材的～90%[3]。可是,应当指出,在应力断裂性能是重要的各种状态下,一般不期望相似的性能。在这些状态下,熔化区微细的晶粒尺寸对性能是不利的,而粗大的氧化物会引起强度显著损失。结果,激光和电子束焊缝的高温性能大约只有母材性能的～50%[3,4]。在对接焊中使用斜的束射角制备的焊缝,它们的中心线不垂直于板材的表面,这样或许可以稍有改善[6]。它有助于减少作用在熔合边界上的应力。

表 5.2　MA754 合金的母材,GTA 焊缝和激光焊缝的力学性能(1)

项　目	母　材	激 光 焊 缝	GTA 焊 缝
屈服强度/MPa(ksi)	656(95)	620(90)	360(52)
抗拉强度/MPa(ksi)	825(120)	815(118)	540(78)
硬度/DPH	335	300	185
伸长率/%	19	22	19
断面收缩率/%	16	18	16

(1) 本表取自 Molian 等[5]

钎焊可用于焊接 ODS 合金,有某些成功之处。钎焊的显微组织不会显示与母材性能有关的晶粒形态和氧化物弥散。因此,接头的强度必须通过仔细选择钎焊合金而得到。

Kelly 研究过 MA754 合金的钎焊,他使用三种商业钎焊合金 AM788、TD6 和 B93[7]。B93 和 TD6 是镍基钎焊合金,而 AM788 是钴基合金。B93 和 AM788 合金含硼,作为降低熔点的添加剂。曾发现,钎焊的显微组织是由奥氏体基体和各种数量不知名称的第二相组成。用含硼的合金制造的接头,在钎焊接头内含有一些弥散物,是由于硼扩散入 ODS 合金内,促使液化和随后释放母材中的氧化物颗粒进入钎焊合金。不含硼的 TD6 合金需要相对较高的钎焊温度 1 315℃(2 400℉)。可以认为,这是在接近接头处的母材和钎焊接头中观察到多孔性的原因,但有关的机理并未加以讨论。

对于这些合金需要高的钎焊温度也是一个极复杂的问题,因为它超过了许多商业电炉的限度。应力-断裂试验结果表明,用 B93 和 AM788

合金制成的接头在 980℃（1 800 ℉）1 000 h 的断裂强度为 97 MPa（14 ksi）。AM788 合金制成的接头，1 093℃（2 000 ℉），1 000 h 的断裂强度为 35 MPa(5 ksi)。这些数值是处于母材纵向和横向断裂强度（见图 5.3）之间的。为了确认实际使用条件，代表较长暴露时间时持有的性能，可能有必要扩大试验。

瞬间液相(TLP)连接也已作为对 ODS 合金焊接过程的评价。TLP 实质上是钎焊的工艺过程，即熔融的钎焊料与母材发生反应形成固体接头。研究进行至今已证明：接头的最后晶粒形态取决于焊合时间、层间成分和开始的显微组织（即再结晶与非再结晶）[8,9]。虽然，这种工艺过程没有大块熔化发生，但是在层间合金内需要熔化，在母材金属与层间交界面处的母材内需要局部熔化。母材发生局部熔化时，它溶解含有熔融点抑制剂的中间层。母材的溶解导致氧化物颗粒的聚合和接头强度的严重损失[8]。MA956 和 MA754 合金用 TLP 过程焊接的应力断裂试验已证明：接头性能与母材横向性能不相匹配[10,11]。

为了有可能改进 ODS 合金焊缝性能，也已经研究了固态焊接过程。Kang 等[12] 和 Shinozaki 等[13] 研究了 MA956 合金的摩擦焊焊缝的显微组织和力学性能。如图 5.5 和 5.6 所示，焊缝显示三个显微组织区域。

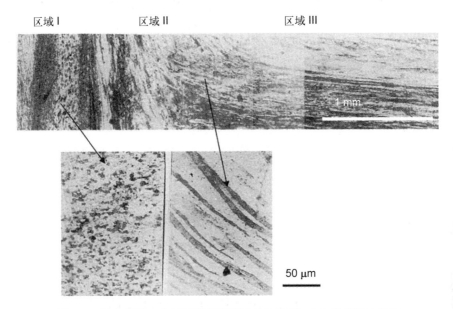

区域 I　　　　区域 II　　　　区域 III

1 mm

50 μm

图 5.5　示出焊缝三个不同微观组织区的 MA956 合金摩擦焊的光学微观照片（取自 Shinozaki 等[13]，经 AWS 同意）

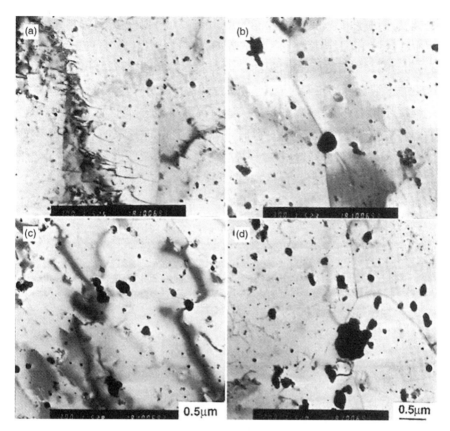

图 5.6　在 MA956 合金摩擦焊焊缝中观察到的 TEM 微观照片
(a) Ⅲ区；(b) Ⅱ区；(c) Ⅰ区的接头中心线；(d) 在Ⅰ区和Ⅱ区边界上的Ⅰ区（取自 Shinozaki 等[13]，经 AWS 同意）

区域Ⅲ是非影响的母材，它显示微细氧化物弥散和晶粒在轧制方向伸长的高度纵横比。区域Ⅱ的晶粒在焊接循环时是通过塑性变形形成，结果愈加平行于接头平面重新取向一直到焊缝交界面。区域Ⅰ存在于焊缝交界面并且由等轴晶组成，这是由于在高温时具有严重的塑性变形发生了动态再结晶。在区域Ⅰ和区域Ⅱ的氧化颗粒是不规则形状并相对于母材要粗（见图 5.6）。粗化的机理认为是较小颗粒 Y_2O_3 与较大氧化铝（Al_2O_3）颗粒和碳氮化钛[Ti(CN)]颗粒在结合热和塑性变形的影响下发生聚合。在室温和 650℃（1 200℉）时进行短时拉伸试验证明：焊缝性能相似于母材并且断裂一般发生在焊缝交界面之外。

在图 5.7 中，示出 MA956 合金摩擦焊，使用了两个不同的顶锻压力制成的焊缝的蠕变-断裂性能，与母材的纵向和横向性能进行比较。焊缝

的蠕变-断裂性能只有母材性能的约10％。由于顶锻压力的不同,断裂
发生在区域Ⅰ、Ⅱ或者两个区域的界面。在这些部位过早的断裂与在图
5.5和图5.6所示的显微组织的变化有关。在区域Ⅰ过早的断裂是由于
细小的再结晶晶粒和大的聚合颗粒而发生。区域Ⅱ性能降低是与大的氧
化物颗粒和不利的晶粒取向有关,这里许多晶界与拉伸轴排成45°,分解
的剪切应力最大。在高温变形时,这种取向会加速晶界滑移。Moore
等[14]观察到合金TD-Ni摩擦焊焊缝的蠕变断裂强度也只有不到母材性
能的10％,所以,这是没有价值的事情。

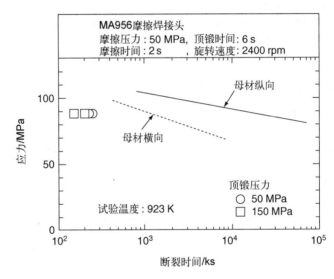

图5.7 MA956合金用两种不同顶锻压力制备焊缝的蠕变断裂性能与母材在纵向和横向的性能作比较(取自Shinozaki等[13],经AWS同意)

Moore和Glasgow研究了MA6000合金扩散焊的可能性[15]。试样
在温度1 000~1 200℃(1 830~2 190℉)范围内进行扩散焊接1.25 h,也
检验了母材的初始条件(再结晶的或者没有再结晶的)的影响。焊后热处
理使用下面的分级程序,1 250℃/1 h,然后955℃/2 h,加上845℃/24 h。
在每个步骤之间进行空冷。试图制造一些焊缝,焊缝的一边或两边母材
处于再结晶状态,一般是不会成功的。在再结晶状态下,在高的扩散焊温
度下(由于粗晶粒度)强度高的母材在焊接的焊缝交界面上阻止了所需要
的适当变形。曾作过尝试,在焊接时为了在交界面上产生变形使用了较
高的压应力,但是没有成功,因为在母材上引起开裂。

在扩散焊接时适当的变形是可能的,当两者都处在非再结晶状态时,

可以制造出成功的焊缝。图 5.8 表示在 1 000℃(1 830℉)时这些焊缝的应力-断裂性能。也示出了在 982℃ 和 1 038℃(1 800℉ 和 1 900℉)时母材的结果,以供参考。焊接接头的母材,一个是处于非再结晶状态的比两个都是处于非再结晶状态的要差。甚至这些焊缝显示的性能远低于母材的性能。过早的破坏,一般是归咎于一些存在于焊缝交界面区域的小晶粒在焊后热处理时不适当的长大。氧化物形态和它们对性能潜在影响可能的变化没有加以考虑。不管怎样,这些结果说明,用优化的焊后热处理工艺在接近焊缝交界面处产生一种更有利的晶粒形态,来进一步改善或许是可能的。对于氧化物接近交界面处弥散影响的研究也作了保证,因为在这种弥散中的改进毫无疑问会改善应力-断裂性能。

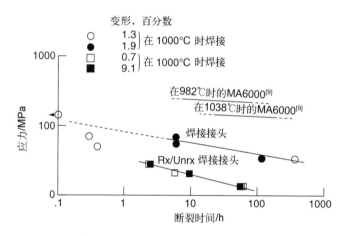

图 5.8　MA6000 合金扩散焊缝在 1 000℃(1 830℉)下的应力断裂性能。同样亦示出了母材在 982℃ 和 1 038℃(1 800℉ 和 1 900℉)下的结果作为参考(取自 Moore 和 Glasgow[15],经 AWS 同意)

最近,Nisimoto 等[16] 研究了使用脉冲电流烧结(PECS)技术来连接 MA754 和 MA956 ODS 合金。用了这种工艺,把与母材成分匹配的 ODS 粉末,放在用碳模支承的两个相配的表面之间。接着,在压力下在真空中把接头加热,同时施加脉冲直流电。脉冲电流在粉末之间产生火花放电,它去除或许会阻止扩散的表面氧化物。粉末加热是通过模具热传导和施加电流的电阻加热发生的。加大电流增加粉末的加固速率并允许在较低温度和较短时间下致密。

在各种温度、压力、保持时间和粉末大小下,用 PECS 工艺制备了焊缝。随着压力和温度的增加,并稍微减少颗粒大小,在焊接接头内的粉末致密率有显著增加。在适当的温度和压力组合下,在 6 min 或以下能生产出完全致密的焊缝。完全致密所要求的时间,MA754 合金(镍基)比MA956(铁基)较长。虽然这个理由未加讨论,但可能与合金之间的不同扩散率有关。因为在铁基合金中置换扩散率大约比镍基合金高两个数量级。致密动力学分析证明,加固至 95%～99% 相对密度是受颗粒的塑性流动控制的,同时加固的残余阶段是受体积扩散所控制的。

用 PECS 工艺生产的焊缝蠕变断裂强度相对于用其他工艺生产的焊缝,诸如瞬间液相焊接、摩擦焊和扩散焊等的蠕变断裂强度在图 5.9 中示出。母材的纵向和横向的断裂强度也在图 5.9 中示出。PECS 焊缝的断裂强度比其他工艺显著地得到改善,并且接近母材的纵向性能。焊缝的显微组织分析证明:在焊缝中氧化物颗粒的大小和颗粒之间的间距相似于母材。这就确认了颗粒在焊接时不会发生聚合并导致良好的应力-断裂性能。该工艺呈现出 ODS 合金的连接是十分有希望的,其中接头的有效性是关键。

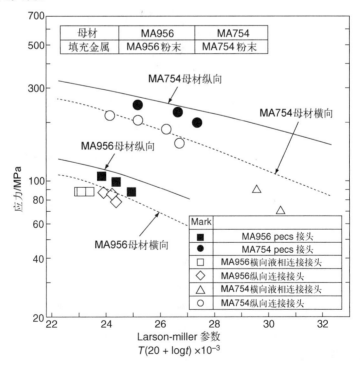

图 5.9　用脉冲电流烧结(PECS)方法制备的 MA754 和 MA956 合金焊缝的蠕变断裂强度与用其他连接方法制备的焊缝作比较。亦示出了母材的断裂强度(取自 Nishimoto 等[16])

5.1.3　ODS 合金焊接性小结

焊接 ODS 合金由于在保持晶粒的高方向比和有利的氧化物分布方面的困难,存在明显的挑战。熔化焊工艺过程由于氧化物的积聚/上浮以及晶粒有利形态的丧失对焊缝金属的性能特别有害。高能密度熔化焊工艺过程(例如电子束焊接)由于焊缝熔池停留时间较短,可以提供某些改善,但是焊缝性能仍低于母材的性能。同样,几种固态和钎焊工艺已经证明了相对于熔化焊来说也只提供了有限的改善。从目前要考虑的工艺方法中,脉冲电流烧结对于保持焊缝金属的性能呈现出会提供最好的机会,在这一领域内需要进一步的努力使得这种工艺方法在商业上成为可能。

5.2　镍铝化合物合金

镍铝化合物合金由于它们非凡的高温性能包括高强度和好的耐蚀性两个方面,自从 1970 年代以来,一直是很感兴趣的课题。对于这些合金通过成分和显微组织的优化组合在努力改善延展性和韧性方面已进行了大量的研究。这些材料的加工过程对达到合格的力学性能是重要的,并且毫无疑问,这些材料的焊接性是一个具有挑战性的问题。

5.2.1　物理和机械冶金

Ni-Al 相图示于图 5.10[17]。Ni-Al 化合物合金的设计,围绕或是 Ni_3Al 或是 NiAl 中间金属化合物系统。Ni_3Al 代表了 γ' 强化沉淀物,在第 4 章中已讨论过。如图 5.10 所示,这个相在相对狭小的成分范围内形成,并且熔化温度为 1 395℃(2 540℉)。这种合金显示了不一般的性能,从室温至 700℃(1 290℉或 973K)强度随着温度而增加,如图 5.11[18]所示。已经发现 Ni_3Al 的多晶形式具有内在的脆性,遭受低延展性的晶间断裂。大量的工作是集中在延展性元素的加入以阻止晶界断裂。这些元素包括硼、锆、铁和铬。有人提出,晶界脆化与氧的析出有关,并且水气的存在对 Ni_3Al 合金的延性具有显著的负面效应[19]。业已证明,加入合金捆绑氧或者阻止水气的加工条件能减少晶界断裂的倾向。

几种 Ni_3Al 合金的名义成分示于表 5.3,它们的焊接性在文献中已有报告。书中报道的大多数合金是在橡树岭国家实验室提出的,它们的发展历史已在几篇评述文章中涉及[20-22]。合金元素的加入对 Ni_3Al 金

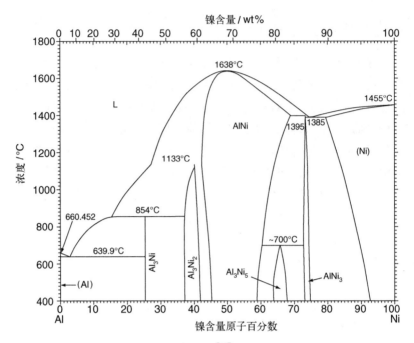

图 5.10   Ni-Al 相图(取自[17],经 ASM 国际同意)

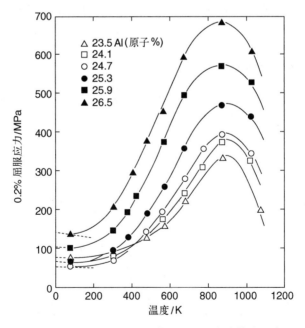

图 5.11   铝含量对 Ni₃Al 合金的屈服应力作为温度
函数的影响(取自 Noguchi 等[18])

属间化合物的性能或特性的影响由 Deevi 等[21] 总结,并提供于表5.4。若干合金的屈服强度、抗拉强度和伸长率与温度的关系示于图5.12。需要注意的是这些合金是在 800℃(1 470℉)以上开始显著的强度损失,并显示出在 600℃和 800℃之间延展性最小。

表 5.3　某些 Ni$_3$Al 合金的名义成分(wt%)

合金名称	Al	Fe	Cr	Mn	Zr	Ti	Mo	B
IC14	10	10	—	1.0	—	0.5	—	0.05
IC25	10	10	—	0.5	—	0.5	—	0.05
IC103	10	10	—	0.5	—	0.5	—	0.02
IC50	10	—	—	—	0.5	—	—	0.02
IC218	8	—	8	—	0.8	—	—	0.02
IC221	8	—	8	—	1.7	—	1.5	0.02
IC396(306)	8	—	8	—	0.8	—	3.0	0.01

表 5.4　加入到 Ni$_3$Al 合金中合金元素的作用[(1)]

元　素	作　　　用
Cr	降低在高温下的氧脆
Zr	提供高温强度 降低在形成 Ni$_5$Zr 共晶相时的铸气孔
Hf	提供高温强度 可能"吸"氧
Mo	提供高温和低温下的强度
B	改善晶界的聚合强度

(1) 本表取自 Deevi 等[21]。

　　NiAl 合金存在的成分范围很宽(见图5.10),并显示出在 Ni-Al 系中最高的熔化温度(1 638℃)。NiAl 比 Ni$_3$Al 具有较低密度,较高的弹性模量和较高的热传导,并且还有良好的抗氧化性。因此,NiAl 会显得比 Ni$_3$Al 更有吸引力去替代常规的镍基超合金。遗憾的是,这些合金的延展性和抗蠕变性能非常差,而且加工制造极端困难。在 400℃(750℉)时拉伸延展性和晶粒度之间的关系可以得到证明,如图5.13[23] 所示。因为这些限制,NiAl 系合金的使用受到严格的约束,特别当在需要用热机械加工过程来制造的场合。在参考文献[24-26] 中,可以得到一些有关 Ni-Al 化合物物理和机械冶金的优秀评论文章。

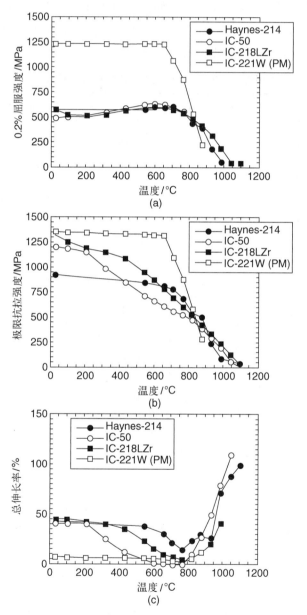

图 5.12　锻造合金 IC50、IC218Zr 和粉末冶金合金（PM）IC221W
（a）屈服强度；（b）抗拉强度和（c）伸长率作为温度函数的比较。钴基合
金 Haynes 214 用来作为比较（取自 Deevi 等[21]）

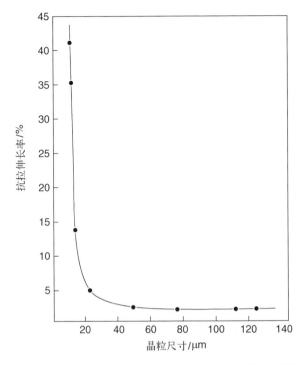

图 5.13　晶粒尺寸对 NiAl 在 400℃时抗拉延展性的影响
（取自 Schulson 和 Barker[23]）

5.2.2　Ni-Al 化合物的焊接性

5.2.2.1　高温裂纹

　　Ni-Al 化合物合金实施中最主要的困难是它们的焊接性。因为它们有限的延展性，与熔化焊接有关的热应力能导致焊缝及其周围开裂。再加上这些合金对焊缝凝固裂纹和 HAZ 液化裂纹是敏感的。David 等[27]报告，含硼 IC-14 和 IC-15 合金在不加焊丝氩气保护钨极电弧焊（GTA）时，熔合区和热影响区（HAZ）严重开裂。他们没有确定到底是晶界液化膜引起破坏的"热"裂纹还是高温、固态晶界开裂的一种形式。在这些合金中使用电子束焊接，在焊接速度和电子束聚焦条件很狭小的范围内，可以产生没有裂纹的焊缝，如图 5.14 所示。为了确定硼对裂纹敏感性的影响，对含硼范围从 0～1 000 ppm 的 Ni-12.7Al 合金制作了一系列的 EB 焊缝。这些实验结果（图 5.15）揭示了不含硼的合金对裂纹非常敏感，而当硼增加至 250 ppm 时敏感性没有了。然后，当硼含量增加至 500 ppm 和 1 000 ppm 时，裂纹也相应增加。虽然，作者们对机理方面并不思索，但是从开展的行为可显示出,加入硼含量至 250 ppm 有助于阻止固态晶界断裂,但是较高硼含量能促进晶界液化。由于研究的这些合金是简单的 Ni-Al-B 三元合金,其他合金的加入对硼的影响未曾确定。

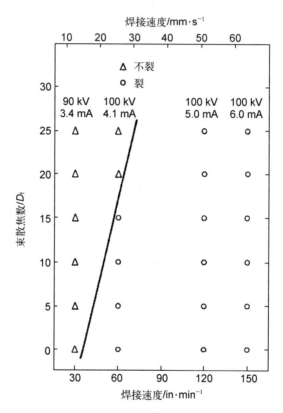

图 5.14　IC25 合金电子束焊缝的开裂作为焊接速度和束散焦条件的函数(取自 David 等[27],经 AWS 同意)

Schulson[28] 和 Chen[29] 把在热影响区(HAZ)的有关开裂归因于晶粒度和硼含量两者。减少母材晶粒尺寸降低在个别晶界上的应力集中,同时硼增加晶界强度。例如,保持晶粒尺寸大约在 20 μm 以下,含硼 200~500 ppm 的合金,发现激光焊缝内没有产生裂纹。

Goodwin 和 David[30] 使用 Sigmajig 试验来研究一些含有加入元素为铬、锆、钼和硼的 Ni_3Al 合金的焊缝凝固裂纹的敏感性。Sigmajig 试验确定促进材料凝固开裂所需的施加应力,在较低的应力下发生开裂与较高的裂纹敏感性有关。其结果示于图 5.16,并与两种奥氏体不锈钢的裂纹敏感性作比较。

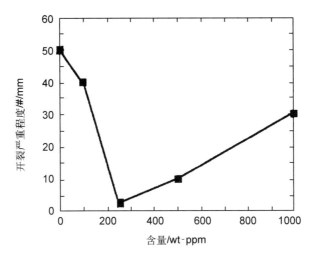

图 5.15　硼含量对 Ni_3Al 合金电子束焊缝开裂的影响
（取自 David 等[27]，经美国焊接学会同意）

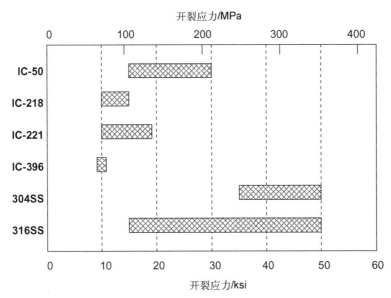

合　金	Ni	Al	Cr	Zr	Mo	B
IC-50	余量	11.3	—	0.6	—	0.02
IC-218	余量	8.5	7.8	0.8	—	0.02
IC-221	余量	8.5	7.8	1.7	—	0.02
IC-396	余量	8.0	7.8	0.8	3.0	0.01

图 5.16　一些含有铬、锆、钼和硼添加物的 Ni_3Al 合金采用 Sigmajig 试验
得出的焊缝凝固开裂敏感性（取自 Goodwin 和 David[30]）

通常,这些合金的抗凝固裂纹能力是十分低的。"延展性"元素铬和锆的加入(为了改善母材热机械加工而加入的)呈现出增加焊缝凝固裂纹的敏感性。Santella 和 Feng[31] 指出,加入锆元素促进 Ni-Ni₅Zr 共晶组成的形成,以及加入 5wt% 锆造成大于 20vol% 的共晶组成。按照 Santella 和 Sikka,随着锆含量增加至大约 4.5wt%(见图 5.17),在 Sigmajet 试验中的开裂阈值应力也随着增加,但是他们不能解释这种有利的影响,或者进一步增加锆超过 4.5wt% 造成较高的开裂敏感性的事实,这是与通常在其他合金系中的"共晶修复"现象相矛盾的。

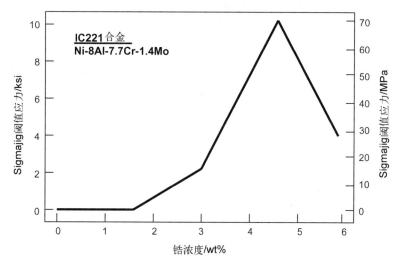

图 5.17 锆浓度对 Ni-8Al-7.7Cr-1.4Mo 合金凝固裂纹敏感性的影响(取自 Santella 和 Sikka[32],经美国焊接学会同意)

5.2.2.2 热延展性行为

因为在 Ni₃Al 合金中焊缝裂纹常发生于热影响区(HAZ),已经评估了这些合金的热延展性行为来确定延展性和温度之间的关系[33,34]。Santella 和 David[33] 研究了加硼 500 ppm 的 IC-25 合金和加硼 200 ppm 的 IC-103 合金的热延展性行为,如图 5.18 所示。对于两种合金加热时的热延展性显示了在 700℃以上延展性跌落。对于硼含量较低的合金显示了加热到 1 100℃(2 010℉)以上时延展性的恢复。当这些材料加热到峰值温度 1 325℃(2 415℉)然后在冷却时试验,对于 IC-103 合金来说,高温延展性峰值消失,而两者一直冷却至 800℃以下都显示了非常低的延展性。对于 IC-25 合金,这种低的冷却时延展性与高的 HAZ 裂纹敏感性有关,但是不能解释为什么 IC-103 合金在 EB 焊接时显示较好的抗

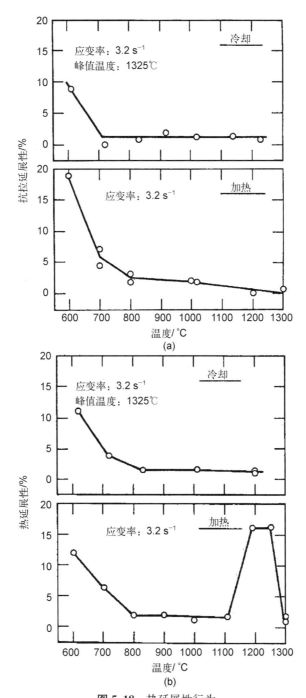

图 5.18 热延展性行为

(a) IC25(500 ppm B);(b) IC103(200 ppm B)(取自 Santella 和
David[33],经美国焊接学会同意)

HAZ 开裂性能。

也发现晶粒尺寸对 Ni₃Al 合金的热延展性行为有影响。Edwards 等[33] 发现,减小 IC-50 粉末冶金方式的晶粒尺寸,造成在 1 000℃(1 830°F)以上热延展性增加,如图 5.19 所示。这些都是在加热时热延展性试验模拟电子束焊缝 HAZ 的加热部分。热延展性的改善与减少滑移途径长度和导入反相畴(APD)组织有关。曾发现,用热处理方式引入高分数的 APD 组织,对这种合金的热延展性提供了明显的改善。

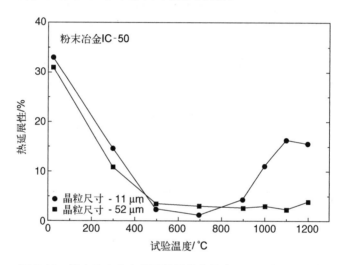

图 5.19 粉末冶金生产的平均晶粒直径为 11 μm 和 50 μm 的 IC-50 合金在加热时的热延展性

5.2.2.3 钎焊

由于严重的裂纹问题与 Ni-Al 化合物合金的熔化焊有关,所以许多研究用钎焊来连接这些材料。特别是,NiAl 合金已经成为许多这些研究的目标,因为它们的低延性和韧性,使得这些合金的熔化焊事实上是不可能的。Gale 等[35,36] 和 Orel 等[37] 已经使用瞬间液相焊(TLP) (也名为扩散钎焊)来连接 NiAl 自身以及与其他镍基合金。使用这种工艺过程,钎焊合金熔化然后由于本体材料扩散至钎焊接头经历等温凝固。在某一研究中,他们使用纯铜钎焊材料连接 NiAl 和镍基超合金 (MM-247)[31]。对于这种组合,在钎焊温度(1 150℃/12 h)下镍扩散至熔融铜内,导致在 20 min 内等温凝固。剪切试验证明,这些接头具有良好的力学性能,结果是在 AlNi 内破坏。Ni-Si-B 钎焊合金也已用于连接 NiAl[32]。采用 Ni-4.5Si-3.2B 钎焊合金(AWS BNi-3),可以在 1 065℃

(1 950℉)和 1 150℃(2 100℉)两个温度下进行钎焊。再有,在这些温度下保温,主要由于硼扩散至 NiAl 本体,造成钎焊接头等温凝固。铝扩散至钎焊接头中,导致 Ni_3Al 的形成以及硼化物(Ni_3B 和 $M_{23}B$)的形成成为可能。对于这些接头的力学性能没有作过报道。

5.2.3 镍铝化合物合金的焊接性小结

几乎在所有情况下,Ni-Al 化合物合金的焊接是非常困难的。NiAl 合金的熔化焊,由于它们低的延性和韧性,实际上是不可能的。Ni_3Al 合金的熔化焊使用 GTA,激光和电子束焊业已得到论证,虽然经常会遇到熔合区和 HAZ 的开裂。电子束焊接在低的焊接速度和适当的聚焦条件下,会产生没有裂纹的焊缝,但条件的范围很窄。加入硼在 250 ppm 的水平时也呈现减少裂纹,但是在低于或高于这种加入量时会造成裂纹的增加。加入铪也已显示会改善 HAZ 的抗裂性。对于在 Ni_3Al 合金中开裂的机理尚无清楚的定义并显示是凝固、液化和固态开裂的组合。许多合金显示出在 HAZ 的开裂比在熔合区有更强烈的倾向。

业已表明,钎焊对于连接 NiAl 和 Ni_3Al 合金是一种可行的方法。虽然高的钎焊温度(950~1 150℃)能造成母材显微组织的改变,已经证明,用这些合金和异种组合可以做到没有缺陷的焊接接头。

参考文献

[1] deBarbadillo, J. J. and Fischer, J. J. 1990. Dispersion strengthened nickel base and iron base alloys, in *ASM Handbook*, *Vol. 2*, ASM International, Materials Park, OH, pp. 943-949.

[2] Stoloff, N. S. 1990. Wrought and P/M superalloys, in *ASM Handbook*, *Volume 1*, ASM International, Materials Park, OH, pp. 950-980.

[3] Kelly, T. J. 1982. *The development of a weldable Fe-Cr-Al ODS alloy* (*ASM Paper 8201-075*), ASM International, Materials Park, OH, pp. 1-30.

[4] O'Donnell, D. 1993. Joining of oxide dispersion strengthened materials, in *ASM Handbook*, *Vol. 6*, ASM International, Materials Park, OH, pp. 1037-1040.

[5] Molian, P. A., Yang, Y. M., and Patnaik, P. C. 1992. Laser welding of oxide dispersion strengthened alloy MA 754., *Journal of Materials Science*, 27: 2687-2694.

[6] Kelly, T. J. 1983. Joining mechanical alloys for fabrication, Frontiers of High Temperature Materials II, Proceedings, Conference, London, Session III. [Paper 1.]; 22-25 May 1983, Suffern, NY 10901, USA.

［7］Kelly，T. J. 1982. Brazing of Inconel alloy MA 754 for high temperature applications，*Welding Journal*，61(10)：317s-319s.

［8］Ekrami，A. and Khan，T. I. 1999. Transient liquid phase diffusion bonding of oxide dispersion strengthened nickel alloy MA 758，*Materials Science and Technology*，15：946-950.

［9］Saha，R. K. and Khan，T. I. 2006. Effect of bonding temperature on transient liquid phase bonding behavior of a Ni based oxide dispersion strenghtened superalloy，*Journal of Materials Engineering and Performance*，15（6）：722-728.

［10］Morimoto，S. and Hirane，T. 1986. Report on the 123rd committee on heat resisting metals and alloys，*Japan Society for the Promotion of Science*，27(2)：255-264.

［11］Nakao，Y. and Shinozaki，K. 1991. Report on the 123rd committee on heat resisting metals and alloys，*Japan Society for the Promotion of Science*，32(2)：209-221.

［12］Kang，C. Y.，North，T. H.，and Perovic，D. D. 1996. Microstructural features of friction welded MA 956 superalloy material，*Metallurgical and Material Transactions A*，27A：4019-4029.

［13］Shinozaki，K.，Kang，C. Y.，Kim，Y. C.，Aritoshi，M.，North，T. H.，and Nakao，Y. 1997. The metallurgical and mechanical properties of ODS Alloy MA 956 friction welds，*Welding Journal*，76(8)：289s-299s.

［14］Moore，T. J. 1968. Friction welding Udimet 700，*Welding Journal*，47(4)：253-261.

［15］Moore，T. J. and Glasgow，T. K. 1985. Diffusion welding of MA 6000 and a conventional nickel base superalloy，*Welding Journal*，64(8)：219s-226s.

［16］Nishimoto，K.，Saida，K.，and Tsuduki，R. 2004. In situ sintering bonding of oxide dispersion strengthened superalloys using pulsed electric current sintering technique，*Science and Technology of Welding and Joining*，9(6)：493-500.

［17］Baker，H. Ed. 1992，*Alloy phase diagrams*，ASM International，Materials Park，OH.

［18］Noguchi，O.，Oya，A.，and Suzuki，T 1981. *Met Trans*，12A：1647-1653.

［19］George，E. P.，Liu，C. T.，and Pope，D. P. 1996. *Acta Mater.*，44(5)：1757-1763.

［20］Darolia，R.，Lewandowski，J. J.，Liu，C. T.，Martin，P. L.，Miracle，D. B.，and Nathal，M. V.（Eds.），*Structural Intermetallics*，TMS，Warrendale，PA，1993.

［21］Deevi，S. C.，Sikka，V. K.，and Liu，C. T. 1997. Processing，properties and applications of nickel and iron aluminides，*Progress in Materials Science*，42：177-192.

［22］Whang，S. H.，Liu，C. T.，Pope，D. P.，and Stiegler，J. O.（Eds.），*High*

Temperature Aluminides and Intermetallics, Proc. ASM/TMS Symposium, TMS-AIME, Warrendale, PA, 1990.

[23] Schulson, S. and Barker, D. R. 1983. *Scripta Metall.*, 17: 519-522.

[24] Liu, C. T. and Kumar, K. S. 1993. *Jour. Metall*: 38-44.

[25] Miracle, D. B. 1993. *Acta Metall. Mater.*, 41(3): 649-684.

[26] Noebe, R. D., Bowman, R. R., and Nathal, M. V. 1993. *Inter. Mater. Rev.*, 38(4): 193-232.

[27] David, S. A., Jemian, W. A., Liu, C. T., and Horton, J. A. 1985. *Welding Journal*, 64(1): 22s-28s.

[28] Schulson, E. M. 1966. in *Brittle Fracture and Toughening of Intermetallic Compounds*, eds. N. S. Stoloff and V. K. Sikka, Chapman and Hall, New York.

[29] Chen, C. and Chen, G. H. 1988. *Scripta Metall.*, 22: 1857-1861.

[30] Goodwin, G. M. and David, S. A. 1990. Weldability of Nickel Aluminides, Proc. IIW Annual Meeting. Montreal, Canada.

[31] Santella, M. L. and Feng, Z. 1996. Analysis of weld solidification cracking in cast nickel aluminide alloys, *4th Int. Trends in Welding Research*, ASM International, pp. 609-614.

[32] Santella, M. L. and Sikka, V. K. 1994. Certain aspects of the melting, casting and welding of Ni_3Al alloys. Proc. 2nd Int. Conf on Advanced Joining Technologies for New Materials, Cocoa Beach FL, USA, American Welding Society.

[33] Santella, M. L. and David, S. A. 1986. A study of heat-affected zone cracking in Fe-containing Ni_3Al alloys, *Welding Journal*, 75(5): 129s-137s.

[34] Edwards, G. R., Maguire, M. C., and Damkroger, B. K. 1990. Relationships between microstructure and HAZ weld cracking, *Recent Trends in Welding Science and Technology*, (ed. S. A. David and J. M. Vitek), ASM International, Metals Park, OH, pp. 649-654.

[35] Gale, W. F. and Guan, Y. 1996. *Metall. Mater. Trans. A*, 27A: 3621.

[36] Gale, W. F. and Guan, Y. 1999. Microstructure and mechanical properties of transient liquid phase bonds between NiAl and a Ni-base superalloy, *Jour. Mat. Science*, 34: 1061-1071.

[37] Orel, S. V., Parous, L. C., and Gale, W. F. 1995. Diffusion brazing of Ni-aluminides, *Welding Journal*, 74(9): 319s-324s.

第 6 章

镍基合金的焊接修复

镍基合金通常用于高温和腐蚀的环境,这些环境会由于腐蚀、开裂或脆化而使材料逐渐劣化。镍基合金价格昂贵,考虑到经济性,往往对有缺陷的材料进行焊接修复而并非直接替换。例如,一些涡轮发动机部件(如机架、叶片等)在服役期内可能经过多次修复。由于在高温环境下母材原有的组织结构会发生变化,因此焊接修复所用工艺可能与原制造工艺有很大的区别。对于沉淀强化和单晶合金的修复,可能会选用与母材成分不同的焊接材料。在修复后需要经焊后热处理恢复力学性能时,尤其对于通过 γ' 相和/或 γ'' 相强化的高性能合金,可能会存在开裂的问题。

本章将讨论与镍基合金焊接修复相关的焊接性问题,包括焊接修复及焊后热处理时通常会遇到的问题以及为确保镍基合金修复成功需采取的预防措施。

6.1 固溶强化合金

固溶强化合金若在服役期间原有的显微组织未发生明显的变化,其焊接修复一般较为简单。如本书第 2、3 章所述,尽管固溶强化合金通常为单相合金,但许多商用合金实际上超出了其溶解极限,导致这些合金在长期的高温服役环境中形成二次相。这些相的形成可能对材料的力学性能以及焊接性造成极大的影响。

图 6.1 为 625 固溶强化合金在 1 200℉(650℃)经历 46 000 h 后的显微组织。在此条件下该合金形成大量的二次相。图中小的沉淀相为 γ'' 相,针状组成为脆硬的 δ 相,晶界上则主要为碳化物。表 6.1 为 625 合金在 1 200~1 600℉(650~870℃)温度区间经过最长 16 000 h 时效后的拉伸性能和冲击韧性,并将结果与供货时退火态的性能进行了比较。从表中可以看出这些相的形成造成塑性和韧性大幅下降。上述显微组织和性能的

变化对长期服役的材料的焊接修复造成很大困难。首先,由于材料塑性的大幅下降,在焊接过程中合金无法产生足够变形以应对焊接残余应力而发生开裂;其次,二次相的存在往往会由于液化而促使开裂。

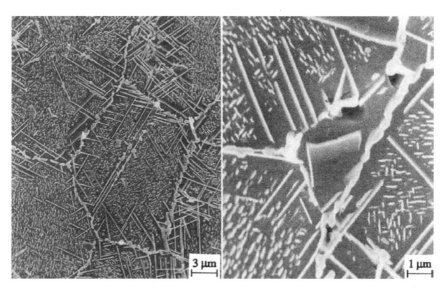

图 6.1　625 合金在 1 200℉经历 46 000 h 后的扫描电镜照片。小的沉淀相为 γ″相,针状组成为脆硬的 δ 相,晶界上则主要为碳化物(取自 Radavich 和 Fort[1])

表 6.1　时效后 625 合金的力学性能变化

时 效 条 件	屈服强度 /ksi	抗拉强度 /ksi	伸长率 /%	冲击韧性 /ft · lb
供货退火态	66	128	46	81
650℃/8 000 h	118	164	18	5
760℃/8 000 h	97	143	13	5
870℃/8 000 h	64	127	26	15
650℃/16 000 h	119	165	12	4
760℃/16 000 h	96	140	12	4
870℃/16 000 h	63	128	32	14

如果这些合金需要焊接修复,通常采用焊前热处理的方法溶解二次相,从而恢复其力学性能和焊接性。为此需要获得这些合金的 TTT 图以确定有效的热处理制度,此将在下一章节进行更详细的讨论。其他固溶强化合金预期会产生类似问题,在长期服役后可能会产生其他相,如 σ 相、P 相和 μ 相。沉淀强化合金通常需要类似的热处理,这将在下一节中进行讨论。

6.2　沉淀强化合金

镍基超合金的修复广泛用于涡轮发动机工业(包括航天航空用以及陆地用的两方面)以达到延长服役寿命、避免高成本更换部件的目的。转动部件修复通常与涡轮机叶片在尖端或边缘处的腐蚀/侵蚀有关。这些部件修复时,采用低热输入的堆焊工艺,包括钨极氩弧焊、激光焊或钎焊等,堆焊至部件原有的形状。随后采用由固溶退火和时效处理组成的焊后热处理恢复部件的力学性能。理想的情况下,修复采用相匹配或接近匹配的填充金属以达到与母材相同或相近的力学性能和抗腐蚀性能。在有些情况下,采用如 625 填充金属之类的固溶强化焊材修复,以避免产生凝固裂纹。然而,采用固溶强化合金焊材修复存在不利方面,即无法通过热处理强化修复焊缝,因而修复部件的高温性能无法恢复至原来水平。

涡轮发动机静止(非转动)部件需要焊接修复的主要原因是服役期间产生的疲劳裂纹。这些部件在焊接修复后必须进行固溶退火和时效,以恢复要求的力学性能。对于镍基超合金的修复焊接性已开展了大量的研究,尤其是 718 合金和 Waspaloy 合金,由于这些合金具有抗应变时效裂纹的性能,已广泛用于航空涡轮发动机热段的静止部件。这些研究大部分集中在经历多次修复和热处理后,焊接性劣化的问题。下面几节将介绍这些合金修复的焊接性问题。

6.2.1　718 合金

锻制和铸态的 718 合金广泛用于涡轮发动机静止(非转动)部件。通过锻制或铸造,718 合金可加工成各种形状,并显示出较强的抗应变时效裂纹(SAC)能力,同时在 650℃(1 200℉)以下保持较高的强度。718 合金抗应变时效裂纹主要是因为合金成分中用铌代替钛和铝作为强化元素,从而形成 $\gamma''(Ni_3Nb)$ 沉淀相,而 γ'' 沉淀相形成速度低于 γ' 相。关于应变时效开裂倾向问题的讨论可以参阅第 4.5.3 节。

在大多数情况下,718 合金采用匹配的填充金属进行修复,此填充金属在焊接后可以通过固溶退火和时效处理使修复部件具有足够的硬度。某些情况下,在修复焊接前进行一次固溶退火,以减小总体拘束从而降低液化裂纹的敏感性。因此,718 合金典型的焊接修复可能进行两次固溶退火。涡轮发动机行业经验表明,由于焊接修复引起的多次固溶退火热处理将导致锻件和铸件显微组织中出现大量的δ相。δ相的累积会造成母材的脆化，从而导致多次修复/焊后热处理后发生开裂。

6.2.1.1　形成δ相的影响

如图 6.2 所示，长期置于 650℃(1 200℉)以上的环境中，γ″沉淀物会形成稳定的正交晶结构 Ni₃Nb 组织，即δ相[2,3]。随着δ相在显微组织中体积分数的增加，718 合金的锻件和铸件的延展性降低，并可能导致"δ相脆化"[4,5]。如果 718 合金服役温度在 650℃以下，服役期间仅形成少量δ相，则可避免脆化。涡轮发动机结构件，需定期进行修复，焊后热处理会导致δ相的形成。通常 718 合金的焊后热处理包括 900～950℃(1 650～1 740℉)固溶退火，随后进行两次时效处理：720℃(1 325℉)保温 8 h 和 620℃(1 150℉)保温 8～10 h。上述热处理过程有助于提高部件的疲劳强度和蠕变性能。

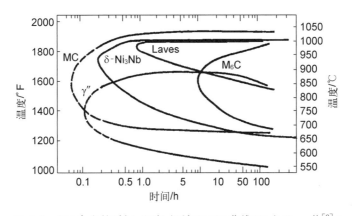

图 6.2　718 合金的时间-温度-沉淀(TTP)曲线(取自 Sims 等[2])

如图 6.2 所示，处于固溶退火温度范围 900～950℃中不到 1 h 就会产生δ相。因此，多次修复和焊后热处理后，显微组织中δ相的形成会导致脆化和焊接性降低。若固溶温度在δ相溶解温度 1 025～1 050℃(1 900～1 950℉)之上，可以避免δ相的形成。但对于锻件，考虑到保持细化晶粒对于材料疲劳强度的作用，不允许在此温度范围内进行热处理。

研究发现 718 合金锻制和铸造显微组织中δ相的累积会影响 718 合金的焊接性。经历多次焊接修复/焊后热处理后，涡轮发动机部件锻件或铸件的母材热影响区含有大量的δ相，增加了开裂的敏感性。图 6.3 为涡轮发动机部件(压缩机尾部机架部分)中 718 合金锻件和铸件开裂的真实案例。这些部件实际的焊接修复/焊后热处理次数不明，但估计约有40 次。图 6.4 和图 6.5 示出这些长期服役母材的显微组织。在锻制部

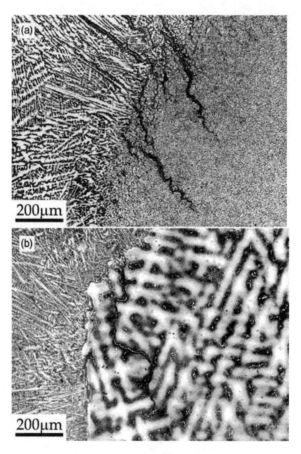

图 6.3 涡轮发动机部件 718 合金修复焊接头热影响区的液化裂纹
(a) 锻件；(b) 铸件（取自 Lu）

件中(图 6.4),δ 相均匀分布,形成连续的晶界网状结构并伴有晶粒内针状沉淀物。在铸造部件中(图 6.5),由于铸件凝固时,发生 Nb 的偏析,针状 δ 相位于枝晶间区域。枝晶间区域同样含有随金属凝固形成的 Laves 相(见第 3 章)。

Lu[6]、Mehl 和 Lippold[7]、Hooijmans 等[8]、Bowers 等[9] 以及 Qian 和 Lippold[10] 已对 718 合金多次修复/焊后热处理后的焊接性问题开展了广泛的研究。这些研究评估了既包括从实际设备 718 合金部件中因修复焊接性差而取下的试样,也包括在实验室中模拟多次修复/焊后热处理情况的特定化学成分的 718 合金。

Mehl 和 Lippold[7] 研究了涡轮发动机部件 718 合金锻件热影响区液化裂纹的敏感性,该部件因修复焊接性差而不得不"退役"。对焊缝金属

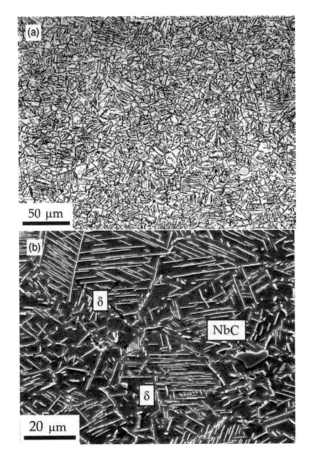

图 6.4　经历多次修复/焊后热处理的涡轮发动机部件 718 合金锻件的显微组织(取自 Lu[6])
(a) 光镜微观照片;(b) 扫描电镜微观照片

和母材进行了试验。母材和焊缝金属分别含有约 26% 和 30% 的 δ 相。此外,对母材和焊缝金属试件分别进行焊后热处理,包括 910℃ 或 1 040℃ 固溶退火处理,以及上文所述的标准两次时效处理。这些试样与从原始部件上取下的试样以及含有 16%δ 相的参考锻件试样一起采用热延性试验进行研究(该试验方法详见第 8 章),试验结果见表 6.2。通过这一试验,确定了液化裂纹温度范围(LCTR),并用其来衡量液化裂纹的敏感性。如表 6.2 所示,热处理以及 δ 相的含量对于 LCTR 的影响较小。通过 1 040℃ 热处理使 δ 相含量降至 10% 以下,可略微减小 LCTR,但改进并不明显。研究认为,通过 δ 相固相线以上温度固溶退火的方法溶解 δ 相,对抗液化裂纹性能仅有微小的改善。

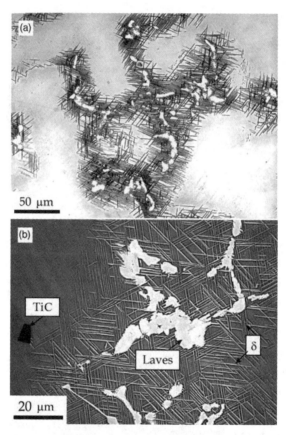

图 6.5　经历多次修复/焊后热处理的涡轮发动机 718 铸件
显微组织（取自 Lu[6]）
（a）光学显微镜；（b）电子显微镜

表 6.2　焊后热处理以及 δ 相体积分数对"退役"涡轮发动机部件 718 合金锻件
母材及焊缝金属液化裂纹温度范围的影响（Mehl 和 Lippold[7] 提供）

状态[(1)]	δ 相体积分数	液化裂纹温度范围/℃
参考试样	16	170
母材锻件	26	190
母材/925℃	26.9	180
母材/1 040℃	8.7	180
焊缝金属	30.5	190
焊缝金属/925℃	17.8	190
焊缝金属/1 040℃	8.1	170

(1) 焊后热处理,包括 910℃ 或 1 040℃（1 700℉ 或 1 900℉）固溶退火处理,以及 720℃（1 325℉）×
8 h 和 620℃（1 150℉）×8 h 的时效处理

　　Hooijmans 等[8]研究了多次修复/焊后热处理对含有控制铌和硼含量的 718 合金锻件、铸件的影响。表 6.3 为这些批次试样的化学成分以及热处理制度。选用 950℃固溶退火可以促进 δ 相形成（见图 6.2）并抑制晶粒长大。试验材料分别经历 20 次和 40 次焊后热处理，并采用热延性试验评估液化裂纹敏感性。在这些材料中形成大量 δ 相，在高铌含量经历 40 次焊后热处理的炉次中尤为明显（如图 6.6 所示）。

表 6.3　经历模拟焊后热处理的 718 合金锻件和铸件的化学成分

锻件号	Nb	B	铸件号	Nb	B
W997	4.4	0.003	C997	4.5	0.004
W995	4.9	0.004	C995	5.1	0.005
W996	5.5	0.005	C996	5.4	0.006

(1) 本表由 Hooijans 等提供[8]。
(2) 名义化学成分（wt%）：Cr 20.0，Fe 18.0，Mo 2.9，Ti 1.0，Al 0.5，C 0.014，Ni 余量；热处理：950℃（1 740℉）×15 min，775℃（1 425℉）×5 h，665℃（1 230℉）×1 h。

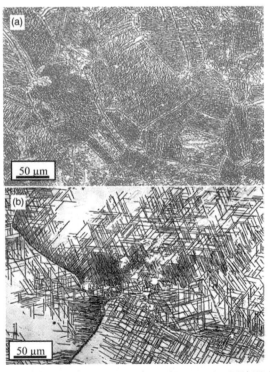

图 6.6　高铌 718 合金经过 40 次 950℃（1 740℉）固溶退火的焊后热处理后，形成大量 δ 相
（a）锻件；（b）铸件（取自 Hoooijmans 等[8]）

　　热延性试验结果表明,无论是锻件还是铸件,焊后热处理的次数以及铌和硼的含量,与液化裂纹温度范围无明显关系。铌和硼含量最低的锻制材料(W997)具有最好的抗液化裂纹性能,铌含量中等和较高的铸件(C995 和 C996)液化裂纹敏感性最高。当热延性试样加热至 1 260℃(2 700℉)时,检查发现大量 δ 相溶解以及铌沿晶界富集的证据,造成在此温度下局部晶界熔化(图 6.7)。根据 Lu 的研究[6],如图 6.8 所示,铸件的晶界熔化也与 Laves 相熔化有关。

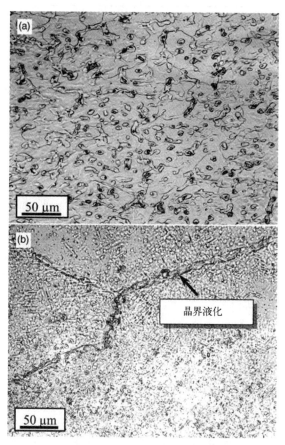

图 6.7　加热至 1 260℃(2 300℉) 的 718 合金热延性试样局部熔化。试验前材料经历 20 次焊后热处理
(a) 锻件;(b) 铸件(取自 Hoooijmans 等[8])

　　Qian 和 Lippold[10] 对长期处在 954℃(750℉)下的含 5%铌的 718 合金锻件的热延性进行了研究。在固溶退火温度保持 40 h 和 100 h,为模拟多次焊后热处理,导致形成 δ 相。本实验中晶粒尺寸保持常数,晶粒直

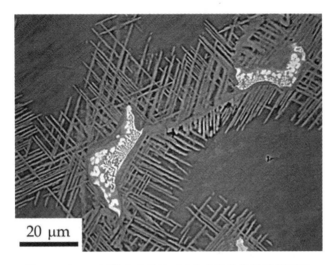

图 6.8 Laves 相沿含 δ 相的 718 合金铸件晶界局部溶解。
试样加热至最高 1 200℃（2 190℉）（取自 Lu[6]）

径平均约 80 μm。同样采用热延性试验评估热影响区的液化裂纹敏感
性。如表 6.4 的热延性数据所示，随着在 954℃保持时间的增加，热延性
试验显示液化裂纹敏感性呈小幅的增加，这是显而易见的。LCTR 保持
40 h 后由 103℃增加至 114℃，保持 100 h 后增加至 127℃。同样，δ 相的
增加对液化裂纹造成的影响非常微小。

表 6.4 718 合金锻件在 954℃（1 750℉）保温最多 100 h 后的热延性试验结果[(1)]

状态	零塑性温度 /℃	零强度温度 /℃	塑性恢复温度 /℃ [(2)]	液化裂纹温度范围 (LCTR)/℃
供货状态	1 199	1 274	1 171	103
954℃/40 h	1 191	1 272	1 158	114
954℃/100 h	1 190	1 276	1 149	127

(1) 本表取自 Qian 和 Lippold[10]，经美国焊接学会同意。
(2) 采用 1 240℃峰值温度确定。

Lu[6] 通过对表 6.3 所列材料的热延性行为的大量金相和断面研究，
总结了 718 合金铸件和锻件液化的起因。图 6.9 为 718 合金锻件和铸件
经过多次修复/焊后热处理后加热时的塑性曲线。对于锻件材料，与富铌
的 MC 碳化物组成的液化以及 δ 相溶解有关的塑性下降导致铌的晶界偏
析。对于铸件材料，塑性下降的起因与 Laves 相液化以及由于富铌的
MC 碳化物组成的液化而造成的附加液化和 δ 相的溶解有关。在这两种

情况下,晶界液化导致塑性下降的温度远低于材料的零强度温度。

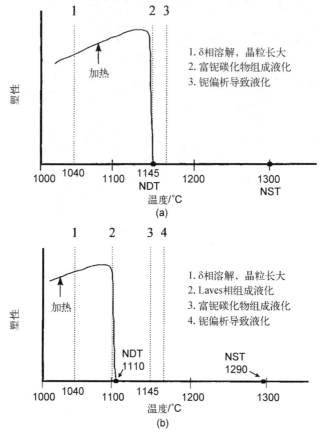

图 6.9　多次修复/焊后热处理后造成 δ 相析出的 718 合金锻件
(a) 铸件;(b) 热延性行为的示意图(取自 Lu[6])

6.2.1.2　恢复性热处理

　　δ 相形成而造成的脆化效应能够通过高温"恢复性热处理"加以改变。为了溶解 δ 相,部件需要加热至溶解线温度以上,约 1 010℃(1 850℉),如图 6.2 所示。对于锻制部件,由于控制晶粒尺寸对于保持高温疲劳性能十分重要,应谨慎采用如恢复性热处理,以免降低材料的使用性能。图 6.10 为对实际工程中含有大量 δ 相的涡轮发动机部件进行恢复性热处理时温度对晶粒尺寸的影响。值得注意的是在 995℃(1 825℉)保温 1 h 对晶粒的增长没有实质变化。在 1 010℃ 至 1 040℃(1 850~1 900℉)范围内晶粒快速增长,这可能是由于 δ 相溶解所造成的。

　　Qian 和 Lippold[11]将 718 合金锻件在 954℃(1 750℉)保温 100 h 形

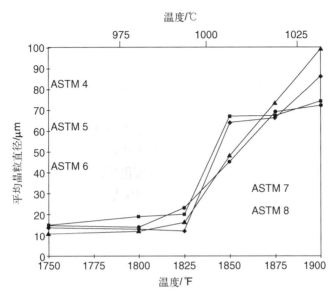

图 6.10　对实际工程使用的 718 合金锻件 1 h 热处理,温度与晶粒尺寸的关系

成大量 δ 析出相后,研究在 995℃至 1 040℃(1 825～1 900℉)范围内保温 2 h 的恢复性热处理的作用。在 995℃进行恢复性热处理可以去除大多数的晶粒内 δ 相,但沿晶界处仍然残留连续的 δ 相薄膜。1 040℃ 热处理几乎将所有 δ 相都除去,但导致晶粒尺寸相对于原来的锻造组织有很大的增长。1 010℃恢复性热处理为较好的折中选择,既考虑了 δ 相溶解又控制了晶粒长大。出乎意料的是,晶粒尺寸在 995℃和 1 010℃ 恢复性热处理后是减小的。下面将对此进行讨论。

用热延性试验评估 1 010℃恢复性热处理对热影响区液化裂纹敏感性的影响。相对于含有高体积分数 δ 相的材料,在恢复性热处理后的材料中观察到液化裂纹敏感性有小幅度的降低,但是是显而易见的。热影响区抗液化裂纹性能的改善可能与 δ 相溶解有关,但也可能与晶粒尺寸的减小相关。1 010℃恢复性热处理消除 δ 相降低了热影响区因焊接修复而在晶界富集的铌含量,并可能因此缩小了产生液化裂纹的温度范围。根据 Qian 和 Lippold[11] 的工作,对于 718 合金锻件在略高于 δ 相溶解线温度进行恢复性热处理,有可能恢复热影响区的抗液化裂纹性能。

在对锻制 718 合金的恢复性热处理的研究中发现有一个十分有趣的结果:在恢复性热处理后的显微组织中,晶粒尺寸减小,增加了"特殊"的晶界[12,13]。相对于含有高体积分数 δ 相的锻件显微组织,晶粒尺寸减小原因看来是与残余热加工变形相关的简单的再结晶机理有关。由于 δ 相消失,导致 δ 相在晶界的钉扎作用消失,从而允许再结晶继续发生。恢复性处理后的微观组织也显示出了大量"特殊"的晶界,它倾向于抑制热影响区液化裂纹。这些特殊的晶界在结晶学上描述为 CSL(重合的点阵结点)模型,表明在邻近晶粒的 CSL 结点数(14~16)。特殊晶界分数的增加由于抗晶间应力腐蚀开裂和蠕变,从而降低镍基合金的开裂敏感性[16,17]。在 718 合金中,这些特殊晶界由于产生退火孪晶,造成晶界分割,从而使液化裂纹钝化,抑制热影响区液化开裂。采用"晶界工程学"的方法可以产生抗修复焊接开裂的显微组织,为 718 合金修复提供了解决焊缝开裂问题的方案。

6.2.1.3   718 合金焊接修复焊接性问题总结

对于 718 合金铸件和锻件的焊接修复可采用修复后热处理强化焊件的匹配焊材。焊后热处理包括固溶退火以及随后的两次时效处理,如 720℃(1 325℉)×8 h+620℃(1 150℉)×(8~10 h)。在某些情况下,也可在修复焊接前对部件进行一次固溶退火,降低修复开裂的敏感性。

固溶退火温度的选择取决于部件的材质以及其工作的环境。对于抗疲劳性能较为重要的锻制部件,关键是保持较细的晶粒尺寸,因此通常在 900~950℃(1 650~1 740℉)温度范围内进行固溶退火。如图 6.2 所示,长时间置于或多次进入该温度区间,会导致形成 δ 相并可能产生 δ 相脆化现象。对于无须控制晶粒尺寸的铸造部件(晶粒已经十分粗大),通常在 δ 相溶解度线以上的温度进行固溶退火。

燃气轮机工业的应用经验表明,经历多次修复和焊后热处理过程的 718 合金部件会逐渐变得难以焊接并在焊接或焊后热处理后发生开裂。通常认为焊接性的劣化与显微组织中 δ 相的积累有关。通过实验室试验以及大量的冶金特性分析,已经有许多 δ 相对 718 合金修复焊接性影响的研究。在锻件和铸件母材中积累的 δ 相增加了热影响区液化裂纹的敏感性,但增加的幅度并不大。修复焊接性的逐渐劣化很可能是由于热影响区液化裂纹敏感性的增大和材料在固态下固有脆化共同造成的。

在 δ 相溶解线以上温度进行恢复性热处理,可以有效地溶解 δ 相并在一定程度上恢复焊接性能。对于注重高温疲劳强度的锻制部件,应谨慎进行恢复性热处理,以控制晶粒过分长大(见图 6.10)。在略高于溶解线的温度,在 980~1 010℃(1 800~1 850℉)范围内进行热处理,能有效地溶解 718 合金锻件中的 δ 相,同时避免晶粒明显长大。通过晶界工程学的方法产生的大量"特殊"的晶界可以提高锻件材料的抗裂性能。

6.2.2 Waspaloy 合金(瓦氏合金)

瓦氏合金是 γ' 相强化的高温超合金,名义化学成分是 20Cr-14Co-1.5Al-3Ti-4Mo-0.05Zr-0.005B。该合金广泛用于涡轮发动机行业的转动和静止部件,焊接性中等。较低的 Al+Ti 含量使其有一定的抗应变时效裂纹的性能,因此在工业应用中常对该合金进行焊接修复以延长该部件的使用寿命。

瓦氏合金一般通过三个步骤强化,包括固溶热处理,随后进行稳定化处理和时效硬化。根据不同的应用,瓦氏合金有两种热处理状态。为了获得较好的高温蠕变和应力断裂性能,如涡轮叶片等所需,采用下列热处理工艺:

- 在 1 080℃(1 975℉)固溶处理 4 h,空冷;
- 在 845℃(1 550℉)稳定化处理 24 h,空冷;
- 在 760℃(1 400℉)时效 16 h,空冷后获得 HRC 32~38 的硬度。

为了同时优化室温和高温的拉伸强度性能,推荐采用下列热处理工艺。圆盘、轴以及大多数薄板和带状部件在这种状态下使用:

- 在 995℃固溶处理 4 h,油淬;
- 重新加热至 845℃(1 550℉)保温 4 h,空冷;
- 在 760℃(1 400℉)时效 16 h,空冷后获得 HRC 32~38 的硬度。

上述两种热处理的主要区别在于固溶处理的温度,在 1 080℃(1 975℉)进行固溶处理可获得最高的应力断裂和蠕变强度,在略低的995℃(1 825℉)固溶处理后可在室温至 815℃(1 500℉)获得较高的抗拉和屈服强度。根据所要获得的性能选取其中一个工艺进行修复焊后的热处理。

瓦氏合金与 718 合金相似,修复焊接性也会在多次修复/PWHT 后劣化。Qian 和 Lippold[18] 研究了模拟修复/PWHT 过程对固溶退火状态瓦氏合金锻制棒材和完全时效状态涡轮盘形锻件的影响。为了模拟多次修复和焊后热处理过程,两种材料都经历了十次 1 080℃×4 h 的热处理,并在 1 080℃等温保持 40 h。两者处在固溶退火温度的总时间均为 40 h。表 6.5 为热处理后两种材料的晶粒尺寸和硬度。可以发现,两种材料的晶粒尺寸都随热处理而大幅增长。盘形锻件显示出双峰晶粒尺寸,并由于锻造的关系存在残余的热加工迹象。热处理后,由于 γ' 相的溶解以及热加工材料退火的关系,盘形锻件硬度大幅下降。

表 6.5　瓦氏合金锻制棒材和盘形锻件在供货状态和高温热
处理后的微观组织以及热影响区的开裂敏感性

材料形态	状　态	晶粒尺寸 /$\mu m^{(1)}$	硬度/HV	LCTR/℃
锻制棒材	供货状态	15	297	209
	1 080℃/40 h	145	325	237
盘形锻件	供货状态	190/46	398	126
	1 080℃/40 h	560/255	277	270
	1 080℃/100 h	586/250	270	85

(1) 盘形锻件材料显示出双峰晶粒尺寸。

再次使用热延性试验评估供货状态和热处理后材料的开裂敏感性。
如表 6.5 所示,锻制棒材的开裂敏感性表征值 LCTR,略微增大(从 209～
237℃)。盘形锻件的裂纹敏感性则在热处理后大幅度增加(LCTR 从
126℃至 270℃)。

对于锻制和锻造的瓦氏合金,热影响区液化裂纹敏感性的增长与
1 080℃(1 975℉)长时热处理引起的晶粒长大有关。未观察到其他的显
微组织变化。锻制棒材的晶粒相对更细小,因此也具有更高的抗裂性能。
对于上述两种材料,晶界液化机理与富钛相、MC 碳化物组成的液化以及
硼在晶界偏析有关。盘形锻件材料相比锻制棒材有更高的硼含量
(0.005wt%∶0.002wt%),这也可能是盘形锻件比棒材裂纹敏感性更大
的原因之一。图 6.11 为 MC 碳化物组成液化以及晶界润湿的示例。这
些扫描电镜照片清晰地表明在质点/基体界面的反应区和局部熔化现象,
具有组成液化机理的特征。

在瓦氏合金盘形锻件中,也发现有"特殊"晶界组分的增加,从而改善
了热影响区的抗液化裂纹性能[12,19]。当圆盘合金在 1 080℃(1 975℉)保
温 100 h,"特殊"晶界的组分大幅度上升,同时导致 LCTR 大幅度减小
(表 6.5)。与 718 合金类似,抗裂性能的改善与抗液化膜润湿的晶界生
长有关,从而改善了材料热延性。如图 6.12 所示的退火孪晶与晶界的交
界处已改变了晶界的特征使其不易发生晶界液化。采用晶界工程技术来
增加特殊晶界在瓦氏合金(和其他镍基超合金)中的组分数,可以有效地
改善超合金的修复焊接性。

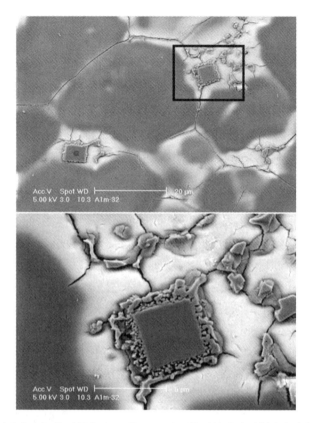

图 6.11　瓦氏合金加热至最高 1 300℃(2 370℉)热延性试验试样中与富钛相、MC 碳化物有关的组成液化(取自 Qian 和 Lippold[18]，经 AWS 同意)

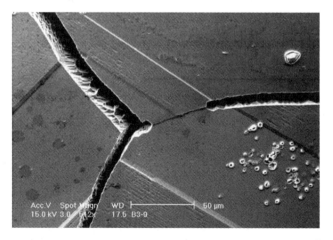

图 6.12　瓦氏盘形锻件抗热影响区液化裂纹的晶界分割。材料在 1 080℃下保温100 h 热处理(取自 Qian 和 Lippold[18]，经 AWS 同意)

6.3 单晶超合金

单晶镍基超合金,具有高温下优异的强度、延展性和抗断裂性能,是航空航天和能源工业十分重要的高温材料。使用单晶镍基超合金有两个突出的优势:首先,由于没有晶界,材料抗蠕变和热机械疲劳的性能得以强化,其次,不需要多晶超合金中用于晶界强化的微量元素(包括碳、硼和锆),它增加了单晶合金的初熔温度。然而,由于单晶生长的复杂凝固工艺,单晶部件的成本十分高。例如,在燃气轮机中,每片单晶叶片的成本为 30 000 美元,每排叶片约为 300 万美元[20]。因此,为了延长寿期和提高其经济性,迫切需要采用可靠的单晶合金修复方法。需要采用焊接方法对单晶部件进行焊接修复,用以去除铸造缺陷以及修补运行中出现的磨损、叶片端部侵蚀和热疲劳裂纹。

成功修复镍基单晶合金,需要在焊接熔池凝固时维持单晶结构。也就是说,凝固必须在下层单晶体外沿开始,而不是在液体中等轴晶形核。这些等轴晶通常被称为"杂散"晶粒[21,22]。焊接熔池中杂散晶粒的形成通常与组成过冷机制有关。焊接过程中,从底层开始向外沿凝固,无须形核[23]。随着凝固的进行,溶质无法溶入液相(对平衡分割系数要小于整体的那些元素)。由于合金成分、固/液界面生长速度以及溶质在液相中扩散的问题,液相通常无法完全通过扩散和/或对流将溶质从界面传入。这就造成了液相中溶质的浓度梯度,溶质在固/液界面上富集形成最高的浓度,在远离溶质界面层处衰减至名义的溶质浓度。如图 6.13 所示,浓度的偏差造成固/液界面前液相线温度的偏差。如果液相中实际温度分布(即温度梯度)处于液相线温度下,然后液相能过冷至低于其液相线温度。在此条件下,平面的固/液界面不再稳定,并被打破形成胞状或树枝状的形态。

打破平面界面,形成胞状或树枝状的形态并不意味着会形成杂散晶粒。事实上,在超合金凝固过程中,很难保持平面的固/液界面,单晶凝固通常以胞状或树枝状模式进行。无论界面是平面还是胞状或树枝状形态,只要一直沿外延生长,就可以保持单晶的结构。因此,严格地讲,传统的组成过冷理论只适用于解释初始阶段打破平面固/液界面,而无法完全解释不考虑形核作用的柱状晶-等轴晶转变的过程。然而,通常认为熔池中心线附近发生的高度的组成过冷对于提供杂散晶粒形核所需的过冷度

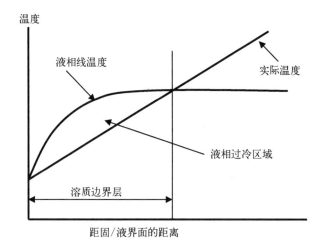

图 6.13　固/液界面前(由于存在溶质边界层)液相线温度与实际液相温度的变化造成液相的过冷

起到重要的作用[23,24]。

　　液相的过冷程度取决于液相的温度梯度以及固/液界面的生长速率。通过图 6.13 可以很清晰地看出温度梯度的作用。造成较高温度梯度的焊接条件,对于减少液态过冷避免杂散晶粒成形有较好的作用。导致较低生长速率的条件是有利的,因为其减小了液相线温度梯度(通过影响溶质进入液相的抑制率)。焊接参数对于温度梯度、生长速率以及由此所造成的杂散晶粒形成倾向的影响,将在下一节中进行探讨。焊接熔池内的温度梯度在熔合界面处最高,中心线处最低。相反生长速率在熔合界面接近于零,在焊缝中心线生长速率达到(或甚至超过)热源运行速度。因此在焊缝中心线处组成过冷程度通常最高,此处高度的组成过冷提供了溶液中形成新核所需要的过冷度,造成柱状晶-等轴晶的转变(CET)并形成杂散晶粒。

　　如图 6.14 所示,Liu 和 DuPont[26] 展示了对单晶合金 CMSX-4 所作焊缝修复的上述效应。图 6.14(a)示出 CMSX-4 修复焊缝截面的光学显微照片,图 6.14(b)为图框区域背散射电子衍射(EBSD)图像。值得注意的是,由于冷却速率的不同,铸件母材与焊缝之间的枝晶距离有很大区别。母材的结晶方向如图所示。可以观察到 3 个不同的枝晶形态区域:A 区,柱状枝晶从基体沿着[001]向外延生长;B 区,外延枝晶沿着[100]方向(热源运行方向)生长;C 区,靠近焊缝顶层 G/V 值较低的区域,由杂散晶粒组成。尽管 A 区和 B 区有明显的"边界",这仅仅表明两个互相垂直的生长方向,但通过 EBSD 模式可以显示 A 区和 B 区仍然保持着单晶的结构。

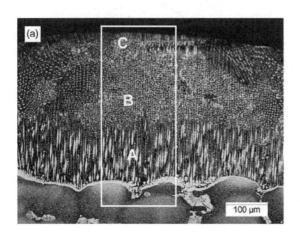

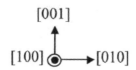

图 6.14 在单晶合金 CMSX-4 上的焊缝修补示例

(a) 光学显微图像;(b) 显示焊缝中的单晶区域和杂散晶粒区域的 EBSD 图像(取自 Liu 和 Dupont[26])

通过对于单晶合金采用不同手段的研究,包括激光表面熔敷(不添加填充金属)[27-29],激光堆焊[30]和电子束焊接,组成过冷的机理已通过大量的实验观察得到证实。例如,David 等[21,22]通过对单晶镍基超合金 PWA 1480 电子束和脉冲激光焊焊缝的研究,发现由于等轴杂散晶粒的形成,在焊接过程中难以保持单晶结构。相反,当相同的实验在相对"纯净"的单晶奥氏体不锈钢 Fe-15Cr-15Ni 上进行时,表明电子束焊缝几乎完美地保持单晶性质[30]。上述两个实验结果的差别通常是由于不同合金的溶质含量造成的。尽管铬和镍在凝固时向液相偏析,但大家知道铬和镍的平衡分配系数(k)与整体很接近,凝固过程中并不存在强烈的偏析[32]。在 Fe-15Cr-15Ni 合金中,上述元素与其他少量的元素一起,降低了凝固时溶质的积累,其结果减小了液相线的温度变化,从而伴随着液相中组成过冷程度的减小。因此,降低了的溶质偏析程度有助于避免柱状-等轴转变的发生。相反,商用的单晶体需要添加替代元素或填隙元素,这些元素大多数在凝固时强烈分离。这就导致了液相更高的浓度梯度,组成过冷度也随之加大。

6.3.1　单晶焊缝修复的控制

如果想在修补过程中成功保留熔合区单晶结构,必须充分理解控制柱状晶-等轴晶转变开始的工艺和材料参数。对于柱状晶-等轴晶转变(CET)的描述,Hunt[33] 提出了近似的分析表达式,将形核速率与枝晶生长过冷公式结合起来建立柱状晶-等轴晶转变的条件。当推进的柱状晶前沿碰到等轴晶时,其生长类型将取决于在过冷区域形成的等轴晶粒的体积分数。当等轴晶的体积分数小于 0.006 6 时,可以认为避免了柱状晶-等轴晶转变,组织结构完全是柱状晶。他导出避免 CET 的下列条件:

$$G > 0.617(100N_o)^{1/3}\left[1 - \frac{(\Delta T_N)^3}{(\Delta T_c)^3}\right]\Delta T_c \tag{6.1}$$

式中,G 为液相中的温度梯度,N_o 为单位体积内多相区间可用于形核的总数,ΔT_N 为形核的过冷度要求,ΔT_c 为固/液界面过冷度,依赖于温度梯度和生长速率,ΔT_c 可以采用枝晶生长的过冷模型进行计算[34,35]。公式(6.1)应用过程中的主要难点在于确定合适的 ΔT_N 和 N_o 值。尽管如此,由于这个模型正确地给出了观察到的各种参数对于柱状晶-等轴晶转变的影响,如生长速率、温度梯度和合金成分等,因而意义重大。

最近,Gaumann 等[36] 将 Hunt 的分析进行了进一步的延伸。Gaumann 等采用扩散公式的合理解答,对液相中孤立的具有抛物线尖端形貌的枝晶的成分分布进行了计算。进而利用这一结果来确定液相线温度轮廓 (T_z)。液相中实际的局部温度分布 ($T_{q,z}$) 受固相排热扩散的控制,可以通过温度梯度和 KGT 模型给出的枝晶尖端温度来确定[35]。液相中任意位置的实际过冷度 (ΔT_z) 由下列公式给出:

$$\Delta T_z = T_z - T_{q,z} \tag{6.2}$$

对于实际过冷大于形核要求的过冷区域中 ($\Delta T_z > \Delta T_N$),等轴晶可能在任何位置形核。过冷区域中等轴枝晶的体积分数可以通过生长公式的积分获得,根据 Hunt 最初的建议,为完全等轴晶结构所需的临界体积分数用来作为柱状晶-等轴晶转变的临界值。通过 Hunt 最初建议的模型与优化后的模型对比可以看出,在低温度梯度和高温度梯度两种方法之间存在着不同。这些差异主要归因于改进的准确预测枝晶尖端过冷度的能力。

根据上面文献[27]描述的方法,图 6.15 给出了镍基单晶 CMSM-4 合金的微观组织选择图的实例。其中,实线给出了固/液界面生长速率值(V)和导致柱状晶-等轴晶转变的液相温度梯度(G)之间的关系。曲线下方为柱状晶区间,属于单晶生长,曲线上方是等轴晶生长区间,出现单晶的可能性很小。通过利用多组元热力学数据库来确定计算该图所需的材料参数。假定 N_o 和 ΔT_N 值分别为 $N_o = 2 \times 10^{15}/m^3$ 和 $\Delta T_N = 2.5℃$。N_o 的增加或 ΔT_N 的减小都将导致等轴晶生长区间的扩大。这一曲线对于焊接修复中根据 G 和 V 的组合来控制单晶的生长具有实际意义。根据热流公式可以将 V 和 G 与焊接参数联系起来,如热源功率、焊接速度和预热温度等,进而完成工艺对组织的控制,成功实现焊接修复。这些将在下面讨论。

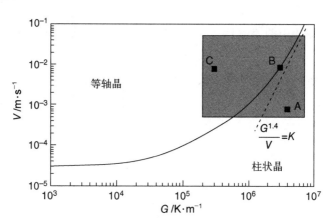

图 6.15 造成 CMSX-4 合金柱状晶与等轴晶生长的
V-G 条件范围工艺图(取自 Gauman 等[27])

Gaumann 等[27,30]建立温度梯度、生长速率,等轴晶体积分数(φ)以及结晶核心密度(N_o)的简化关系式如下:

$$\frac{G^n}{V} = a \cdot \left[\sqrt[3]{\frac{-4\pi N_o}{3\ln(1-\varphi)}} \cdot \frac{1}{n+1} \right]^n \qquad (6.3)$$

式中 a 和 n 是材料常数,可以通过枝晶尖端过冷度的配合计算得出,枝晶尖端过冷度可以由 KGT 模型推导的公式 $\Delta T = (aV)^{1/n}$ 来确定。对于 CMSX-4,a 和 n 的值分别为 $1.25 \times 10^6 \, K^{3.4}/ms$ 和 3.4。在高的温度梯度下这一公式是成立的,此时,N_o 是控制形核最重要的参数,ΔT_N 可以忽略。焊缝可以在不同的 G 和 V 的参数下制备,进而等轴晶的体积分数(φ)可以在焊缝截面上直接计算。在这种情况下,N_o 是公式(6.3)中唯一未知的参数,可以通过计算公式(6.3)中测量 φ 值用实验来确定 N_o。CMSX-4 的 $N_o = 2 \times 10^{15}/m^3$。当 Hunk 提出的完全柱状晶结构的初始条件($\varphi = 0.0066$)满足时,公式(6.3)等号右侧的所有值将是已知的,并且导出避免柱状晶-等轴晶转变的下列条件:

$$\frac{G^n}{V} > K \tag{6.4}$$

式中 K 是取决于 N_o、φ、a、n 的材料常数,对于 CMSX-4,$K = 2.7 \times 10^{24} \, K^{3.4} m^{-4.4} s$。这一近似解见图 6.15 的虚线,可以看出这一近似解比详细计算结果更加严格。尽管如此,公式(6.3)由于使得 V 和 G 与焊接工艺参数直接耦合,因此是非常有用的。

图 6.16 示出 CMSX-4 合金上通过三种不同的工艺条件获得的三种不同焊缝金属的微观组织选择图(曲线标注 A,B,C)。曲线表明 G^n/V 比的变化是熔池深度的函数。G 的值可以用 Rosenthal 热流方程式估算,沿固/液界面的枝晶生长速率(V_{hkl})可以通过 Rappaz 建议的枝晶速率分

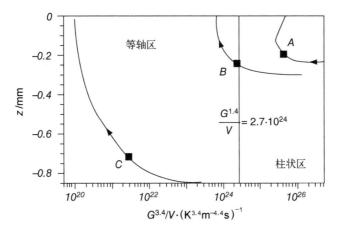

图 6.16　在不同的工艺条件下制备的三种 CMSX-4(A、B 和 C)不同焊缝的微观组织选择图(取自 Gauman[27])

析公式(6.5)确定[31]：

$$V_{hkl} = V_b \left(\frac{\cos \theta}{\cos \psi} \right) \qquad (6.5)$$

式中，θ 是凝固前沿法向与热流传输方向的角度，ψ 是凝固前沿法向与枝晶生长方向的角度。

与预测的一致，G^n/V 比在熔合线（熔池底部）为最大值，随着向焊缝顶部靠近逐渐减小。曲线上给出了 CMSX-4 合金柱状晶-等轴晶转变的临界值。在 G^n/V 低于该临界值的条件下制备的焊缝金属，将保留单晶的结构（比如焊缝 A），当 G^n/V 小于该临界值时制备的焊缝，将发生柱状晶-等轴晶转变，失去单晶结构（如焊缝 B 和 C）。图 6.17 为 A 和 C 焊接工艺条件下焊缝横截面的 EBSD 照片，同时指出了晶粒之间的错误取向角度以便识别单个晶粒。试验结果与图 6.16 的预测一致。

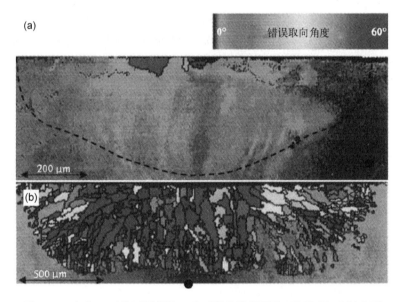

图 6.17 A 和 C 两种不同焊接工艺下焊缝横截面的 EBSD 图，这里为了识别单个晶粒，也指出了晶粒之间的错误取向角度（取自 Gauman[27]）

图 6.18 是 CMSX-4 合金焊接工艺微观组织图，表明了重要工艺参数（热源移动速率 V_b、功率 P 和预热温度 T_0）之间的半定量关系。曲线通过单一的、整合平均的 G^n/V 值计算所得，用来表现熔池中 G 和 V 的变化。较高的速度和较低的功率区代表一个非常低的热输入工艺，不足以造成熔化。在任何焊接速度下，功率的降低有利于熔池温度梯度的提高，

因而是有利的。结果表明焊接速度的影响取决于热源功率的大小。在低功率情况下(比如<~550 W),焊接速度没有明显影响。显然,不论焊接速度和晶粒生长速率的大小,在低的功率条件下较高的温度梯度足以避免达到形核所需要的过冷度。在较高的功率条件下,计算结果表明,焊接速度的提高对于维持单一柱状晶区是不利的。

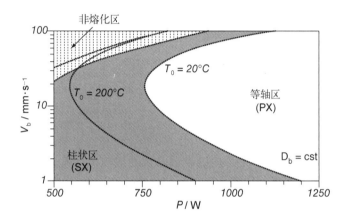

图 6.18 CMSX-4 合金焊接工艺微观组织图表明在焊接速度(V_b)、功率(P)和预热温度(T_0)与枝晶生长类型之间的半定量关系

试验结果已经证实了以上关于功率影响的预测,但是对于焊接速度的影响尚未得到证实。比如,Yoshihiro 等[37] 近期研究了通过激光焊以及钨极气体保护焊获得的 CMSX-4 合金焊缝金属的微观组织,并且采用较宽的功率和焊接速度范围。图 6.19 显示了 Yoshihiro 等的研究成果。研究获得了三种不同的组织形态:从焊缝底部沿着[001]晶向定向生长的单晶、非定向生长的单晶以及具有杂晶的焊缝。非定向生长的单晶证实了垂直于[001]方向生长的枝晶的存在(比如,如上所述,图 6.14 的 B)。试验结果证实了在研究所采用的参数范围内,降低功率和提高焊接速度对于维持单晶结构是有益的。钨极气体保护焊的工艺参数范围小于激光焊。这可能与激光焊高能量密度可以产生较高的温度梯度有关。

Vitek[38] 近期改进了 Gaumann 等[27] 提出的模型,可以对焊接速度的影响进行深入分析。在之前的模型中,G^n/V 用来代表形成杂散晶粒的指示器,在焊缝的中心线计算单一的 G^n/V 数值,并且沿着焊缝厚度方向求平均值。这种做法忽视了凝固相沿晶粒取向的影响,并且由于杂散晶粒的体积分数与 G^n/V 呈非线性关系变化,因此不能提供杂散晶粒倾向的准确描述。采用 Vitek 的新方法,可以在焊缝熔池内不连续的位置直接测定杂散晶粒的

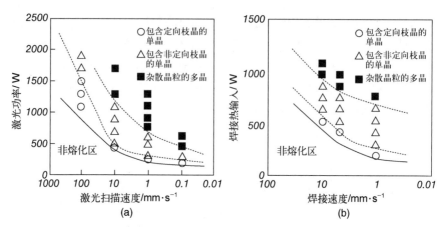

图 6.19 热源功率和焊接速度对 CMSX-4 合金形成杂散晶粒敏感性的影响[37]
（a）激光焊缝；（b）钨极气体保护焊缝

体积分数，进而计算一个面积内的杂散晶粒的加权平均值来表示杂散晶粒的倾向。这种做法改善了熔池形状和环绕熔池 G、V 变化的计算精度。

图 6.20 给出了三种不同焊接热源下焊缝中杂散晶粒加权面积分数（$\bar{\phi}_c$）的变化作为焊接速度的函数。随着功率的降低和焊接速度的提高，形成杂散晶粒的倾向降低（$\bar{\phi}_c$ 降低）。增加焊接速度的作用更加明显。但唯一很小的例外是在最低的焊接功率和速度观察到的，焊接速度的增

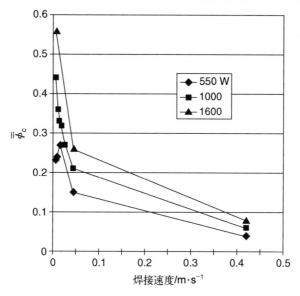

图 6.20 对三种不同的焊接热源焊缝中杂散晶粒的面积加权分数（$\bar{\phi}_c$）的计算值与焊接速度的关系

加导致最初的 $\overline{\phi}_c$ 略有增加，之后随着焊接速度的增加而降低。结果表明，在这一条件下，焊接速度增加导致温度梯度的增加的有利影响比焊接速度提高导致生长速率的提高带来的不利影响更加重要。这可以理解成杂散晶粒的形成取决于 G^n/V（例如，对于 CMSX-4，$n=3.4$）。因此，杂散晶粒的形成对于 G 比 V 更加敏感。在低功率条件下，焊接速度的反常影响可以归结于熔池形状的改变。在低的焊接功率和焊接速度条件下，对杂散晶粒形成而言，焊缝熔池形状是较为敏感因素之一。尽管如此，随着焊接速度的进一步增加，$\overline{\phi}_c$ 迅速降低。

相对于热源移动速度方向的基体取向也能影响杂散晶粒的形成。研究结果表明，当热源移动的方向与容易生长方向晶体 <100> 一致时，往往考虑十分简单的方向。在这种情况下，沿焊缝中心线对称的两侧枝晶的生长速率是相同的。因此杂散晶粒的形成倾向相对焊缝中心线是对称的。实际应用时，相对于易生长方向，要求在非对称的条件下焊接。图 6.21 是 Rene N5 合金进行非对称焊接的一个例子。EBSD 微观组织图片表明大量的杂散晶在焊缝右侧形成。

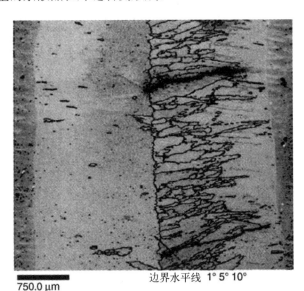

边界水平线 1° 5° 10°
750.0 μm

图 6.21 Rene N5 上非对称焊缝中杂散晶的形成例子（取自 Park 等[24]）

这一结果主要由于在非对称焊接条件下是由垂直焊缝中心线的生长角度（公式（6.5）中的 ψ）不同造成的。在焊缝右侧，由于非对称作用，ψ 值更大。公式（6.5）表明生长速率随着 ψ 的增大而增大。另外，在枝晶生长方向上温度梯度随着 ψ 的增大而减小[38]。因此，G/V 的值经常在焊缝右侧偏低。结果，在焊缝右侧达到柱状晶-等轴晶转变需要的 G/V 临界值，在焊缝左侧 G/V 足够高，足以避免柱状晶-等轴晶转变。在焊缝修复时需要充分考虑晶粒取向的影响。

Park 等[39]在同一工作中证实了冷却速率（温度梯度 G 和焊接速度 V 共同作用的结果）对称穿过焊缝中心线。这对于理解柱状晶-等轴晶转变具有重要意义。由于对流作用进入固相前沿的破碎的枝晶同样可能导致柱状晶-等轴晶转变。这些破碎的枝晶通过形成非均匀的核心导致柱状晶向等轴晶的转变。在这种情况下，和 $G×V$ 降低效果一样，对流作用的影响更加突出，冷却速度的降低可以产生更多的杂散晶粒。图 6.21 中穿过焊缝熔合线的 $G×V$ 趋近于常数，但是形成杂散晶的范围不是恒定不变的。因此，在熔焊中树枝状晶破碎机制是不可控的。

由于熔池形状影响固液界面上枝晶的生长速率和组成的过冷度，因此，焊接熔池形状对于获得单晶结构同样具有重要作用。由公式(6.5)可见，θ 和 ψ 角与熔池形状有关。Rappaz 等[31]利用这一表达式确定枝晶生长的速率与焊缝熔池内的位置有关。利用公式(6.5)可以直接计算给定凝固前沿取向和热源方向上不同位置的＜100＞晶可能的生长速率。主要枝晶生长方向取决于具有最低速率的枝晶的生长方向，而最小的过冷度决定其他可能存在的生长方向。这与固/液界面的法线方向一致，在固/液界面法线方向上温度梯度最大而 ψ 最小。

Liu 和 DuPont 等[25,26,40]将公式(6.5)与熔池的数学模型联系起来扩展了这一分析。将熔池的三维模型近似为椭球体的一部分，如图6.22所示，采用 4 个几何参数 (w, l, h, α) 来表示焊缝形状，其中，w 为短半轴，l 为长半轴，h 为熔池深度，α 是焊缝母材表面与熔合线切线的角度。熔池几何参数受热输入和液体流动形式控制，并且可以通过加热和液体流动模拟计算确定，也可以在试验中直接在现场测量这些参数获得。

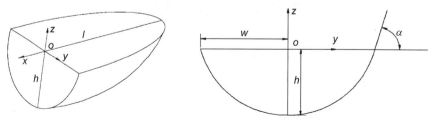

图 6.22 用来预测在单晶中枝晶生长方向和速度的焊缝形状示意图

固相前沿的熔池形状通过下式确定：

$$x = f(y, z) = -A\left[1 - \frac{y^2}{B^2} - \frac{(z-D)^2}{(h+D)^2}\right]^{0.5} \qquad (6.6)$$

其中：

$$D = \frac{h^2}{w\tan\alpha - 2h} \qquad (6.7)$$

$$A = \frac{l(h+D)}{(2hD + h^2)^{0.5}} \qquad (6.8)$$

$$B = \frac{w(h+D)}{(2hD + h^2)^{0.5}} \qquad (6.9)$$

表面的法线方向可以通过下面的分量表示：

$$\vec{n} = \frac{1}{[1 + (\partial f/\partial y)^2 + (\partial f/\partial z)^2]^{0.5}} \begin{vmatrix} 1 \\ -\partial f/\partial y \\ -\partial f/\partial z \end{vmatrix} \qquad (6.10)$$

用公式(6.5)表示该 3-D 熔池模型与枝晶生长分析的耦合可以详细研究熔池形状以及基体取向对枝晶生长方向和速度的影响。试验与计算得到的枝晶生长方向的对比结果如图 6.23 所示，结果趋于一致。

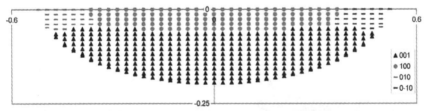

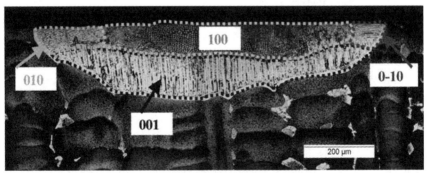

图 6.23　CMSX-4 合金激光焊缝试验和计算得到的枝晶生长方向的比较（取自 Liu 和 DuPont[25]）

图 6.24 为两种不同熔池形状的计算结果比较。图 6.24(a)和 6.24(c)给出了在熔池不同位置枝晶生长速率与光束速率的比值,图 6.24(b)和 6.24(d)是焊缝中枝晶生长活跃的方向。图 6.24(a)和 6.24(b)是在高功率的焊接情况下,熔池深度较深,熔池宽度和深度尺寸相同。图 6.24(c)和 6.24(d)是在低功率的焊接情况下,熔池深度较浅,熔池深度是宽度的一半。此时晶面指数为(100),沿着[100]晶向。熔池形状对于枝晶

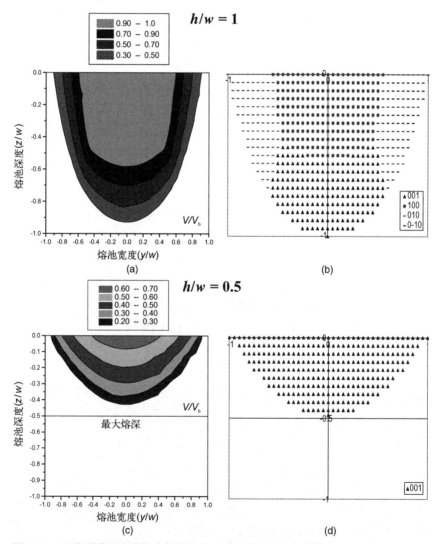

图 6.24 两种不同熔池形状中枝晶生长速率与焊接速度比值[(a)和(c)]以及枝晶优先生长方向[(b)和(d)]作为熔池中位置函数的计算结果:(a)和(b) $h/w = 1$,(c)和(d) $h/w = 0.5$

生长方向和速度具有重要的影响。焊缝较深时,生长集中在四个<100>型方向。枝晶从熔池底部沿着[001]方向生长,在熔池侧面沿着[010]和[0$\bar{1}$0]方向,在熔池背部(沿着热源移动方向)沿着[100]方向。与热源方向一致的沿着[100]的最优生长方向引起最大的生长速率,与相同位置上热源速率相同,如图 6.24(a)所示。当焊缝熔池较浅时[图 6.24(c)和图 6.24(d)],枝晶生长只能从熔池底部开始,结果,最大的枝晶生长速率只有热源速率的 70%。模型结果解释了图 6.19 显示的在 CMSX-4 合金上的试验数据,较高的功率有助于促进熔池侧壁的枝晶生长(作为非定向枝晶)。

图 6.25 显示了在(111)晶面上热源沿着[01$\bar{1}$]方向移动时对基材取

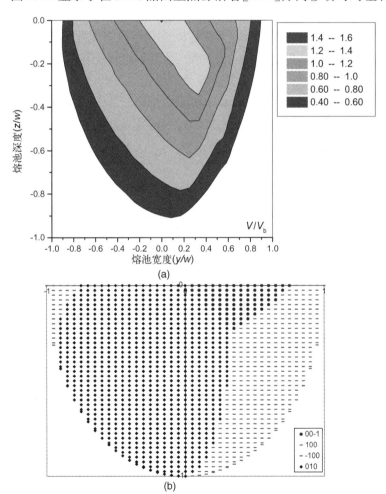

图 6.25　示出在(111)晶面上,热源沿[01$\bar{1}$]方向移动的焊缝,枝晶生长速率与焊接速率的比值(a)和枝晶优化生长方向(b)作为熔池位置函数的计算结果

向的影响。不对称的取向导致枝晶生长方向和速率的不对称。比如,沿着[010]方向生长是开始于熔池左侧壁(在视图所示方向)并且生长完全通过焊缝中心线。亦注意到,与热源方向一致的沿着[00$\bar{1}$]方向的生长与焊缝中心线成一定角度。不对称性的结果导致枝晶生长速率靠近熔池顶部能达到热源速率的 1.4 倍。这些影响解释了图 6.21 所示非对称的杂散晶粒形成。

6.3.2 凝固裂纹

凝固裂纹同样是单晶焊缝修补中的问题。具体实例可以参见图 6.21。凝固裂纹只与焊缝右侧形成的杂散晶的边界有关。凝固裂纹基本上总是沿着杂散晶边界发生。基于已经建立的凝固裂纹机制(在第 3 章描述),由于晶粒边界是最脆弱的部位,因此在此处开裂不足为奇。尽管如此,杂散晶粒的形成并不总是会导致裂纹产生,这也表明除了杂散晶存在的因素之外,还有重要的因素。前期的研究[39,41]已经表明,凝固过程中热机械应力的大小以及杂散晶间的边界角都是控制裂纹敏感性的主要因素。

Wang 等[41]最近通过一系列巧妙的试验来研究晶界错误定向对MC2 单晶合金裂纹敏感性的影响。图 6.26 给出了具有对称倾斜边界的双晶焊缝。此处,倾斜边界 $\theta = \alpha + \alpha$,α 是晶体[100]方向和焊接方向的夹角。为了对比,图 6.26(c)对单晶也进行了比较。[001]方向是平行的,因此 $\theta = \alpha - \alpha = 0$,这样就产生了与双晶焊缝相当的非零的 α 值,但是由于 $\theta = 0$,因此是单晶结构。在一个固定的平板上通过恒定的焊接参数焊制激光焊缝,对于单晶和双晶焊缝的 α 值是不同的。然后测量每条焊缝的裂纹长度,图 6.27 为凝固裂纹长度与 α 的关系。裂纹长度(虚线)小于 $\sim 200~\mu m$ 的情况只在焊接开始时存在,是由两块板之间的最初的未焊接间隙造成的,这些不属于凝固裂纹。这些结果表明,不考虑 θ 值,单晶对于裂纹是不敏感的,对于双晶焊缝,当错误定向角大于 $\theta \approx 13°$ 的临界值时发生开裂。在临界值以上,裂纹的严重程度基本上与 θ 值的变化无关。

这一结果可以归结于晶界错误取向对于晶界能量以及两个晶粒搭接结合和形成固/固边界的抵抗裂纹能力的影响。当晶界能量(γ_{gb})小于 $2\gamma_{sl}$(固/液界面能)时,从相对晶粒分离枝晶的液相是不稳定的,当枝晶间达到相互作用距离 δ 时,将会相互搭接形成固/固边界。δ 表示扩散界面的厚度。对于单晶,$\gamma_{gb} = 0$,单晶晶粒内部的枝晶将会形成相互连接的固

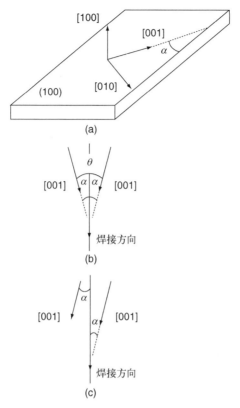

图 6.26　带有对称倾斜边界的双晶焊缝和单晶焊缝示意图（取自 Wang 等[41]）

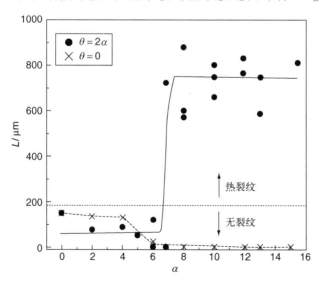

图 6.27　MC2 合金单晶（$\theta = 0$）和双晶（$\theta = 2\alpha$）焊缝裂纹长度与 α 角的关系（取自 Wang 等[41]）

相网络以抵抗裂纹。图 6.28(a)给出了单晶内部的枝晶形状示意图，T_b^a 为固相网络形成的温度。对应的位置固体分数达到 0.94。相反，$\gamma_{gb}>0$，此时晶粒间存在错误取向夹角的枝晶试图搭接形成固/固界面。当 $\theta\leqslant$ 15℃时，γ_{gb} 随着错误取向夹角增大而增大，当 $\theta\geqslant$ 15℃时，γ_{gb} 保持恒定。因此，随着 θ 的增大，最终将达到 $\gamma_{gb}>2\gamma_{sl}$ 的情况。在这种情况下，当温度达到低于 T_b^a 的临界过冷度时，晶粒边界液膜是稳定的。

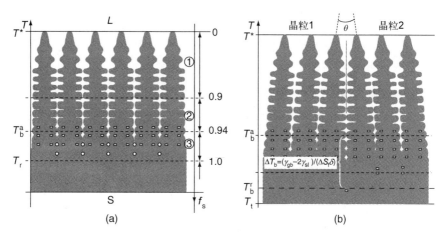

图 6.28　错误取向夹角(θ)对晶间液膜稳定性影响的示意图
(a) $\theta=0$ 的单晶；(b) $\theta>0$ 的双晶

过冷度由下式给出：

$$\Delta T_b = \frac{\gamma_{gb} - 2\gamma_{sl}}{\Delta S_f \delta} \tag{6.11}$$

式中，ΔS_f 是单位体积的熔解熵，δ 是界面厚度。因此，随着 θ 增大，γ_{gb} 增大且根据公式(6.11)，ΔT_b 增大。图 6.28(b)为穿过两个具有错误取向角晶粒的枝晶搭接的示意图。由于液膜在较低温度下是稳定的，固相+液相的裂纹敏感区扩大，最终导致裂纹敏感性增加。引起裂纹的临界 θ 值明显取决于焊接参数和导致裂纹生成和传播的热机械应力。尽管如此，研究结果表明晶界的错误取向对裂纹敏感性具有重要影响。

6.3.3　优化工艺参数

　　上述研究表明，为了获得无裂纹、单晶结构的修复焊缝，正确控制焊接参数，使其获得合适的熔池形状、枝晶生长速度分布以及温度梯度是非常重要的。从焊接参数角度,需要优化焊接功率,焊接速度以及预热温度。单晶取向同样起作用。随着功率的降低和焊接速度的增加,形成杂散晶的趋势减小。其例外的是,除了低功率和焊接速度外,最初增加焊接速度可能是不利的。由于提高预热温度会降低温度梯度,因此提高预热温度是不利的。对称取向对于杂散晶形成的敏感度最小,但比焊接参数的影响要小[38]。虽然避免杂散晶形成能够降低裂纹倾向(因为裂纹主要沿着杂散晶界形成),但还必须同时考虑与形成残余应力的平衡。降低残余应力通常有利于杂散晶的形成——较低的焊接速度,较高的功率,并且采用预热工艺。因此,如上所述,杂散晶的形成与残余应力是一对矛盾,在具体应用时需综合考虑。

Anderson 和 DuPont[42]采用电子束焊接和钨极气体保护焊深入研究了 CMSX-4 合金杂散晶形成和凝固裂纹敏感性问题。对于电子束焊接,图 6.29 给出了杂散晶的面积分数与电子束功率以及焊接速度的关系。图 6.29(a)提供了所有结果的汇总,图 6.29(b)是图 6.29(a)中杂散晶面积分数较小时的情况。在中等焊接速度～6 mm/s 时杂散晶的面积分数达到最大值。之后,随着焊接速度提高,杂散晶面积分数降低。杂散晶含量与焊接速度的关系可以解释为随着焊接速度的变化,温度梯度与生长速率相对增加。焊接速度较低时,焊接速度最初的增加将会引起生长速率的增加,但是温度梯度变化较小。结果,G/V 减小,杂散晶数量增加。焊接速度的进一步增加将会导致温度梯度较大的增加,根据公式(6.3),G 较 V 对杂散晶形成的影响更大(因为 $n=3.4$)。因此,进一步增加焊接速度将会导致杂散晶形成随着减少。焊接功率的增加对于杂散晶形成的不利影响,可以理解为其对于温度梯度的影响。焊接功率增加,温度梯度将会降低,导致焊缝中形成更多的杂散晶。

图 6.30 给出了在钨极气体保护焊焊缝上完成的一组有限的杂散晶测量结果,同时还列出了在 180 W 相同功率下电子束焊缝的测量数据。同时还给出了相同功率下激光焊的对比结果。可以看出钨极气体保护焊较电子束焊接存在更多的杂散晶粒,激光焊接则介于两者之间。杂散晶含量的趋势与这三种焊接工艺的能量密度有关。热源的能量密度影响焊缝熔池的温度梯度,较高的能量密度将会产生较大的温度梯度。因此,用较高能量密度的焊接方法制备的焊缝比在相同的输入功率和焊接速度下用较低能量密度焊接方法制备的焊缝预期会获得较低的杂散晶含量。这一点刚好可以解释钨极气体保护焊缝具有高的杂散晶含量。

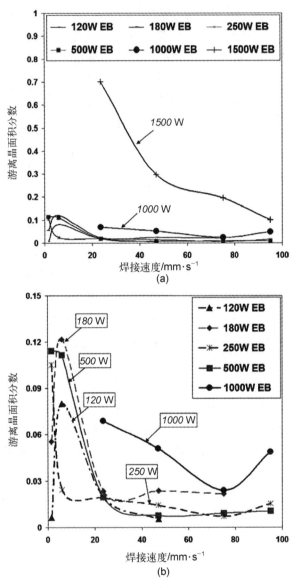

图 6.29 电子束焊接参数对 CMSX-4 合金[100]‖(001)晶面基体取向的焊缝结构内杂散晶面积分数的影响(取自 Anderson 和 DuPont[42])

图 6.31 概括了所有 EB[图 6.31(a)]和 GTA[图 6.31(b)]焊缝的裂纹敏感性与焊接功率及焊接速度的关系。从研究结果中可以清晰地看出低热输入(如低的功率和高的焊接速度)有利于获得无裂纹的焊缝金属。考虑到焊接参数对于杂散晶形成的影响以及杂散晶形成与裂纹敏感性的

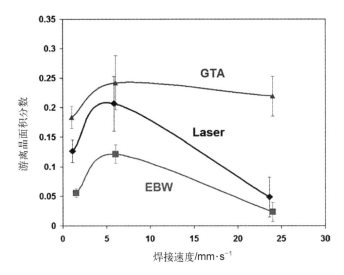

图 6.30　对相同的功率和一定范围的焊接速度下焊接方法对
CMSX-4 合金杂散晶面积分数的影响

联系,这一研究结果完全在意料之中。随着热输入的降低,杂散晶的含量
减小,裂纹敏感性也随之减小。在较低的热输入条件下获得的较小的焊缝
将会表现出更小的凝固收缩应力和更小的裂纹敏感性区域,而这些因素对
于降低裂纹敏感性是有利的,因此裂纹敏感性随着热输入的降低而降低。

　　从图 6.31 可以看出两种焊接方法得到无裂纹焊缝的不同工艺参数
范围。图 6.32 给出了每种焊接方法出现裂纹和无裂纹界线位置的比较。
虽然这些边界位置是粗略的,仅适用于文献[42]的研究条件,但实验结果
清晰地表明了 EB 方法相对于 GTA 方法更具有优势。参考图 6.30,这一
点可能可以归结为功率密度和造成的温度梯度的不同。EB 方法中较高
的功率密度和较大的温度梯度降低了杂散晶的含量,因此,有利于降低裂
纹发生的概率。

　　如前所述,单晶涡轮机叶片的成功修复要求尽量减少杂散晶数量和
凝固裂纹。幸运的是,杂散晶含量的降低有利于获得无裂纹的焊缝,而热
输入的降低有利于降低各种缺陷产生的可能性。图 6.33 总结了 EB 焊
缝热输入对于杂散晶面积分数和裂纹敏感性的影响。结果表明,对于目
前的焊接条件,临界热输入是 13 J/mm。在低于这一热输入条件下获得
的焊缝不会产生裂纹,并且焊缝中杂散晶含量很低(<5%)。

　　十分重要地指出,当杂散晶数量较少时,可以有效地完成焊接修复。
杂散晶的形成(以及与之相关的裂纹)常常出现在修补焊缝的顶部,而这

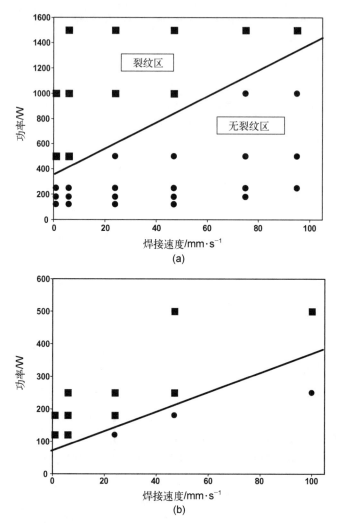

图 6.31 焊接功率和焊接速度对 CMSX-4 合金凝固裂纹敏感性的影响
(a) EB 焊缝;(b) GTA 焊缝(取自 Anderson 和 DuPont[42])

里是过冷度最高的位置。但只要在合适的焊接规范参数下,这些区域可以被随后的焊层重熔,并且被单晶区域所取代。图 6.34 显示了 CMSX-4 合金焊接修复时熔敷一层、两层和十层修复焊缝的情况[30]。一层和两层修复之后,杂散晶占据了熔敷层厚度的大部分区间。尽管如此,多数的杂散晶区域被随后的焊道所重熔并且被单晶层取代。这一方法要求后续层的熔化深度大于之前层杂散晶的深度。为达到这一效果的焊接参数,可以通过热模拟和流体流动模拟来估算。

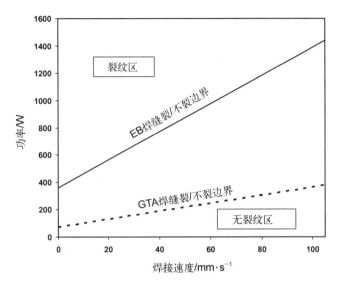

图 6.32　单晶 CMSX-4 合金 EB 焊缝和 GTA 焊缝裂/不裂工艺规范的比较(取自 Anderson 和 DuPont[42])

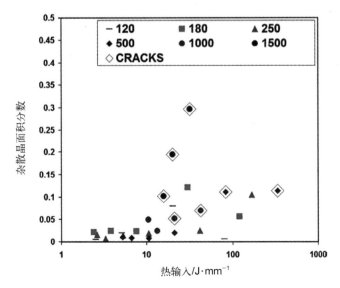

图 6.33　热输入对单晶 CMSX-4 合金 EB 焊缝杂散晶面积分数和裂纹敏感性的影响(取自 Anderson 和 DuPont[42])

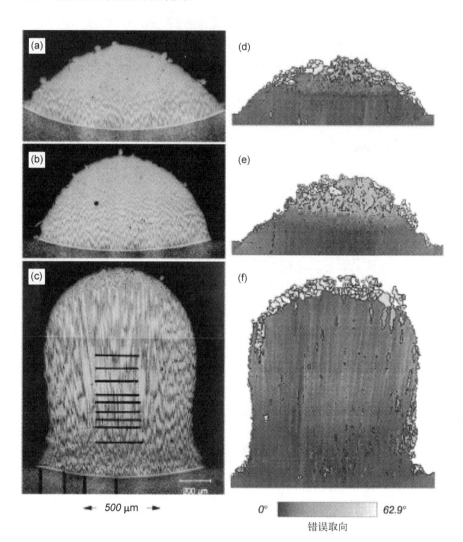

图 6.34　CMSX-4 合金焊接修复的光学显微镜（左侧）和电子背散射（EBSD）（右侧）
（a）和（d）熔敷一层；（b）和（e）熔敷两层；（c）和（f）熔敷十层（取自 Gaumann 等[30]）

参考文献

［1］Radavich, J. E and Fort, A. 1994. "Effects of long term exposure in alloy 625 at 1200 F, 1400 F, and 1600 F," *Superalloys 718, 625, 706 and Various Derivatives*, TMS, Warrendale, PA, pp. 635-647.

［2］Sims, C. T., Stoloff, N. S., and Hagel, W. C. 1987. *Superalloys II*, John Wiley and Sons, New York, pp. 27-188, 495-515.

［3］Brooks, J. W. and Bridges, P. G. 1988. *Metallurgical Stability of Inconel*

Alloy 718, *Superalloys 1988*, ed. S. Reichman, D. N. Duhl, G. Maurer, S. Antolovich, and C. Lund, The Metallurgical Society of AIME, pp. 33-42.

[4] Radavich, J. F. and Korth, G. E. 1992. *High Temperature Degradation of Alloy 718 after Longtime Exposures*, *Superalloys 1992*, ed. S. D. Antolovich, R. W. Stusrud, R. A. MacKay, T Khan, R. D. Kissinger, and D. L. Klarstrom, The Metallurgical Society of AIME, pp. 497-506.

[5] Campo, E., Turco, C., and Catena, V. 1985. The Correlation between Heat Treatment, Structure, and Mechanical Characteristics in Inconel 718, *Metallurgical Science and Technology*, 3, pp. 16-21.

[6] Lu, Q. PhD dissertation, 1999. The Ohio State University.

[7] Mehl, M. and Lippold, J. C. 1997. *Effect of δ-phase precipitation on the repair weldability of Alloy 718*. 4th Int. Symposium on 718, 625, 706, and Derivatives. Edited by E. A. Loria, Pub. By TMS, Warrendale, PA, pp. 731-742.

[8] Hooijmans, J. W., Lin, W., and Lippold, J. C. 1997. *Effect of multiple postweld heat treatments on the weldability of Alloy 718*. 4th Int. Symposium on 718, 625, 706, and Derivatives. Edited by E. A. Loria, Pub. By TMS, Warrendale, PA, pp. 721-730.

[9] Bowers, R. J., Lippold, J. C., and Hooijmans, J. W. 1997. The Effect of Composition and Heat Treatment Cycles on the Repair Weldability of Alloy 718, *Material Solutions '97*, ASM International, Indianapolis, 14-18 September 1997.

[10] Qian, M. and Lippold, J. C. 2003. Liquation Phenomena in the Simulated Heataffected Zone of Alloy 718 after Multiple Postweld Heat Treatment Cycles, *Welding Journal*, 82(6): 145s-150s.

[11] Qian, M. and Lippold, J. C. 2003. The Effect of Rejuvenation Heat Treatments on the Repair Weldability of Wrought Alloy 718, *Materials Science and Engineering A*, 340(1-2): 225-231.

[12] Qian, M. and Lippold, J. C. 2003. The Effect of Annealing Twin-Generated Special Grain Boundaries on HAZ Liquation Cracking of Nickel-base Superalloys, *Acta Materialia*, 51(12): 3351-3361.

[13] Qian, M. and Lippold, J. C. 2007. Investigation of grain refinement during a rejuvenation heat treatment of wrought alloy 718, *Materials Science and Engineering A*, 456(2007): 147-155.

[14] Ranganathan, S. 1966. On the geometry of coincident site lattices, *Acta. Cryst*, Vol. 21, pp. 197-199.

[15] Palumbo, G. and Aust, K. T 1992. Special properties of sigma grain boundaries, *Material Interfaces*, D. Wolf and S. Yip, eds., Chapman and Hall: London, pp. 190-211.

[16] Lehockey, E. M. and Palumbo, G. 1997. On the creep behavior of grain

boundary engineered nickel, *Materials Science and Engineering A*, 237, pp. 168-172.

[17] Palumbo, G. , King, P. G. , Aust, K. T. , Erb, U. , and Lichtenberger, P. C. 1991. Grain boundary design and control for intergranular stress-corrosion resistance, *Scripta Metallurgica et Materialia*, Vol. 25, pp. 1775-1780.

[18] Qian, M. and Lippold J. C. 2002. Effect of Multiple Postweld Heat Treatment Cycles on the Weldability of Waspaloy, *Welding Journal*, 81 (11): 233s-238s.

[19] Qian, M. and Lippold J. C. 2003. The Effect of Grain Boundary Character Distribution on the Repair Weldability of Waspaloy, *Trends in Welding Research VI*, Proc. of the 6th International Conference, ASM International, pp. 603-608.

[20] Cullison, A. 2003. Power industry experiences surge in welding research, *Welding Journal*, 82(9): 40-43.

[21] David, S. A. , Vitek, J. M. , Babu, S. S. , Boatner, L. A. , and Reed, R. W. 1997. Welding of nickel base superalloy single crystals, *Science and Technology of Welding and Joining*, (2): 79-88.

[22] Vitek, J. M. , David, S. A. , and Boatner, L. A. 1997. Microstructure development in single crystal nickel base superalloy welds, *Science and Technology of Welding and Joining*, (2): 109-118.

[23] David, S. A. and Vitek, J. M. 1989. Correlation between solidification parameters and weld microstructures, *International Materials Reviews*, (5): 213-245.

[24] Park, J. W. , Babu, S. S. , Vitek, J. M. , Kenik, E. A. , and David, S. A. 2003. Stray grain formation in single crystal Ni-base superalloy welds, *Journal of Applied Physics*, 94(6): 4203-4209.

[25] Liu, W. and DuPont, J. N. 2004. Effects of melt-pool geometry on crystal growth and microstructure development in laser surface-melted superalloy single crystals. Mathematical modeling of single crystal growth in a melt pool (Part I), *Acta Materialia*, (52): 4833-4847.

[26] Liu, W. and DuPont, J. N. 2005. Direct laser deposition of a single crystal Ni3Al-based IC221W alloy, *Metallurgical and Material Transactions A*, 36A: 3397-3406.

[27] Gauman, M. , Bezencon, C. , Canalis, P. , and Kurz, W. 2001. Single-crystal laser deposition of superalloys: processing-microstructure maps, *Acta Materialia*, 49: 1051-1062.

[28] Narasimhan, S. L. , Copley, S. M. , Van Stryland, E. W. , and Bass, M. 1979. Solidification of a laser melted nickel-base superalloy, *Metallurgical and Material Transactions A*, 10A: 654-655.

[29] Yang, S. , Huang, W. , Liu, W. , Zhong, M. , and Zhou, Y. 2002. Development of microstructures in laser surface remelting of DD2 single crystal,

Acta Materialia, 50: 315-325.

[30] Gauman, M., Henry, S., Cleton, E., Wagniere, J. D., and Kurz, W. 1999. Epitaxial laser metal forming: analysis of microstructure formation, *Materals Science and Engineering A*, 271: 232-241.

[31] Rappaz, M., David, S. A., Vitek, J. M., and Boatner, L. A. 1989. Development of microstructures in Fe-15Ni-15Cr single crystal electron beam welds, *Metallurgical and Material Transactions A*, 20A: 1125-1138.

[32] Brooks, J. A. and Thompson, A. 1991. Microstructural development and solidification cracking susceptibility of austenitic stainless steel welds, *International Materials Reviews*, 36: 16-44.

[33] Hunt, J. D. 1983. Steady state columnar and equiaxed growth of dendrites and eutectic, *Materals Science and Engineering A*, 65: 75-83.

[34] Burden, M. H. and Hunt, J. D. 1974. Cellular and dendritic growth. II., *Journal of Crystal Growth*, 22(2): 109-116.

[35] Kurz, W., Giovanola, B., and Trivedi, R. 1986. Theory of microstructural development during rapid solidification, *Acta Materialia*, 34(5): 823-830.

[36] Gauman, M., Trivedi, R., and Kurz, W. 1997. Nucleation ahead of the advancing interface in directional solidification, *Materals Science and Engineering A*, 226: 763-769.

[37] Yoshihiro, F., Saida, K., and Nishimoto, K. 2006. Study of microstructure in surface melted region of Ni base single crystal superalloy CMSX-4, *Materials Science Forum*, 512(5): 313-318.

[38] Vitek, J. M. 2005. The effect of welding conditions on stray grain formation in single crystal welds — theoretical analysis, *Acta Materialia*, 53: 53-67.

[39] Park, J. W., Vitek, J. M., Babu, S. S., and David, S. A. 2004. Stray grain formation, Thermomechanical stress and solidification cracking in single crystal nickel base superalloy welds, *Science and Technology of Welding and Joining*, 9(6): 472-482.

[40] Liu, W. and DuPont, J. N. 2005. Effects of crystallographic orientations on crystal growth and microstructure development in laser surface-melted superalloy single crystals. Mathematical modeling of single crystal growth in a melt pool (Part II), *Acta Materialia*, 53: 1545-1558.

[41] Wang, N., Mokadem, S., Rappaz, M., and Kurz, W. 2004. Solidification cracking of superalloy single crystal and bi-crystals, *Acta Materialia*, 52: 3173-3182.

[42] Anderson, T. D. and DuPont, J. N. 2009. Stray grain formation and solidification cracking susceptibility of single crystal Ni-base superalloy CMSX-4, submitted for publication to the *Welding Journal*, August, 2008.

第 7 章

异种金属焊接

镍基合金常常用于与异种合金特别是与钢的焊接,镍基填充金属用来连接其他异种组合,如压力容器用钢与不锈钢。合适的选择填充金属对这些异种组合是很重要的,需要有异种焊缝冶金行为方面的知识来避免在制造或运行过程中可能产生的问题。本章描述与异种焊缝有关的焊接冶金和焊接性,包括镍基合金和填充金属两者。特别在堆焊和过渡接头上采用镍基填充金属对发电工业是至关重要的,并将作详细讨论。

7.1 异种金属焊缝的应用

在很多情况下,镍基合金异种组合提供了工程上的优势。一般说来,这些应用抓住了镍基合金焊接材料某些固有性能的有利条件,使得它们成为特殊应用的理想选择。用镍基合金焊接材料焊接其他基本金属的每一项应用通常具有作为铸造或作为熔敷焊缝金属唯一特征的优势,使它们与锻制的母材相比能提供相同的或更好的性能。在第一种情况下,镍基填充金属(通常为固溶强化合金)用于堆焊结构材料,如在动力锅炉中的 Cr-Mo 合金钢水冷壁管。在另一种情况下,镍基填充金属用于在要求高温蠕变和抗热疲劳性能的电厂应用中低合金钢和奥氏体不锈钢的连接。将不锈钢直接焊于碳钢,不管是采用不加填充金属的"压力焊",还是采用奥氏体不锈钢填充金属,热膨胀系数(CTE)的差别能导致碳钢热影响区在高温下长期运行后疲劳和蠕变破坏[1]。采用镍基填充金属提供了贯穿焊接接头的热膨胀系数(CTE)梯度,为在高温下碳钢和不锈钢之间的 CTE 差别构建较好的应力分布。由于使用镍基填充金属,同样也对这种异种组合实现了冶金上的优化。这些将在第 7.3.2 节中作更详细的描述。

另一类应用是某些镍基焊缝金属用于焊接具有较低耐腐蚀性能的

基本金属时,在熔敷状态下显示出卓越的耐腐蚀性能[2]。这类应用克服了众所周知的与母材相匹配的焊缝金属点蚀和缝隙腐蚀,而这种腐蚀是在某些应用场合由于有目的地选择"过量合金化"的焊缝金属而造成铸造焊缝组织偏析所引起的。而且,在通电的活性腐蚀介质内,过量合金化的焊缝金属常常提供合金程度更高的焊缝,因而造成的腐蚀侵袭可扩展到大面积的阳极基本金属,从而保护焊缝避免加速腐蚀侵袭[2]。最后,还有一些要考虑的问题,如在焊态下的低温冲击强度,它导致选用 ERNiCrMo-3 和 ERNiCrMo-4 填充金属来焊接如含 5% 和 9% 镍的低温用钢[3]。异种焊接的另一个典型案例是选择镍基合金来焊接大量不同的铸铁材料。

7.2　焊接参数对熔合区成分的影响

在异种金属熔化焊时,熔敷金属会获得处于两种合金之间的中间化学成分,而化学成分同样会对熔合区的微观组织及其耐蚀性、力学性能和焊接性带来重大的影响。因此,考虑焊接参数的变化是如何影响异种焊缝的化学成分是有用的。熔合区的最终化学成分将与母材和填充金属的各自成分以及母材对填充金属的稀释程度有关。稀释的定义为填充金属成分由于与母材的混合而改变。例如,稀释为 20% 的焊缝是由 80% 的填充金属和 20% 的母材所组成。图 7.1 以最简单的图示形式,示出单道焊缝熔敷在不同成分的母材中,所示简单某案例的混合程度由稀释 D 确定。

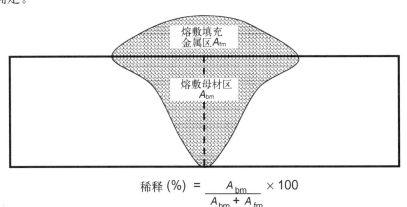

$$稀释(\%) = \frac{A_{bm}}{A_{bm} + A_{fm}} \times 100$$

图 7.1　为计算稀释由熔敷填充金属焊成的焊缝简图

$$D = \frac{A_{bm}}{A_{bm} + A_{fm}} \qquad (7.1)$$

式里,A_{bm}是熔融母材的截面积,A_{fm}是熔敷填充金属的截面积。任何元素 i 在熔合区的浓度(C_{fz}^i)能够通过了解稀释和元素在母材中的浓度(C_{bm}^i)以及在填充金属中的浓度(C_{fm}^i)来确定。

$$C_{fz}^i = DC_{bm}^i + (1 - D)C_{fm}^i \qquad (7.2)$$

其前提是假定在液体状态发生足够的混合,而在焊缝熔敷金属中并未形成宏观成分梯度。早期工作[4,5]指出,在异种金属焊缝中的浓度梯度一般仅集中在靠近熔合边界,其距离约为几百微米。

公式(7.2)预测,熔合区的成分将从填充金属成分($D=0$)到母材成分($D=1$)呈现稀释的线性变化。稀释程度受焊接参数极其明显的影响[6,7]。在简单的单道焊缝中,能够用能量和质量的平衡观点来显示稀释与热源的功率(VI)以及填充金属的体积输送速度(V_{fm})有关,见[4]:

$$D = \frac{1}{1 + \dfrac{V_{fm}E_{bm}}{\eta_a \eta_m VI - E_{fm}V_{fm}}} \qquad (7.3)$$

式里,η_a 和 η_m 是能量转移和熔融效率,E_{bm} 和 E_{fm} 是母材和填充金属的熔融焓。已知不同焊接方法的 η_a 值是用热量计测量的[8],而 η_m 值是能够在了解工艺参数的基础上评估的[9]。$\eta_a \eta_m VI$ 的积代表熔融能量,它是实际用来熔融母材和填充金属的热源功率的一部分。

图 7.2 示出公式(7.3)的曲线图,它对说明工艺参数对稀释的作用是很有用的[4]。送丝速率(V_{fm})作为熔敷功率($\eta_a \eta_m VI$)的函数示于图上。代表不同计算稀释程度的斜线按 10% 的增量绘制。在该例子中 308 型不锈钢熔敷在碳钢上。同样亦绘制出"不可操作区"和"可操作区"之间的边界。该线亦为 0% 稀释线,因为它代表在母材和填充金属之间不会发生混合的条件。用埋弧焊将 308 型不锈钢熔敷在碳钢上所测得的数据同样也置于图上以说明计算的有效性。对于固定的填充金属送丝速率,随着功率的增加,稀释亦增加。在这种情况下,如果填充金属送丝速率固定,那么过量的熔融功率不能被填充金属所吸收,而只会被母材所吸收,造成母材熔融速率的增加,同时亦伴随稀释的增加。填充金属送丝速率等于零相应为自熔焊,它经常有 100% 的稀释,如简图所示。反过来,对

给定的功率,提高填充金属送丝速率会造成稀释的减少,在这种情况下,稀释的减少是由于熔敷填充金属的截面积增加。这时,填充金属消耗了总功率的较大部分,只有较小的能量用来熔融母材。其结果是母材的体积熔化速率减少,稀释降低。在图 7.2 中显示的行为对镍基合金填充金属是相似的。这些对钨极惰性气体保护焊(GTAW)和等离子弧焊(PAW)至关重要,因为这里的送丝速率与焊接电流无关。为了描述这一行为,Gandy 等人提出了功率比和能量密度公式[10]。

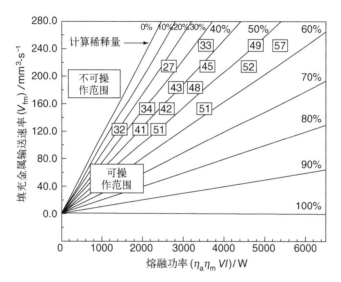

图 7.2 填充金属输送速率和功率对不锈钢稀释的影响(取自 DuPont 和 Marder[4])

虽然在公式(7.3)中没有出现热源的移动速度,它通过影响熔融效率非直接地影响到稀释。熔融效率随着移动速度的增加而增加[8,9]。由公式(7.3)可知,熔融效率的增加造成了稀释的伴随增加。这种趋势已经通过实验观察到[4,11]。消耗电极弧焊方法通常不允许对填充金属输送速度和功率进行单独调节。对于这些方法,填充金属输送速度是设置的,电源的特性控制要求的电流(功率)水平。对于非消耗电极焊接方法,填充金属输送速度和功率能够单独调节,采用这些方法(如钨极气体保护冷丝焊)通常可比较容易地控制稀释。焊接方法的类型会影响到稀释,因为它控制能量转换和熔融效率值(η_a 和 η_m)。因此,用不同方法在相同焊接条件下,获得的焊缝通常会产生不同的稀释程度。同样,用不同的填充金属或母材在相同的工艺条件下获得的焊缝由于熔融焓值(E_{bm} 和 E_{fm})的改变通常亦会产生不同的稀释水平。在多道焊缝中,附加因素会影响到稀释水平,例如,增加在相邻焊道之间的搭接程度,由于母材融化较少会减少稀释。增加预热或道间温度,由于它降低了需要用来熔融母材的能量数,增加了母材的熔化率,因而会增加稀释。在某些情况下,如焊接铸铁,要采用强制性的预热以减少形成马氏体,但是焊接参数应合理选择以避免过量的稀释。当在异种焊接场合控制熔合区化学成分成为重要的时候,需要考虑这些因素。

7.3　碳钢、低合金钢和不锈钢

镍基合金经常用作碳钢与镍基合金或与不锈钢的异种焊缝。在不锈钢堆焊不能提供足够耐蚀性的场合,镍基合金亦用于碳钢的堆焊。在大多数情况下,用于这些场合的是固溶强化镍基合金,因为采用沉淀强化合金获得的附加强度会大大超过钢的强度,为达到该强度所必需的焊后热处理(PWHT)与大多数钢是不一致的。然而,在油田应用的阀门,为了抵抗硫化氢(H_2S)的应力腐蚀开裂(SCC)采用 625 合金堆焊,某些用合金钢 8630 制造的阀门如用沉淀强化填充金属(725 合金)堆焊是有好处的。通过 PWHT 能够把这些填充金属强化到有益的水平,而这是为了将钢在焊接 HAZ 所形成的马氏体获得回火所要求的。

在镍基合金与钢之间较大的成分差别能够造成宽范围的焊缝金属微观组织和性能。在大多数情况下,必须很仔细地控制稀释以避免形成中间相,它会导致脆化或折衷的焊接性。一般说来,由于镍有强烈的奥氏体稳定效应,异种焊缝金属倾向于成为奥氏体组织。然而,焊缝金属的凝固温度范围明显受到铁合金稀释的影响。镍基合金与钢之间的异种焊缝在被稀释的焊缝金属和母材之间亦显示出有成分过渡区。在许多情况下,这种过渡区可以含有马氏体层。以下各节描述在焊缝金属和在异种焊缝熔合边界微观组织的演变,这里是用镍基合金来连接钢的。

7.3.1　确定焊缝金属组织

公式(7.1)提供的焊缝金属稀释公式能够用来计算钢稀释后镍基焊缝金属的成分。几乎在所有的情况下(除非钢的稀释特别高),焊缝金属将是全奥氏体(fcc-Ni),由于凝固偏析,有可能形成某些小部分的二次相。对在碳钢或不锈钢上熔敷的焊缝能够用 Schaeffler 图[12]来确定焊缝金属的组织。该图的开发是用来预测不锈钢的焊缝金属组织（相的均衡），但也能用于碳钢与不锈钢的异种焊缝。

Schaeffler 图示于图 7.3。虽然镍当量轴不容许画上镍基填充金属的化学成分，但能够采用虚拟的连接线来确定母材稀释的影响，并对在靠近熔合边界的成分过渡区能够形成的微观组织提供深入的了解。将假定的镍基填充金属与碳钢或奥氏体钢之间的连接线叠加在图 7.3 上，可以看到，对不锈钢的异种焊缝，连接线完全落在奥氏体相区，预计这种组合的焊缝金属在所有条件下均为全奥氏体。对与碳钢的异种焊缝，所有低于约 75% 的稀释水平为全奥氏体。高于 75% 的稀释（75% 碳钢，25% 镍基填充金属），会在焊缝金属中形成某些马氏体，而高于 85% 时，微观组织将会是全马氏体。实际上要达到高于 50%~60% 的稀释水平是很难的，所以开发含有基本上为马氏体的焊缝金属是不太可能的。然而，在熔合边界必然存在成分过渡区，它跨越由 Schaeffler 图代表的成分区，预计在熔合边界必定存在某些马氏体。这一问题在下一节中将会详细描述。

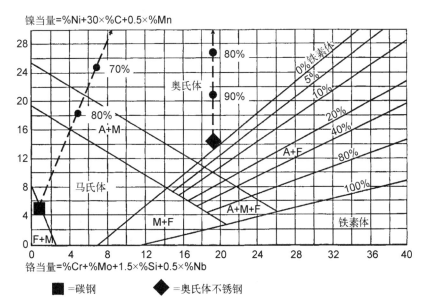

图 7.3　Schaeffler 图有镍基合金与碳钢和奥氏体不锈钢叠加的连接线。沿连接线的百分数代表稀释水平

应该指出，Schaeffler 图仅预测三种主要相的形成（fcc 奥氏体、bcc 铁素体和 bct 马氏体）。其他组织，包括在这些异种焊缝金属中可能形成的碳化物、Laves 相、σ 相等，用 Schaeffler 图是无法预测的。碳化物的形成

会有特殊的兴趣,特别在与碳钢的异种组合中,被稀释的填充金属成分能引入高水平的碳。遗憾的是没有简单的组织图可以用来预测这些次生相的形成。采用计算机技术(如在第 2 章中所描述)对预测在镍基合金与钢之间的异种焊缝金属组成是有用的。应该指出,这些计算的相稳定图是以热力学条件的平衡为基础的,并不能补偿与焊缝金属有关的快速冷却和凝固偏析。为此,应该仅用它们来作为潜在组成的指示器,而不是焊缝金属微观组织的预测器。

7.3.2 熔合边界过渡区

预测过渡区的微观组织可能有困难,因为它可以在非常短的距离内(~1 mm)有很显著的变化。在镍基填充金属与钢母材的异种组合中,该区的微观组织从焊缝金属到 HAZ 可以有明显的不同,而且也是一个局部化学成分梯度和扩散作用的题目。例如,如果母材比焊缝金属有较高的含碳当量(通常为碳钢和多数为镍基填充金属的状况),碳会在焊接或 PWHT 时从 HAZ 向熔合区扩散(或"迁移")[13]。它可能在熔合边界形成窄的并显示高硬度的马氏体区[14]。如果焊缝金属的含铬量高,而母材只有少量的铬或无铬(例如在使用 Ni-Cr 或 Ni-Cr-Fe 与碳钢的状况下),那么在 PWHT 时,碳从 HAZ 迁移到焊缝金属的倾向性是非常高的。

用镍基填充金属的焊缝,微观组织沿熔合边界的演变是十分复杂的。在温度靠近熔点时母材是铁素体(多数为碳钢和低合金钢),焊缝金属为奥氏体的情况下,正常外延的增长会受到抑制。这能导致形成Ⅱ型边界,高低不平地平行于熔合边界伸展[15]。它们与Ⅰ型边界相反,Ⅰ型边界是从母材晶粒沿柱状晶增长进入焊缝金属所形成,其走向大致垂直于熔合边界。

焊缝的熔合边界在"正常"条件下(顶部)的示意图示于图 7.4,此时,母材和焊缝金属在凝固温度下有不同的结晶组织(bcc 对 fcc)[16]。注意到,在异种焊缝中存在着不同的边界,Ⅰ型边界大致垂直于熔合边界发展(沿原始凝固方向),而Ⅱ型边界平行于熔合边界。在正常焊缝凝固条件下不存在Ⅱ型边界,这里母材和填充金属有相似的成分。

人们对Ⅱ型边界有特殊的兴趣,因为大量在服役中开裂的例子,有时也称为"未熔合",与它们有关。如图 7.4 所示,Ⅱ型边界实质上是晶粒边界,它大致平行于熔合边界延伸,但在非常短的距离内(几个微米)进入熔

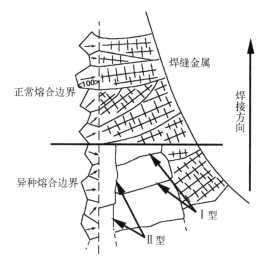

图 7.4　当奥氏体焊缝金属凝固与铁素体母材接触时,形成Ⅱ型边界的示意图(取自 Nelson 等[17],并经美国焊接学会同意)

合区。Nelson 等研究了在铁素体钢上用奥氏体(fcc)填充金属堆焊时Ⅱ型边界的形成机理[16-18]。他们认为,这种边界当基体(碳钢或低合金钢)作为 δ 铁素体存在时,在 fcc 堆焊合金正在凝固的温度下形成。它抑制了在熔合边界正常的延伸成核,而需要 fcc 焊缝金属非均质的成核。然而,在凝固不久,冷却引起碳钢基体转化为奥氏体,然后,原先为 bcc 到 fcc 界面的熔合边界变成 fcc 到 fcc 界面,有相当多的不匹配取向穿过该界面。由于熔合线是高能量边界,它是可移动的。边界由温度梯度和化学成分梯度并由在 fcc 堆焊层合金和 fcc 基体之间点阵参数的不同所造成的应变能量所驱动,短距离迁移到 fcc-Ni 堆焊层,然后,随着焊缝金属的冷却,边界在原位锁定,迁移停止。

在 Nelson 等人著作中叙述的这一机理示于图 7.5。注意到,Ⅱ型边界是在当碳钢(或基体合金)处于奥氏体相区时的温度内形成的。因此,焊接热输入量和 HAZ 的温度梯度会对Ⅱ型边界的形成有某些影响,因为上述这些控制时间,超过它焊缝金属和 HAZ 均为 fcc,并能发生边界迁移。Nelson 等人在纯铁和 409 型铁素体不锈钢上采用 MONEL® 填充金属验证了这一机理。在前一种情况下,只要没有足够的母材稀释使得焊缝金属作为铁素体凝固,就会存在Ⅱ型边界。在后一种情况下,则无Ⅱ型边界形成,因为 409 型钢从室温到熔化是全铁素体,在母材基体中不存在奥氏体,所以图 7.5 中描述的机理无操作性。

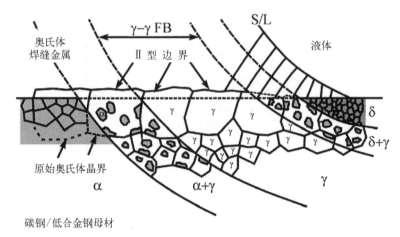

图 7.5 在奥氏体焊缝金属和碳钢/低合金钢之间进行异种焊接时形成Ⅱ型边界的机理(取自 Nelson 等[17],经美国焊接学会同意)

在 MONEL/铁系统中形成的Ⅱ型边界例子示于图 7.6[19]。在形成Ⅱ型边界后,碳钢基体转化为铁素体或其他分解产物,而成分过渡区或其一部分转化为马氏体。马氏体可以延伸至Ⅱ型边界,或止步于此。图 7.6示出马氏体止步于Ⅱ型边界的例子。这里在 bcc 或过渡区的马氏体侧和 fcc-Ni 堆焊层侧之间热膨胀系数不匹配。热循环在该区产生应变,Ⅱ型边界是薄弱的,大约为平的界面,使它成为优先开裂的部位(见第 7.3.3.2 堆焊未熔合一节)。此外,如果使用环境富氢,则马氏体是氢致开裂的潜

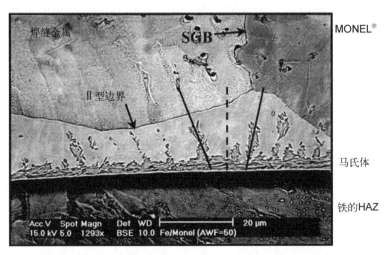

图 7.6 在纯铁上堆焊 MONEL®(70Ni-30Cu)的过渡区(母材稀释 56%)(取自 Rowe 等[19],经美国焊接学会同意)

在位置[20]。

　　在某些异种组合中,由于在碳钢或低合金钢和镍基填充金属之间有成分上的过渡,沿熔合边界可能存在马氏体。如前所述,能够用 Schaeffler 图来预测马氏体的存在。正如图 7.3 所示,预期在镍基填充金属与碳钢母材的异种焊缝熔合边界会形成马氏体层。这种例子示于图 7.7,这里 FM52M(ERNiCrFe-7A)熔敷于碳钢上。这一狭窄区相对于邻近被稀释的焊缝金属和 HAZ 会显示出高的硬度。

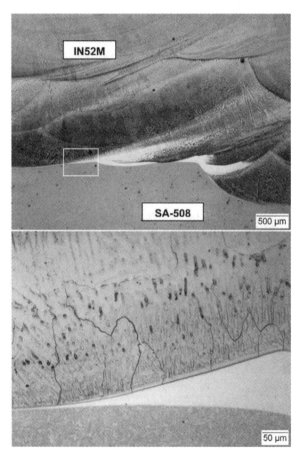

图 7.7　IN52M 堆焊层与 SA508-Cl. 2 接管的界面
上图为 25X 放大倍数。下图为上图照片中划出的区域示出较高倍数放大的界面,200X

　　从碳钢母材穿过熔合边界进入过渡区曾观察到碳的迁移[13,21]。这是由于存在碳的梯度(在碳钢母材中有较高的碳)和在焊缝金属中较高的铬对碳的亲和力所致。这种迁移能够造成在 HAZ 和过渡区局部微观组织的改变。在 Gittos 和 Gooch[21] 著作中所举的例子示于图 7.8。在该研究中,他们采用带极埋弧堆焊将 ERNiCr-3 熔敷在 2.25Cr-1Mo 钢上。可以看到,在焊态条件下[图 7.8(a)]焊缝熔合边界以尖锐的界面出现,

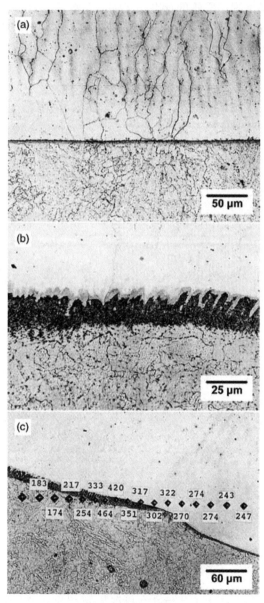

图 7.8　用 ERNiCr-3(FM82)焊带在 2.25Cr-1Mo 钢上堆焊的熔合边界 (a) 焊态;(b) PWHT 690℃(1 275℉)×30 h; (c) PWHT 后横穿界面的 V 氏硬度(Gittos 等[21],经美国焊接学会同意)

而无在焊缝金属中有外延成核和生长的迹象。在界面上窄和暗的浸蚀特征代表未经回火的马氏体。在该微观组织经过回火后(690℃/30 h)，界面上暗的浸蚀区变得更加显现[图 7.8(b)]。这是由于碳从钢向焊缝金属迁移，然后使存在于熔合边界的马氏体获得回火所致。甚至在回火后，该带还有相对高的硬度，如图 7.8(c)的硬度横向分布所示，这里测到的硬度值高于 450 VHN。与使用奥氏体不锈钢填充金属的情况相比，马氏体带的宽度是十分窄的(1~5 μm)。

碳在 PWHT 时的扩散能够在紧靠熔合边界的 HAZ 造成贫碳区。贫碳能够在 HAZ 的狭窄区形成软化的低碳铁素体。曾经报道过，这种局部软化区在运行过程中会导致过早的蠕变断裂[21,22]。其断裂机理将在第 7.3.3.3 节中讨论。

一般认为，采用镍基填充金属会在熔合线上形成薄的马氏体层，而在用不锈钢填充金属时马氏体层相对比较厚。其原因最近已由 DuPont 和 Kusko 做出解释[5]。在其著作中，FM625 和 309L 不锈钢采用电渣焊方法熔敷在 A285 碳钢上，穿过熔合线的成分梯度采用电子探针微观分析(EPMA)进行测量，而靠近熔合线的马氏体层宽度则采用图像分析测量。

图 7.9 示出在采用 309L[图 7.9(a)]和 625 合金[图 7.9(b)]填充金属熔敷的焊缝中观察到的马氏体层光学微观照片。在每张微观照片中黑的垂直线代表 EPMA 痕迹的位置。从这些图上可以看出，马氏体层宽度的变化是显而易见的。马氏体层的厚度范围在 309L 焊缝中为 30~37 μm，而在 625 合金焊缝中仅为 1~3 μm。

主要合金元素(Fe、Ni 和 Cr)穿过焊缝熔合线的变化示于图 7.10。

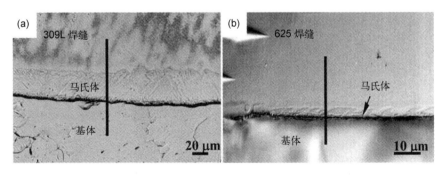

图 7.9　在用(a) 309L 型和(b) 625 合金填充金属制备的堆焊层上在成分过渡区观察到的马氏体层光镜微观照片(取自 DuPont 和 Kusko[5]，经美国焊接学会同意)

用 625 合金填充金属制备的焊缝,其成分梯度是比较陡的,因为与用 309L 不锈钢制备的焊缝相比,名义上的镍含量增加,而名义上的铁含量降低。

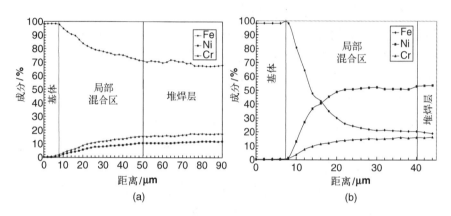

图 7.10 从图 7.9 所示的位置穿过成分过渡区时(a) 309L 和(b) 625 合金在碳钢上的异种焊缝的电子探针微观分析(EPMA)测量(取自 Dupont 和 Kusko[5],经美国焊接学会同意)

成分梯度造成马氏体起始(Ms)温度穿过熔合边界的变化,成分梯度的差别和造成在两个焊缝之间的 Ms 梯度能够用来解释观察到的马氏体宽度的变化。采用测量到的镍、铬和钼值以及估算的碳和锰值来确定穿过成分过渡区(或部分混合区)Ms 温度的变化,如图 7.11 所示。在每张图上的两条曲线代表在被确定的稀释范围基础上最高的和最低的可能 Ms 温度。在过渡区内的马氏体层应从邻近碳钢母材靠近成分梯度的起始处开始,并在 Ms 温度与室温相交的位置结束。正确的起始和结束位置无法非常确切地知道,因为它取决于局部的淬硬性(由局部成分确定)和局部的冷却速度。

然而在图 7.11 上绘制的 Ms 梯度比较清晰地表明,在用镍基填充金属制备的焊缝中可预期有较薄的马氏体层。它能归因于在成分过渡区内有较高的浓度梯度(由于较高的镍浓度),接着,它在过渡区内较短的位置上稳定了奥氏体。根据图 7.11,对用 309L 填充金属制备的焊缝,其马氏体层约为 35~39 μm,对用 625 合金制备的焊缝约为 2~3 μm。这些数值与那些在图 7.9 上对每个焊缝的微观探针痕迹的位置上测得的数值相比相当吻合。对 309L 为~34 μm,对 625 合金为~3 μm。

应该指出,由于成分梯度的变化(液体流动行为的局部变化)和冷却

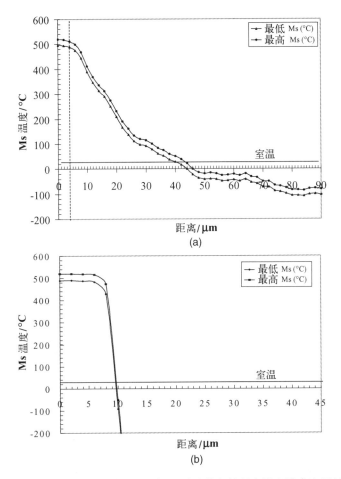

图 7.11　在 EPMA 成分数据的基础上，马氏体起始温度横穿熔合边界的变化
(a) 309L 型；(b) 625 合金（取自 Dupont 和 Kusko[5]，经美国焊接学会同意）

速度的局部变化，马氏体层的精确宽度能够在给定的焊缝内有所变化。此外，当改变是由过程参数造成时，可预期到液体流动行为的变化。本书的任务不是要预测在给定焊缝内，或随着过程参数的变化马氏体层的大小，而是要展示为什么在用镍基合金和不锈钢制备的焊缝中，在马氏体层宽度之间存在差异。这些结果显示出在镍基合金中减小了的马氏体层宽度能够归因于较陡的成分梯度和在成分过渡区内伴生的 Ms 温度。

7.3.3　焊接性

大量的开裂机理与在碳钢和不锈钢之间采用镍基填充金属的异种金属焊缝有关，或与堆焊碳钢有关。这些开裂包括凝固裂纹、沿焊缝金属Ⅱ

型晶粒边界的堆焊层"未熔合"、碳钢热影响区的蠕变断裂以及焊后热处理(PWHT)开裂等。

7.3.3.1　凝固裂纹

在用镍基填充金属连接碳钢和不锈钢的异种焊缝中,或者在这些钢堆焊焊缝中的凝固裂纹可能是一个潜在性的问题,因为这种组合的焊缝金属无可改变地会是全奥氏体(fcc-Ni),甚至在镍基填充金属严重地被钢稀释的条件下也是如此。图 7.12 示出在填充金属 52M(ERNiCrFe-7A)与碳钢A36 和不锈钢 304L 之间异种焊缝中发生的焊缝凝固裂纹的例子。要注意到,在这两种情况下,焊缝金属是全奥氏体,可由明显的焊缝金属亚结构组织(晶格和柱状晶)得到证实。在文献中已有详细报道,作为奥氏体

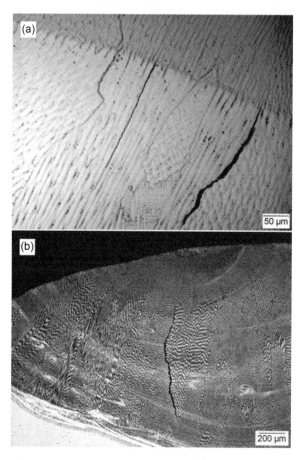

图 7.12　在填充金属 52M(ERNiCrFe7A)异种焊缝堆焊时焊缝凝固开裂的例子
(a) 在碳钢 A36 上;(b) 在不锈钢 304L 上

凝固,并在室温下是全奥氏体的焊缝金属,由于凝固时的偏析以及液体薄膜对润湿奥氏体晶粒边界的倾向性,具有焊缝凝固开裂的固有敏感性。

在镍基合金和钢之间的异种组合中,凝固裂纹的敏感性是焊缝金属被基体稀释的有力函数。对许多用于与钢异种焊接的镍基填充金属(FM82、FM52 和 625 合金)来说,钢的稀释倾向于扩大凝固温度范围。因为凝固温度范围的宽度大致与开裂敏感性成比例,钢的稀释倾向于增加异种焊缝的凝固开裂敏感性。在图 7.12 所示的凝固开裂的情况下,裂纹是由于 FM52M 受到钢基体的稀释而产生的。随着熔敷金属中铁含量的增加,凝固温度范围扩大,导致较高的开裂敏感性。如果稀释低,FM52M 有很好的抗凝固裂纹性能。

在试验用 Ni-7.5Cu 填充金属和 304L 型不锈钢之间的异种焊缝例子示于图 7.13[23]。凝固范围是通过采用单一传感元件差动热分析技术(SS-DTA)[24] 实际测量和由 Scheol-Gulliver 模拟所确定的。注意到,未稀释的填充金属显示其凝固温度范围大约为 100℃,而被 304L 稀释的明显地扩大了范围——30% 的稀释,造成将近一倍的凝固范围。

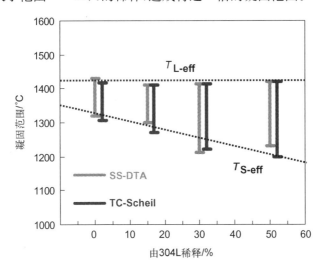

图 7.13 稀释对 Ni-7.5Cu 填充金属和 304L 型不锈钢之间异种焊缝凝固温度范围的影响(取自 Sowards 等人[23])

Avery 和 Kiser 曾对镍和镍基合金的铁、铬和铜的限量做出建议,如表 7.1[25,26] 所示。要注意到,铁和铬的限量是对镍、Ni-Cu 和 Ni-Cr-Fe 体系推荐的,而铜在 Ni-Cr-Fe 体系中的最大限量为 15wt%. 硅在该体系中的限量亦小于 0.75wt%。

表 7.1　为避免在用镍基填充金属焊成的异种焊缝中的凝固裂纹，稀释元素的近似限量[1]（wt%）

焊缝金属	Fe	稀释元素		
		Ni	Cr	Cu
Ni	30%	—	30%	不限
Ni-Cu	25%SMAW 15%GMAW	不限	8%	不限
Ni-Cr-Fe[2]	25%	不限	30%	15%

(1) 本表取自 Avery[25]，经镍发展学会同意。
(2) 硅应限制在小于 0.75%。

　　另一个能影响凝固开裂敏感性的因素是母材的杂质含量。如果钢母材有高含量的硫和磷，填充金属受母材的稀释会在凝固时造成杂质偏析和较高的焊缝凝固开裂敏感性。为降低凝固开裂的敏感性，大多数镍基填充金属含有极低的硫和磷，所以由稀释增加杂质含量会增加其敏感性。虽然没有有关允许杂质含量的明确指导，但一般的规则是若母材的硫含量超过 0.010wt%，磷含量超过 0.020wt%，那么就应该小心对待。在这些杂质含量下，为了避免凝固裂纹，要求仔细控制热输入、稀释和焊道形状。

7.3.3.2　堆焊层分离

　　许多结构钢均用镍基或奥氏体不锈钢填充金属堆焊以提供耐蚀性，特别是在高温下运行时的耐蚀性。堆焊层"分离"一般沿堆焊熔敷金属的Ⅱ型边界发生（见图 7.4～图 7.6）。这种开裂形式通常发生在用奥氏体不锈钢堆焊的结构钢中，但是亦可能发生在用镍基合金堆焊时。对于这种类型失效的精确机理目前还不清楚，但可能包含括碳化物析出、杂质偏析、边界的走向垂直于主应力的方向、在成分过渡区薄的马氏体区中的氢致开裂或者这些因素的组合。在所有情况下，分离发生在沿Ⅱ型边界并表现为晶间破坏。

　　分离可能发生在实际的堆焊操作过程中，在然后的焊后热处理时，或在运行中。很难知道，实际破坏是在制作的那一个阶段发生，因为在PWHT 完成前通常是不进行检测的。不幸的是，在许多通常用于动力工业及其他工业的异种组合中没有办法来避免Ⅱ型边界的形成。

7.3.3.3　在碳钢或低合金钢 HAZ 中的蠕变失效

　　在厚截面结构焊缝中，曾经观察到在钢的 HAZ 靠近熔合边界失效。

在焊接、PWHT 或运行时,碳从 HAZ 向含铬的焊缝金属迁移,造成 HAZ 软性铁素体的微观组织[13,21,22]。在强加的残余应力和热应力作用下(HAZ 和焊缝金属的热膨胀系数不匹配),蠕变裂纹能够沿铁素体晶粒边界发生。在用填充金属 82(ERNiCr-3)焊接的 2.25Cr-1Mo 结构钢和 321 型不锈钢之间的异种焊缝中蠕变失效的例子示于图 7.14,见 Klueh 和 King 的著作[22]。这些失效一般在高温下运行 10 到 15 年后发生。

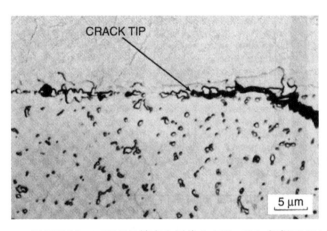

图 7.14　用 ERNiCr-3(FM82)填充金属将 2.25Cr-1Mo 钢焊于 321 型不锈钢,在 2.25Cr-1Mo 钢 HAZ 的蠕变失效。失效发生在较长时间的运行后(取自 Klueh 等[22],经美国焊接学会同意)

为了降低由热膨胀系数不同带来的高温应力,通常采用镍基填充金属来连接不锈钢和碳钢。碳钢在 20～600℃(70～1 110℉)温度范围内的平均线性 CTE 约为 7.5～8 $\mu in/(in \cdot ℉^{-1})$,而奥氏体不锈钢约为 9.5～10(同一单位)。当异种焊缝被加热到高温时,热膨胀系数的差异能造成很大的局部应力。因为碳钢具有较低的 CTE,所以它会约束不锈钢焊缝的膨胀,由此造成在界面上的局部高应力。碳从碳钢热影响区的迁移会导致在强度较高的焊缝金属和母材之间形成非常软的铁素体区,而在该区中会集中高的局部应变。随着时间的增长,发生晶粒边界滑移,最终会导致在碳钢 HAZ 的蠕变或持久失效。

采用镍基填充金属或嵌入物,对降低热导致的 CTE 不匹配应力是有效的,从而可避免开裂。通常当运行温度超过 425℃(800℉)时推荐采用镍基填充金属[25],这是有好处的。因为镍基合金的 CTE[在上面所指的同一温度范围内约为 8 $\mu in/(in \cdot ℉^{-1})$]比较接近于碳钢的 CTE,而不是奥氏体不锈钢。因此,强度较高的镍基合金实际上保护了较弱的铁素体

HAZ,而把大部分由于 CTE 不匹配引起的应力转换到奥氏体不锈钢
HAZ,后者强度要高得多并更抗裂。采用这种横穿焊接接头渐变的 CTE
比在熔合边界突变的 CTE 可以获得较长的使用寿命。因为镍基填充金
属与碳钢和奥氏体不锈钢两者都是相容的,采用如 ENiCrFe-2(Weld
A)、ENiCrFe-3(FM182)或 ERNiCr-3(FM82)等填充金属对避免运行中
的蠕变失效可能是有用的。这些焊缝熔敷金属是全奥氏体的,所以应小
心对待可能出现的焊缝凝固裂纹,正如在第 7.3.3.1 节中所讨论的。图
7.15 示出由电力研究所(Electric Power Res. Ins.)收集和汇总的数据所
组成的柱状图表,该表比较了全球电厂对不同焊缝金属异种接头的平均
寿命[27]。

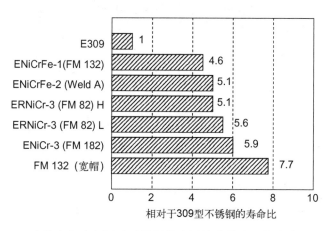

图 7.15　比较在全球电厂对不同焊缝金属异种接头平均寿命的柱状图
表。数字代表相对于标准 309 型不锈钢的寿命比。对 FM82,包含了高
(H)热输入和低(L)热输入的焊缝(经 W. Childs 同意[27])

7.3.3.4　焊后热处理开裂

为了对在碳钢热影响区和熔合边界的成分过渡区形成的马氏体进行
回火处理并消除残余应力,对碳钢异种焊缝往往要 PWHT。对结构钢来
说,这种热处理通常在 650～700℃(1 200～1 290℉)温度范围内进行,时
间最长可达 24 h,这些与钢种和截面厚度有关。有时候 PWHT 能导致焊
缝金属或 HAZ 开裂。在含有铬、钼和钒作为二次硬化介质的压力容器
用钢中,这种开裂通常以"再热"或焊后消除应力开裂的形式出现[28,29]。
异种焊缝中的 PWHT 开裂经常由于在加热时热膨胀系数不同所造成的
应力而加剧。在某些情况下,较低的加热速度直至焊后热处理温度会有
助于消除这些应力,避免在厚截面或较高拘束的焊件中开裂。

7.4　用镍基填充金属焊接不锈钢的焊后热处理开裂

当采用镍基填充金属焊接在高温下运行的 Fe-Ni-Cr 合金时,也可能发生 PWHT 开裂。例如,800H 合金(UNS N08810)往往用 Weld A (ENiCrFe-2)填充金属焊接。在 885～912℃(1 625～1 675℉)温度范围内焊后消除应力处理时,在焊缝金属中和在 HAZ 中都可以观察到裂纹。在 800H 合金厚截面 Weld A 焊缝金属中的 PWHT 开裂例子示于图 7.16,同时还示出伴随的断裂形貌。这些裂纹在焊缝金属中沿迁移的晶粒边界发生,具有热裂纹的特征。假设是在这些焊缝金属中铌的存在导

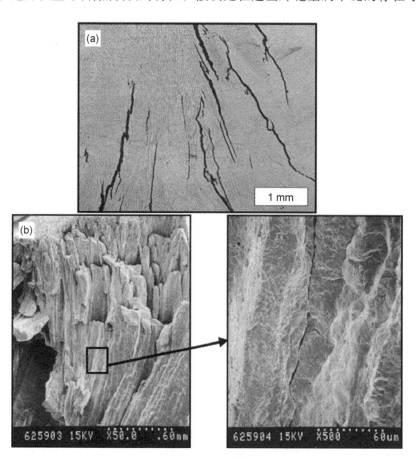

图 7.16　在 900℃消除应力处理后在 ERNiCrFe-2(Weld A)焊缝金属中的 PWHT 开裂
(a) 沿焊缝金属迁移的晶粒边界开裂;(b) 断裂表面形貌

致在 PWHT 时形成 NbC,并伴随应力松弛,造成在晶粒边界开裂(见第 7.7.2 节)。

能够在用镍基填充金属焊接的 800H 合金和其他奥氏体不锈钢合金 (304H、316H)中发生开裂的相关机理命名为"松弛开裂"。这种形式的开裂发生在运行后,在 HAZ 和焊缝金属中都曾观察到。它与在运行温度下形成碳化物和残余应力的逐渐松弛有关,从而导致晶间破坏。松弛开裂的机理相似于再热开裂和 PWHT 开裂,并要求在运行温度下形成强化析出物(这里指碳化物)。这些碳化物局部强化了基体,并在残余应力松弛时使应力集中在沿晶粒边界。PWHT 是避免松弛开裂的最好解药,但其结果经常可能是 PWHT 开裂。在 800H 合金和 800HT 合金使用于高于 540℃(1 000 ℉)的场合,ASME 第Ⅷ卷,UNF‑56 部分规定要 PWHT。按该规程,对小于 1 in 的厚度,PWHT 的最低温度为 885℃ (1 625℉),时间 1.5 h;对超过 1 in 的厚度,时间为 1.5 h 加上增加每英寸厚度 1 h。这种热处理会析出和增大不连续的 $M_{23}C_6$ 颗粒,它比如果不进行 PWHT 则会促使形成脆化的 $M_{23}C_6$ 晶粒边界薄膜要好得多。

7.5 超级奥氏体不锈钢

超级奥氏体不锈钢用于要求在强腐蚀环境中有良好耐蚀性的场合。为了改善耐蚀性,这些相对高镍的不锈钢含有添加的钼(~6-7.5wt%)和较高的氮(直到~0.5wt%)。添加钼和氮促使铁在表面选择性的溶解,导致在钝化膜下富铬,因而提高了耐腐蚀性[30]。与在钝化膜外区的钼酸铁层一起,在膜金属界面也曾检测出氮化物层。这些相曾被推荐来对进一步增强耐蚀性提供二次动力壁垒。然而,在焊缝凝固时,由于钼在奥氏体相中有低的溶解度,故钼优先偏析到最后凝固区。其结果是在焊缝金属的晶格和枝状晶芯部贫钼[31,32]。

此外,钼在奥氏体中的低扩散率和焊接时的快速冷却不会让钼反向扩散到枝状晶芯部来消除浓度梯度。它会导致焊缝金属相对于母材有低的耐蚀性能。图 7.17 提供了这种例子,它示出了钼浓度有序变化的不锈钢母材和焊缝的临界点蚀电势[33]。虽然钼对母材抗点蚀的有利作用是明显的,但熔化焊几乎完全否定了它的有利作用。对暴露在受控腐蚀试验中的 AL6XN 合金自熔焊缝这种局部形式的腐蚀例子示于图 7.18[34]。这些合金亦易凝固开裂,因为它们是作为奥氏体凝固的。

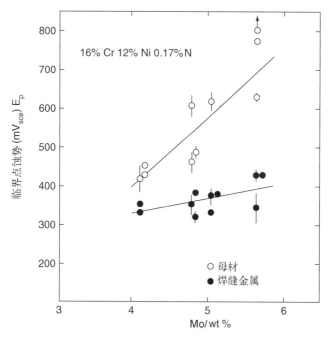

图 7.17　作为含钼量函数的点蚀电势（取自 Garner[33]）

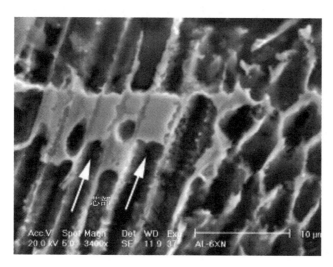

图 7.18　在超级奥氏体不锈钢 AL6XN 自熔焊缝中枝状晶芯部受腐蚀侵袭的例子。箭头指出枝状晶芯部区（取自 DuPont[34]）

当熔焊这些合金时,经常会利用含高钼和高钨的镍基填充金属,因为钨同样提高耐点蚀性能,并在凝固时不像钼那样强烈地分离[35],其结果是枝状晶芯部提供了更为均匀的耐点蚀能力。基于这些理由,有超匹配钼和铬与钨的镍合金常常选用来代替相匹配的填充金属,后者会导致焊缝金属腐蚀[31,32]。虽然这些填充金属不排除钼在凝固时的微观偏析,枝状晶芯部成分含有钨,而且相对于自熔焊缝钼含量有所增加,这样有助于减少优先在枝状晶芯部的侵蚀。按照这种途径,钼(和其他合金元素)的最终分布会受到填充金属成分、焊接参数(它控制稀释和最终的名义焊缝金属成分)和每一种元素分离电势的控制。接着,这些因素会影响到熔合区的凝固行为、最终的耐腐蚀性能和热裂敏感性。由于在实践中,焊缝金属成分可能潜在有较宽的范围,所以在熔合区的开裂敏感性可能会遇到很大的变化。

最近的工作已经建立了在 AL6XN 合金中填充金属成分、焊接参数、焊接微观组织和所得的耐蚀性能以及凝固裂纹敏感性之间的关系[31,32]。在整个稀释范围内用两种不同的填充金属(FM622 和 FM625)制备了熔融焊缝。焊缝是用不同的微观技术来表征的,而耐腐蚀性能是用缝隙腐蚀试验来确定的。凝固开裂敏感性是用差动热分析(DTA)和可变拘束试验来评估的。

图 7.19 示出焊缝的钼和铌名义成分和枝状晶芯部成分作为稀释程度的函数。从两组数据来看,随着稀释程度的增加,名义成分和枝状晶芯部的成分中钼和铌的数量均减少。在图 7.19 中还包含了两个 DTA 试样的枝状晶芯部化学成分,该试样是从重熔和以 0.3℃/s 速率凝固的用 FM622 制备的焊缝中提取的。对这些试样作了分析,以评估钼在用 DTA 技术施加的较慢冷却速度下朝枝状晶芯部方向扩散的潜势。作为比较,熔融焊缝在～300℃/s 的速度下凝固。虽然 DTA 试样以低于焊缝 3 个数量级的冷却速度凝固,Mo 的芯部成分实质上与那些名义成分完全相同的焊缝相当。因此,Mo 的芯部浓度实质上与在考虑的冷却范围内的冷却速率无关。以上这些通过参考在第 3 章中描述的元素偏析概念是能够理解的,该章指出,在奥氏体合金中置换合金元素的反向扩散在大多数冷却速率条件下是非常不一样的。

图 7.20 示出钼和铌的平衡分离系数作为稀释的函数。从腐蚀的前景来看,希望分离系数 k 尽可能接近 1,因为枝状晶芯部成分是以 $C_{芯部}$ ＝

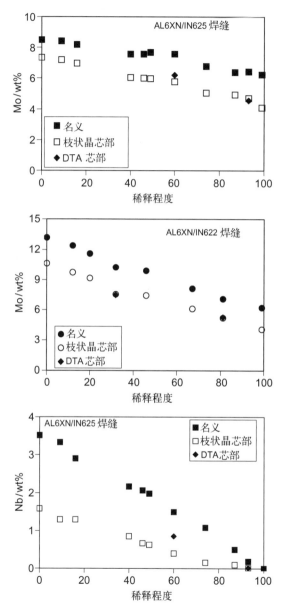

图 7.19　用 FM625 和 FM622 填充金属制备的 AL6XN 焊缝的枝状晶芯部成分作为稀释的函数

（a）在 FM625 中的钼浓度；（b）在 FM622 中的钼浓度；（c）在 FM625 中的铌浓度

kC_0 给出的,这里 C_0 是名义成分。随着铁含量在焊缝中增加(也就是稀释程度增加),钼的分离系数降低。对于铌也观察到类似的趋势。这种作用通过铁对钼和铌在奥氏体中溶解度的影响加以控制。钼的 γ-Ni 中的最大固体溶解度为 35wt%(在 1 200℃),而在 γ-Fe 中最多只有 2.9wt% 的钼能够被溶解(在～1 150℃)[36]。对于铌可以观察到类似的倾向,铌在 γ-Ni 中的最大固体溶解度为 18.2wt%(在 1 286℃),而在相似温度下(1 210℃)在 γ-Fe 中的溶解度仅为1.3wt%。因此,在焊缝中添加铁降低钼和铌在奥氏体中的溶解度,并同时降低钼和铌的 k 值。接着,它增加了这些元素在凝固时的分离。由于熔合区成分与电弧的能量和填充金属的容积输送速度有关[37],钼和铌的偏离势能会受到焊接参数的非直接影响。

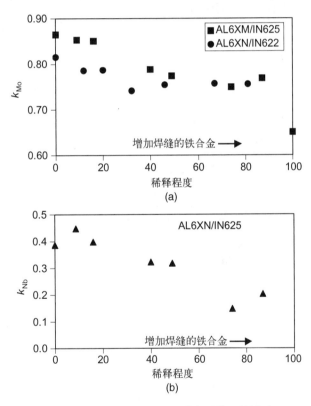

图 7.20 AL6XN 的稀释对分离系数 k 的影响
(a) 在 FM622 和 625 中的钼;(b) 在 FM625 中的铌

提高镍基填充金属中的铁含量扩大了凝固温范围,因此也增加了焊缝凝固开裂的势能。图 7.21 示出用可变拘束试验确定的作为稀释程度函数的裂纹总长度[32]。采用 316L 型不锈钢作为本研究的基线,因为它显示出对焊缝凝固开裂的最佳抗力。正如图 7.21 所示,AL6XN 合金和用镍基填充金属制备的焊缝与 316L 合金相比对开裂具有更大的敏感性。这是可以预料的,因为 316L 以初始铁素体形态凝固,它提供了优良的抗裂性能。相反,AL6XN 合金和用镍基合金制备的焊缝在奥氏体初始形态凝固,并可预期增加开裂敏感性。用 FM625 制备的焊缝显示出最差的抗凝固开裂能力,并随着稀释的降低,开裂敏感性增加。相反,用 FM622 制备的焊缝抗凝固开裂能力较好,开裂敏感性对稀释程度并不特别灵敏。

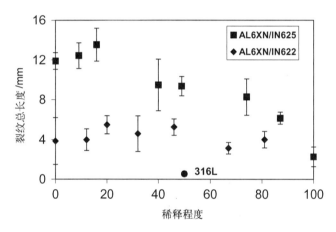

图 7.21　受 AL6XN 稀释的 FM622 和 625 填充金属的可变拘束试验结果。为了比较也包含了 316L 不锈钢(取自 Dupont 等[32],经美国焊接学会同意)

　　AL6XN 自熔焊缝和用 FM622 制备的异种焊缝显示出两步凝固反应程序,表现为 L→γ,随后为 L→(γ+σ)。用 FM625 制备的焊缝经历三步凝固过程:L→γ,L→(γ+NbC),随后为 L→(γ+Laves)。表 7.2 汇总了母材和填充金属以及与用每种填充金属制备的焊缝一起在同一稀释程度下的凝固行为。数据限制了对每一种填充金属与 AL6XN 异种焊缝所期待的可能出现的范围。在 AL6XN 母材上的自熔焊缝在相对窄的 56℃的温度范围内凝固。FM622 填充金属显示出相似的反应程序,并在较大的 108℃温度范围内凝固。在 AL6XN 和 FM622 之间的焊缝显示出与"终端成员"同样的反应程序,并显示出 78℃的中间的凝固温度范围。这种凝固温度范围的改变首先能归因于 L→(γ+σ)反应温度随焊缝中铁含量的增加而增加。这种铁对 L→(γ＋Laves)反应的影响在用 FM625 制备的焊缝中亦曾观察到,并在其他著作中亦有记载[38]。然而,用 FM625 制备的熔化焊缝的一般凝固行为是十分不同的。在这种情况下,添加铌导致在低温下形成 Laves 相,造成凝固温度范围的显著扩大。这种在反应程序和凝固温度范围上的差异部分地说明用 FM622 和 FM625 制备的焊缝之间在焊接性上所观察到的差别。

表 7.2　采用差动热分析(DTA)确定的 AL6XN、FM622 和 FM625 的凝固数据[(1)]

合金/焊缝	液相线温度 /℃(℉)	最终反应	最终反应温度/℃(℉)	凝固温度范围 /℃(℉)
AL6XN	1 410(2 570)	L→(γ＋σ)	1 354(2 470)	56(100)
FM622	1 393(2 540)	L→(γ＋σ)	1 285(2 345)	108(195)
FM625	1 360(2 480)	L→(γ＋Laves)	1 152(2 105)	208(375)
AL6XN/IN622 (46％稀释)	1 383(2 520)	L→(γ＋σ)	1 305(2 380)	78(140)
AL6XN/IN625 (46％稀释)	1 368(2 495)	L→(r＋Laves)	1 172(2 140)	196(355)

(1) 本表取自 Banovic 等[32],经美国焊接学会同意。

　　然而,在表 7.2 上列出的数据并不解释在图 7.21 上显示的裂纹总长度对稀释所观察到的依赖关系。这种依赖关系的细节能够通过焊缝金属的稀释和二次相形成之间的关系来理解。正如在第 3 章中所述,增加富溶质液体的数量(它转化为二次相)导致凝固开裂敏感性的升高,因为它干扰了固体/固体边界的形成,从而阻止穿过边界收缩应变的适用性。图 7.22 示出裂纹长度与在所有稀释程度下二次相容积百分比之间的直接关系。要注意到,用 FM622 制备的焊缝数据集中在图的左下部分,这里低数量的二次相对应低的裂纹长度(好的焊接性)。同样也有兴趣地指出,虽然研究了很宽范围内焊缝的化学成分,在用 FM622 和 FM625 制备的焊缝所提供的数据之间有平滑的过渡。因此,用 FM622 填充金属制备的焊缝具有良好的抗裂性归因于降低了的凝固温度范围,而对用 FM625 制备的焊缝所观察到的抗裂性随稀释的变化与二次相含量的变化有关。

　　AL6XN 对 FM622 和 FM625 的稀释对耐缝隙腐蚀的影响同样得到

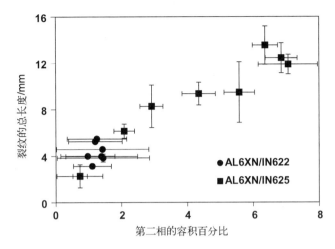

图 7.22　凝固开裂敏感性作为在不锈钢 AL6XN 与填充金属 622 和 625 之间异种焊缝二次相容积分数的函数（取自 DuPont 等[32]，经美国焊接学会同意）

了评估，如图 7.23 所示[34]。结果表明，最高程度的侵蚀发生在稀释程度最高的时候，它能够再次归因于降低了的钼浓度，在焊缝金属中为平均水平，在枝状晶芯部为最低水平。用 FM622 制备的焊缝直到约 70% 的稀释对耐缝隙腐蚀不敏感，与用 FM625 制备的焊缝相比，通常显示出有较好的耐蚀性。这可能与用 FM622 制备的焊缝有较高的钼浓度和 3% 钨的有利作用以及不存在铌的严重的微量偏析有关，而后者则发生在用

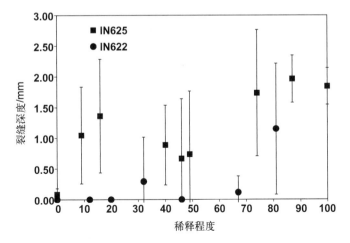

图 7.23　缝隙腐蚀作为填充金属 622 和 625 受超级奥氏体不锈钢 AL6XN 稀释的函数（取自 Dupont[24]）

FM625 制备的焊缝中。结果表明,用 FM622 制备的焊缝在低的稀释程度下,从抗凝固开裂和耐蚀性角度考虑提供了最佳的性能。采用最高的填充金属输送速率和最低的电弧功率来熔敷焊缝能够最大限度地减少稀释,并仍可能维持适当的熔化。

7.6 镍基合金异种焊缝——对耐蚀性的影响

与上面对含钼超级奥氏体不锈钢描述的状况相似,含有钼的镍基合金耐蚀性当用匹配的填充金属焊接时,有时候对侵蚀是敏感的。它再次说明,由于钼在凝固时的偏析导致钼在枝状晶芯部的贫乏。表 7.3 列出了一些耐腐蚀的含钼合金,对它们用成分相匹配的填充金属焊接,并与用含高钼和高钨的填充金属 ER-NiCrMo14(FM686CPT)来焊接同一合金相比较。将所有焊缝在 103℃(217℉)下 72 h 暴露在 ASTM G-48(所谓的"绿色死亡")之中。注意到,所有用含有 4% 钨的 ERNiCrMo-14 填充金属制备的焊后状态的接头均保持完好而免遭侵蚀,而用相匹配的填充金属制备的同一合金的焊缝则经受侵蚀。它显示出钨的重要贡献,抵住了在凝固时的偏析,并有助力于维持焊缝金属的耐蚀性。

表 7.3 某些用匹配的填充金属和 686CPT 填充金属
制备的某些含钼合金的耐点蚀性能

母　材	匹配的填充金属	ERNiCrMo-14
C-2000 合金	严重侵蚀(3 个试样)	无侵蚀
59 合金	严重侵蚀(3 个试样)	无侵蚀
C-276 合金	严重侵蚀(3 个试样)	无侵蚀
622 合金	严重侵蚀(2 个试样,1 个试样未受侵蚀)	无侵蚀
C-22 合金	严重侵蚀(3 个试样)	无侵蚀
686 合金	无侵蚀	无侵蚀

注:这里试验的试样是在 6 mm 厚板上的钨极氩弧焊焊缝。在 11.9% H_2SO_4 + 1.3% HCl + 1% $FeCl_3$ + 1% $CuCl_2$(所谓绿色死亡)的氧化性氯化物点蚀溶液中在 103℃(217℉)下沸腾 3 天进行的一式 3 份的试验。

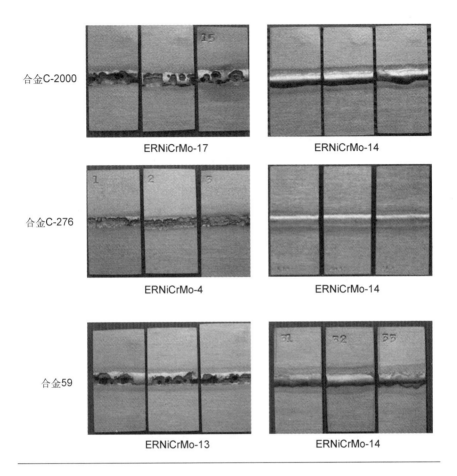

合金C-2000　ERNiCrMo-17　ERNiCrMo-14

合金C-276　ERNiCrMo-4　ERNiCrMo-14

合金59　ERNiCrMo-13　ERNiCrMo-14

7.7　9%镍钢

含有名义上 9wt%镍和低碳的钢广泛用于低温场合,特别是液化天然气(LNG)的储槽。这些钢具有 Fe-9Ni-0.8Mn-0.3Si-0.1C 的名义成分。用 9Ni 钢建造和用镍基焊材焊接的 LNG 储槽,从 1980 年代末开始投入运行以来,迄今未见有关失效的报道[39]。这些储槽的焊接通常用 SMAW 和 SAW 方法进行[3,40]。天然气的液化温度(甲烷)约为 −163℃(−261°F),因此焊接的 9Ni 钢韧性对 LNG 储槽使用这些钢具有特别的重要性。镍基填充金属在这些温度下显示出良好的断裂韧性,它们的热膨胀系数(CTE)与 9Ni 钢非常匹配,而其抗拉强度也是可比的。由于这些理由,镍基填充金属,包括 ENiCrMo‐3 和 ENiCrMo‐6,ERNiCrMo‐3、

ERNiCrMo-4 和 ERNiCrMo-13 类别,以及 ERNiMo-8 和 ERNiMo-9 都曾用来焊接这些钢,虽然 ERNiCrMo-3 和 ERNiCrMo-4 型(诸如合金 625 和 C-276)是使用最广的。这些焊材和 9Ni 钢的室温拉伸性能和低温夏比 V 型缺口冲击韧性值列于表 7.4。

表 7.4　9Ni 钢和某些镍基填充金属的室温拉伸性能和低温韧性[1]

材　料	规　　范	抗拉强度 /MPa(ksi)	屈服强度 /MPa(ksi)	伸长率 /%	夏比 V 型缺口韧性 −196℃/J
9Ni 钢	ASTM553/553m-93[2]	690～825 (100～120)	>515(75)	>20	>34
	ASTM553/553m-95[3]	690～825 (100～120)	>585(85)	>20	>34
625 合金	ERNiCrMo-3[4]	720(104)	440(64)	40	90
C-276 合金	ERNiCrMo-4[4]	700(101)	480(70)	35	75
59 合金	ERNiCrMo-13[4]	675(98)	470(68)	45	70

(1) 本表取自 Karlsson 等[40]。
(2) 经双正火和回火。
(3) 经淬火和回火。
(4) 从 SAW 全焊缝熔敷金属中取得的填充金属数据。经 ESAB 同意。

7.7.1　9%镍钢的物理冶金

9%镍钢是镍钢家庭的一员,早在 1940 年代就得到开发[41]。较低镍(3.5%和 5%)的钢首先获得发展,一直到 1947 年含有约 9%镍的钢才得以推广[42]。那时要求以液态形式储存和加工石油气的强烈愿望促进了开发一种具有在−166℃(−267℉)下可接受的冲击韧性和良好焊接性的经济材料。

INCO 在低碳钢中改变镍含量所进行的研究表明,在高于 13%镍的钢上不存在延性-脆性转变温度(DBTT)。图 7.24 示出镍含量对含有 0～13%镍的低碳钢从室温到−200℃(−328℉)的夏比 V 型缺口冲击韧性的影响。曾经发现,镍含量和热处理的组合提供了这些钢的最佳韧性。双正火和正好高于 A_1 温度的再热处理提供了强度和韧性的良好组合(见 ASTM A553/A553M-93)。它由第一次 900℃(1 650℉)的正火处理,然后第二次 790℃(1 450℉)的晶粒细化以及随后的 565℃(1 050℉)再热处理所组成。金相研究表明,565℃高于 A_1 温度,并促使碳化物转变为富镍和富碳的奥氏体岛,它们在-195℃(-320℉)下是稳定的。因此带有弥散奥氏体岛的回火马氏体"双相"组织在相对低的成本下具有良好的抗拉强度和优良的冲击韧性。后来又发现,淬火和回火热处理(见 ASTM A553/A553M-95)同样可提供性能优良的屈服强度,实际上稍微高于双正火材料,如表 7.4 所示。

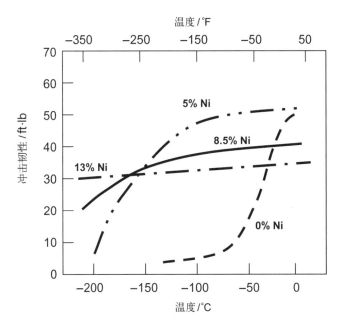

图 7.24　镍含量对正火低碳钢夏比 V 型缺口冲击韧性的影响(取自 Armstrong 等[41])

淬火和回火热处理由在 800～925℃(1 475～1 700℉)范围内的奥氏体化处理、水淬和然后在 565～635℃(1 050～1 175℉)范围内的回火所组成。此外,这种高于 A_1 温度的回火处理会形成稳定的奥氏体,它将改善低温冲击韧性。曾经认为,这些钢异常的低温断裂韧性是三个因素的函数:

（1）存在稳定的保留的奥氏体(大约为 10 个容积百分比)。

（2）回火时降低了马氏体的含碳量。

（3）细化的双重晶粒尺寸。

不是未预期到,9Ni 钢的热影响区微观组织会不同于母材,而且从一个位置到另一个位置由于峰值温度和冷却速度的不同会有所变化。一般说来,可以预料到靠近熔合边界的热影响区粗晶区会经受最大的性能恶化,因为该区已完全奥氏体化,并会经历最严重的晶粒长大。Dhooge 等[43]曾提出,HAZ 的冲击韧性相对于母材能降低高达百分之五十。他们同样也发现,600℃(1 110°F)的焊后热处理加上随后的快速冷却会提高 HAZ 的韧性。

Nippes 和 Balaguer[44]曾研究了这些钢的 HAZ。他们采用 Gleeble® 热模拟机研究了 HAZ 峰值温度对微观组织和冲击韧性的影响。研究的结果汇总于表 7.5,冲击韧性作为 HAZ 峰值温度的函数示于图 7.25。他们发现,加热到 500℃(930°F)造成残留奥氏体的降低,但冲击韧性有小量变化。加热到峰值温度 1 000℃(1 830°F)造成晶粒尺寸及残留奥氏体的降低,但由于在冷却时形成非回火马氏,硬度会明显提高,导致冲击韧性明显下降。当加热到 1 300℃(2 370°F)时,由于初始奥氏体晶粒变粗,冲击韧性会进一步下降。根据这些结果,显然需要用焊后回火处理来恢复从 HAZ 到母材转变区的韧性。这一点在多道焊时,通过控制焊接热输入如上焊道对下焊道的回火同样也可以实现。然而,应该指出,虽然 9Ni 钢 HAZ 在焊态下的低温韧性相对于母材会有所下降,但其数值还是超过在规范中提出的最低要求(见表 7.4)。因此,在工地焊接的大型 LNG 贮槽能够在焊态条件下安全投入使用。

表 7.5 HAZ峰值温度对 9Ni 钢微观组织和性能的影响[1]

条　　件	ASTM 晶粒尺寸	硬度 /洛氏 C	残留的奥氏体/%	在−196℃下的冲击功/J(ft·lb)
母材,Q 和 T	9	20	9.4±0.3	112(82)
HAZ-500℃(930°F)	9	23	3.9±0.6	104(77)
HAZ-1 000℃(1 830°F)	11~12	37~38	<1.0	59(44)
HAZ-1 300℃(2 370°F)	4~5	36	2.9±0.1	38(28)

(1) 本表取自 Nippes 等[44],经美国焊接学会同意。

7.7.2　镍基焊缝熔敷金属的热裂纹

使用镍基填充金属来连接 9Ni 钢的一个麻烦问题是焊缝热裂纹。镍基焊缝熔敷金属总是以奥氏体凝固,甚至当受到 9Ni 钢高度稀释时也是如此,因此存在着形成热裂纹的潜能。Karlsson 等[45]研究了 9Ni 钢采用

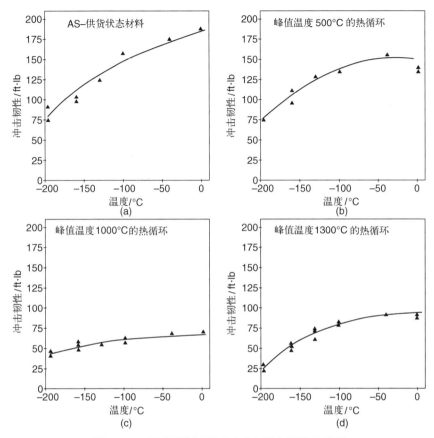

图 7.25 9Ni 钢模拟 HAZ 冲击韧性与温度的关系
(a) Q 和 T 母材;(b) 500℃峰值;(c) 1 000℃峰值;(d) 1 300℃峰值(取自 Nippes
等[44],经美国焊接学会同意)

ERNiCrMo-3(625 合金)、ERNiCrMo-4(C-276 合金)和 ERNiCrMo-13
(59 合金)焊材埋弧焊(SAW)时熔敷金属的开裂敏感性。他们采用金相
技术和焊接性试验来评估采用高热输入和低热输入(相应为 1.5 kJ/mm
和 0.9 kJ/mm)制备的多道 SAW 熔敷金属的热裂敏感性。这种评估的
结果列于表 7.6。根据金相和弯曲试验的结果(采用面弯试验来打开小
裂纹),FM625 熔敷金属表现出最大的抗裂性。虽然可变拘束试验结果
指出,FM625 是最敏感的,而 FM59 是最抗裂的。这种明显的矛盾与在
可变拘束试验时采用的应变程度有关,见第 3.5.1 节中的讨论。因为
FM625 在凝固终端形成大量共晶成分的液体,所以在低拘束程度下裂纹
"恢复"是可能的。如在可变拘束试验时施加较高的应变,则这种恢复现
象是无法实现的,就可能形成裂纹。

表 7.6　用镍基填充金属制备的 9Ni 钢 SAW 焊缝熔敷金属的热裂敏感性[(1)]

焊缝金属	热输入[(2)]	金相和弯曲试验的排列次序	可变拘束排列次序
FM59	L H	3.2 3.5	2.6 1.3
FM625	L H	1.2 1.7	3.9 4.7
FMC-276	L H	5.2 5.3	3.6 4.2

(1) 排列次序 1 是最抗裂的,6 是最敏感的(取自 Karlsson 等[45])。
(2) L=0.9 kJ/mm, H=1.5 kJ/mm。

Karlsson 等[45] 报道的裂纹是作为"热裂纹"提出的,由焊缝凝固裂纹、焊缝金属液化裂纹和塑性下降开裂所组成。一般说来,这些裂纹非常小,并作为"微裂纹"报道,但在 C-276 熔敷金属中可观察到许多大裂纹。要求用附加试验来确定在这些填充金属中开裂的根本原因,并为连接 9Ni 钢开发抗裂的焊接材料。

7.8　超级双相不锈钢

超级双相不锈钢诸如 2507 合金(UNSS 32750)和 DP3(UNSS 31260)经常用于强腐蚀环境,其使用温度低于约 350℃(1 660℉)。这些钢含有 24~26Cr、5~8Ni、3~5Mo、0.2~0.3N 和≤0.5W(仅 DP3)。它们对氯化物应力腐蚀开裂、点蚀和缝隙腐蚀有很好的耐蚀性。这些钢的焊缝金属腐蚀行为在很大程度上受铁素体和奥氏体微观组织平衡的控制,大约 50-50 的平衡提供最佳的耐蚀性。在正常的制作条件下,这种平衡能够通过焊后热处理(PWHT)来达到。对工地制作,如大的管线构件不可能进行 PWHT,这样对焊缝金属耐蚀性的能力要做出妥协。在这种情况下,可以采用镍基填充金属,因为不需要用 PWHT 来改善焊缝熔敷金属的耐蚀性。

Furmanski 等[46] 曾经报道了为地热盐水服务,在工地制作大直径 2507 合金管时采用 ERNiCrMo-14(INCO-WELD® 填充金属 686VPT™)的例子。开发了多道焊工艺,在焊态试样上进行了力学性能试验和耐腐蚀试验。这种异种组合的焊缝金属是全奥氏体的。弯曲试验表明,这些焊缝无缺陷。按 ASTM G48,操作 C 进行点蚀试验显示在 35℃时实际上无一般腐蚀和点蚀。根据这些结果可以看出，ERNiCrMo-14 型镍基填充金属适用于超级双相不锈钢焊态下在强腐蚀环境中使用。其他镍基填充金属，随使用环境而定，与双相不锈钢和超级双相不锈钢亦是相容的。

7.9 案例研究

7.9.1 用 ENiCrFe-2 填充金属焊接的 800H 合金厚截面焊缝的焊后热处理开裂

大型厚壁"加氢"反应器在反应器下部接管焊缝附近发生焊后热处理 (PWHT) 开裂。该反应器用 800H 合金，名义成分为 20Cr-32Ni-0.5Ti-0.5Al-0.1C 的奥氏体不锈钢建成。800H 级是 800 合金的改进型，具有较高的含碳量和较大的晶粒尺寸，用来改善高温蠕变断裂性能。使用的 800H 母材为 3 英寸厚板，符合 ASME SB409。反应器中的所有接管焊缝均采用焊条电弧焊 (SMAW) 焊接，填充金属为 Weld A (ENiCrFe-2)。母材和填充金属的成分列于表 7.7。

表 7.7 800H 合金和 Weld A 填充金属的化学成分 (wt%)

元 素	800H 合金	Weld A
Fe	44.15	8.07
Cr	20.71	14.43
Ni	32.99	72.48
Cu	0.36	0.02
Al	0.35	NA
Ti	0.29	NA
Nb	<0.01	1.58
Mo	0.02	1.46
Si	0.1	0.51
Mn	0.8	1.36
C	0.08	0.04
N	0.02	NA
S	≪0.001	0.005
P	0.004	0.007

在容器制作初期时曾报道过开裂。这种开裂与在反应器底部接管中的角焊缝有关。在车间中对这些裂纹进行了修复,并给予了局部 PWHT 和检测。然后对容器进行了水压试验并运往工地。安装时,在同一接管的角焊缝上发现了附加裂纹。将这些裂纹磨去、修补,然后对容器底部进行了 PWHT。这次补焊后的检测显示出在同一接管和另外一个接管的焊缝中有大量的裂纹。在第三次补焊后也进行了 PWHT,同样还是导致在接管角焊缝中开裂。在开裂点上取出了"船形"试样作冶金分析,用以确定开裂的根本原因。

对于长期在高温场合使用的 800H 合金,推荐焊后热处理。这样的 PWHT 按 ASME 规范现在是强制性的[47]。PWHT 的目的是要"稳定" 800H 合金热影响区(HAZ)的微观组织,它将有助于阻止在运行中的松弛开裂。用于这种反应器的 PWHT 规程阐述如下:

- 在 28~55℃/h(50~100℉/h)之间的控制速率下从环境温度加热到 425℃。
- 高于 425℃(800℉)以最大速率为 110℃/h(200℉/h)加热。
- 在 900±13℃(1 650±25℉)下保温 3.5 h。
- 在隔热层下缓慢冷却到 315℃(600℉)。
- 去除隔热层,从 315℃(600℉)起在空气中冷却。

在第二次修复和 PWHT 时,曾经想到,在热处理温度下的冷却速率可能太快,这样在反应器和接管之间由于温差过大而造成开裂。第三次修复后,在 PWHT 时从热处理温度下的冷却速率受到精确控制,将这些差别减小到低于 150℉。显然,它对焊缝开裂的敏感性只有很小的影响。

在第三次修复和 PWHT 后从反应器接管焊缝上取下的船形试样上的某些有代表性的表面断开的裂纹示于图 7.26。

在较高的放大倍数下(见图 7.27)能够看到,这些裂纹优先在焊缝金属中沿高角度迁移的晶粒边界形成。甚至在未发现边界开裂的区域,有在边界形成空洞的证据。

根据金相和断面组织的证据(见图 7.16),最可能的失效原因是再热裂纹。再热裂纹的机理如下:

- 焊接时发生析出物溶解和晶粒长大。杂质有可能偏析至晶粒边界。
- 从焊接温度冷却时,在焊件中发展残余应力。在厚截面焊件中残余应力可能特别高。
- 随着焊件加热到 PWHT 温度,残余应力开始松弛,并能发生析出

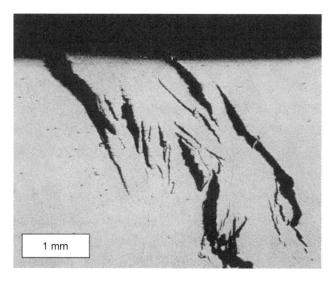

图 7.26　从用 ENiCrFe-2(Weld A)填充金属焊成的
接管角焊缝上取下的船形试样上的表面断开裂纹

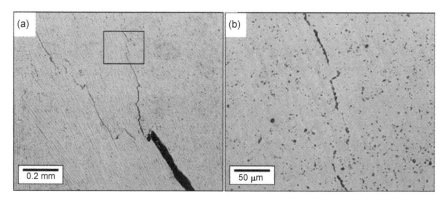

图 7.27　沿 Weld A 熔敷的焊缝金属晶粒边界开裂
（a）低倍放大的多条裂纹；（b）显示沿晶粒边界的空洞链（取自(a)）

反应。如果松弛和析出温度范围重叠,在微观组织中局部可能发生应力
重新分布。

● 由于析出物在晶内和沿晶粒边界形成,所以正好在靠近边界处(几
个微米)存在无析出物区。由于这是在微观组织中的软化区,应变就会在
这些边界发生,如果局部应变超过晶粒边界的延性,就有可能发生晶界失
效(开裂)。加上杂质向边界偏析,晶粒边界的延性进一步降低。某些理
论亦提出,形成脆性的晶界薄膜能导致开裂。

因此,再热开裂的关键成因是在发生应力松弛的同一温度范围内形成强化的析出物。对再热开裂来说,它发生在 PWHT 循环的加热阶段。控制再热开裂要求处理好这些现象的一个方面。

虽然 ENiCrFe-2(Weld A)熔敷金属一般并不认为对再热开裂(或应力消除开裂)敏感,看来这种形式的开裂可以只在焊缝受拘束和伴随的残余应力非常高的场合发生。可以假定,在 PWHT 时 NbC 的析出有助于解释为在焊缝金属中再热开裂的机理。从表 7.7 能够看出,填充金属的铌含量为 1.58wt%,而碳则在 0.04wt% 左右。这样的铌含量在加热到 900℃(1 650℉)的 PWHT 温度时能导致 NbC 析出。

在企图控制焊缝金属应力松弛时,设想在接头完全焊成之前进行中间 PWHT,希望在部分焊成的接头中降低了的残余应力会减少应力松弛和避免开裂。不幸的是,这种办法是不成功的。另一个企图是采用锤击焊缝来局部释放焊接残余应力。这一措施同样也是不成功的,据推测,因为锤击仅仅作用到焊缝的表面,而不是下面的焊缝金属。接管焊缝最终采用控制焊接热输入(降低残余应力)和减慢加热速率到 PWHT 温度一起来完成。这之后的方法是在碳化物沉淀作用之前让更多的残余应力松弛掉。

7.9.2 用 ERNiCrMo-15(INCO-WELD 725 NDUR)焊接的 925 合金来制造真空隔热石油连接管

为了避免由于冷却而增加原油黏度,真空隔热双壁管(VIT)已在石化工业应用多年。为了极端的酸性环境,这种应用有时候要求 VIT 同时具有高强度和优异的耐蚀性能。由于具有强度和耐蚀性的组合,选择 925 合金来作为这种应用的备用管材[48]。925 合金(UNS NO9925)是时效硬化 Ni-Fe-Cr 合金并添加钼、铜、钛和铝(见表 7.8),通过 γ'、$Ni_3(Ti,Al)$ 的沉淀获得时效硬化能力。镍含量足够用来抵抗氯离子应力腐蚀开裂,而镍加上与钼和铜的组成提供对还原性化学制品有明显的抗力。钼提供了点蚀和缝隙腐蚀的阻力,而铬提供抗氧化的环境。

为 VIT 的应用而焊接 925 合金是一次重要的挑战,因为填充金属须保证有良好的焊接性伙同足够的强度和在酸性环境中的耐蚀性。推荐采用时效硬化 INCO-WELD 填充金属 725NDUR(ERNiCrMo-15)来焊接 925 合金,因为它提供超匹配的强度和耐腐蚀性能。ERNiCrMo-15 的化学成分同样列于表 7.8。根部焊道用填充金属 A 采用钨极气体保护焊(GTAW)熔敷,之后接头用填充金属 B 采用手工脉冲金属极气体保护焊(P-GMAW)完成。焊后热处理(PWHT)为 732℃(1 350℉)保温 4 h,随后空冷。

表 7.8 925 合金和两炉 725 填充金属的化学成分(wt%)

元 素	925 合金	填充金属 725	
		填充金属 A	填充金属 B
C	≤0.03	0.006	0.003
Cr	19.5～22.5	20.81	20.75
Mo	2.5～3.5	8.04	7.97
Ni	42.0～46.0	58.68	58.60
Fe	≥22	7.17	7.46
Mn	≤1.0	0.06	0.07
Cu	1.5～3.0	1.5	3.0
Ti	1.9～2.4	1.48	1.49
Nb	≤0.5	3.46	3.40
Al	0.1～0.5	0.24	0.22
Si	≤0.5	0.04	0.03
S	≤0.03	≤0.03	≤0.03

在石化工业中应用的材料要求在含有 H_2S、CO_2 和氯化物环境中具有耐腐蚀能力,并呈现最低屈服强度为 795 MPa(115 ksi)和在室温下的最低夏比冲击值为 42 J(25 ft·lb)。焊后的 925 合金以及在不同条件下的 925 合金的力学性能示于表 7.9。它显示出,PWHT 后焊缝的力学性能超过了时效后 925 合金的性能,同样满足石化工业应用的最低要求。

表 7.9 925 合金和采用 725 填充金属焊接的 925 合金在 732℃(1 350℉) PWHT 4 h 后空冷的典型力学性能[1]

合 金	状 态	屈服强度 /MPa(ksi)	抗拉强度 /MPa(ksi)	伸长率 /%	室温下的冲击功 /J(ft·lb)
925 合金	SA/时效 CW	779(113) 889(129)	1 214(172) 965(140)	26 17	— —
925 合金	CW/时效 铸件/SA/时效	1 055(153) 736(107)	1 214(176) 880(128)	19 23	— —
925 合金/ FM725	PWHT	793(115)	1 062(154)	16	51(30)

(1) 本表取自 Shademan 等[48]。

评估了焊接的 925 合金 VIT 和母材 925 在含有 H_2S、CO_2 和氯化物酸性环境中的应力腐蚀开裂(SCC)敏感性。SCC 试验的特定条件是在通气的含有 0.021 MPa(3 psig)CO_2 和 0.021 MPa(3 psig)H_2S 的 25% NaCl 溶液在 20.7 MPa(3 000 psig)总压力和 93.3℃(200℉)下保持 30 天进行的[48]。在酸性环境中试验了 925 合金的 725 焊缝金属(三个 C-环试样)和母材(三个 C-环试样)。含有焊件的 C-环试样取自 925 合金管纵向焊接的管壁,填充金属为 725(炉 A),见表 7.8。所有试样根据 NACE 标准 TMO 177 方法 C 将负荷加载到 100% 的实际屈服强度。

SCC 试验显示无裂纹,仅仅在焊缝金属和母材的表面有点蚀。C-环SCC 结果清楚地指出,母材和焊接的 925 合金在 PWHT 后未开裂并在酸性环境中表现良好。虽然观察到某些表面点蚀,但其密度是低的,而且点蚀坑非常窄,以至于无法测量任何点蚀坑的深度。归纳起来,用填充金属 725 焊接的 925 合金对在 VIT 场合的苛刻使用中提供了要求的力学性能和在含有 H_2S、CO_2 和氯化物的酸性环境中使用时的耐腐蚀性能。

7.9.3　625 合金焊缝堆焊层的腐蚀疲劳

镍基焊缝堆焊层广泛用于燃煤电厂保护水冷壁免受腐蚀,这些电厂是在通常所说的低 NO_x 燃烧条件下运行的。最近已经认识到,某些焊缝堆焊层在这种燃烧环境中运行时,对开裂是敏感的。现有的结果已经建立了与这种失效形式有关的机理[49]。图 7.28 示出 625 合金焊缝堆焊层环绕水冷壁管周向排列的大量裂纹的照片。图 7.28(b)示出某些小裂纹的横截面光镜微观照片,这些裂纹是在成长阶段早期检测到的,图 7.28(c)示出穿过堆焊层枝状晶亚结构合金元素的分布。堆焊层示出预期的铌和钼的浓度梯度,这些元素在枝状晶芯部区贫乏。其结果是在这些区域腐蚀速率加快,局部腐蚀优先在枝状晶芯部发生。这种局部的深入造成应力集中,最终在运行时受热波动应力的影响成长为全尺寸的疲劳裂纹,如图 7.28(d)所示。大部分裂纹从焊波的低谷开始,这里存在附加的应力集中。因此,这是一种腐蚀疲劳开裂的形式,这里疲劳裂纹从局部腐蚀处开始,它发生在合金贫乏的枝状晶芯部,在表面焊波的低谷下排成一列的区域。

正如在第 3 章中所详细解释的那样,在正常的弧焊条件下,镍基合金凝固时不可能避免铌和钼的微观偏析。因此,现有的有助于避免这一问

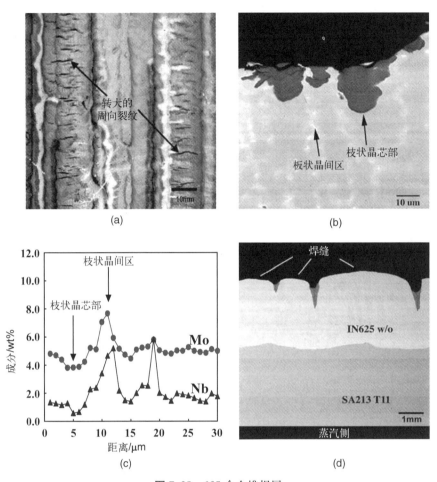

图 7. 28　625 合金堆焊层

(a) 示出大量横向裂纹的宏观照片；(b) 示出氧化物渗透和在成长阶段早期开裂的光镜微观照片；(c) 示出穿过堆焊层枝状晶亚结构的合金元素分布的 EPMA 数据；(d) 示出在焊波位置裂纹起始处的低倍光镜微观照片（取自 Luer 等[49]）

题的途径包括采用含有较高铬而不含钼或铌的合金。高铬合金的好处是因为铬有助于促进形成对耐蚀有保护作用的铬的氧化膜，而且铬在凝固时并不大量偏析。图 7. 29 示出三种不同焊缝堆焊层经 2 000 h 的腐蚀试验结果，这些堆焊层曾经暴露在 500℃ 的模拟低 NO_x 燃烧环境中（10％ CO-5％CO_2-2％H_2O-0. 12％H_2S-N_2，按体积百分比）[50]。622 合金基本上是 Ni-21Cr-14Mo-4Fe-4W 合金，而 50 合金的名义成分是 Ni-20Cr-14Fe-12Mo-1. 6W。相反，33 合金名义成分为 Ni-33Cr-32Fe-1. 5Mo。选择这种合金是因为它具有高的含铬量和低的含钼量。由于这一原因，钼的微观偏析实质上受到限制,而较高的含铬量则提供了耐蚀性。50合金和633焊缝堆焊层相应在稀释程度为6%和7%下制备的,而33合金堆焊层则是在稀释为12%的情况下制备的。注意到,最好的耐蚀性是由33合金堆焊层提供的,甚至它是在稍高的稀释程度下制备的。

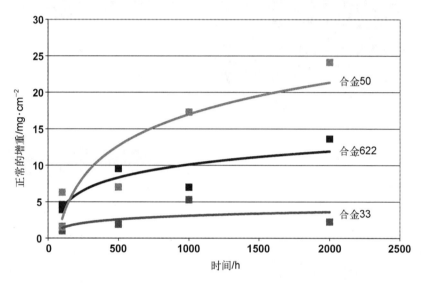

图7.29   三种不同焊缝堆焊层2 000 h的腐蚀试验结果,试样曾暴露在500℃的模拟低NO$_x$燃烧环境中(10%CO-5%CO$_2$-2%H$_2$O-0.12%H$_2$S-N$_2$,按体积百分比)(取自Deacon等[50])

图7.30示出从622合金和33合金堆焊层在整整2 000 h暴露后得到的SEM X-射线成分图。这些结果解释了在腐蚀性能上观察到的差别。该图示出钼和铬在堆焊层中的相对浓度和在每个堆焊层表面形成的富铬氧化层。注意到,存在于622合金堆焊层中钼的偏析持续穿过富铬氧化层。另外还注意到,在钼浓度高的区域氧化层内铬的浓度是低的。在氧化层内的这些贫铬区对腐蚀性气体快速扩散穿过氧化层提供了通道,这些气体于是能与下面的堆焊层焊缝起作用并腐蚀它们。50合金堆焊层显示出相似的特征。相反,在33合金堆焊层中钼的偏析最低,因为名义上的钼浓度非常低(～1.5wt%)。其结果是富铬氧化层展示出均匀的铬浓度,因此是更有防护性的。注意,与622合金焊缝堆焊层相比,在33合金堆焊层上的氧化层是很薄的,它指出,33合金堆焊层由于腐蚀而造成的损耗是较少的。这种差别解释了为什么33合金焊缝堆焊层有较低的增重和改善了的耐腐蚀性能。

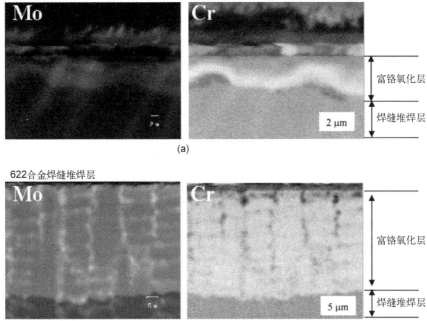

图 7.30　622 合金和 33 合金焊缝堆焊层在模拟低 NO_x 环境暴露 2 000 h 后得到的 X 射线图,该图示出钼和铬在堆焊层中的相对浓度以及在每个堆焊层表面形成的富铬氧化层(取自 Deacon 等[50])

7.9.4　用高铬的镍基填充金属堆焊"安全端"焊缝

在核电工业中,将不锈钢压力管道焊到大型压力容器上(诸如蒸汽发生器)是采用被称为"安全端"的焊缝来完成的。有好几种不同的安全端焊缝,但所有变化都依赖于采用镍基填充金属来连接压力容器的钢接管与奥氏体不锈钢管道。在许多场合都选用 82 或 182 填充金属(ERNiCr-3 或 ENiCrFe-3)作为焊接材料。在压力容器钢接管和奥氏体不锈钢管之间(通常为 304L 型和 316L 型)采用镍基"过渡层"来阻止蠕变开裂的发生,如在第 7.3.3.3 节中所述。不幸的是,采用这些含铬量较低(18~22wt%)的填充金属会导致产生腐蚀开裂问题,如在许多电厂的一回路水应力腐蚀开裂(PWSCC)。由于置换这些焊缝既特别昂贵,又要花费大量时间,因此开发了一种能够应用于现有安全端焊缝的堆焊工艺。这样的堆焊在 PWSCC 发生的情况下会提供附加的结构支撑,并在下面的焊缝金属中产生压应力,从而推迟 PWSCC 在 FM82/182 熔敷金属中的发展。

由于相信铬含量超过 25wt% 会减缓 PWSCC,在这些堆焊场合美国大量使用填充金属 52 和 52M(ERNiCrFe-7 和 ERNiCrFe-7A)。堆焊层的厚度是这样控制的,即维持"压力边界",也就是说,假如 PWSCC 甚至完全穿透 FM82/182 焊缝,它还具有足够的强度来保证安全运行。由于安全端焊缝连接压力容器钢与奥氏体不锈钢管道(经常带有居中的不锈钢铸件),所以镍基填充金属会受到碳钢和不锈钢两者的稀释。

有许多在不锈钢最初堆焊焊道的焊缝金属中发现有裂纹的例子。其中的一个例子示于图 7.31,这里将 ERNiCrFe-7A 应用于 316 型管道[51]。曾经认为,开裂的根本原因是焊缝凝固裂纹,它起因于填充金属受到不锈钢中铁的稀释以及被堆焊的 316 型管道的不正常的高硫含量(~0.015wt%)所致。随后的研究表明,凝固裂纹甚至在低硫的不锈钢中也能发生,假如镍基填充金属受到不锈钢的稀释超过约 40%,如图 7.32 对采用添加冷焊丝的 GTAW 焊缝所示[52]。

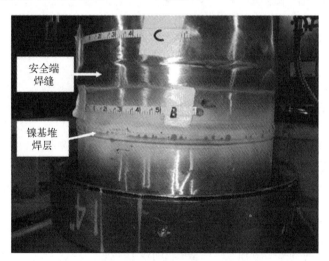

图 7.31   在 316L 型不锈钢上 52M 填充金属堆焊层的着色检查显示

为了避免这种类型的开裂,首先将 308L 型"过渡层"堆焊在安全端的不锈钢管部件上。因为 308L 型焊缝金属以铁素体凝固,它的抗凝固开裂性能要高得多,而且它不受下面基体稀释作用的影响[1]。避免在不锈钢上熔敷时凝固开裂的堆焊外形简略地示于图 7.33。已经证明,这种外形在现场是十分成功的,虽然很可能在 308L 型和镍基填充金属之间的成分

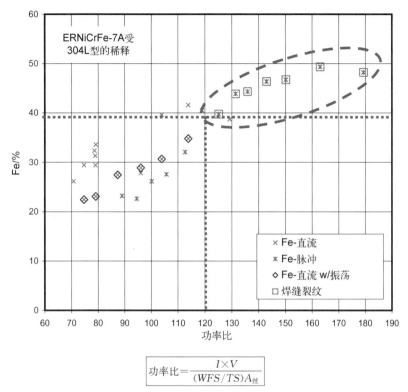

$$功率比 = \frac{I \times V}{(WFS/TS)A_{丝}}$$

图 7.32 铁含量对填充金属 52M 受 304L 不锈钢稀释的凝固开裂敏感性的影响。裂纹是在功率比超过 120 和铁含量大于 40wt% 所制备的焊缝中观察到的(取自 Fredrick[52])

过渡区中会形成某些小裂纹,如图 7.34 所示。这些裂纹十分小,仅限止在过渡区的厚度内(典型为 1 mm 或更小),而且并不牵连到堆焊层的完整性。它指出,如果不控制稀释低于某些临界程度,镍基填充金属受铁的稀释在势能上还是能导致凝固开裂。

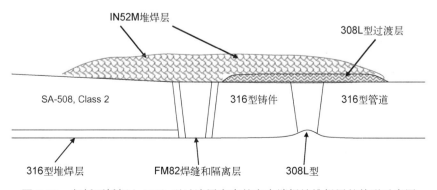

图 7.33 包括不锈钢上 308L 型过渡层在内的安全端焊缝堆焊层的外形示意图

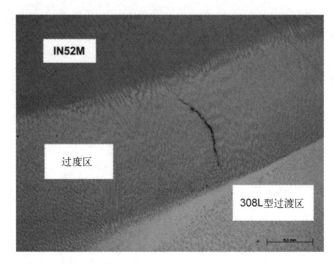

图 7.34 在填充金属 52M 堆焊层和 308L 型过渡层之间成分过渡区中的凝固裂纹

参考文献

［1］Lippold，J. C. and Kotecki，D. J. 2005. *Welding Metallurgy and Weldability of Stainless Steels*，John Wiley and Sons，Inc. Hoboken，N. J.，ISBN 0 - 47147379-0.

［2］Kiser，S. 1990. Nickel-alloy consumable selection for severe service conditions，*Welding Journal*，69(11)：30-35.

［3］Hilkes，J.，Neessen，F.，and Caballero，S. 2004. Electrodes for Welding 9% nickel Steel，*Welding Journal*，83(1)：30-37.

［4］DuPont，J. N. and Marder，A. R. 1996. Dilution in Single Pass Arc Welds，*Metallurgical and Material Transactions B*，27B：481-489.

［5］DuPont，J. N. and Kusko，C. S. 2007. Martensite Formation in Austenitic/Ferritic Dissimilar Alloy Welds，*Welding Journal*，86(2)：51s-54s.

［6］Chandel，R. S. 1987. Prediction of Weld Metal Dilution from SAW Parameters，*Welding Review*，6(1)：45-46.

［7］Oh，Y. K.，Deletion，J. H.，and Chen，V. S. 1990. Low-Dilution Electroslag Cladding for Shipbuilding，*Welding Journal*，69(8)：37-44.

［8］Fuerschbach，P. W. and Knorovsky，G. A. 1991. A Study of Melting Efficiency in Plasma Arc and Gas Tungsten Arc Welding，*Welding Journal*，70 (11)：287s-297s.

［9］DuPont，J. N. and Marder，A. R. 1995. Thermal Efficiency of Arc Welding Processes，*Welding Journal*，74(12)：406s-416s.

［10］Gandy，D. W.，Findlan，S. J.，Childs，W. J.，and Smith，R. E. 1992. A better way to control GTA weld dilution，*Welding Design & Fabrication*，

August 1992; pp. 40-43.

[11] Forsberg, S. G. 1985. Resistance Electroslag (RES) Surfacing, *Welding Journal*, 64(8); 41-48.

[12] Schaeffler, A. L. 1949. Constitution diagram for stainless steel weld metal, *Metal Progress*, 56(11); 680-680B.

[13] Lundin, C. D. 1982. Dissimilar Metal Welds — Transition Joints Literature Review, *Welding Journal*, 61 (2); 58-s-63-s.

[14] Pan, C. , Wang, R. , and Gui, J. 1990. Direct TEM Observation of Microstructures of the Austenitic/Carbon Steels Welded Joint, *Journal of Materials Science*, 25; 3281-3285.

[15] Matsuda, F. and Nakagawa, H. 1984. Simulation test of disbonding between 2. 25%Cr-1% Mo steel and overlaid austenitic stainless steel by electrolytic hydrogen charging technique, *Transactions of JWRI*, 13(1); 159-161.

[16] Nelson, T W. , Lippold, J. C. , and Mills, M. J. 1999. Nature and Evolution of the Fusion Boundary in Ferritic-Austenitic Dissimilar Metal Welds — Part 1; Nucleation and Growth, *Welding Journal*, 78(10); 329s-337s.

[17] Nelson, T. W. , Lippold, J. C. , and Mills, M. J. 2000. Nature and Evolution of the Fusion Boundary in Ferritic-Austenitic Dissimilar Metal Welds — Part 2; OnCooling Transformations, *Welding Journal*, 79(10); 267-s-277-s.

[18] Nelson, T. W. , Lippold, J. C. , and Mills, M. J. 1998. Investigation of boundaries and structures in dissimilar metal welds, *Sci. and Tech. of Weld. and Joining*, 3(5); 249.

[19] Rowe, M. D. , Nelson, T W. , and Lippold, J. C. 1999. Hydrogen-Induced Cracking along the Fusion Boundary of Dissimilar Metal Welds, *Welding Journal*, 78(2); 31s-37s.

[20] Sakai, T. , Asami, K. , Katsumata, M. , Takada, H. , and Tanaka, O. 1982. Hydrogen induced disbonding of weld overlay in pressure vessels and its prevention *Current Solutions to Hydrogen Problems in Steels*. Proceedings, 1st International Conference, Washington, DC, 1 - 5 Nov. 1982. Eds; C. G. Interrante and G. M. P. Publ; Metals Park, OH 44073, USA; American Society for Metals; ISBN 0-87170-148-0. pp. 340-348.

[21] Gittos, M. F. and Gooch, T G. 1992. The interface below stainless steel and nickelalloy claddings, *Welding Journal*, 71(12); 461s-472s.

[22] Klueh, R. L. and King, J. F. 1982. Austenitic stainless steel-ferritic steel weld joint failures, *Welding Journal*, 61(9); 302s-311s.

[23] Sowards, J. W. , Alexandrov, B. T. , Lippold, J. C. , Liang, D. , and Frankel, G. S. 2007. Development of a Ni‐Cu for welding stainless steels, *Proc. of Stainless Steel World 2007*, KCI Publishing (on CD).

[24] Alexandrov, B. T and Lippold, J. C. 2007. Single Sensor Differential Thermal Analysis of Phase Transformations and Structural Changes during Welding and

Postweld Heat Treatment, *Welding in the World*, 51(11/12): 48-59.

[25] Avery, R. E. 1991. Pay attention to dissimilar metal welds — guidelines for welding dissimilar metals, Chemical Engineering Progress (May 1991) and Nickel Development Institute Series No. 14-018.

[26] Kiser, S. D. 1980. Dissimilar welding with nickel alloys, *Welder & Fabrication Magazine*, January 1980.

[27] Unpublished research from W. Childs, Electric Power Research Institute, Palo Alto, CA.

[28] Threadgill, P. L. 1985. Avoiding HAZ Defects in Welded Structures, *Metals and Materials*, July 1985, pp. 422-430.

[29] Dhooge, A. and Vinckier, A. 1992. Reheat Cracking — Review of Recent Studies (1984-1990), *Welding in the World*, 30(3/4): 44-71.

[30] Halada, G. P., Clayton, C. R., Kim, D., and Kearns, J. R. 1995. Electrochemical and surface analytical studies of the interaction of nitrogen with key alloying elements in stainless steels, Paper no. 531, Corrosion 95, March 26-31, NACE, Orlando, FL.

[31] Banovic, S. W., DuPont, J. N., and Marder, A. R. 2003. Dilution and microsegregation in dissimilar metal welds between super austenitic stainless steels and Ni Base alloys, 2003, *Sci. & Tech. of Welding and Joining*, 6(6): 374-383.

[32] DuPont, J. N., Banovic, S. W., and Marder, A. R. 2003. Microstructural Evolution and Weldability of Dissimilar Welds between a Super Austenitic Stainless Steel and Nickel Base Alloys, *Welding Journal*, 82(6): 125s-135s.

[33] Garner A. 1985. How stainless steel welds corrode, *Metal Progress*, 127(5): 31-36.

[34] DuPont, J. N. 2004. Unpublished research on corrosion of Mo bearing stainless steel welds, Lehigh University.

[35] Cieslak, M. J., Headley, T J., and Romig, A. D. 1986. The welding metallurgy of Hastelloy alloys C-4, C-22, and C-276, *Metallurgical Transactions A*, 17A: 2035-2047.

[36] Baker, H., 1992. *Alloy phase diagrams*, ASM International, Materials Park, OH.

[37] Banovic, S. W., DuPont, J. N., and Marder, A. R. 2001. Dilution Control in GTA Welds Involving Super Austenitic Stainless Steels and Nickel Base Alloys, *Metallurgical and Materials Transactions B*, 32B: 1171-1176.

[38] DuPont, J. N., Robino, C. V., Marder, A. R., Notis, M. R., and Michael, J. R. 1998. Solidification of Nb-Bearing Superalloys: Part I. Reaction Sequences, *Metallurgical and Material Transactions A*, 29A: 2785-2796.

[39] Gulati, K. C. 2005. A new full containment LNG storage system, *LNG Journal*, May/June, pp. 1-6.

[40] Karlsson, L., Rigdal, S., Stridh, L. E., and Thalberg, N. 2005, Efficient welding of 9% Ni steel for LNG applications, *Stainless Steel World 2005*, KCI Publishing, ISBN 0-907-3-16800-7, pp. 412-420.

[41] Armstrong, T. N. and Gagnebin, A. P. 1940. Impact properties of some low alloy nickel steels at temperatures down to $-200°F$, *Trans. ASM.*, Vol. 28.

[42] Armstrong, T. N. and Brophy, G. R. 1947. Some properties of low carbon 8.5% nickel steel, *Proc. of Petroleum Mechanical Engineering*, ASME, Houston, TX, October 1947.

[43] Dhooge, A., Provost, W., and Vinckier, A. 1982. Weldability and fracture toughness of 9% nickel steel, part 1 — weld simulation testing, part 2 — wide plate testing, *Welding Research Council Bulletin No. 279*.

[44] Nippes, E. F. and Balaguer, J. P. 1986. A study of the weld heat-affected zone toughness of 9% nickel steel, *Welding Journal*, 65(9): 237s-243s.

[45] Karlsson, L., Bergquist, E. L., Rigdal, S., and Thalberg, N. 2008. Evaluating hot cracking in Ni-base SAW consumables for Welding of 9% Ni steel, *Hot Cracking Phenomena in Welds II*, publ. by Springer, ISBN 0-978-3-540-78627-6, pp. 329-348.

[46] Furmanski, G., Kiser, S. D., and Shoemaker, L. E. 2008. A NiCrMo product provides optimum weldments in superduplex pipeline for geothermal power service, NACE Corrosion Conference 2008, Paper No. 08177.

[47] ASME Code 1998, Section VIII, Division 1, UNF-56, p. 205.

[48] Shademan, S. S. and Kim, D. S., 2005. Mechanical and corrosion performance of welded alloy 925 VIT in sour environment, Corrosion/2005, paper No. 05104, NACE International, Houston, TX, USA, pp. 1-20.

[49] Luer, K. R., DuPont, J. N., Marder, A. R., and Skelonis, C. K. 2001. Corrosion Fatigue of Alloy 625 Weld Claddings Exposed to Combustion Environments, *Materials at High Temperatures*, 18: 11-19.

[50] Deacon, R. M., DuPont, J. N., and Marder, A. R. 2007. High Temperature Corrosion Resistance of Candidate Nickel Based Weld Overlay Alloys in a Low NOx Environment, *Materials Science & Engineering A*, 460: 392-402.

[51] Courtesy R. E. Smith, Structural Integrity Associates, May 2007.

[52] Courtesy G. Frederick, Electric Power Research Institute, Charlotte, NC, May 2008.

第 8 章

焊 接 性 试 验

8.1 概述

"焊接性"术语的定义很广,通常用于描述材料具有可以制造、满足使用要求或两者都包括在内的能力。美国焊接学会(AWS)的定义具有全球的代表性,即焊接性包括了制造和服役两个方面。

> **焊接性的定义**(美国焊接学会)
> 在特定的制作条件和合适的设计结构下,材料进行焊接的能力以及其在寿期内安全运行的能力。

大多数情况下焊接性用于定义某种材料在制造中抗裂纹的能力。因此,具有"良好的焊接性"的材料,其在焊接中可以抵抗各种不同形式的裂纹,基本上不需要返工或修复。本章节将从焊接裂纹的角度讨论材料焊接性的概念,主要关注在焊接时或由于焊后处理而产生的裂纹。同时将介绍一些可以定量分析材料焊接性的试验方法。全面地讨论焊接性试验方法并不是本章节的目的,实际上已经开发了上百种评估材料焊接性的方法。本章节主要介绍本文中所涉及的并且作者有经验的几种焊接性试验方法。

与制造相关的缺陷包括了与焊件冶金特性相关的裂纹现象,以及与焊接方法和/或焊接工艺相关的缺陷。在镍基合金的研究中,已经确定了若干不同的裂纹形成机理,并且已在本书中就相关特殊类型的镍基合金作了描述。可以按照裂纹产生的温度范围进行广义的分类。

热裂纹是指出现在系统中存在液体的相关裂纹现象,并位于熔合区和 HAZ(热影响区)的 PMZ 区域(部分熔化区域)。中温裂纹在固态的高温状态下发生,即系统中无液体存在,裂纹在熔合区和 HAZ 中均可能出现。冷裂纹在近室温时发生,通常称为氢致裂纹。

8.1.1 焊接性试验方法

焊接性的概念很广,所以有各种不同的试验方法可以用于评估或定量分析焊接性。这些试验可以用于讨论相关的焊接方法和/或焊接工艺、焊接和焊后处理中的裂纹以及使用性能和结构完整性。

在焊接规范中通常要求进行力学性能试验以对焊接工艺进行评定,使其满足强度、延展性和韧性的要求。其他试验包括疲劳、断裂韧性和腐蚀试验通常用于确保焊接结构的使用性能。几乎所有这些试验程序都已经标准化了,并且在美国焊接学会(AWS)、美国材料试验协会(ASTM)和其他专业协会和授权组织出版的刊物中可以找到。

另外,针对制造问题,尤其是裂纹,已经开发了许多专用试验。这些试验中有些已形成标准,并且用于评估或定量分析相同现象的试验之间缺少相关性是普遍的现象。

8.1.2 焊接性试验方法的类别

焊接性试验方法大致分为 4 个类别:力学、非破坏性、使用性能和特殊试验。除了非破坏性检验方法以外,其他试验方法基本上都是破坏性的,要求切开焊缝并制备特定的试样。显然,破坏性评估方法不适用于制造或质量控制的情况,但适用于材料选择和工艺评定阶段。

用于评估各种冶金相关缺陷敏感性的特殊试验,例如凝固裂纹或氢致裂纹,应当在合金研发或选择阶段实施。由于对制造期间裂纹敏感性相关问题的研究会花费相当大的成本以及相当长的周期,因而没有对制造期间的裂纹敏感性问题进行研究。

"热"裂纹敏感性的评估试验可以分为 3 类:

代表性的,或称为"自拘束"试验,即使用试验设备固有的拘束诱发裂纹的试验。由于这些试验通常用于代表待焊部件的实际接头形式和拘束度,因而称之为"代表性的"。这些试验的缺点在于通常难以定量分析裂纹敏感性,试样表现为有裂纹或者没有裂纹,不能得到具体的数据,例如产生裂纹的温度范围或应力/应变值,因此,难以对不同的材料进行比较。有很多的例子说明了在代表性的试验或模拟件中具有良好的抗裂性,但是在实际的制造条件下却不具有良好的抗裂能力。

模拟试验通常采用拉伸或弯曲来模拟焊缝的高拘束度。这些试验主要控制应变量、应变速率或应力。大部分试验具备评估裂纹敏感性的能力，可以用于不同材料的比较和提供冶金资料。

热延性试验仅仅是测量材料在高温下的强度和延展性。由于焊缝裂纹与施加的应变没有足够的延展性有关，因此，对材料热延展性的理解将能够深入地了解可能发生的裂纹。

8.2　可变拘束裂纹试验

可变拘束裂纹试验是由 Savage 和 Lundin 于 1960 年代在 Rensselaer 综合大学开发的[1]。它是一种简单的、施加应变的试验方法，可以把引起热裂纹的冶金变素区分开来。自从此试验方法开发以来，已经对原来的试验进行了大量的改进，并且在全世界范围内得到了广泛的应用。尽管可变拘束裂纹试验方法并没有形成标准，但各种试验方法应用到现在。在 1990 年代，Lin 和 Lippold 在 Ohio 州立大学采用可变拘束裂纹试验，开发了确定裂纹敏感区域（CSR）大小的试验方法[2]。

如图 8.1 所示，可变拘束裂纹试验有三种基本类型。原型试验是纵向型的，在焊缝长度方向上进行弯曲，使熔合区和相邻的 HAZ 均产生裂纹。由于在某些情况下，希望从凝固裂纹中区分 HAZ 液化裂纹，因此开发了点状试验和横向试验。横向试验在垂直焊缝方向施加弯曲应变，通常将裂纹限制在熔合区（对 HAZ 施加少量或不施加应变）。点状可变拘束裂纹试验使用一个小的点状焊缝制造一个敏感的 HAZ 显微组织。为了隔绝 HAZ 裂纹，当焊缝仍然处于熔融状态时进行试样弯曲。

这些试验中，虽然其他熔化焊方法也可以使用，但通常采用钨极气体保护焊方法。焊缝通常是自熔焊，但对于特殊的试样也可以采用熔敷填充金属进行试验。通常采用快速弯曲的试验方法，但是也发展了一些慢弯曲的试验方法。

通过采用可换的模块来控制施加的应变，其中试样外表面上的应变（ε）的计算方法如下：

$$\varepsilon = t/(2R+t) \tag{8.1}$$

式中 t 是试样厚度，R 是模块的半径。

已经开发了许多采用可变拘束裂纹测量方法定量分析裂纹的敏感性。这些方法中大部分要求使用低倍显微镜（20～50X）测量试验后试样

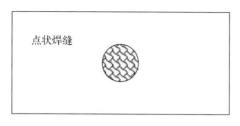

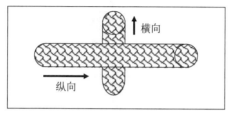

图 8.1　不同类型的可变拘束裂纹试验

表面的裂纹长度。裂纹总长度是所有裂纹长度的总和,最大裂纹长度仅仅是试样表面观察到的最长裂纹的长度。最近,采用最大裂纹距离(MCD)的概念可以更精确地测定开裂温度范围。

开始发生裂纹的应变,称为临界应变,用来定量分析裂纹的敏感性。饱和应变代表应变的级别,当大于饱和应变时,最大裂纹距离(MCD)保持不变。当测定裂纹敏感性区域的最大范围时,在饱和应变下进行试验是非常重要的,具体详见下列章节。

8.2.1　定量分析焊缝凝固裂纹的方法

本节中介绍由 Lin 和 Lippold[2] 开发的方法,采用横向可变拘束裂纹试验定量分析焊缝凝固裂纹敏感性,如图 8.2 所示。在临界应变以上,指饱和应变,MCD 不随应变的增加而增加,表明凝固裂纹已经扩展到了裂纹敏感性区域的整个长度上。如图 8.3 所示,不锈钢试样在 5％应变下试验,在熔池尾部出现典型裂纹。在一定范围内施加应变进行试验,可以得到如 8.4 所示的 MCD 与应变点的关系图。通过试验,可以得到裂纹出现的临界应变以及饱和应变,在高于饱和应变的情况下,MCD 不会继续增大。上述试验试样的典型应变范围为 0.5%~7%。

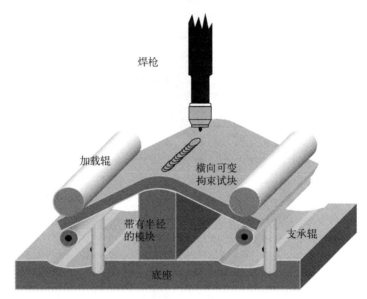

图 8.2　评估焊缝凝固裂纹敏感性的横向可变拘束裂纹试验图(取自 Finton[3])

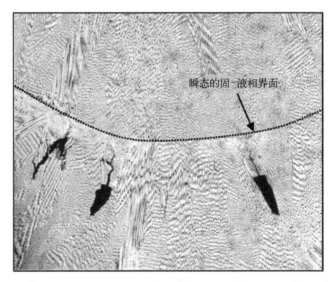

图 8.3　310 型不锈钢横向可变拘束裂纹试验试样的焊缝凝固裂纹(样品表面的俯视图,取自 Finton[3])

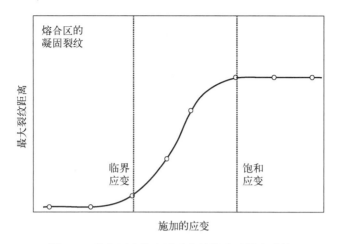

图 8.4 横向可变拘束试验中的熔合区最大裂纹
距离（MCD）与施加应变的关系图

大部分不锈钢和镍基合金的饱和应变值介于 3％到 7％之间,临界应变值通常在 0.5％到 2.0％的范围内,临界应变值主要取决于合金及其凝固特征。事实上,虽然临界应变可以作为评价焊缝凝固裂纹敏感性的重要判据,但饱和应变以上的 MCD 更容易测定,同时提供了一种凝固裂纹温度范围（SCTR）的测量方法。

为了测定凝固裂纹温度范围（SCTR）,通过在熔池内放入一个热电偶来测量凝固温度范围内的冷却速度。发生裂纹的时间近似为高于饱和应变下的 MCD 除以凝固速率的值。采用这种方法,可以通过公式(8.2)计算得到 SCTR,其中 V 表示焊接速度:

$$SCTR = [冷却速率] \times [MCD/V] \tag{8.2}$$

采用此方法测定 SCTR 的基本原理如图 8.5 所示。通过使用温度而不是裂纹长度作为一种裂纹敏感性的测量方法,可以排除焊接变素的影响（热输入、焊接速度等）。SCTR 提供了一种具有冶金意义的、特殊材料的焊缝凝固裂纹敏感性测定方法。

表 8.1 给出了一些不锈钢和镍基合金的 SCTR 值。以初始铁素体凝固的合金（例如 304 型和 316 型不锈钢）,SCTR 值低,甚至低于 50℃。镍基合金的 SCTR 值呈现从 50℃到 200℃以上。SCTR 数据可以用来直接比较裂纹敏感性,也可以根据拘束条件进行合金的选择。例如,在高拘束条件下,为了防止裂纹可以要求 SCTR 值低于 100℃,而对于低拘束焊件,SCTR 值为 150～200℃可能已经足够了。

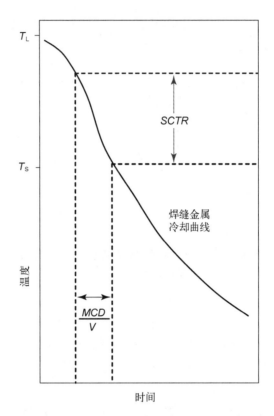

图 8.5 使用凝固温度范围内冷却速率和饱和应变下最大裂纹
距离(*MCD*)测定凝固裂纹温度范围(*SCTR*)的方法

表 8.1 采用可变拘束裂纹试验得到的几种不锈钢和
镍基合金凝固裂纹温度区间(*SCTR*)值

合　　金	初始凝固方式	*SCTR*/℃
304L 型奥氏体不锈钢	bcc-铁素体	31
316L 型奥氏体不锈钢	bcc-铁素体	49
C-22 合金	fcc-奥氏体	50
617 合金	fcc-奥氏体	58
230W 合金	fcc-奥氏体	95
310 型奥氏体不锈钢	fcc-奥氏体	139
W 族 H 氏合金	fcc-奥氏体	145
X 族 H 氏合金	fcc-奥氏体	190
A-286 PH 奥氏体	fcc-奥氏体	418

最近,Finton 和 Lippold[3] 使用一种统计法评估与横向可变拘束裂纹试验有关的焊接变素。该项研究使用两种不锈钢(304 和 310 型)和两种镍基合金(625 和 690 型)来确定不同焊接变数的统计重要性和建立焊接变素的范围,应在该范围中进行试验以给出重复的结果。基于该项研究,推荐的不锈钢和镍基合金的焊接变数范围见表 8.2。

表 8.2　不锈钢和镍基合金横向可变拘束裂纹试验的焊接变数和变素范围

变　　素	范　　围
弧长范围	1.25～3.8 mm(0.05～0.15 in)
最大电压变化	±(1～1.5)V
最小试样长度	89 mm(3.5 in)
最小试样宽度(平行于焊接方向)	76 mm(3.0 in)
电流范围	160～190 A
焊接速度范围	1.7～2.5 mm/s(4～6 in/min)
施加的应变范围	3%～7%
压头移动速度范围	152～254 mm/s(6～10 in/s)

8.2.2　定量分析 HAZ 液化裂纹的方法

Lin 等[4] 在文献中提到,可以使用可变拘束裂纹试验和热延展性试验两种试验方法定量分析 HAZ 液化裂纹的敏感性。HAZ 液化裂纹的可变拘束试验方法不同于前面所提到的焊缝凝固裂纹可变拘束试验方法,因为它使用静止点焊缝生成一个稳定的 HAZ 热梯度和显微组织。该方法由 Lin 等开发,使用"在加热中"和"在冷却中"两种方法定量分析 HAZ 液化裂纹。图 8.6 给出了试验的简图。

"在加热中"试验使用钨极气体保护焊制作点状焊缝,把电流升高到预期值,然后保持电流值不变直至焊缝熔池尺寸稳定且 HAZ 达到预期的温度梯度。Lin 等[4] 评估的奥氏体不锈钢,在焊接 35 s 后得到了一个表面直径约为 12 mm 的点状焊缝,然后熄弧,迅速在试样上加载迫使试样沿着模块弯曲。由于熄弧和加载之间没有时间延迟,HAZ 液化裂纹在熔池边缘开始萌生,然后沿着液化晶界扩展到 HAZ 中(见图 8.7)。

通过测绘最大裂纹长度(MCL)-应变曲线,可以确定"饱和应变","饱和应变"定义为最大裂纹长度不再发生变化时的应变。图 8.8(a)示

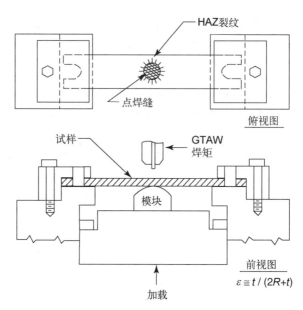

图 8.6　点状可变拘束裂纹试验图(Lin 等[4],经美国焊接学会同意)

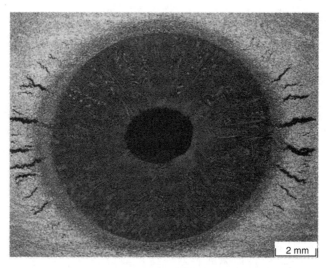

图 8.7　在 5%应变下 A-286 不锈钢点状可变拘束裂纹试验试样图

出 310 型和 A-286 不锈钢"在加热中"试验中的 MCL-应变关系的例子。值得注意的是,不能确定 A-286 的开裂临界应变,两种材料都在 3%应变时达到了饱和应变。

"在冷却中"试验中,使用了与"在加热中"相同的试验程序,但是熄弧后,在试样弯曲前延迟一段时间。通过控制延迟时间或冷却时间,使得焊缝凝固以及 PMZ 区域(局部熔化区域)的温度降低直至最终沿着晶界的液膜完全凝固。通过绘制最大裂纹长度(MCL)-冷却时间曲线,可以测得 PMZ 区域内液膜凝固所需的时间,如图 8.8(b)所示。在 A-286 不锈钢中裂纹消失需要超过 4 s 时间,表明晶界液膜能持续到相当低的温度。

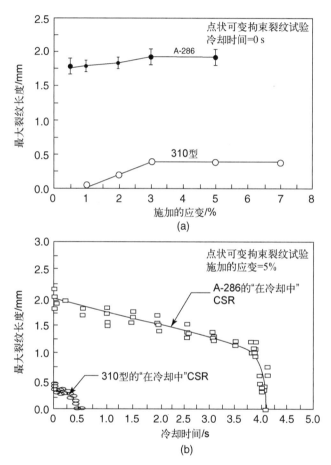

图 8.8 由点状可变拘束裂纹试验分别测得的 310 型和 A-286 型"在加热中"(a)和"在冷却中"(b)的 HAZ 液化裂纹(Lin 等[4],经美国焊接学会同意)

通过放入热电偶测量 HAZ 的温度梯度,能测定焊缝周围的热裂纹敏感区域(CSR),CSR 即 HAZ 液化裂纹可能发生的区域。Lin 等[4] 提到,可以通过"在加热中"和"在冷却中"点状可变拘束裂纹试验,将饱和应变下的 MCL 转换为温度,该温度为 MCL 乘以 HAZ 的温度梯度。使用此方法,有可能说明移动焊缝熔池周围对于 HAZ 液化裂纹敏感的区域。

图 8.9 为 A-286 和 310 型的热 CSR 图。

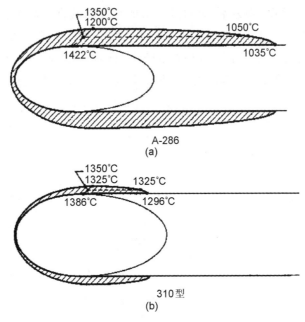

图 8.9 由点状可变拘束裂纹试验测得的热裂纹敏感区域(CSR)
(a) A-286;(b) 310 型(取自 Lin 等,经美国焊接学会同意)

值得注意的是,A-286 焊缝边缘的 CSR 宽度为 222℃,而 310 型仅为
61℃。同样有趣的是,根据"在冷却中"试验数据,A-286 的 PMZ 在 1 035℃
(1 895℉)温度之前没有完全凝固,而 310 型是 1 296℃(2 365℉)。该方法
给出了一种测定裂纹发生的精确温度范围的量化方法,并可以容易测定
不同材料间的 HAZ 液化裂纹敏感性差异。虽然开发该方法时使用的是
不锈钢,但对于镍基合金同样十分有效。

8.3 改进的铸件销钉撕裂试验(CPT 试验)

铸件销钉撕裂试验(CPT 试验)最初由 Hull[5] 开发,用来评估各种各
样不锈钢成分的凝固裂纹敏感性,有助于开发预测这些材料铁素体含量
与凝固裂纹敏感性的等效关系。对预期成分的小样品采用浮熔融法熔
炼,然后倒入模具进行凝固。通过控制模具的长度和宽度,可以改变凝固
"销钉"的拘束,使用销钉长度和发生裂纹之间的关系来测定裂纹敏感性。
最近俄亥俄州立大学开发了一种改进的 CPT 试验,已经用来评估一些镍
基合金的焊缝凝固裂纹敏感性,开发该试验方法的目的是为了评估对焊

缝凝固裂纹非常敏感的合金,促进合金的开发,可以使用少量材料就能容易测定实验合金的裂纹敏感性。

　　由俄亥俄州立大学开发的 CPT 试验,使用一个水冷的铜炉和一台电弧焊枪进行熔化和容纳少量的材料。然后将这些熔化的材料倒入长度范围为 0.5~2.0 in(12.5~50 mm)的铜模。铜模底部呈一个"脚"的形状,用来固定销钉,溶液从底部向销钉的头部进行凝固。当凝固拘束变得足够大时,在销钉的外表面形成小的周向裂纹,随着销钉长度的增加,由于凝固裂纹的出现,销钉可能完全断开。

　　图 8.10 所示是一套典型的铸件销钉。标准试样从销钉的头部到底部之间的直径为 9.5 mm(0.375 in)。如图 8.10 中箭头所示,由于销钉从底部开始凝固,凝固裂纹仅仅在销钉头部的下方形成。将该试验中的裂纹数据绘制成周向裂纹与销钉长度的百分比关系图。一些镍基合金在改进的 CPT 试验中的裂纹行为如图 8.11 所示[6]。在最短的销钉长度中,转变为 100% 周向裂纹的材料,其凝固裂纹最为敏感。因此,根据图 8.11 所示结果,René 合金 142 和 125 对凝固裂纹最敏感,而 Waspaloy 和 600 合金抗裂性最好。这些结论与实际情况一致。

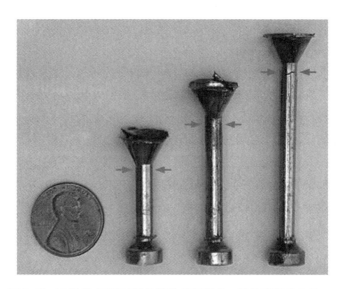

图 8.10　改进的 CPT 试验的铸件销钉样品。样品直径为 9.5 mm (0.375 in),底部呈脚掌型。箭头指出了通常发现凝固裂纹的位置

　　改进的 CPT 试验的主要优点是仅需要用少量的材料就能测定裂纹敏感性。铸件销钉的重量范围大约是 10 g(0.5 in 的销钉)到 16 g(2.0 in

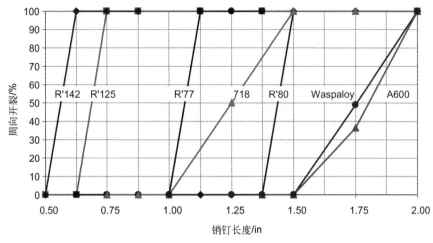

合　金	凝固范围/℃
600	133
Waspaloy	164
718	189
René 125	190
René 142	185

图 8.11　几种镍基合金的 CPT 试验结果(取自 Alexandrov 等[6])

的销钉)。因此,可以采用少于 500 g 的材料来完成整个评估程序。相比可变拘束裂纹试验和 Sigmajig 试验,这是一个很大的优势,因为可变拘束裂纹试验和 Sigmajig 试验要求试验材料加工成板状或片状。CPT 试验装置也能用于测定相变特征[7],使用获得专利权的单个探测器的差异热分析(SS-DTA)技术。使用该技术,熔化炉中装入一个热电偶,测定冷却到室温的热循环,并测定凝固温度范围。如图 8.11 所示,列出了一些试验合金材料的凝固温度范围。需要注意的是,温度范围和裂纹敏感性之间有着很好的关联性,裂纹敏感性较高的合金,其凝固温度范围也较宽。

8.4　SIGMAJIG 试验

为了评估薄板材料的凝固裂纹和液化裂纹敏感性,Goodwin[8] 开发了 Sigmajig 试验方法。将小试样(典型尺寸为 50 mm×50 mm)固定在夹具中,使用应变测量螺栓加载装置在试样横向施加应力。在保证全焊透的情况下,采用高的焊接速度,并在试样的横向施加载荷(应力)的条件下制作自熔焊缝。继续增加试样上的应力,直到在试样上发现贯穿厚度的裂纹,通常该裂纹出现在熔合区。此时的应力定义为裂纹的临界应力。随着应力增加到更高的级别,裂纹会沿着整个试样长度出现(100%试样长度),如图 8.12 所示。

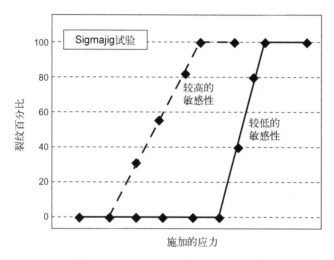

图 8.12 Sigmajig 试验的方法和评估

该试验方法对薄板材料(厚度小于 3 mm)十分有效,由于可变拘束裂纹试验在弯曲过程中试样会扭曲,因此,可变拘束裂纹试验对于厚度小于3 mm 的材料是不适用的。通常采用钨极气体保护焊方法(GTAW)进行自熔焊,但也可以采用激光焊和电子束焊。焊接参数的控制是非常关键的,最有效的结果通常采用高的焊接速度以形成细长的、泪珠状的熔池,可以使应力集中在焊缝中心线,导致发生中心线凝固裂纹。对某些材料,这样可能会诱发 HAZ 液化裂纹,但是 Sigmajig 试验方法通常对于评估焊缝凝固裂纹是最有效的。

典型的试验结果以临界开裂应力,或在试样上引起可见裂纹的最小应力报道。裂纹的临界应力相对值通常用于比较裂纹敏感性。在前面的图 5.16 中列出了一些 Ni-Al 合金的试验结果,并在图 8.13 中再次示出。图 8.13 中的开裂应力范围描述了合金系内多种成分的差异,而不是个别材料的差异。例如,316SS 型不锈钢是以初始铁素体凝固还是初始奥氏体凝固,会导致裂纹敏感性有很大的差异。

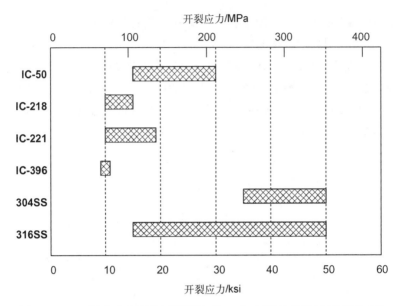

图 8.13 Ni-Al 合金和两种不锈钢的 Sigmajig 试验结果示例(见图 5.16)

8.5 热塑性试验

高温塑性有时可以表征材料的焊接性,因为裂纹通常与材料的延展性耗尽有关。大部分热塑性试验包括加热和冷却两阶段。为了恰当地模拟与焊接相关的加热和冷却速率,开发了迅速加热或冷却实验室小试样的特殊设备。为了达到该目的,最广泛使用的试验机由Rensselaer Polytechnic Institute (RPI)的 Savage 和 Ferguson[9] 在 1950年代开发的。开发者们称之为"Gleeble"机,取名的来源是一个 RPI 毕业生们讳莫如深的秘密。此设备现在由在 Poestenkill,NY. 的 DSI 公司进行商业制造[10]。

Gleeble 机使用电阻加热(I^2R)方式在精确的温度控制下加热小试样,使用水冷铜夹具进行冷却,也可以用淬火系统进行加速冷却。加热速率可以达到 10 000℃/s。Gleeble 也能够在设定的热循环程序上的任一点对试验样品进行力学试验。

热塑性试验可以为材料的开发确定其延展性的"特征"。如图 8.14所示,这个特征将显示几种不同的特性。当在加热过程中测定材料的延展性时,大部分材料的延展性会表现出随着温度增加而增加,之后突然下降。这种下降与材料开始熔化有关。延展性降至零时的温度定义为零延展性温度(NDT)。在 NDT 温度,仍然能测出材料的强度。进行附加试验以测定强度为零的点,该点定义为零强度温度(NST)。

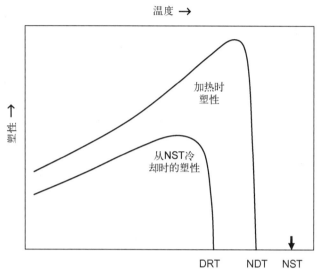

DRT＝从 NST 冷却时延性恢复的温度
NDT＝加热时的零延性温度
NST＝加热时的零强度温度

图 8.14　示出加热和冷却时的延性曲线和零延性温度(NDT)、零强度温度(NST)和延性恢复温度(DRT)的位置的热延性特征的示意图

为了测定冷却过程的延展性曲线,将试样加热到 NST 温度(或介于 NDT 和 NST 之间的温度),冷却至预先设定的温度,并测试。可以测出延展性的温度点定义为延展性恢复温度(DRT)。在 DRT 温度点,加热到 NST 时所形成的液体已经凝固,因此,试样拉伸时可以测得延展性。

310 型和 A286 不锈钢热延展性试验的例子如图 8.15 所示(Lin 等[4])。这些材料与上述的点状可变拘束裂纹试验中使用的材料相同。值得注意的是 310 型的加热和冷却时的延展性曲线几乎相同,NDT 和 DRT 也基本是相等的。NST 仅比 NDT 高 25℃,表明在 NDT 和 NST 之间加热形成的晶界液化膜,在冷却到 1 325℃时凝固。由于液化膜在 HAZ/PMZ 中出现的温度区间狭窄,这种材料具有很好的抗 HAZ 液化裂纹的能力。相反地,A-286 的加热和冷却塑性曲线完全不同。A-286 的 NDT 温度约 1 200℃,而 NST 约 1 350℃。加热到 NST 温度之后,当

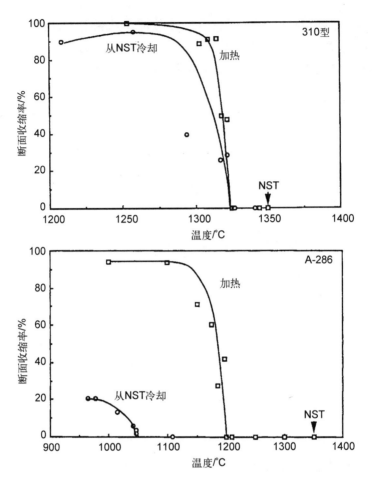

图 8.15 310 型和 A-286 奥氏体不锈钢的热延展性
试验结果(Lin 等[4],经美国焊接学会同意)

冷却到约 1 050℃后,延展性开始恢复,因此晶界液化膜在 NST 温度以下
存在的温度范围超过 300℃,这就产生了很宽的 HAZ/PMZ 区域,使得材
料对 HAZ 液化裂纹很敏感。A286 加热至 NST 温度的显微照片如图
8.16 所示,液化膜完全覆盖了晶界。

可以采用上述方法测定镍基合金的热延展性特点,625 和 690 合金
如图 8.17 所示[11,12]。两种合金的热延展性特点完全不同,625 合金的
NDT 和 DRT 温度远低于 690 合金。

与点状可变拘束裂纹试验相似,热延展性试验结果(从热延展性曲线
中得到的 NDT,NST 和 DRT)可以用来确定 HAZ 的裂纹敏感区域
(CSR)。当材料加热到高于 NDT 时,HAZ 比焊缝优先开始液化。NDT

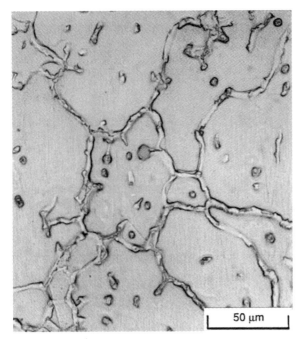

图 8. 16　加热到零强度温度(1 350℃)后的 A-286 合金的显微照片(Lin[13])

和熔合边界处液相线温度的差异判定加热时液化温度范围的宽度。为了方便,通常采用 NST 近似为液相线温度。

　　在 HAZ 的冷却部分,加热至 NDT 和 NST 之间的区域,液化膜将凝固。DRT 值作为峰值温度的函数变化,DRT 是处于最接近熔合边界的点的最低值。NST 与 DRT 的差值表示 HAZ 出现液化膜的最大温度范围。该值可以用来确定液化裂纹温度范围(LCTR)。与焊缝金属的 *SCTR* 近似,LCTR 代表了液化裂纹敏感性的测量方法。从图 8.15 和图 8.17 中,可以得到下列材料的 LCTR 值:310 型=25℃,690 合金=43℃,625 合金=163℃和 A-286=300℃。根据这些值可以得出,310 型不锈钢抗 HAZ 液化裂纹的性能最好,A-286 裂纹敏感性最高,625 合金和 690 合金敏感性居中。

　　遗憾的是形成热延展性曲线没有一个标准的程序。由采用 Lin[13] 的方法形成的数据如图 8.15 和 8.17 所示,其程序归结如下:

　　(1) 试样直径为 0. 25 in(6. 35 mm),长 4. 0 in(100 mm),带螺纹。

　　(2) 试样自由跨距(Gleeble 试验机夹头间距)为 1. 0 in(25 mm)。所有试验在氩气保护中进行。

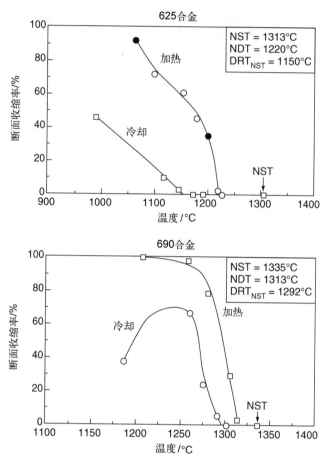

图8.17 625和690合金的热延展性结果(Lin等[11]和Lippold等[12])

(3) 在加热线速度为200℉/s(111℃/s)和静载荷为10 kg的条件下加载直到试样断裂,测定NST。

(4) 加热试验中,以200℉/s(111℃/s)的速率加热到预定的峰值温度,然后以2 in/s(50 mm/s)的速率拉断试样。

(5) 冷却试验中,在试样以200℉/s(111℃/s)速率加热到NST温度,然后以50℃/s的速率冷却至预定的温度。同样以2 in/s(50 mm/s)的速率拉断试样。

值得注意的是,当测试镍基合金时,由于很多镍基合金在NST温度经历了充分的液化,可能需要修改第5步。这是许多沉淀强化合金的一个特殊问题。在这些情况下,应该选择介于NST和NDT中间的一个峰值温度。冷却试验中的峰值温度等于或低于NDT温度是不合适的,因为没有发生足够的晶界液化,不能代表许多镍基合金中形成的部分熔化区的微观组织。

其他研究人员采用了不同的试验条件,尤其是试验中的加热和冷却速率以及瞬时拉断速率。同样地,热塑性试验没有标准的程序,没有充分评价试验变素的影响。这里推荐的程序代表了俄亥俄州立大学焊接冶金实验室确定的"最佳方法"。

8.6　STF(应变−断裂)试验

如第 3 章所讨论的失塑裂纹(DDC)* 是一种发生在镍基合金焊缝金属和 HAZ 的固态晶间开裂现象。虽然在可变拘束裂纹试验中能出现 DDC,但是难以识别和定量,这是由于 DDC 仅在凝固裂纹和液化裂纹发生的温度范围以下发生的缘故。热塑性试验也能用于检测 DDC 的敏感性,但其对于 DDC 的敏感性相对较低。

为了更好地定量分析 DDC 的敏感性,在 2002 年俄亥俄州立大学的 Nissley 和 Lippold[14,15] 开发了应变−断裂试验(STF)方法。STF 试验使用了"狗骨"型拉伸试样,在标距部分的中心制作一个钨极气体保护焊点焊缝。通过使用下降的焊接电流,在受控凝固的条件下制作点焊缝,从而使点焊缝内部晶界基本径向排列。STF 试样如图 8.18 所示。

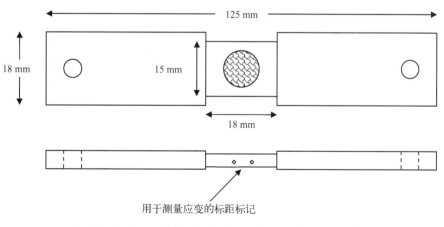

图 8.18　标距区域钨极气体保护焊点焊缝的 STF 试样图

---

* 译者注:该裂纹又译为延性下降裂纹。

试样在 Gleeble™热机械模拟机上,采用不同的温度和应变进行试验。对于不锈钢和镍基合金,典型的温度和应变范围分别为 650～1 200℃(1 200～2 190℉)和 0%～20%。在一个特定的温度-应变组合下试验,在放大 30 倍的双筒显微镜条件下检查试样,确定是否出现裂纹,并且对在此放大率下观察到的任何裂纹进行计算。

使用该数据,开发了温度-应变的包络曲线,确定了 DDC 可能发生的范围。可以从这些曲线中得到裂纹的临界应变(ε_{min})和延性下降温度范围(DTR)。图 8. 19 示出三种镍基合金填充金属 FM82、FM52 和 FM52MSS 和一种具有很好的抗 DDC 性能的奥氏体不锈钢填充金属(308 型)的温度-应变曲线。根据这些曲线,FM52 对于 DDC 最为敏感,FM52MSS 抗 DDC 性能很好。这些结果与高度拘束焊件的 DDC 敏感性一致。

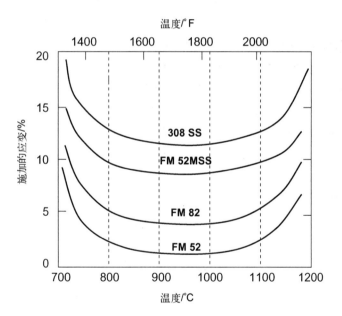

图 8.19 三种镍基合金填充金属和一种奥氏体不锈钢填充金属(308 型)施加应变与温度关系的 STF 试验结果

自从 2002 年开发了 STF 试验方法以来,为了更好地区分材料,评价 DDC 敏感性的方法已经逐渐发展。许多镍基合金材料的 ε_{min} 值介于 2%～4%范围内,并具有类似的 DTR 温度,通常在 700 到 1 150℃范围内。但是,在高于临界应变时,尤其是对于镍基合金填充金属,在评估裂纹试验中发现裂纹的数量随着应变的增加而增加,同时裂纹的形貌存在显著差异。同样需要注意的是,对于大部分材料,应变-温度曲线的临界应变最小值出现在约 950℃(1 740℉)。为此,开发了一种使用 STF 试验评估 DDC 敏感性的新方法,如图 8.20 所示[16]。在该图上(与图 3.50 相似)列出了一些镍基合金填充金属在 950℃ 的 STF 数据,包括 ERNiCr-3 (FM82),ERNiCrFe-7 (FM52 和 FM68HP)和 ERNiCrFe-7A (FM52M 和 FM69HP)镍基合金焊接材料。同样还对铌和钼含量较高的两种合金 (FM52X-D,H)进行了试验。所有的 ERNiCrFe-7/7A 填充金属具有相似的 $\varepsilon_{\min}$ 值,但是在高于 $\varepsilon_{\min}$ 应变时形成的裂纹数量相差很大。例如, FM52M-B 和 FM52M-C 的 $\varepsilon_{\min}$ 值相似,但是 FM52M-B 在较高的应变下才出现"大量"裂纹。这种焊接材料相比 FM52/52M 有着更好的抗 DDC 敏感性。该方法作为评估 DDC 敏感性的有效方法将继续优化。

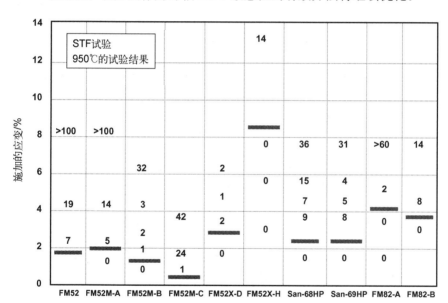

图 8.20　在 950℃下镍基合金填充金属 STF 行为比较

8.7　其他焊接性试验

有许多适用于镍基合金的其他焊接性试验方法;其中许多是自拘束型的,这些试验方法并不像上述的试验方法能够容易地得出定量分析结果。例如,环形镶块抗裂试验和高拘束窄坡口焊缝模拟件已用于研究 DDC,并已经显示出有希望用于焊接材料的筛选,但是不能提供类似于

Gleeble 机得到的定量分析结果。试图将不同的试验方法相互关联起来但不是很成功。没有能够得到满意的相互关系的原因尚不完全明朗。在国际焊接学会(IIW)内进行了一系列热裂纹试验,Wilken[17] 总结了试验结果并努力观察各种变化。焊接性试验将继续成为评估镍基合金性能的一个重要方法,但重点更应该放在对已有的试验方法进行优化和形成标准,而不是开发新的方法。

参考文献

[1] Savage, W. F. and Lundin, C. D. 1965. The Varestraint test, *Welding Journal*, 44(10): 433s-442s.

[2] Lippold, J. C. and Lin, W. Weldability of commercial Al-Cu-Li alloys, *Proc. of ICAA5*, *Aluminum Alloys — Their Physical and Mechanical Properties*, eds. J. H. Driver *et al.*, Transtec Publications, 1996, pp. 1685-1690.

[3] Finton, T. 2003. *Standardization of the Transvarestraint test*. M. S. Thesis, The Ohio State University.

[4] Lin, W. Lippold, J. C. and Baeslack, W. A. 1993. An investigation of heat-affected zone liquation cracking, part 1 — a methodology for quantification. *Welding Journal*, 71(4): 135s-153s.

[5] Hull, F. C., Cast-Pin Tear Test for Susceptibility to Hot Cracking, *Welding Journal*, 38(4): 1959, pp. 176s-181s.

[6] Alexandrov, B. T. Nissley, N. E. and Lippold, J. C. 2008. Evaluation of weld solidification cracking in Ni-base superalloys using the cast pin tear test, 2nd International Workshop on Hot Cracking, Berlin, July 2008, Springer-Verlag.

[7] Alexandrov, B. T. and Lippold, J. C. 2006. In-situ weld metal continuous cooling transformation diagrams, *Welding in the World*, 50(9/10): 65-74.

[8] Goodwin, G. M. 1987. Development of a New Hot-Cracking Test — The Sigmajig, *Welding Journal*, 66(2): 33-s-38-s.

[9] Nippes, E. F. and Savage, W. F. 1955. An investigation of the hot ductility of hightemperature alloys, *Welding Journal*, 34(4): 183s-196s.

[10] Dynamic Systems, Inc., Poestenkill, NY 12140, www. gleeble. com.

[11] Lin, W. Nelson, T. W. Lippold J. C. and Baeslack, W. A. 1993. A study of the HAZ crack-susceptible region in Alloy 625. *International Trends in Welding Science and Technology*, Eds. S. A. David and J. M. Vitek, ASM International, Materials Park, OH, pp. 695-702.

[12] Lippold, J. C. Nelson, T. W. and Lin, W. 1992. Weldability testing of Alloy 625 and INCONEL ® Alloy 690, Proc. Eighth North American Welding Research Conference, Edison Welding Institute, Columbus, OH, October 19-21, 1992.

[13] Wangen Lin. 1991. PhD dissertation, *A methodology for quantifying HAZ liquation cracking susceptibility*. The Ohio State University.

[14] N. E. Nissley and J. C. Lippold, 2003. Ductility-Dip Cracking Susceptibility of Austenitic Alloys, Trends in Welding Research, Proc. of the 6th International Conference, ASM International, Materials Park, OH, pp. 64-69.

[15] Nissley, N. E. and Lippold, J. C. 2003. Development of the strain-to-fracture test for evaluating ductility-dip cracking in austenitic alloys, *Welding Journal*, 82(12): 355s-364s.

[16] Lippold, J. C. and Nissley, N. E. 2007. Ductility dip cracking in high-Cr Ni-base filler metals, 2nd International Workshop on Hot Cracking, Berlin, July 2008, Springer-Verlag.

[17] Wilken, K. 1999. Investigation to Compare Hot Cracking Tests — Externally Loaded Specimen, *IIW Document IX - 1945 - 99*, International Institute of Welding, Paris.

■ 附录 A

锻造和铸造镍基合金的化学成分（重量百分比）[1]

镍基合金的焊接冶金和焊接性，John N. DuPont，John C. Lippold 和 Samuel D. Kiser

版权© 2009 John Wiley & Sons, Inc.

合 金	UNS No.	C	Cr	Fe	Mn	Ni 镍	Mo	Ti	Al	Si	其 他
200	N02200	0.15	—	0.40	0.35	99.0 min	—	—	—	0.35	Cu 0.25
201	N02201	0.02	—	0.40	0.35	99.0 min	—	—	—	0.35	Cu 0.25
CZ 100	N02100	1.00	—	3.00	1.50	余	—	—	—	2.00	Cu 1.25
205	N02205	0.15	—	0.20	0.35	99.0 min	—	—	—	0.15	Cu 0.15
211	N02211	0.20	—	0.75	4.25~5.25	93.7 min	—	—	—	0.15	Cu 0.25
233	N02233	0.15	—	0.10	0.30	99.0 min	—	—	—	0.10	Cu 0.10
253	N02253	0.02	—	0.05	0.003	99.9 min	—	—	—	0.005	Cu 0.10
270	N02270	0.02	—	0.005	0.001	99.97 min	—	—	—	0.001	Cu 0.001

续 表

合金	UNS No.	C	Cr	Fe	Mn	Ni	Mo	Ti	Al	Si	其他
镍-铜合金											
M25S	N04019	0.25	—	2.50	1.50	60.0 min	—	—	—	3.5~4.5	Cu 27.0~31.0
M35-2	N04020	0.35	—	2.50	1.50	余	—	—	0.5	2.00	Cu 26.0~33.0
400	N04400	0.30	—	2.50	2.00	63.0~70.0	—	—	—	0.50	余 Cu
401	N04401	0.10	—	0.75	2.25	40.0~45.0	—	—	—	0.25	余 Cu
404	N04404	0.15	—	0.50	0.10	52.0~57.0	—	—	0.05	0.10	余 Cu
405	N04405	0.30	—	2.50	2.00	63.0~70.0	—	—	—	0.50	余 Cu
镍-铬、镍-铬-铁和镍-铬-钼合金											
600	N06600	0.15	14~17	6~10	1.0	72.0 min	—	—	—	0.5	—
601	N06601	0.1	21~25	余	1.0	58~63	—	—	1.0~1.7	0.5	—
617	N06617	0.15	20~24	3.0	1.0	余	8~10	—	0.8~1.5	0.5	Co 10~15
625	N06625	0.10	20~23	5.0	0.5	余	8~10	—	0.40	1.0	Nb 3.15~4.15
690	N06690	0.05	27~31	7~11	0.5	58.0 min	—	—	—	0.5	—
693	N06693	0.15	27~31	2.5~6.0	1.0	余	—	1.0	2.5~4	0.5	Nb 0.5~2.5
C-4	N06455	0.015	14~18	3.0	1.0	余	14~17	—	—	0.5	—

续表

合金	UNS No.	C	Cr	Fe	Mn	Ni	Mo	Ti	Al	Si	其他
镍-铬、镍-铬-铁和镍-铬-钼合金											
C-22	N06022	0.01	20~24	3.0	0.5	余	12~14	—	—	0.08	Co 2.5，W 3.0
C-276	N10276	0.02	14.5~16.5	4~7	1.0	余	15~17	—	—	0.08	Co 2.5
C-2000	N06200	0.1	22~24	3.0	0.5	余	15~17	—	0.5	0.08	—
59	N06059	0.10	22~24	1.5	0.50	余	15~16.5	—	0.4	0.08	—
230	N06230	0.05~0.15	20~24	3.0	0.30~1.0	余	1~3.0	—	0.2~0.5	0.1	—
RA333	N06333	0.08	24~27	余	2.0	44~47	2.5~4	—	—	—	—
G3	N06985	0.015	21.0~23.5	18~21	1.0	余	6~8	—	—	0.25~0.75	Cu 1.5~2.5
HX	N06006	0.05~0.15	20.5~23.0	17~20	1.0	余	8~10	—	—	0.75~1.5	W 0.2~1.0
S	N06635	0.02	14.5~17	3.0	0.30~1.0	余	14~16.5	—	0.1~0.5	0.2~0.75	—
W	N10004	0.12	5.0	6.0	1.0	63.0	24.0	—	—	—	—
X	N06002	0.05~0.15	20.5~23.0	17~20	1.0	余	8~10	—	—	0.5	Co 0.5~2.5，W 0.2~1.0
686	N06686	0.01	19~23	2.0	0.75	余	15~17	—	—	—	W 3.0~4.4
铁-镍-铬合金											
HP	N08705	0.35~0.75	19~23	余	2.00	35~37	—	—	0.15~0.6	2.5	—
800	N08800	0.10	19~23	余	1.5	30~35	—	0.15~0.6	0.15~0.6	1.0	—

续 表

合 金	UNS No.	C	Cr	Fe	Mn	Ni	Mo	Ti	Al	Si	其 他
铁-镍-铬合金											
801	N08801	0.10	19~22	余	1.5	30~34	—	1.0	—	1.0	—
802	N008802	0.2~0.5	19~23	余	1.50	30~35	—	—	0.15~1.0	0.75	—
800H	N08810	0.05~0.1	19~23	余	1.50	30~35	—	0.15~0.6	0.15~0.6	1.0	—
800HT	N08811	0.06~0.1	19~23	39.5 min	1.50	30~35	—	0.25~0.6	0.25~0.6	1.0	—
825	N08825	0.05	19.5~23.5	余	1.00	38~46	2.5~3.5	0.6~1.2	0.2	0.5	Cu 1.5~3.0
镍-铁合金											
52	N14052	0.05	0.25	余	0.6	50.5 名义	—	—	0.1	0.3	—
Ni-Fe	N14076	0.05	2~3	余	1.5	75~78	0.5	—	0.5	0.5	—
Ni-Fe	N14080	0.05	0.3	余	0.8	79~82	3.5~6	—	—	0.5	—
镍-钼合金											
B	N10001	0.12	1.0	6	1.0	余	26~33	—	—	1.0	—
B-2	N10665	0.01	1.0	2.0	1.0	69	26~30	—	0.5	0.1	—
B-3	N10675	0.01	1~3	1~3	3.0	65 min	27~32	—	0.5	0.1	—
B-10	N10624	0.01	6~10	5.0~8.0	1.0	余	21~25	—	0.5	0.1	—
NiMo	N30007	0.07	1.0	3.0	1.0	余	30~33	—	0.2	1.0	—
NiMo	N30012	0.12	1.0	4~6	1.0	余	26~30	—	0.15	1.0	—

续表

合金	UNS No.	C	Cr	Fe	Mn	Ni	Mo	Ti	Al	Si	其他
铁-镍低膨胀合金											
36(INVAR)	K93601	0.10	0.5	余	0.6	34~38	0.5	—	0.1	0.35	—
42	K94100	0.05	0.5	余	0.8	42.0名义	0.5	—	0.15	0.3	—
48	K 94800	0.05	0.25	余	0.8	48.0名义	—	—	0.1	0.05	—
902	N09902	0.06	4.9~5.75	余	0.8	41~43.5	—	2.2~2.75	0.3~0.8	1.0	—
903	N19903	—	—	42.0	—	38.0	—	1.4	0.9	—	Co 15.0,Nb 3.0
907	N19907	—	—	42.0	—	38.0	—	1.5	0.03	0.15	Co 13.0,Nb 4.7
KOVAR	K94610	0.04	0.2	53名义	0.5	29.0	0.2	—	0.1	0.2	Co 17.0
沉淀强化合金											
K500	N05500	0.25	—	2.00	1.50	63.0~70.0	—	0.35~0.85	2.3~3.15	0.50	Cu 余
300	N03300	0.40	—	0.60	0.50	97.0 min	—	0.20~0.60	—	0.35	Mg 0.2~0.5
301	N03301	0.30	—	0.60	0.50	93.0 min	—	0.25~1.0	4.0~4.75	1.0	—
80A	N07080	0.10	18.0~21.0	3.0	1.0	余	—	1.8~2.7	1.0~1.8	1.0	Co 2.0
X-750	N07750	0.08	14.0~17.0	5.0~9.0	1.0	70.0 min	—	2.25~2.75	0.4~1.0	0.50	Nb 0.70~1.2
90	N07090	0.13	18.0~21.0	3.0	1.0	余	—	1.8~3.0	0.8~2.0	1.0	Co 15.0~21.0
263	N07263	0.04~0.08	19.0~21.0	0.7	0.60	余	5.6~6.1	1.9~2.4	0.3~0.6	0.40	Co 19.0~21.0
713	N07713	0.08~0.20	12.0~14.0	2.50	0.25	余	3.8~5.2	0.5~1.0	5.5~6.5	—	Nb 1.8~2.8

续 表

合金	UNS No.	C	Cr	Fe	Mn	Ni	Mo	Ti	Al	Si	其他
						沉淀强化合金					
718	N07718	0.08	17.0~21.0	余	0.35	50.0~55.0	2.8~3.3	0.65~1.15	0.2~0.8	0.35	Nb 4.75~5.50
Waspaloy	N07001	0.03~0.10	18.0~21.0	2.00	1.00	余	3.5~5.0	2.75~3.25	1.2~1.6	—	Co 12~15
Rene 41	N07041	0.12	18.0~22.0	5.00	0.10	余	9.0~10.5	3.0~3.3	1.4~1.8	—	Co 10.0~12.0
214	N07214	0.05	15.0~17.0	2.0~4.0	0.5	余	0.5	0.5	4.0~5.0	—	Co 2.0
U520	N07520	0.06	18.0~20.0	—	—	余	5.0~7.0	2.8~3.2	1.8~2.2	—	Co 12.0~14.0 W 0.8~1.2
702	N07702	0.10	14.0~17.0	2.0	1.0	余	—	0.25~1.00	2.75~3.75	—	Cu 0.5
U720	N07720	0.03	15.0~17.0	—	—	余	2.5~3.5	4.5~5.5	2.0~3.0	—	Co 14.0~16.0 W 1.0~2.0
725	N07725	0.03	19.0~22.5	余	0.35	55.0~59.0	7.0~9.5	1.0~1.7	0.35	0.20	Nb 2.75~4.0
751	N07751	0.10	14.0~17.0	5.0~9.0	1.0	70.0 min	—	2.0~2.6	0.9~1.5	0.50	Nb 0.70~1.2
706	N09706	0.06	14.5~17.5	余	0.35	39.0~44.0	—	1.5~2.0	0.40	0.35	Nb 2.5~3.3
925	N09925	0.03	19.5~23.5	22.0 min	1.00	38.0~46.0	2.5~3.5	1.9~2.4	0.1~0.5	0.50	Cu 1.5~3.00
945	N09945	0.04	19.5~23.0	余	1.0	45.0~55.0	3.0~4.0	0.5~2.5	0.01~0.7	0.50	Nb 2.5~4.5 Cu 1.5~3.0
909	N19909	0.06	—	余	—	35.0~40.0	—	1.3~1.8	0.15	0.25~0.50	Co 12.0~16.0 Nb 4.3~5.2

(1) 单值为最大值。

附录 B

镍和镍合金焊接材料的化学成分（重量百分比）[1]

镍基合金的焊接冶金和焊接性,John N. DuPont, John C. Lippold 和 Samuel D. Kiser

版权 © 2009 John Wiley 8 Sons, Inc.

AWS 类别	合金	UNS No.	C	Cr	Fe	Mn	Ni	Mo	Si	其他
					药皮焊条					
ENi-1	WEl41	W82141	0.10	—	0.75	0.75	92.0 min	—	1.25	Ti 1.0~4.0
ENi-CI	WE99	W82001	2.00	—	8.00	2.50	85.0 min	—	4.00	Cu 2.5
ENiCu-7	WEl90	W84190	0.15	—	2.50	4.00	62.0~69.0	—	1.5	Cu 余,Al 1.75,Ti 1.0
ENiCrFe-1	WEl32	W86132	0.08	13~17	11.0	3.5	62.0 min	—	0.75	Nb 1.5~4.0
ENiCrFe-2	Weld A	W 86133	0.10	13~17	12.0	1.00~3.5	62.0 min	0.5~2.5	0.75	Nb 0.5~3.0
ENiCrFe-3	WEl82	W86182	0.10	13~17	10.0	5.00~9.5	59.0 min	—	1.0	Nb 1~2.5,Ti 1.0
ENiCrFe-7	WEl152	W86152	0.05	28.0~31.5	7~12	5.00	余	—	0.75	Nb 1~2.5

续　表

AWS 类别	合金	UNS No.	C	Cr	Fe	Mn	Ni	Mo	Si	其　他
					药皮焊条					
ENiMo-7	B-2	W80665	0.02	1.0	2.25	1.75	余	26~30	0.2	W 1.0
ENiCrMo-3	WE112	W86112	0.10	20~23	7.0	1.0	55.0 min	8~10	0.75	Nb 3.15~4.15
ENiCrMo-4	WE C-276	W80276	0.02	14.5~16.5	4.0~7.0	1.0	余	15~17	0.2	W 3.0~4.5
ENiCrMo-10	WE C-22	W86022	0.02	20~22.5	2.0~6.0	1.0	余	12.4~14.5	0.2	W 2.5~3.5,Co 2.5
ENiCrMo-14	WE 686	W86686	0.02	19~23	5.0	1.0	余	15~17	0.25	W 3.0~4.4
ENiCrCoMo-1	WE 117	W86117	0.05~0.15	21~26	5.0	0.3~2.5	余	8~10	0.75	Co 9.0~15.0,Nb 1.0
					光焊丝和焊棒					
ERNi-1	FM61	N02061	0.15	—	1.00	1.00	93.0 min	—	0.75	Cu 0.25, Ti 2.5~3.5 Al 1.25
ERNi-CI	FM99	N02215	1.00	—	4.00	2.50	90.0 min	—	0.75	Cu 4.0
ERNiFeMn-CI	FM44	N02216	0.50	—	余	10.0~14.0	35.0~45.0	—	1.0	Cu 2.5
ERNiCu-7	FM60	N04060	0.15	—	2.50	4.00	62.0~69.0	—	1.25	Cu余,Ti 1.5~3.0 Al 1.25
ERNiCu-8	FM64	N05504	0.25	—	2.0	1.5	63.0~70.0	—	—	Cu余,Ti 0.35~0.85 Al 2.3~3.15
ERNiCr-3	FM82	N06082	0.10	18.0~22.0	3.0	2.50~3.50	67.0 min	—	—	Nb 2.0~3.0
ERNiCr-4	FM72	N06072	0.01~0.10	42.0~46.0	0.50	0.20	余	—	—	Ti 0.3~1.0

续表

光焊丝和焊棒

AWS 类别	合金	UNS No.	C	Cr	Fe	Mn	Ni	Mo	Si	其他
ERNiCrFe-5	FM62	N06062	0.08	14.0~17.0	6.00~10.0	1.00	70.0 min	—	0.35	Nb 1.5~3.0
ERNiCrFe-6	FM92	N07092	0.08	14.0~17.0	8.00	2.00~2.70	67.0 min	—	0.35	Ti 2.5~3.5
ERNiCrFe-7	FM52	N06052	0.04	28.0~31.5	7.00~11.0	1.00	余	—	0.50	Al 1.10,Ti 1.0
ERNiCrFe-7A	FM52M	N06054	0.04	28.0~31.5	7.00~11.0	1.00	余	—	—	Al 1.10,Ti 1.0 Nb 0.5~1.0
ERNiCrFe-8	FM69	N07069	0.08	14.0~17.0	5.0~9.0	1.0	70.0 min	—	—	Ti 2.25~2.75 Al 0.4~1.0
ERNiFeCr-1	FM65	N08065	0.05	19.5~23.5	22.0 min	1.00	38.0~46.0	2.5~3.5	0.5	Cu 1.50~3.0,Al 0.20 Ti 0.6~1.2
ERNiFeCr-2	FM718	N07718	0.08	17.0~21.0	余	0.35	50.0~55.0	2.8~3.3	—	Ti 0.65~1.15, Al 0.2~ 0.8,Nb 4.75~5.50
ERNiMo-3	W	N10004	0.12	4.0~6.0	4.0~7.0	1.0	余	23~26	1.0	W 1.0,Co 2.5
ERNiCrMo-3	625	N06625	0.10	20~23	5.0	0.50	58.0 min	8~10	0.5	Nb 3.15~4.15,Al 0.40 Ti 0.4
ERNiCrMo-7	C-4	N06455	0.015	14~18	3.0	1.0	余	14~18	0.08	W 0.50,Ti 0.70
ERNiCrMo-10	C-22	N06022	0.015	20~22.5	2~6	0.50	余	12.5~14.5	0.08	W 2.5~3.5,Co 2.5
ERNiCrMo-13	59	N06059	0.01	22~24	1.5	0.5	余	15~16.5	0.1	Al 0.1~0.4

续表

AWS 类别	合金	UNS No.	C	Cr	Fe	Mn	Ni	Mo	Si	其他
光焊丝和焊棒										
ERNiCrMo-14	FM686	N06686	0.01	19~23	5.0	1.0	余	15~17	0.08	W 3.0~4.4, Al 0.5,Ti 0.25
ERNiCrMo-15	FM725	N07725	0.03	19.0~22.5	余	0.35	55.0~59.0	7.0~9.5	0.20	Ti 1.0~1.7,Al 0.35 Nb 2.75~4.0
ERNiCrMo-17	C-2000	N06200	0.01	22~24	3.0	0.5	余	15~17	0.08	Al 0.5,Cu 1.3~1.9 Co 2.0
ERNiCrWMo-1	230-W	N06231	0.05~0.15	20~24	3.0	0.3~1.0	余	1~3	0.25~0.75	Al 0.2~0.5 Co 5.0, W 13~15
ERNiCrCoMo-1	617	N06617	0.05~0.15	20~24	3.0	1.0	余	8~10	0.5	Co 10~15,Al 0.8~1.5
其他类别										
ASTM B637	FM80A	N07080	0.10	18.0~21.0	3.0	1.0	余	—	1.0	Ti 1.8~2.7,Al 1.0~1.8 Co 2.0
AMS 5829	FM90	N07090	0.13	18.0~21.0	3.0	1.0	余	—	1.0	Ti 1.8~3.0,Al 0.8~2.0 Co 15.0~21.0
AMS 5966A	FM263	N07263	0.04~0.08	19.0~21.0	0.7	0.60	余	5.6~6.1	0.40	Ti 1.9~2.4,Al 0.3~0.6 Co 19.0~21.0
AMS 5884	FM909	NI9909	0.06	1.0	余	1.0	35.0~40.0	—	0.25~0.50	Ti 1.3~1.8,Al 0.15 Co 12.0~16.0,Nb 4.3~5.2

(1) 单值为最大值。

AWS 分 类	主 要 用 途
E/ERNi-1	连接 200 和 201 合金钢与镍合金的异种组合
E/ERNiCu-7	连接 400,405 和 K-500 合金
ERNiCr-3	连接合金 600 和 601 使用温度 850℃（1 560°F）以下的 800,800H 和 800HT 合金钢与镍合金的异种组合
E/ERNiCrFe-7/7A	连接高铬合金,如 690 合金
E/ERNiCrMo-2	连接合金 HX
E/ERNiCrMo-3	连接合金 625 连接低温使用的 9% 镍钢钢和镍合金的异种组合
E/ERNiCrMo-4	连接 C-276 合金和其他耐点蚀合金
E/ERNiCrCoMo-1	连接 617 合金 使用温度高于 760℃（1 400°F）到 1 150℃（2 100°F）800HT 合金的连接
ERNiFeCr-1	连接 825 合金
E/ERNi-CI	连接/修复特别是薄截面的铸铁
ENiFe-CI	连接/修复特别是厚截面和高磷的铸铁

腐蚀的验收试验方法

耐腐蚀是镍基合金和焊接件的重要特性。在 ASTM 手册和其他文献中规定了许多验收试验来评估用于不同环境中合金的耐腐蚀性能。这些试验经常被滥用，因为在许多情况下规定的验收试验或是不适合的，或是不代表其使用场合。例如，在要求晶间腐蚀试验的环境中，局部腐蚀试验不能恰当地评估材料的适用性。表 C3.1 列出了某些对镍基合金通常使用的验收试验。对于有关试验程序和分析的更多资料应查找 ASTM 手册。

C.1 ASTM A262 C-HUEY 试验

A262 方法 C 亦称 HUEY 试验，要求将试验材料浸入沸腾的 65% 硝酸 240 h。每隔 48 h 酸应更新。该方法用来敏化材料并寻找晶粒边界的偏析物和沉淀物。一般的敏化处理是 650～700℃（1 200～1 290℉）保温 30～120 分钟空冷。在该温度范围内在晶粒边界加速析出二次相或碳化物。其结果是造成在靠近晶粒边界区域析出 $M_{23}C_6$ 而贫铬，或在析出 σ 相或 μ 相的情况下贫钼。由于贫化，晶粒边界区域对侵蚀敏感，而整体材料则可不受影响。随后的退火热处理通常可恢复其耐蚀性。退火必须在足够高的温度下进行以溶解二次相，材料冷却必须足够快以避免在冷却过程中晶界敏化。有时候用铌或钛来作为捆绑碳的稳定剂，从而减少 $M_{23}C_6$ 在边界的形成。对于某些合金，采用"稳定化"热处理来替代最终的固溶退火。这种热处理在敏化温度范围内以足够长的时间进行，让在晶粒边界的贫铬区通过铬从周围基体的扩散而得到"恢复"。

因为 Huey 试验是在硝酸中进行的，含有较高铬的合金比较低铬的合金显示出较好的耐蚀性。合金的腐蚀速率与它的化学成分有关。因此，这种试验指出，合金在强氧化剂介质中将会有怎样的表现，或者稳定化热处理或最终退火的效率究竟如何!

C. 2 ASTM G28A/A262B-STREICHER 试验

ASTM G28A 法试验与 ASTM A262B 法试验相似,同样用来检测晶界偏析和敏化,但可大大缩短试验周期。与 Huey 试验不同,Streicher 试验对钼的变化相对不敏感,开展该试验仅仅是为了确定晶间敏化的程度。因此不需要用 Streicher 试验来比较合金的运行,因为它不预测运行寿命。在本试验中,为了恰当地评估合金,必须知道合金应该达到的基准速率。如果腐蚀速率小于其基准速率,那么应认为合金是可以接受的。

除了最终热处理外,有若干因素会影响到合金在 Streicher 试验中的腐蚀速率。化学成分对合金的腐蚀速率影响最大。改变铬、碳、钼、钨和铁会影响腐蚀速率。含铬量较高的合金通常显示有较低的腐蚀速率。

C. 3 ASTM G28B

与 G28A 试验不同,G28B 试验对任何合金实质上是双峰试验。G28B 试验用来发现在晶粒边界的富钼沉淀物,如 μ 相。溶液与"绿色死亡"溶液相似,仅能用于 Ni-Cr-Mo 合金。

C. 4 ASTM G48A 和 B

虽然 G48A 和 G48B 试验两者都是在氯化铁($FeCl_3$)溶液中完成的,A 试验用来评估耐点蚀的能力,而 B 试验则用来测量耐缝隙腐蚀的能力。两种试验的程序均要求测量失重和建议的试验温度,因为每个合金有临界缝隙腐蚀温度(CCT)和临界点蚀温度(CPT)。在该温度或高于此临界温度下试验会导致侵蚀。所以,为了验收试验应在低于临界温度下完成,但如果试验温度不足够低,会得出无用的数据。

C. 5 ASTM G48C 和 D(同样 E 和 F)

试验 C 和 D 使用添加盐酸(HCl)来稳定溶液和提供较好的重复性以

表 C3.1 镍基合金腐蚀试验汇总

ASTM 试验	试 剂	温 度	时 间	目 的	问 题	结 果
A262C Huey 试验	65%HNO_3	沸腾	240 h	IGA(敏化)	受热处理时间、温度和速率的影响(1 200~1 300℉/30~120 min)	腐蚀速率 m/y 或 mm/y
A262B/G28A Streicher 试验	H_2SO_4/$Fe_2(SO_4)_3$	沸腾	24~120 h	IGA 和一般腐蚀	稳定热处理条件—一般腐蚀可掩盖 IGA	腐蚀速率 m/y 或 mm/y
G28B	H_2SO_4 + HCl + $FeCl_3$+CuCl	沸腾	24 h	IGA+μ相	稳定热处理条件	腐蚀速率 m/y 或 mm/y,对钼的变化不敏感
G48A	$FeCl_3$	22~50℃	72 h	点蚀和一般腐蚀	测量失重和点蚀密度	点蚀—有或无[1]
G48B	$FeCl_3$	22~50℃	72 h	缝隙腐蚀一般腐蚀	测量失重和点蚀密度	缝隙腐蚀—有或无[1]
G48C,E	酸化的 $FeCl_3$	0~85℃	72 h	临界点蚀温度	测量失重和点蚀密度低于临界点蚀温(CPT)5℃试验	点蚀—有或无[1]
G48D,F	酸化的 $FeCl_3$	0~85℃	2 h	临界缝隙腐蚀温度	测量失重和点蚀密度要求缝隙组合低于 CPT5℃试验	缝隙腐蚀—有或无[1]
SEP1877 方法 II	H_2SO_4/$Fe_2(SO_4)_3$	沸腾	24~120 h	通过弯曲试验确定 IG 开裂	不适合合金 Cr 量大于 20%的合金,裂纹从 IGA 处能打开,与 Streicher 试验相似	开裂—有或无[1]

(1) 规定的试验温度。

替代简单的 $FeCl_3$ 溶液。标准缝隙(试验)设备和缝隙(试验)温度不会随试样的尺寸而改变,因而降低了可变性。这些试验具有内装的侵蚀或无侵蚀的通过/失败判断,或允许的最大侵蚀深度。因此,试验结果很容易解读。这些试验以及甚至在较大范围内的 G48E 和 F 试验经常并不规定来作为镍基合金的验收试验。

镍基合金和焊缝的浸蚀技术

镍基焊缝的微观组织能够采用不同的浸蚀技术来呈现。焊缝金属在焊缝周围的局部熔融区以及有时 HAZ 都是不均匀的,所以对它们倾向于采用不同于母材的浸蚀。镍基焊接件可以包括两种不同的合金,或者甚至是镍基合金与铁基材料的接头。已经找到不同的浸蚀剂和浸蚀技术为研究人员提供有价值的结果。

这里描述的浸蚀技术能够分为化学方法和电解方法。一般来说,化学方法易于应用并要求较少的设备,所以它们受到非专家们的偏爱。而电解方法则受到那些检验耐蚀合金专家们的赏识。

下列表格(D4.1～D4.3)包括作者在检验镍基合金焊缝时认为是有用的浸蚀技术。它不是一个详尽的表格,而仅仅是作者对列举材料通常使用的技术。更广泛的浸蚀剂和浸蚀方法的表格能在 ASM 金属手册[1]、CRC 金属浸蚀剂手册[2]和超合金冶金[3]中找到。

表 D4.1　宏观浸蚀剂

浸蚀剂	成分/使用	注
Lepito's	(a) 15 g $(NH_4)_2S_2O_8$(过硫酸铵)和 75 ml 水 (b) 250 g $FeCl_3$ 和 100 ml HCl (c) 30 ml HNO_3 混合(a)和(b),随后加入(c),在室温下浸入 30～120 s	母材和焊缝一般组织的宏观浸蚀。能很好确定焊缝的焊透情况和测量晶粒尺寸。对显示凝固组织无效
混合酸	相等分量的 HCl、HNO_3 和醋酸。使用新配料,在室温下擦洗	一般浸蚀,显示宏观和微观组织。这种浸蚀剂必须在混合后几分钟内使用,然后当它变成橙色时丢弃
HCl 和过氧化物	相等分量的 HCl 和 H_2O_2 在室温下浸入或擦洗	显示一般组织

表 D4.2 微观浸蚀剂(擦洗或浸入)

浸蚀剂	成分/使用	注
混合酸	相等分量的 HCl、HNO₃ 和醋酸。使用新配料,在室温下擦洗	一般侵蚀会显示偏析图形、沉淀物和晶粒边界。这种浸蚀剂必须在混合后几分钟内使用,然后当它变成橙色时丢弃
甘油	15 ml 甘油、10 ml HCl 和 5 ml HNO₃。使用新的配料,在室温下浸入或擦洗	亦能用 15∶25∶5 和 20∶10∶5 比率,一般浸蚀目的与混合酸相似,但不是非常强烈。它划出铁素体和奥氏体的轮廓,侵蚀出马氏体和 σ 相,显示出碳化物和晶粒边界。适用于 NiCrFe 和 NiFeCr 合金。亦应使用新配料。当它变为橙色时丢弃
硝酸-醋酸	10 ml HNO₃ 和 90 ml 醋酸。在室温下浸入或擦洗	用与镍和 NiCu 合金
硝酸-氢氟酸	20 ml HNO₃ 和 3 ml 氢氟酸(HF),在室温下浸入或擦洗	通用的微观组织浸蚀剂。亦能使用 30/3 和 50/3 的比率
HCl/溴	浸入浓 HCl 中 3 s,然后在酒精中漂洗。浸入 1 份溴和 99 份甲醇的混合液中 10~20 s	用于 NiCrMo 和 NiFeCrMo 合金以显示晶粒边界 注意:不要呼吸溴的烟气
硝酸甲醇	5 ml HNO₃ 和 95 ml 甲醇,在室温下擦洗或浸入	浸蚀碳钢和低合金钢。用于与这些钢的异种焊缝。见表 D4.3——也可以用来作为电解浸蚀剂

表 D4.3 微观浸蚀剂(用于电解方法)

浸蚀剂	成分/使用	注
10% 的铬酸	10 g CrO₃(铬酸)和 90 ml 水,在室温下使用。在 3~6 V 下浸蚀 5~60 s	对显示母材和焊缝的微观组织是很好的通用浸蚀剂。显现在焊缝金属中的偏析行为和晶粒边界。可用于与碳钢的异种焊缝,如果碳钢预先用硝酸甲醇浸蚀过
磷酸	80 ml H₃PO₄ 和 10 ml 水,在室温下使用,在 3 V 下浸蚀 5~10 s	同样可使用 50/50 和 20/80 比率。显示在 NiFeCo 和 NiCrFe 合金中的晶粒边界。如过渡浸蚀,试样会出现凹坑

续　表

浸蚀剂	成分/使用	注
氢氟酸和甘油	5 ml HF，10 ml 甘油，85 ml 乙醇，在室温下使用。在 6～12 V 下浸蚀	显现在镍基超合金中的 γ' 沉淀物
硝酸甲醇	5 ml HNO_3 和 95 ml 甲醇	显现在 NiCr、NiFeCr 和 NiCrFe 合金中的晶粒边界

参考文献

[1] *Metals Handbook* Ninth Edition，Volume 9，pp. 305‑309. ASM International，Materials Park，OH. 1985.

[2] *CRC Handbook of Metal Etchants*，Walker，P. and Tarn，W. H.，editors. CRC Press，Boca Raton，FL. Pages 1188‑1199. 1991.

[3] *Metallography of Superalloys*，G. F. Vander Voort，Buehler Ltd.，October 2003.